VIDA
MICROSCÓPICA

VIDA MICROSCÓPICA

MARAVILLAS DE UN MUNDO EN MINIATURA

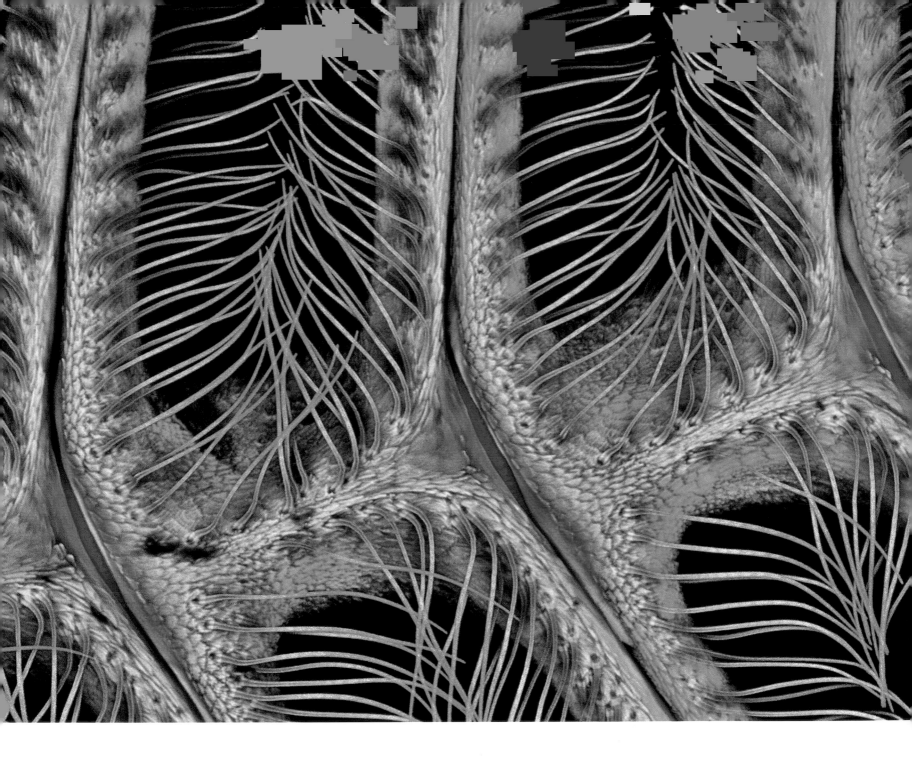

Penguin
Random
House

DK LONDON

Edición sénior Rob Houston
Edición Jemima Dunne, Tim Harris,
Annie Moss, Steve Setford y
Hannah Westlake
Producción editorial Andy Hilliard y Gillian Reid
Control de producción Meskerem Berhane
Coordinación editorial Angeles Gavira Guerrero
Subdirección de publicaciones Liz Wheeler
Dirección de publicaciones Jonathan Metcalf

Edición de arte sénior Ina Stradins
Diseño Simon Murrell y Francis Wong
Ilustración Phil Gamble
Iconografía Laura Barwick
Diseño de cubiertas sénior Akiko Kato
Coordinación de desarrollo de cubiertas Sophia MTT
Coordinación de edición de arte Michael Duffy
Dirección de arte Karen Self
Dirección de diseño Phil Ormerod

DK DELHI

Edición sénior Dharini Ganesh
Edición Ishita Jha
Diseño de maqueta sénior Jagtar Singh
Iconografía de proyecto Aditya Katyal
Coordinación editorial Rohan Sinha
Coordinación de preproducción Balwant Singh
Dirección editorial Glenda R Fernandes

Edición de arte de proyecto Anjali Sachar
Diseño de cubiertas sénior Suhita Dharamjit
Maquetación Jaypal Singh Chauhan y Rakesh Kumar
Coordinación de iconografía Taiyaba Khatoon
Coordinación de edición de arte Sudakshina Basu
Coordinación de producción Pankaj Sharma
Dirección de diseño Malavika Talukder

COORDINACIÓN DE LA EDICIÓN EN ESPAÑOL

Coordinación editorial **Cristina Sánchez Bustamante**
Asistencia editorial y producción **Malwina Zagawa**

Publicado originalmente en Gran Bretaña en 2021
por Dorling Kindersley Limited
DK, One Embassy Gardens, 8 Viaduct Gardens, London SW11 7BW

Parte de Penguin Random House

Título original: *Micro Life*
Primera edición 2022

Copyright © 2021 Dorling Kindersley Limited
© Traducción en español 2022 Dorling Kindersley Limited

Servicios editoriales: deleatur, s.l.
Traducción: Pilar Comín Sebastián

ISBN: 978-0-7440-6433-9

Impreso en China

Para mentes curiosas
www.dkespañol.com

Colaboradores

Derek Harvey (autor principal) es naturalista, y su interés principal es la biología evolutiva. Estudió zoología en la Universidad de Liverpool. Ha enseñado a una generación de biólogos y ha dirigido expediciones de estudiantes a Costa Rica, Madagascar y Australasia.

Elizabeth Wood es consultora en biología marina especializada en la conservación y el uso sostenible de los recursos de los arrecifes de coral. Fotógrafa submarina, sus intereses son la ecología de los arrecifes, el comportamiento de los peces y la biología de los corales.

Michael Scott escribe sobre historia natural, es conservacionista y fue locutor. Ha colaborado en las publicaciones de DK *Cuidemos la Tierra*, *Océano* y *El libro de la naturaleza*.

Tom Jackson es escritor científico. Ha escrito más de cien libros y ha colaborado en muchos más en los últimos veinte años. Estudió zoología en la Universidad de Bristol y ha trabajado como cuidador en zoológicos y conservacionista.

Bea Perks estudió zoología y luego se doctoró en farmacología clínica. Lleva veinte años escribiendo sobre ciencia y colaborando con artículos en las revistas *New Scientist* y *Nature*.

Asesores

Mark Viney es profesor de zoología en la Universidad de Liverpool. Estudia la biología de los nematodos parásitos y el sistema inmunitario de los mamíferos. Estudió en el Imperial College de Londres y en la Escuela de Medicina Tropical de Liverpool, tras su paso por la Universidad de Edimburgo y la Universidad de Bristol.

Richard Kirby es un científico marino autónomo y fue investigador de la Royal Society. Su trabajo se centra en el plancton y la red trófica que sustenta. Con el fin de promover el interés del público por el conocimiento del plancton, fundó el estudio de ciencia ciudadana global Secchi Disk.

Kim Dennis-Bryan es zoóloga. Comenzó su carrera estudiando peces fósiles en el Museo de Historia Natural de Londres, antes de pasar a ser profesora de ciencias naturales en la Open University. Ha participado como autora y asesora en muchos libros de ciencia de DK, como *Animal*, *Océano* y *Prehistoria*.

Portadilla Pared celular mineralizada de una diatomea (*Amphora* sp.); microfotografía electrónica de barrido
Portada Ácaro depredador; microfotografía electrónica de barrido
Arriba Antena de polilla; microfotografía confocal láser de barrido
Páginas de Contenido Rotíferos y desmidial (alga unicelular); microfotografía confocal láser de barrido

MIX
Paper from
responsible sources
FSC™ C018179

Este libro se ha impreso con papel certificado por el Forest Stewardship Council™ como parte del compromiso de DK por un futuro sostenible. Para más información, visita www.dk.com/our-green-pledge.

contenido

prólogo

Los elefantes son grandes; los dinosaurios eran muy grandes; y las ballenas azules son los animales más grandes de la historia. Pero ¿importa tanto el tamaño?, ¿se rige el mundo por las cosas grandes?, ¿solo lo grande es importante?, ¿hay que ser grande para ser bello?

Lo cierto es que no. Al adentrarnos en la vida microscópica de nuestro planeta, se revela la profunda e inimaginable belleza que estuvo oculta a nuestros ojos: las tramas arcoíris de los cilios, la exquisita simetría del esqueleto de las diatomeas, el *op art* de los ojos compuestos de las moscas.

Sin embargo, en el mundo microscópico, la belleza no está solo en la superficie. Ahí están los orígenes de la vida, de nuestra vida, y toda su compleja historia, así como las interrelaciones continuas que son el tejido esencial de toda la ecología de nuestro planeta. En este libro mostraremos los muchos aspectos de lo diminuto con imágenes captadas mediante técnicas microscópicas y contaremos cada una de las pequeñas historias de lo ínfimo. Es sorprendente y asombroso que vivamos entre esa multitud invisible de cosas y seres más pequeños y que nunca apreciemos o comprendamos su importancia. Así que encoge tu mundo y sumérgete en otro que nos pasa desapercibido solo debido a su escala. Conoce a tus vecinos: están a tu alrededor, sobre ti y dentro de ti: virus, bacterias, otros microorganismos..., algunos malos, muchos buenos. Ve sus órganos, asómate al interior de las células, descubre los sentidos de los insectos y cómo funcionan el polen, las semillas y las esporas. Enfréntate a un tardígrado, a un ácaro y a los ojos saltones de un colémbolo.

Este espectacular libro es una puerta a un mundo dentro de nuestro mundo para cuyo conocimiento directo somos demasiado grandes, aunque seamos también lo bastante inteligentes como para haberlo desvelado.

CHRIS PACKHAM
NATURALISTA, PRESENTADOR DE TELEVISIÓN,
ESCRITOR, FOTÓGRAFO Y CONSERVACIONISTA

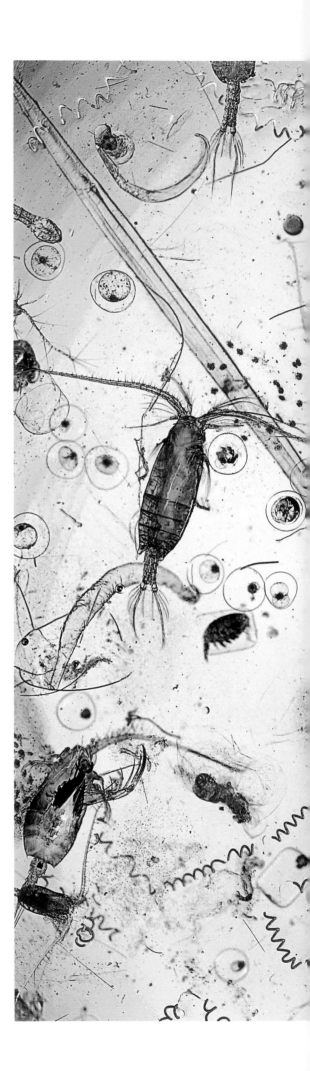

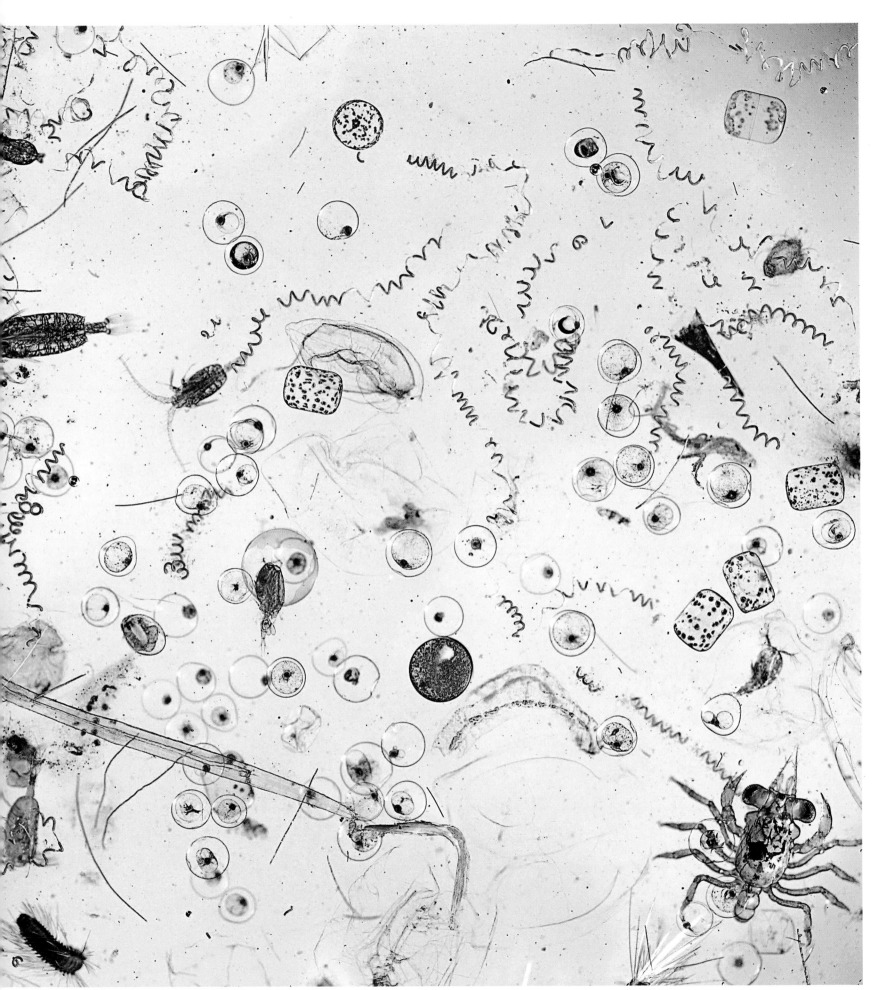

ORGANISMOS OBTENIDOS SUMERGIENDO UNA RED MANUAL EN EL MAR. SE VEN COPÉPODOS, UNA LARVA DE CANGREJO Y ALGAS UNICELULARES (AUMENTO 20x)

TIPOS DE MICROSCOPÍA

Los microscopios ópticos transmiten la luz mediante lentes de vidrio y amplían lo observado hasta cierto punto. Con un gran aumento, la longitud de onda limita la resolución, por lo que no sirven para un objeto menor de 2 micras, como una bacteria. Los microscopios electrónicos usan haces de electrones con una longitud de onda mucho menor, enfocados con «lentes» electromagnéticas, que aumentan aún más. A diferencia de los microscopios ópticos, los electrónicos toman imágenes de especímenes muertos, en parte porque los electrones se transmiten mejor en el vacío.

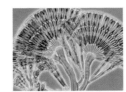

MO
El microscopio óptico permite mejorar la imagen con varias técnicas. Esta microfotografía se ha hecho con contraste de fases.

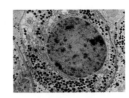

MET
El microscopio electrónico de transmisión obtiene microfotografías transmitiendo electrones a través de cortes finos de una muestra.

MEB
El microscopio electrónico de barrido escanea con haces de electrones una muestra sólida y da un efecto tridimensional.

Una oruga completamente desarrollada no pasa de 13 mm de longitud

Detalle invisible

Esta microfotografía de una oruga (del tamaño de la uña de un niño) de la mariposa *Polyommatus icarus* se hizo con un microscopio electrónico de barrido. Para obtener una imagen como esta, se deshidrata un espécimen muerto y se recubre con metal para dispersar los electrones en una placa fotográfica. Como en todas las microfotografías electrónicas de este libro, la longitud de onda fija del haz de electrones da una imagen monocromática a la que luego se añade falso color.

la escala microscópica

La mayor parte de la vida es demasiado pequeña para percibirla a simple vista: la distancia focal mínima del ojo humano es demasiado larga, y su resolución, demasiado pobre. La variabilidad de tamaño de la vida microscópica es enorme: un ácaro, apenas visible para un humano, es 5000 veces mayor que un virus. Los microscopios amplían ese mundo invisible. Los que enfocan la luz mediante lentes de vidrio aumentan los objetos hasta 1000 veces, lo que hace que el ácaro sea tan grande como esta página. Los microscopios electrónicos van más lejos —hasta un millón de veces— y permiten explorar el interior de las células.

Pequeño, muy pequeño, diminuto

El tamaño de los animales más diminutos, como los ácaros, es inferior a 1 mm. Los organismos unicelulares más complejos, como las algas y las amebas, miden décimas de milímetro. Las bacterias son entre 10 y 100 veces menores: 1–2 micras (millonésimas de metro). Los virus son 10 veces más pequeños.

Ácaro del polvo
(*Dermatophagoides pteronyssinus*) visto al microscopio electrónico de barrido

Alga (*Lepocinclis acus*) vista al microscopio óptico

Bacteria observada al microscopio electrónico de transmisión

Formas geométricas del virus generadas por ordenador

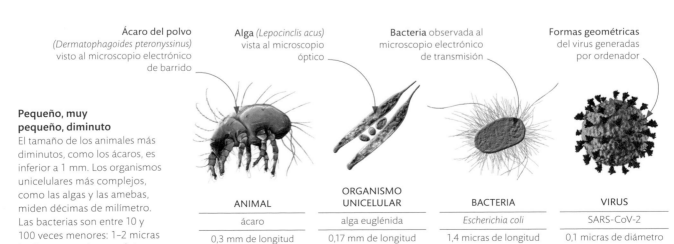

ANIMAL	ORGANISMO UNICELULAR	BACTERIA	VIRUS
ácaro	alga euglénida	*Escherichia coli*	SARS-CoV-2
0,3 mm de longitud	0,17 mm de longitud	1,4 micras de longitud	0,1 micras de diámetro
80×	232×	12 880×	250 000×

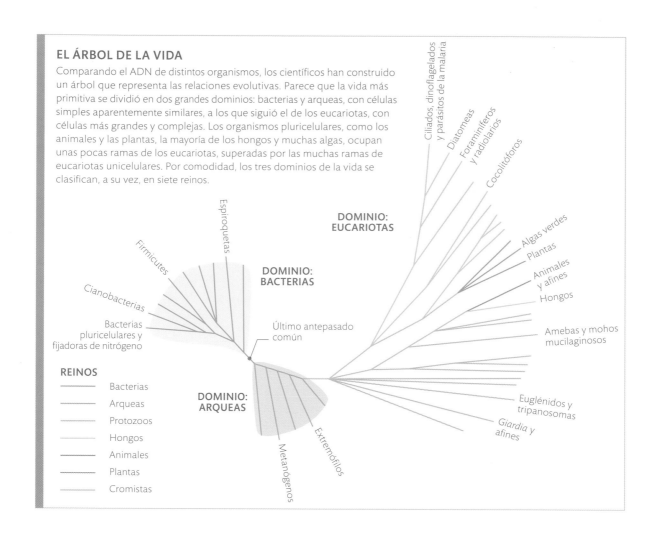

EL ÁRBOL DE LA VIDA

Comparando el ADN de distintos organismos, los científicos han construido un árbol que representa las relaciones evolutivas. Parece que la vida más primitiva se dividió en dos grandes dominios: bacterias y arqueas, con células simples aparentemente similares, a los que siguió el de los eucariotas, con células más grandes y complejas. Los organismos pluricelulares, como los animales y las plantas, la mayoría de los hongos y muchas algas, ocupan unas pocas ramas de los eucariotas, superadas por las muchas ramas de eucariotas unicelulares. Por comodidad, los tres dominios de la vida se clasifican, a su vez, en siete reinos.

Ciliados, dinoflagelados y parásitos de la malaria

Diatomeas

Foraminíferos y radiolarios

Cocolitóforos

Espiroquetas

DOMINIO: EUCARIOTAS

Firmicutes

DOMINIO: BACTERIAS

Cianobacterias

Algas verdes

Plantas

Animales y afines

Hongos

Bacterias pluricelulares y fijadoras de nitrógeno

Último antepasado común

Amebas y mohos mucilaginosos

REINOS

— Bacterias
— Arqueas
— Protozoos
— Hongos
— Animales
— Plantas
— Cromistas

DOMINIO: ARQUEAS

Euglénidos y tripanosomas

Giardia y afines

Metanógenos

Extremófilos

tipos de organismos vivos

Todos los seres vivos son producto de millones de años de evolución y tienen un ascendente común. Muchos de los que pertenecen a los grupos más antiguos son microscópicos. Los organismos unicelulares más sencillos, como las bacterias, parecen similares, pero su composición genética y química es tan diversa que, en cuanto a su evolución, pueden ser tan diferentes como las plantas y los animales entre sí. Los científicos apenas vislumbran la relación filogenética entre muchos microorganismos complejos. Existen más de 1,2 millones de especies conocidas, y la mayoría de las muchas que aún no se han descubierto forma parte del mundo microscópico.

Los pedúnculos de las cápsulas de las esporas, con forma de seta, son de celulosa, una fibra que también tienen las plantas

Una forma de vida extraña

El plasmodio del moho mucilaginoso *Lamproderma arcyrioides* es un microorganismo que se resiste a la clasificación. Su ADN indica que no es ni un hongo, ni una planta, ni un animal, sino que ocupa una de las muchas ramas del árbol evolutivo. Produce cápsulas de esporas similares a las de los hongos, pero sus esporas se convierten en amebas unicelulares que se desplazan mediante filamentos similares a los de los músculos de los animales.

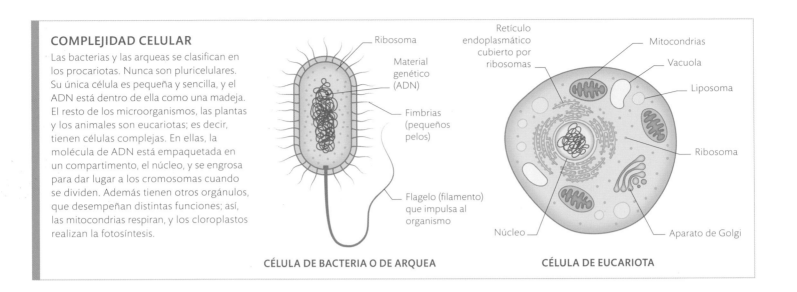

COMPLEJIDAD CELULAR

Las bacterias y las arqueas se clasifican en los procariotas. Nunca son pluricelulares. Su única célula es pequeña y sencilla, y el ADN está dentro de ella como una madeja. El resto de los microorganismos, las plantas y los animales son eucariotas; es decir, tienen células complejas. En ellas, la molécula de ADN está empaquetada en un compartimento, el núcleo, y se engrosa para dar lugar a los cromosomas cuando se dividen. Además tienen otros orgánulos, que desempeñan distintas funciones; así, las mitocondrias respiran, y los cloroplastos realizan la fotosíntesis.

Ribosoma

Material genético (ADN)

Fimbrias (pequeños pelos)

Flagelo (filamento) que impulsa al organismo

Retículo endoplasmático cubierto por ribosomas

Mitocondrias

Vacuola

Liposoma

Ribosoma

Aparato de Golgi

Núcleo

CÉLULA DE BACTERIA O DE ARQUEA

CÉLULA DE EUCARIOTA

Como en los hongos, los filamentos viscosos liberan enzimas que digieren las presas

Al romperse, la cápsula libera esporas que forman amebas, las cuales, como muchos animales, se alimentan de otros organismos

Tejido animal conjuntivo

La mayor parte del cuerpo de un animal está formado por tejidos conjuntivos, por lo general compuestos por células especializadas inmersas en una sustancia matriz que rellena los espacios entre otros tejidos. El tejido fibroso denso contiene una estructura de soporte de colágeno, mientras que el tejido adiposo, que acumula grasa, sirve de almacén de energía y aislante. Los huesos están reforzados con minerales, y la sangre transporta materiales por todo el cuerpo.

Las fibras de colágeno las producen los tejidos con fibroblastos

TEJIDO FIBROSO DENSO
Dermis de piel humana
MEB, 1000×

Las bolas de grasa ocupan la mayor parte de la célula

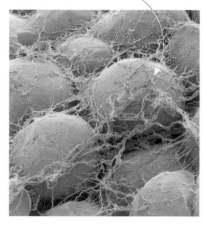

TEJIDO ADIPOSO
Grasa subcutánea humana
MEB, 290×

Las estructuras de soporte son de fosfato de calcio

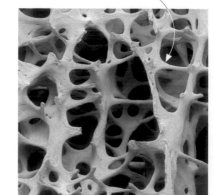

HUESO ESPONJOSO
Hueso largo humano
MEB, 11×

Otros tejidos animales

El tejido epitelial crece en capas finas, o bien como parte de la piel, o bien recubriendo cavidades de los órganos internos huecos. En cada parte del cuerpo tiene su especialización: el epitelio ciliado de las vías respiratorias retiene partículas para evitar que lleguen a los pulmones. Las glándulas del epitelio intestinal segregan jugos digestivos. Los tejidos de los músculos y los nervios transportan cargas eléctricas que desencadenan la contracción muscular o envían impulsos nerviosos.

Células caliciformes (marrón), secretoras de mucosidad, entre células ciliadas (azul)

EPITELIO CILIADO
Revestimiento de tráquea humana
MEB, 800×

Las fositas gástricas están revestidas de células secretoras

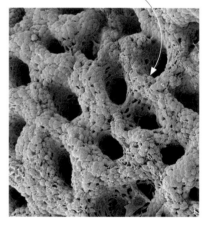

EPITELIO GLANDULAR
Revestimiento de estómago humano
MEB, 35×

Los haces musculares están repletos de filamentos de proteínas, que provocan la contracción

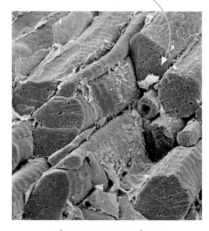

MÚSCULO ESQUELÉTICO
Músculo de extremidad humana
MEB, 270×

Tejido vegetal

En las plantas hay tres tipos principales de tejidos: la epidermis, que forma el revestimiento; el tejido vascular, formado por haces de tubos de transporte (xilema y floema); y el tejido fundamental entre ambos. Este último se especializa en diferentes partes de la planta; en las hojas, como mesófilo en empalizada, está repleto de cloroplastos, que llevan a cabo la fotosíntesis, mientras que en las raíces puede estar lleno de granos de almidón almacenados.

El estoma, con forma de hendidura, es un poro limitado por dos células protectoras

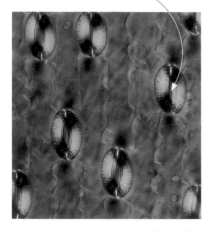

EPIDERMIS CON ESTOMAS (POROS)
Hoja de lirio
MO, 200×

Los conductos del xilema transportan agua y minerales

Los conductos del floema transportan nutrientes solubles, como azúcares

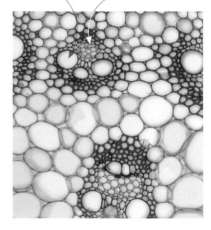

TEJIDO VASCULAR
Tallo del maíz
MO, 100×

Las células en empalizada tienen cloroplastos (verdes), que absorben luz

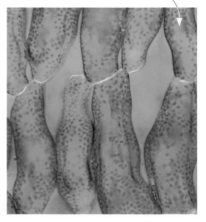

MESÓFILO EN EMPALIZADA
Hoja de tulipán
MO, 200×

la vida macroscópica

La vida microscópica suele ser unicelular, pero incluso los organismos más grandes están formados por células microscópicas. Un cuerpo humano adulto tiene unos 30 billones de células; y una ballena o un árbol gigante muchas más. Cada animal o planta tiene diversos tipos de células, cada uno con funciones imprescindibles para que el organismo esté vivo. Las células que trabajan juntas forman tejidos, como el muscular en un animal o los que absorben la luz en una planta. Cada tejido tiene un aspecto distintivo visto al microscopio. Las páginas de vida macroscópica de este libro muestran detalles microscópicos de organismos grandes.

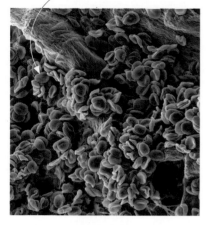

Los glóbulos rojos tienen hemoglobina, que transporta oxígeno

SANGRE
Sangre humana periférica (circulante)
MEB, 800×

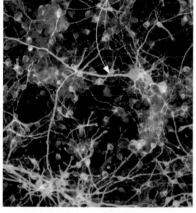

Las fibras nerviosas largas transmiten los impulsos eléctricos nerviosos

CÉLULAS MADRE NEURALES
Cultivo de células madre de rata
MO, 100×

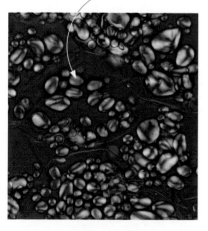

Los granos de almidón son la reserva de glúcidos de las plantas

TEJIDO FUNDAMENTAL DE RESERVA
Tubérculo de patata
MO, 125×

El limbo de la hoja de *Lepanthes forceps* está compuesto por tejidos fotosintetizadores intercalados entre la epidermis superior y la inferior

Desarrollo de los órganos

Cuando un organismo pluricelular crece y se desarrolla, los tejidos se unen y forman órganos, que son estructuras complejas. Algunas orquídeas del género *Lepanthes* de la selva colombiana tienen órganos diminutos: las flores no miden más de 3 mm y brotan bajo la hoja, que es como una moneda. Las hojas y las flores son órganos compuestos por al menos una docena de tejidos diferentes.

La florecita de *Lepanthes cercion* tiene tejido reproductivo que produce óvulos o polen

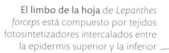

obtención de alimento

Algunos organismos —plantas, algas y algunas bacterias— fabrican su alimento a partir de sustancias simples usando la energía de la luz solar o la de las propias sustancias. La materia orgánica que generan sirve de alimento para hongos, animales y otros microorganismos que forman el resto de la red trófica.

microorganismos
alimentados con energía solar

La luz del sol es la fuente de energía que permite a organismos como las plantas y las algas fabricar glúcidos a partir de agua y dióxido de carbono. Este proceso es la fotosíntesis, que surgió en las cianobacterias hace más de 3000 millones de años. Aún hoy se encuentran organismos similares en masas de agua. En las bahías someras demasiado saladas para competidores más complejos y de crecimiento más rápido, forman estromatolitos, unas extraordinarias «rocas vivas».

Vida ancestral
Los estromatolitos de la bahía Shark, en Australia, alcanzan 1 m de diámetro. Son el resultado de miles de años de acumulación de millones de microorganismos que han formado la roca.

Los estromatolitos crecen en aguas poco profundas de las Bahamas y de Australia, donde hay mucha luz solar, incluso con marea alta

Las diatomeas son células más grandes y complejas que las cianobacterias

El mucílago viscoso que segregan las cianobacterias hace que se forme carbonato de calcio a partir del agua marina, lo que proporciona una estructura de soporte a la colonia

Comunidad alimentada por la luz
Desde que surgieron los estromatolitos, —construidos principalmente por cianobacterias—, a la fina biopelícula que cubre las superficies soleadas se han incorporado microorganismos más complejos, como las diatomeas. Las cianobacterias siguen produciendo la mayor parte del mucílago que hace que el carbonato de calcio del agua de mar se endurezca hasta convertirse en piedra caliza. MEB, 2750×

OXÍGENO DE LA FOTOSÍNTESIS

En la fotosíntesis se desprende oxígeno como subproducto. Cuando los estromatolitos dominaban los mares primigenios, hace miles de millones de años, la fotosíntesis de las cianobacterias oxigenaba la atmósfera. De ahí procede la mayor parte del oxígeno de la atmósfera actual y que desencadenó la explosión cámbrica, un episodio de rápida evolución de la vida compleja.

Primeros estromatolitos · Gran oxigenación · Pico de estromatolitos · Explosión cámbrica

OXÍGENO EN LA ATMÓSFERA (%)

20

10

4,5   4,0   3,5   3,0   2,5   2,0   1,5   1,0   0,5   actua-lidad

MILES DE MILLONES DE AÑOS ATRÁS

La sílice que segregan endurece la pared celular de las diatomeas, muchas de ellas reforzadas por crestas

Las cianobacterias filamentosas tienen una estructura interna simple

Cada planta consta de una sola hoja plana cuya longitud no pasa de 0,8 mm

Reproductor veloz
La planta con semillas más pequeña del mundo es *Wolffia* sp., que consta de una sola hoja. También puede reproducirse rápidamente por gemación y da un millón de plantas nuevas al mes.

Aprovechar la energía de la luz
A diferencia de los fotosintetizadores simples, como las cianobacterias (pp. 18–19), las plantas y las algas tienen cloroplastos. En una raíz de una lenteja de agua (*Spirodella* sp.) se ven los cloroplastos (verdes) formados por tilacoides (membranas) más oscuros que contienen la clorofila, que absorbe la energía de la luz. Cada célula tiene también un núcleo (azul) y mitocondrias (amarillo). MET, 10 000×

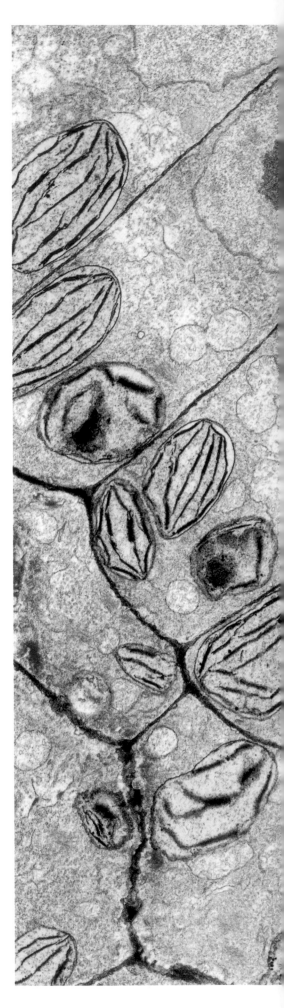

absorber la luz

Para vivir y crecer, una planta debe captar la luz necesaria para fabricar suficiente alimento mediante fotosíntesis. Algunas plantas llevan paneles solares en las hojas: los cloroplastos. Sin embargo, *Wolffia* sp. solo tiene una o dos hojas diminutas, pero al reproducirse rápidamente, puede formar una vasta «superhoja» colonial. En los millones de cloroplastos hay clorofila, una sustancia química que absorbe la energía de la luz, la transforma en energía química y la convierte en alimento.

PANELES SOLARES FLOTANTES

Las hojas de *Spirodella* tienen espacios de aire que les dan flotabilidad y raíces colgantes que absorben minerales y la luz que se filtra en el agua. Las hojitas de *Wolffia* carecen de espacios de aire y de raíces, lo que representa la reducción más extrema del cuerpo de cualquier planta con semillas.

Células compactas con cloroplastos fotosintetizadores

Los espacios de aire entre las células mejoran la flotabilidad de la hoja

Las hojas con forma de barca son una planta en miniatura

Las células con cloroplastos permiten la fotosíntesis

Las hojas más pequeñas no tienen nervios ni espacios de aire

Nervio foliar

Las raíces también tienen cloroplastos, que captan la luz que se filtra en el agua

SPIRODELLA

WOLFFIA

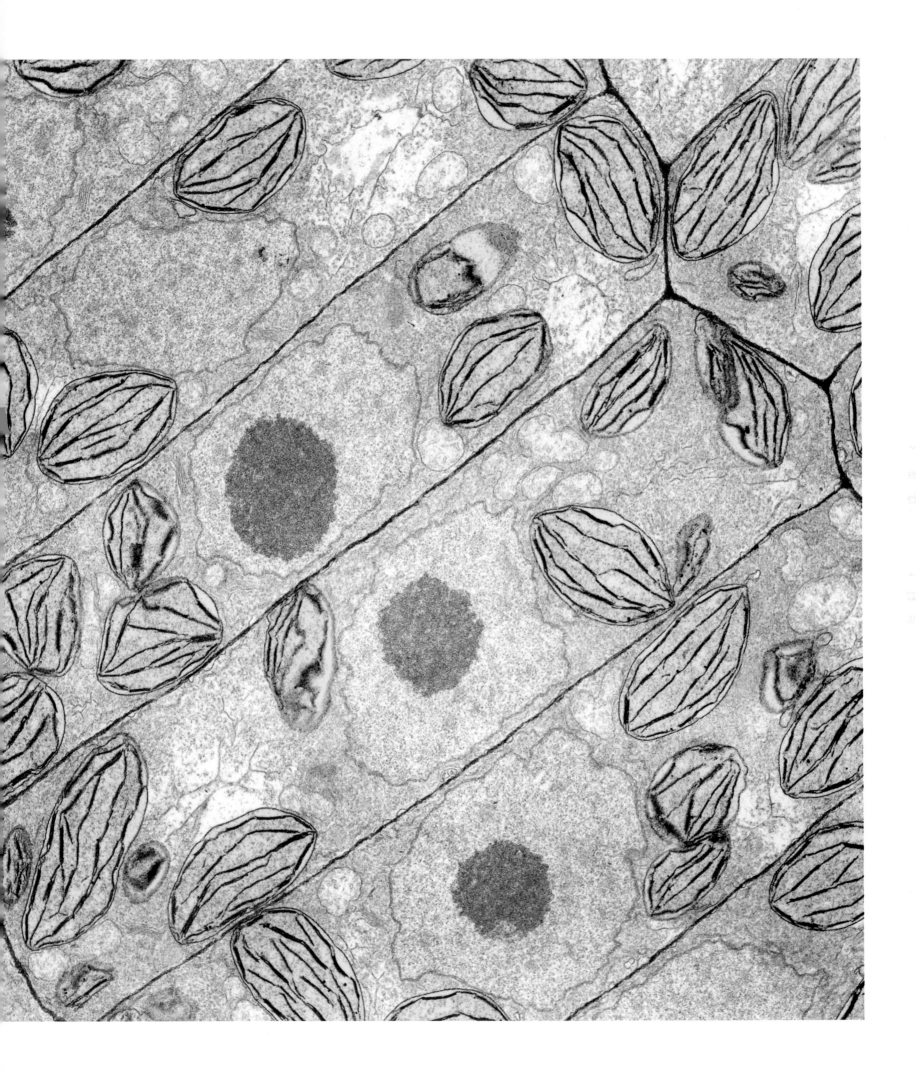

pelos radicales

Los pelos radicales (o radiculares) forman una banda en la superficie de la punta de la raíz de una planta. Son prolongaciones de las células de la epidermis, que forma la capa superficial de la raíz. Al incrementar la superficie de la raíz aumentan su capacidad de captar agua y minerales del suelo. Los tienen todas las plantas vasculares (helechos, coníferas y plantas con flores). Las plantas no vasculares, como los musgos, no tienen raíces, pero absorben minerales mediante rizoides, similares a los pelos radicales. Cada pelo es una sola célula cuyo contenido se alarga y origina una estructura tubular larga y estrecha. Por eso los pelos radicales son extremadamente frágiles y se dañan con cualquier tipo de movimiento.

La gran raíz principal de la planta madura funciona como almacén de nutrientes

RÁBANO

Recolectar nutrientes

Para que sobreviva la planta, la densa mata de pelos de la raíz de un rábano joven *(Raphanus sativus)* tiene que absorber minerales además de agua. La punta de crecimiento de la raíz carece de pelos radicales, ya que estos son demasiado delicados para abrirse paso a través del suelo.

El capuchón de la raíz protege la punta de crecimiento, que empuja a través del suelo

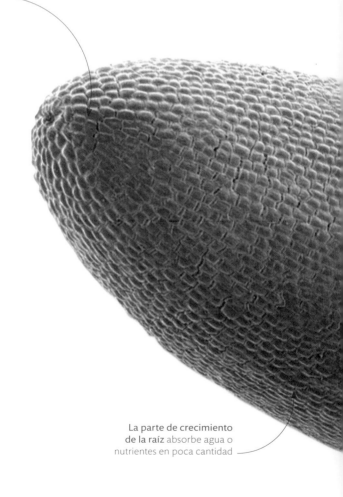

La parte de crecimiento de la raíz absorbe agua o nutrientes en poca cantidad

ASÍ ABSORBEN EL AGUA LOS PELOS RADICALES

Los pelos radicales absorben agua por ósmosis. El agua tiene que atravesar la membrana de la célula para entrar. La fuerza osmótica se debe a que la concentración de sustancias disueltas en el citoplasma es mayor que fuera de la célula; la diferencia de concentración atrae el agua hacia dentro. Las moléculas de agua son lo bastante pequeñas como para moverse libremente a través de la membrana celular. Los iones minerales disueltos son demasiado grandes para atravesar esa membrana, por lo que tienen que ser bombeados. Este proceso se denomina transporte activo y utiliza la energía liberada dentro de la célula por la respiración.

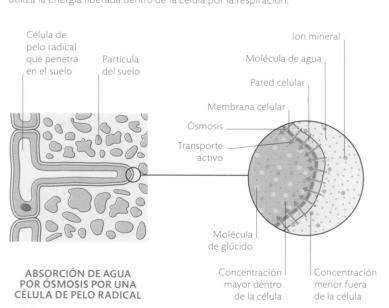

Célula de pelo radical que penetra en el suelo

Partícula del suelo

Ion mineral

Molécula de agua

Pared celular

Membrana celular

Ósmosis

Transporte activo

Molécula de glúcido

Concentración mayor dentro de la célula

Concentración menor fuera de la célula

ABSORCIÓN DE AGUA POR ÓSMOSIS POR UNA CÉLULA DE PELO RADICAL

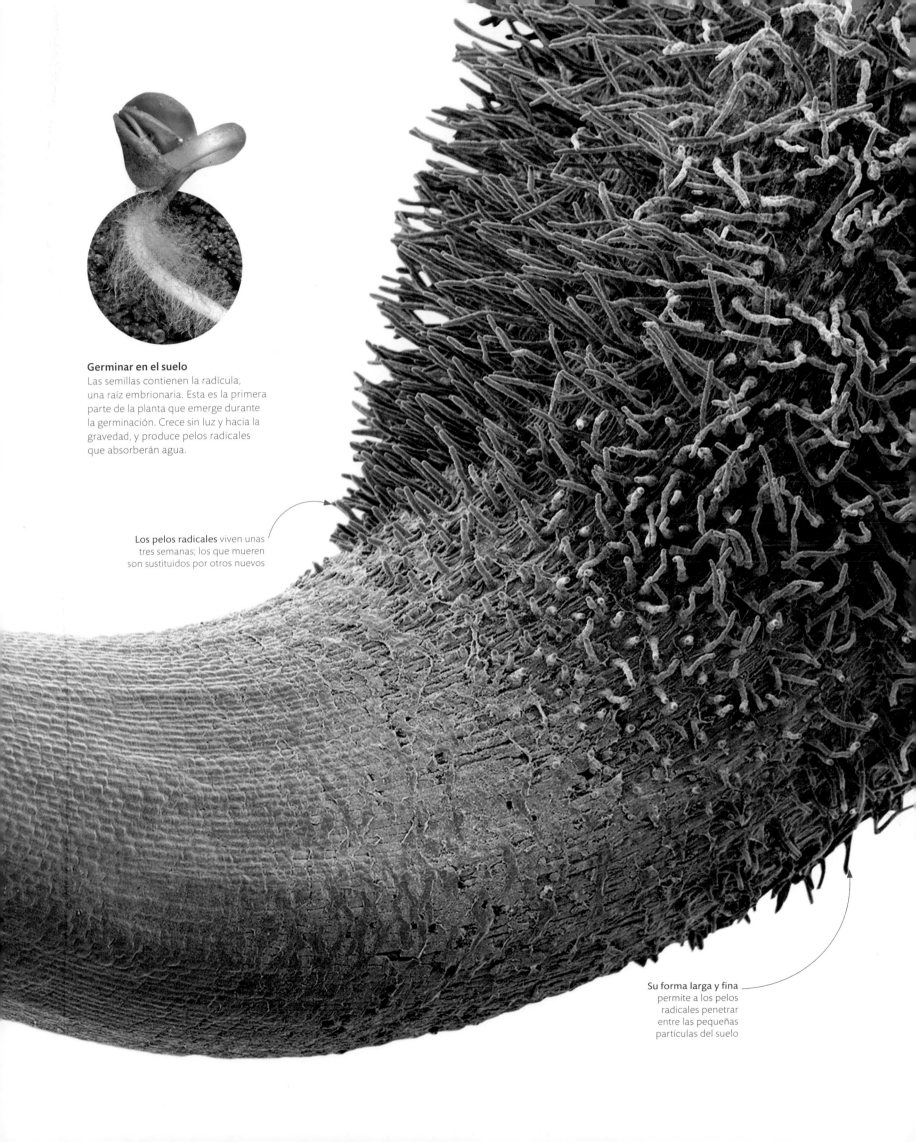

Germinar en el suelo
Las semillas contienen la radícula, una raíz embrionaria. Esta es la primera parte de la planta que emerge durante la germinación. Crece sin luz y hacia la gravedad, y produce pelos radicales que absorberán agua.

Los pelos radicales viven unas tres semanas; los que mueren son sustituidos por otros nuevos

Su forma larga y fina permite a los pelos radicales penetrar entre las pequeñas partículas del suelo

PREPARACIÓN PARA DIGERIR

Los tentáculos pilosos de la drosera responden al roce y al movimiento del insecto que se debate para escapar, y acaban asfixiando a la víctima con gotas de mucílago, una sustancia viscosa. El insecto suele morir asfixiado, ya que el mucílago obstruye sus espiráculos (orificios respiratorios), y a veces por agotamiento en su lucha por liberarse.

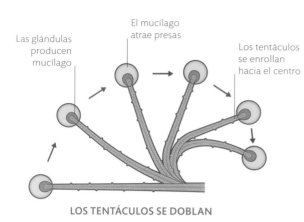

Las glándulas producen mucílago

El mucílago atrae presas

Los tentáculos se enrollan hacia el centro

LOS TENTÁCULOS SE DOBLAN

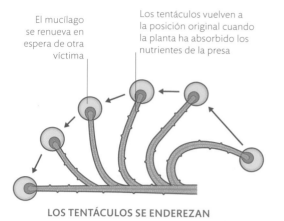

El mucílago se renueva en espera de otra víctima

Los tentáculos vuelven a la posición original cuando la planta ha absorbido los nutrientes de la presa

LOS TENTÁCULOS SE ENDEREZAN

Preso de su destino

Este espécimen de *Drosera capensis* captura un moscardón con sus hojas, que funcionan como una tira matamoscas. Los tentáculos con secreciones azucaradas atraen a la víctima, que queda atrapada en las gotas pegajosas y muere. La hoja y los tentáculos se enrollan alrededor del insecto mientras los jugos digestivos lo descomponen.

Una araña saltarina de ojos grandes usa la visión para localizar una presa en movimiento

El pedúnculo rojo de los tentáculos es un reclamo visual que atrae insectos

La trampa de la trampa

Atrapado por una drosera, el pulgón, que intenta liberarse, atrae la atención de un depredador dispuesto a robar a la planta su captura. Pero la araña saltarina debe tener cuidado para no quedar atrapada ella también.

Pulgón atrapado por la drosera

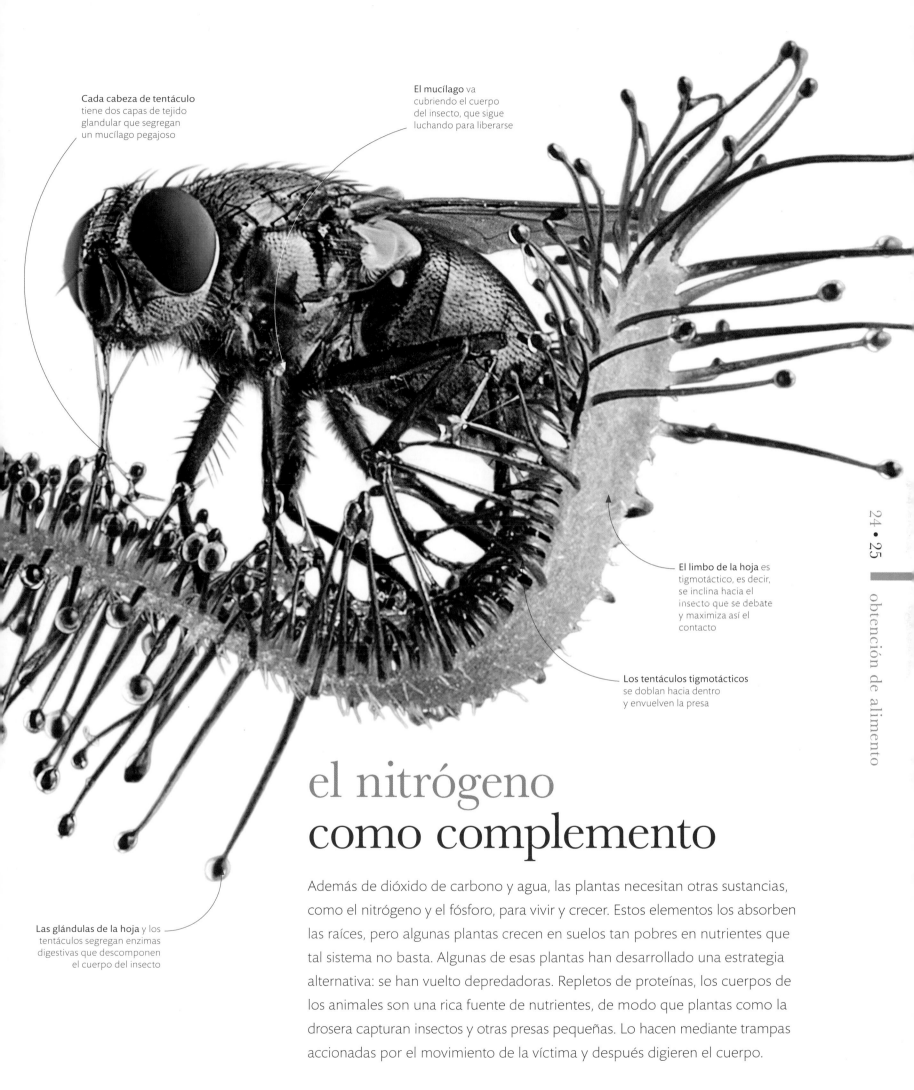

Cada cabeza de tentáculo tiene dos capas de tejido glandular que segregan un mucílago pegajoso

El mucílago va cubriendo el cuerpo del insecto, que sigue luchando para liberarse

El limbo de la hoja es tigmotáctico, es decir, se inclina hacia el insecto que se debate y maximiza así el contacto

Los tentáculos tigmotácticos se doblan hacia dentro y envuelven la presa

Las glándulas de la hoja y los tentáculos segregan enzimas digestivas que descomponen el cuerpo del insecto

el nitrógeno como complemento

Además de dióxido de carbono y agua, las plantas necesitan otras sustancias, como el nitrógeno y el fósforo, para vivir y crecer. Estos elementos los absorben las raíces, pero algunas plantas crecen en suelos tan pobres en nutrientes que tal sistema no basta. Algunas de esas plantas han desarrollado una estrategia alternativa: se han vuelto depredadoras. Repletos de proteínas, los cuerpos de los animales son una rica fuente de nutrientes, de modo que plantas como la drosera capturan insectos y otras presas pequeñas. Lo hacen mediante trampas accionadas por el movimiento de la víctima y después digieren el cuerpo.

fijación del nitrógeno

Todos los seres vivos necesitan nitrógeno para sintetizar proteínas y otras moléculas vitales. Más del 75 % del aire es nitrógeno gaseoso, pero pocos organismos son capaces de absorberlo en ese estado no reactivo. Los animales y los descomponedores obtienen el nitrógeno del alimento, mientras que las plantas lo absorben del suelo en forma de nitrato, un mineral. Algunas plantas han desarrollado una relación especial con microorganismos que convierten el nitrógeno gaseoso en proteínas mediante un proceso llamado fijación. Las leguminosas, como los tréboles, los guisantes y las judías, aumentan su suministro de nitrógeno albergando en sus raíces bacterias fijadoras.

Formación de nódulos
Los nódulos de las raíces de guisante (*Pisum sativum*) crecen cuando las bacterias fijadoras de nitrógeno invaden los pelos radicales, se multiplican y se hinchan para formar nódulos que se introducen en los vasos conductores de las raíces.

Los nódulos, aquí agrupados en racimos, encierran las bacterias dentro de una pared producida por la planta

Las bolsas de *Rhizobium*, una bacteria fijadora de nitrógeno (azul), están repletas de nitrogenasa, una enzima que convierte el nitrógeno gaseoso en compuestos de amonio, a partir de los cuales las bacterias y la planta sintetizan aminoácidos y proteínas

Los haces vasculares (blancos) están formados por vasos conductores que llevan los compuestos de nitrógeno a toda la planta, y los glúcidos, al nódulo

Las células que rodean las bacterias son rosadas debido al pigmento llamado leghemoglobina, que se une al oxígeno; de otro modo, este interferiría con la nitrogenasa de las bacterias

EL CICLO DEL NITRÓGENO

El paso del nitrógeno por un ecosistema depende de distintas bacterias capaces de usarlo en sus diferentes formas. Mientras que las bacterias fijadoras de nitrógeno lo absorben del aire, otras producen nitratos en el suelo o lo incorporan como nitrógeno inorgánico a la atmósfera.

CLAVE

- Nitrógeno orgánico en organismos
- Nitrógeno inorgánico en el aire
- Nitrógeno inorgánico en el suelo

Las plantas usan el nitrógeno inorgánico (nitrato) del suelo para producir nitrógeno orgánico, como el de las proteínas

Los animales consumen alimentos que tienen proteínas y almacenan nitrógeno orgánico en el cuerpo

Las bacterias del suelo descomponen en nitrato el nitrógeno orgánico de los organismos muertos: esto se llama nitrificación

En los nódulos de las raíces de las leguminosas hay bacterias fijadoras de nitrógeno, que aportan a la planta un plus de nitrógeno

Las bacterias fijadoras de nitrógeno a partir del nitrógeno atmosférico producen nitrógeno orgánico, como el de las proteínas

Las bacterias del suelo poco aireado utilizan nitrato en lugar de oxígeno para obtener energía; el nitrógeno se libera al aire como subproducto: esto se llama desnitrificación

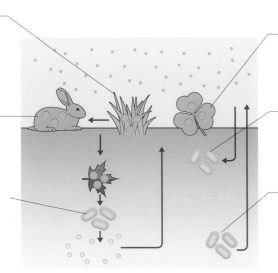

CICLO DEL NITRÓGENO SIMPLIFICADO

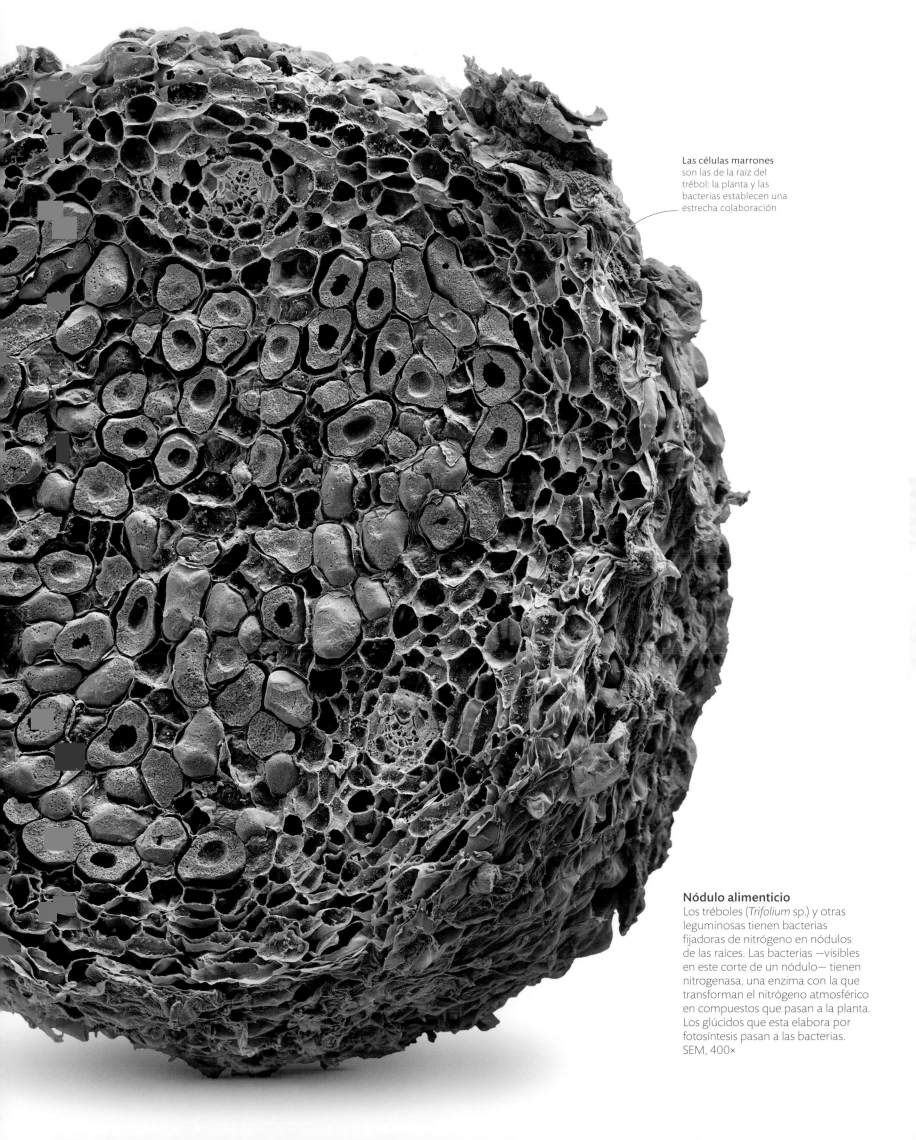

Las células marrones son las de la raíz del trébol: la planta y las bacterias establecen una estrecha colaboración

Nódulo alimenticio
Los tréboles (*Trifolium* sp.) y otras leguminosas tienen bacterias fijadoras de nitrógeno en nódulos de las raíces. Las bacterias —visibles en este corte de un nódulo— tienen nitrogenasa, una enzima con la que transforman el nitrógeno atmosférico en compuestos que pasan a la planta. Los glúcidos que esta elabora por fotosíntesis pasan a las bacterias. SEM, 400×

Esferas

Un coco es una bacteria esférica. Los cocos pueden vivir individualmente o formando parejas: los diplococos. Las agrupaciones de bacterias se forman cuando las células se mantienen juntas tras dividirse. Los estreptococos son cocos que forman cadenas. Los estafilococos forman grupos más amorfos porque las células se dividen según varios ejes a la vez; uno de ellos es *Staphylococcus aureus*, que suele encontrarse en la piel humana.

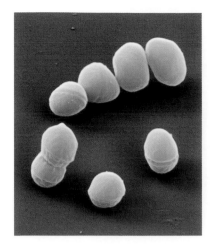

COCOS
Enterococcus faecalis

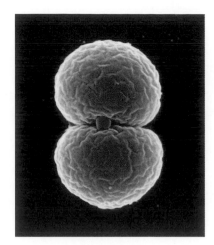

DIPLOCOCO
Neisseria gonorrhoeae

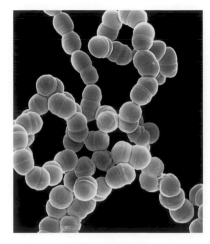

ESTREPTOCOCOS
Streptococcus pyogenes

Bastoncillos

Los bacilos son bacterias con forma de bastoncillo. *Escherichia coli* (pp. 30–31) es uno de ellos. Se trata de una bacteria intestinal que causa intoxicaciones alimentarias. Como los cocos, los estreptobacilos forman cadenas, aunque algunos, los estreptobacilos en empalizada, forman racimos uno al lado del otro. Los estafilobacilos se encuentran en racimos parecidos a los de uvas. Los cocobacilos son bastones muy cortos que se pueden confundir con cocos.

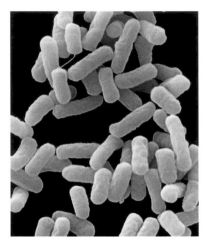

BACILOS
Escherichia coli

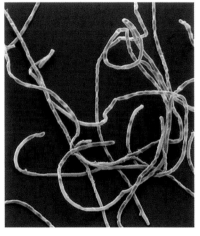

ESTREPTOBACILOS
Bacillus anthracis

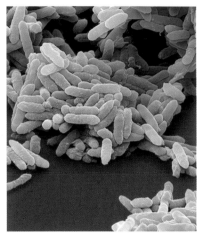

ESTREPTOBACILOS EN EMPALIZADA
Aquaspirillum

Formas complejas

Además de las bacterias que adoptan formas de bastón o esfera, las hay de otras formas. Entre ellas están las bacterias filamentosas, que se forman cuando una célula con forma de bastón se alarga sin dividirse, y las espirales, que tienen estructuras celulares más complejas (pp. 32–33). Hay dos tipos de bacterias espirales: los espirilos, cuyas células son rígidas, y las espiroquetas, que son más finas y flexibles. Los vibriones tienen forma de coma.

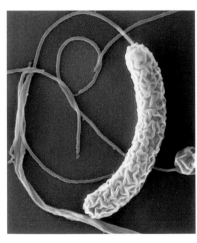

VIBRIÓN
Vibrio cholerae

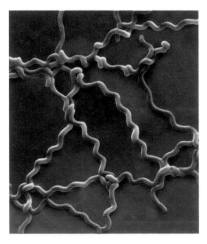

ESPIROQUETAS
Leptospira interrogans

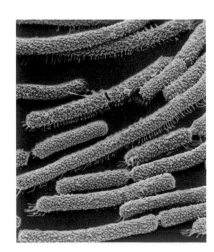

FILAMENTOS
Bacillus megaterium

bacterias

Las bacterias son unas de las formas de vida más simples. Surgidas hace al menos 4000 millones de años, fueron los primeros organismos en consumir alimentos y, junto con las arqueas, la única forma de vida durante 1500-2000 millones de años. Se han diversificado mucho a lo largo de miles de millones de años. Una bacteria unicelular, de unas pocas micras de longitud, puede vivir en cualquier lugar donde haya nutrientes. Algunas bacterias elaboran su propio alimento utilizando la energía de la luz o minerales, mientras que otras absorben nutrientes orgánicos. Hay bacterias de formas muy distintas.

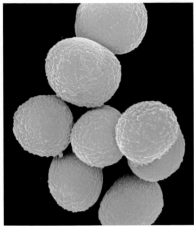

ESTAFILOCOCOS
Staphylococcus aureus

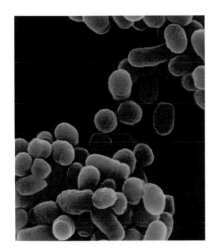

COCOBACILOS
Brucella abortus

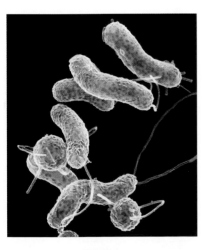

ESPIRILOS
Helicobacter pylori

Grupo de células

A través de la leche materna, los bebés adquieren la bacteria *Bifidobacterium* sp., una de las más importantes de todas las que viven en el intestino humano. Esta bacteria forma racimos a medida que las células se dividen a lo largo de diferentes ejes en una característica forma de «Y». Así, las células se extienden hacia delante y hacia atrás en cadenas desordenadas.

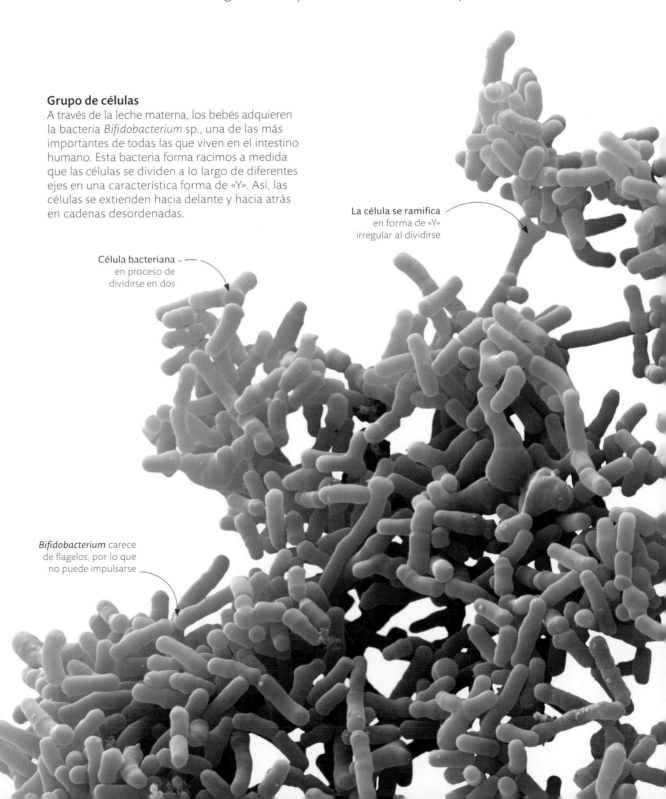

La célula se ramifica
en forma de «Y»
irregular al dividirse

Célula bacteriana
en proceso de
dividirse en dos

Bifidobacterium carece
de flagelos, por lo que
no puede impulsarse

Escherichia coli (o E. coli) es una bacteria intestinal que tiene dos caras. Por un lado, algunas cepas virulentas provocan ocasionalmente casos graves, e incluso mortales, de intoxicación alimentaria. Por otro lado, es un organismo modelo, como la levadura de panadería, el cobaya y la mosca de la fruta *(Drosophila)*. Un organismo modelo es una especie fácil de mantener y estudiar en el laboratorio que se utiliza para la

destacado *Escherichia coli*

investigación en ámbitos como la biología del desarrollo, la genética, las infecciones y diversas enfermedades. La mayoría de las personas tiene una relación más íntima y beneficiosa con E. coli. Esta bacteria vive en el intestino de todos los animales de sangre caliente y constituye aproximadamente el 0,1 % de la microbiota humana; es decir, una persona tiene unos 100 000 millones de E. coli. Entra en el intestino por transmisión fecaloral y una vez allí suele hacer más bien que mal, ya que ayuda a prevenir la infección por bacterias patógenas, o causantes de enfermedades. En el intestino hay poco oxígeno libre, pero E. coli es capaz de sobrevivir en condiciones anaeróbicas. Consume una amplia gama de sustancias químicas y, a partir de ellas, libera energía mediante la fermentación. Uno de los subproductos del metabolismo de E. coli es la menaquinona, más conocida como vitamina K_2, que es un componente esencial tanto del sistema de coagulación de la sangre como de los huesos sanos (y que también se obtiene de los alimentos, como otras vitaminas).

Las fimbrias conectan las células de *E. coli* para que unas transfieran ADN a otras

conjugación de *Escherichia coli*

Bacteria intestinal
Los bastoncillos amarillos de esta muestra *in vitro* son *E. coli*. En el interior de ser un humano, estas células de 2 micras de longitud doblan su número mediante división asexual cada 90 minutos. La conjugación, un proceso en el que las células transfieren plásmidos (anillos de ADN), aumenta su diversidad genética. MEB, 7500×

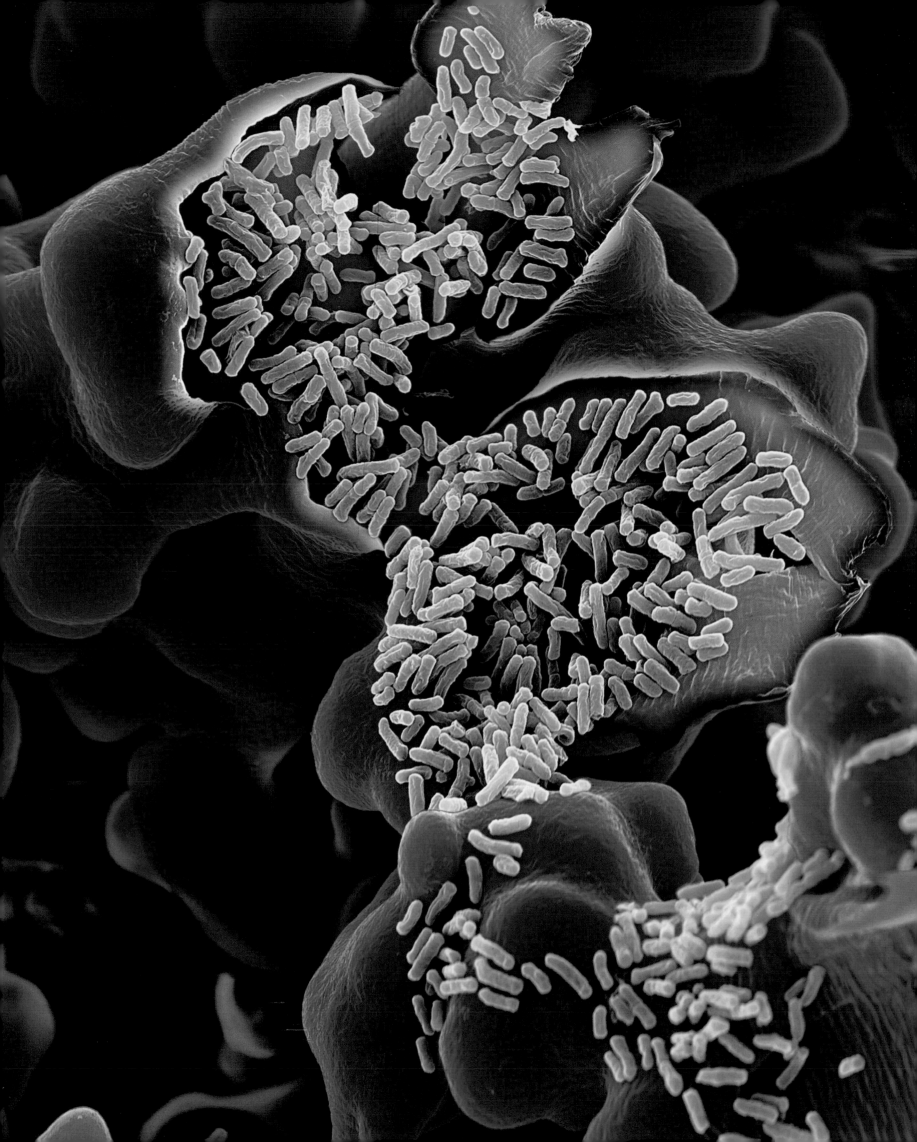

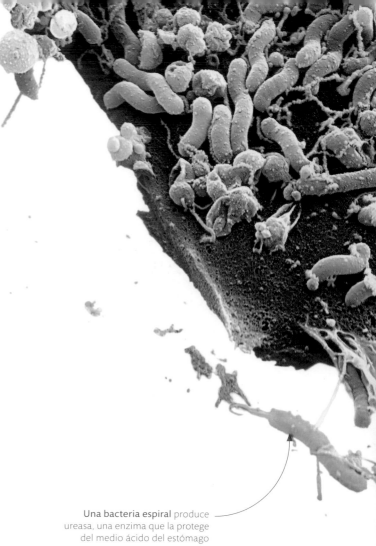

dañar al huésped

Las bacterias pueden alimentarse de dos maneras. Algunas, las autótrofas, elaboran su propio alimento, como hacen las plantas y las algas (pp. 20–21), mientras que otras, las heterótrofas, obtienen los nutrientes consumiendo otros organismos o sus productos. Las bacterias heterótrofas segregan enzimas que descomponen la materia, pero algunas utilizan esas enzimas para entrar en un huésped o eludir el sistema inmunitario de este. Esas enzimas digestivas destructivas pueden dañar las células del huésped y causar enfermedades. Las bacterias causantes de algunas de las enfermedades más peligrosas, como el carbunco (o ántrax maligno) actúan así; otras pueden incluso estar implicadas en el cáncer.

Una bacteria espiral produce ureasa, una enzima que la protege del medio ácido del estómago

BACTERIAS GRAMNEGATIVAS Y GRAMPOSITIVAS

La tinción de Gram consiste en teñir las células con un colorante púrpura. Sirve para clasificar las bacterias, ya que las grampositivas tienen una pared celular que absorbe el colorante, mientras que las gramnegativas no se tiñen porque tienen una membrana más, que las hace más resistentes a los antibióticos.

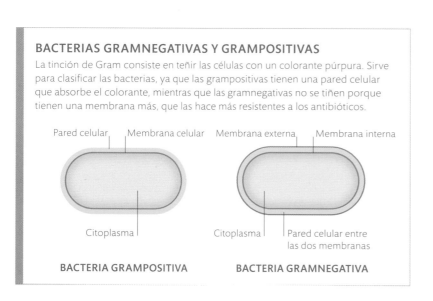

Pared celular Membrana celular Membrana externa Membrana interna

Citoplasma Citoplasma Pared celular entre las dos membranas

BACTERIA GRAMPOSITIVA **BACTERIA GRAMNEGATIVA**

BACTERIAS CON FORMA ESPIRAL

Algunas bacterias del estómago de los mamíferos tienen una estructura espiral. Los espirilos, como *Helicobacter pylori*, son rígidos y tienen flagelos externos; las espiroquetas son flexibles y con flagelos internos. La disposición en espiral da a las bacterias un movimiento de torsión.

Citoplasma Pared celular Membrana interna Membrana externa

El flagelo proporciona un movimiento en forma de sacacorchos

Espacio periplásmico (entre membranas)

ESPIROQUETA

Los flagelos ayudan a la salmonela a nadar por el medio

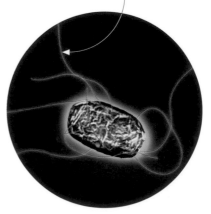

Salmonela
La bacteria *Salmonella* sp. infecta el intestino del huésped y provoca una intoxicación alimentaria. Es una bacteria gramnegativa (izda.). Su doble membrana la hace resistente al tratamiento.

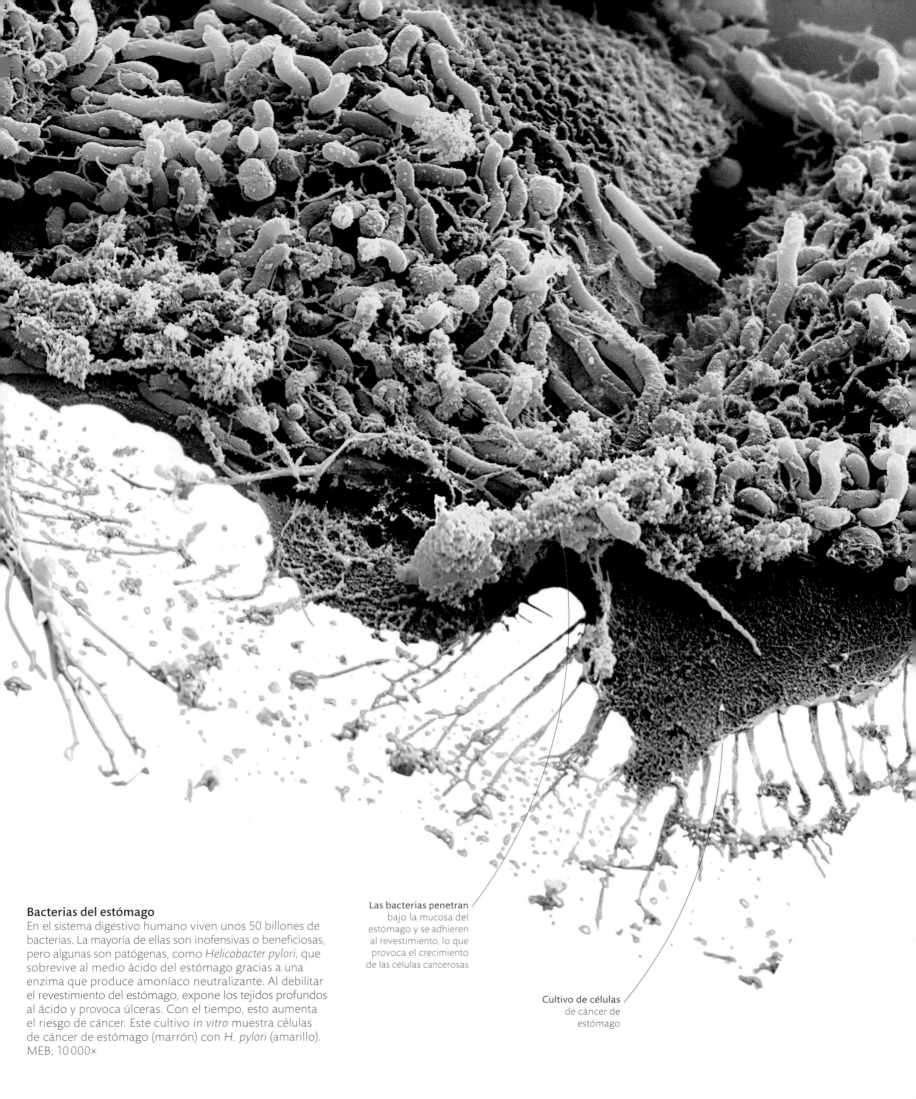

Bacterias del estómago

En el sistema digestivo humano viven unos 50 billones de bacterias. La mayoría de ellas son inofensivas o beneficiosas, pero algunas son patógenas, como *Helicobacter pylori*, que sobrevive al medio ácido del estómago gracias a una enzima que produce amoníaco neutralizante. Al debilitar el revestimiento del estómago, expone los tejidos profundos al ácido y provoca úlceras. Con el tiempo, esto aumenta el riesgo de cáncer. Este cultivo *in vitro* muestra células de cáncer de estómago (marrón) con *H. pylori* (amarillo). MEB, 10 000×

Las bacterias penetran bajo la mucosa del estómago y se adhieren al revestimiento, lo que provoca el crecimiento de las células cancerosas

Cultivo de células de cáncer de estómago

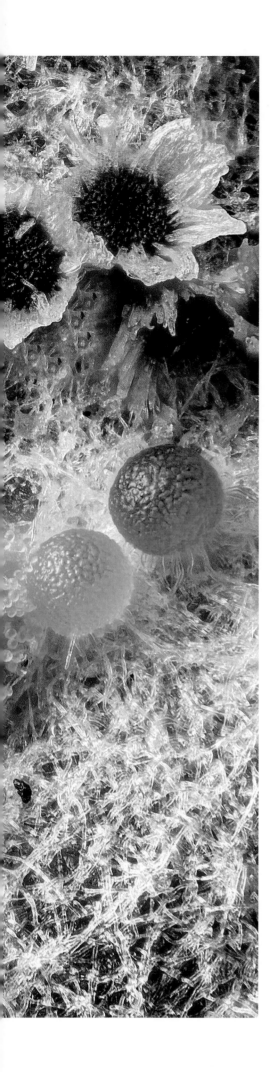

Las setas son la parte del hongo productora de esporas

Podredumbre crucial

Las hifas conectadas a estos pies de coprino micáceo *(Coprinellus micaceus)* están ocultas en el tronco en descomposición; para alimentarse, pudren la madera muerta y liberan nutrientes al suelo del bosque.

Alfombra fúngica

Una pelusa blanca de hifas del oídio *Erysiphe* cubre la superficie de una hoja de sauce. Los haustorios son las ramas laterales de la hifa, que tienen forma de aguja y crecen dentro de la hoja absorbiendo sus nutrientes. La alfombra de hifas restringe la fotosíntesis, lo que perjudica a la hoja, pero no la mata. Lo que parecen pastelillos son cleistotecios (de menos de 0,3 mm de diámetro), las estructuras del hongo productoras de esporas.

ASÍ FUNCIONAN LAS HIFAS

Las hifas son cadenas ramificadas de células. Estas tienen enzimas, que son catalizadores biológicos. Cuando las hifas penetran en un organismo vivo o en materia orgánica muerta, segregan dichas enzimas, que desencadenan reacciones químicas que descomponen la materia orgánica. Los nutrientes liberados son absorbidos directamente por las células de las hifas.

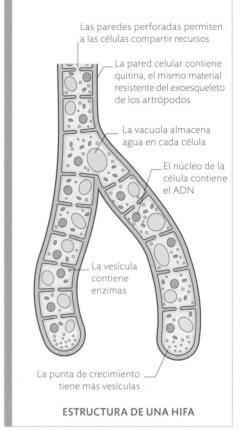

Las paredes perforadas permiten a las células compartir recursos

La pared celular contiene quitina, el mismo material resistente del exoesqueleto de los artrópodos

La vacuola almacena agua en cada célula

El núcleo de la célula contiene el ADN

La vesícula contiene enzimas

La punta de crecimiento tiene más vesículas

ESTRUCTURA DE UNA HIFA

absorber los alimentos

Los organismos que no producen su propio alimento mediante la fotosíntesis necesitan otra manera de obtener energía para vivir, crecer y reproducirse. Los hongos lo hacen a través de las hifas, unos hilos microscópicos. Las hifas se unen y forman una red, llamada micelio, que es el cuerpo principal del hongo. En conjunto, las hifas proporcionan una gran superficie de absorción de nutrientes del medio. Los hongos son mayoritariamente descomponedores: se alimentan de materia muerta vegetal y animal. Algunos son parásitos y se alimentan de seres vivos, a veces penetrando profundamente en sus tejidos para ello.

Los hongos del género *Penicillium* («pincel» en latín), así llamados por el aspecto de sus estructuras asexuales, son omnipresentes en los suelos húmedos de todo el mundo. Se encuentran entre los mohos de la fruta, del pan y de otros productos alimenticios, y en las vetas azules y la capa blanca comestible de algunos quesos y embutidos. También son la fuente natural de la penicilina, el primer antibiótico del mundo.

destacado *Penicillium*

Como muchos hongos, las especies de *Penicillium* son descomponedoras y reducen vegetales y animales muertos a materia orgánica que enriquece el suelo. Mientras que los detritívoros ingieren materia muerta y la digieren, los hongos descomponedores generan reacciones químicas externas que descomponen la materia y les permiten absorber los nutrientes a través de las hifas que forman el micelio (cuerpo fúngico). Al alimentarse, segregan sustancias que inhiben el crecimiento de las bacterias, que compiten por las mismas fuentes de nutrientes. Estas sustancias se han aprovechado como antibióticos contra las infecciones y han salvado cientos de millones de vidas. Los hongos *Penicillium* se reproducen vegetativamente —las hifas se desprenden y se convierten en un nuevo micelio—, y algunas especies se reproducen sexualmente, pero la mayoría depende de esporas producidas asexualmente para propagar copias de sí mismos. Las esporas se dispersan por el aire y el agua. Se calcula que los seres humanos inhalan entre 1000 y 10 000 millones de esporas de *Penicillium* cada día. Aunque normalmente son inofensivas, las esporas de algunas especies pueden producir reacciones alérgicas e incluso afecciones más graves.

Gotas de exudado (amarillo), una fuente de penicilina, que se forman en la superficie de una colonia de *Penicillium*

formación de penicilina en una colonia

Producción de esporas
Los hongos *Penicillium* producen conidios (esporas asexuales, en amarillo) en la punta de los hilos de las hifas con forma de brocha: los conidióforos (tallos rosados). Las esporas suelen contener pigmentos azules o verdes, por lo que a veces se les llama moho azul o verde. MEB, 220×

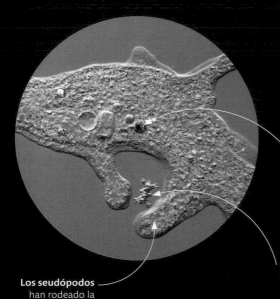

Presas atrapadas
Las presas, algas unicelulares, son visibles en el interior de una ameba depredadora sin testa (*Amoeba proteus*), **hasta que los jugos digestivos las reducen a una sopa de la que se nutrirá la célula.**

Un alga atrapada anteriormente está encerrada en una vacuola digestiva

Los seudópodos han rodeado la presa y forman una vacuola

Un alga desmidial unicelular es el plato siguiente del menú

El epipodio es la abertura de la testa, por la que el organismo extiende sus seudópodos

engullir presas

Como los animales, muchos organismos unicelulares se alimentan de materia orgánica. Muchos nutrientes, como los glúcidos, son solubles, y los organismos los absorben a través de la membrana celular. Algunos microorganismos pueden alimentarse de productos más sólidos. Estos microdepredadores, de forma cambiante, extienden hacia fuera su citoplasma gelatinoso y forman seudópodos (pies falsos) que atrapan organismos más pequeños, como bacterias, algas e incluso algún que otro animal diminuto. La presa queda atrapada dentro de una vacuola, donde es digerida viva.

FAGOCITOSIS

La fagocitosis es el proceso por el que los seudópodos atrapan partículas de alimento. La célula fabrica lisosomas, unas vesículas que contienen enzimas digestivas. Cuando los seudópodos se unen y forman una vacuola digestiva, los lisosomas se fusionan con esta y liberan su contenido. Entonces, el citoplasma de la célula absorbe los productos licuados de la digestión.

Lisosomas · Seudópodo · Se forma una vacuola · Se liberan enzimas · Presa

LA AMEBA ENGULLE LA PRESA CON LOS SEUDÓPODOS

PRESA ATRAPADA EN LA VACUOLA DIGESTIVA

PRESA DIGERIDA

Microdepredador interior
Este «jarrón» microscópico, aumentado 2000 veces en esta imagen, está hecho de cientos de granos de arena y otras partículas vítreas, y alberga una ameba depredadora con testa (*Difflugia* sp.). Protegido por su carcasa, el microorganismo extiende los seudópodos a través de la abertura acampanada para atrapar presas y recoger más material de construcción. Las partículas se unen con extraordinaria complejidad mediante secreciones pegajosas.

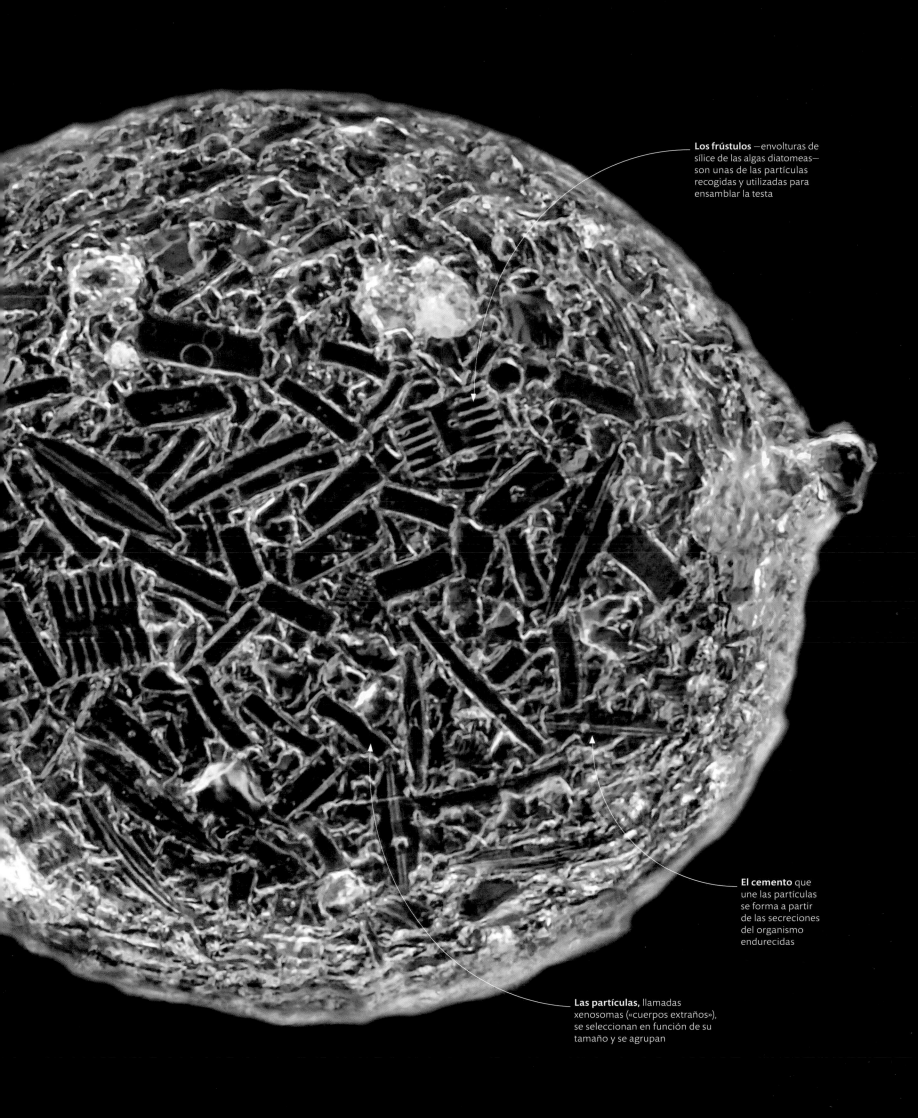

Los frústulos —envolturas de sílice de las algas diatomeas— son unas de las partículas recogidas y utilizadas para ensamblar la testa

El cemento que une las partículas se forma a partir de las secreciones del organismo endurecidas

Las partículas, llamadas xenosomas («cuerpos extraños»), se seleccionan en función de su tamaño y se agrupan

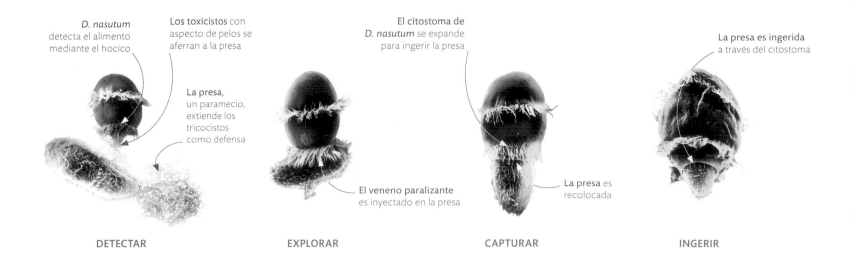

D. nasutum detecta el alimento mediante el hocico

Los toxicistos con aspecto de pelos se aferran a la presa

La presa, un paramecio, extiende los tricocistos como defensa

DETECTAR

El citostoma de *D. nasutum* se expande para ingerir la presa

El veneno paralizante es inyectado en la presa

EXPLORAR

La presa es recolocada

CAPTURAR

La presa es ingerida a través del citostoma

INGERIR

depredador
microbiano

Mientras que algunos microorganismos elaboran su propio alimento o atrapan materia orgánica, otros buscan presas. Hay dos tipos de microorganismos depredadores: los facultativos tienen una dieta variada que incluye presas y otra materia orgánica, y los obligados cazan y se alimentan exclusivamente de otros organismos. Uno de estos es *Didinium nasutum*, un prodigioso cazador que paraliza a sus presas con toxicistos, unas estructuras especializadas filiformes. Cuando las presas escasean, puede permanecer inactivo en forma de quiste unos diez años hasta que vuelve a haber presas.

La depredación paso a paso
Didinium nasutum posee toxicistos (células venenosas filiformes), que expulsa desde un orgánulo de su probóscide cuando detecta comida. Esta especie y otras afines manipulan la presa para ingerirla, de modo que el citostoma (boca) pueda expandirse y engullirla completamente antes de la digestión.

El veneno descargado por el depredador *D. nasutum* paraliza a la presa, un paramecio

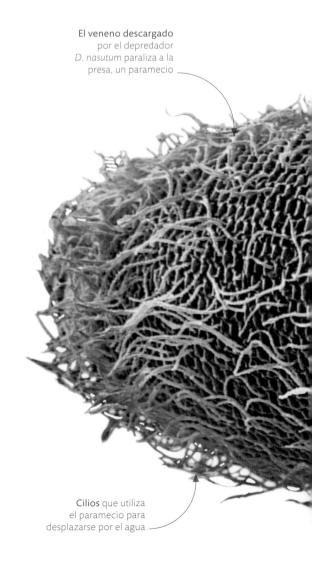

Cilios que utiliza el paramecio para desplazarse por el agua

COMER BACTERIAS

Incluso las bacterias simples pueden ser depredadoras. *Bdellovibrio bacteriovorus*, una especie que se encuentra a menudo en el intestino humano, erradica diversas bacterias, entre ellas *Escherichia coli*, que es resistente a los medicamentos y causa intoxicaciones alimentarias. Esta bacteria depredadora entra en la presa y la mata desde el interior.

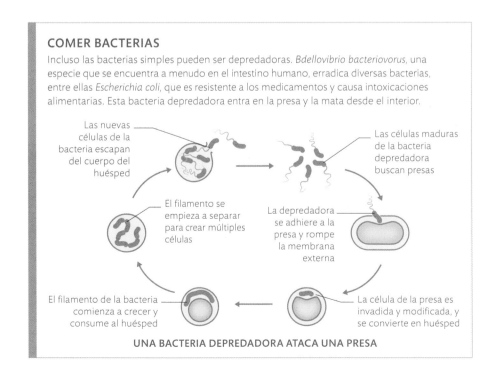

Las nuevas células de la bacteria escapan del cuerpo del huésped

Las células maduras de la bacteria depredadora buscan presas

El filamento se empieza a separar para crear múltiples células

La depredadora se adhiere a la presa y rompe la membrana externa

El filamento de la bacteria comienza a crecer y consume al huésped

La célula de la presa es invadida y modificada, y se convierte en huésped

UNA BACTERIA DEPREDADORA ATACA UNA PRESA

Carnívoro unicelular
Didinium nasutum, un protozoo ciliado, utiliza su hocico puntiagudo para sondear y atrapar a su presa preferida, que es otro protozoo ciliado, *Paramecium* sp. A pesar de que el paramecio es casi el doble de grande, *D. nasutum* es capaz de capturarlo e ingerirlo entero. MEB, 2000×

La pectinela, una banda de cilios, rodea el cuerpo con forma de barril

Los cilios de la pectinela inferior trabajan con la pectinela superior para que el cuerpo gire y se desplace por el agua

El citostoma, o abertura bucal, se expande para ingerir el paramecio

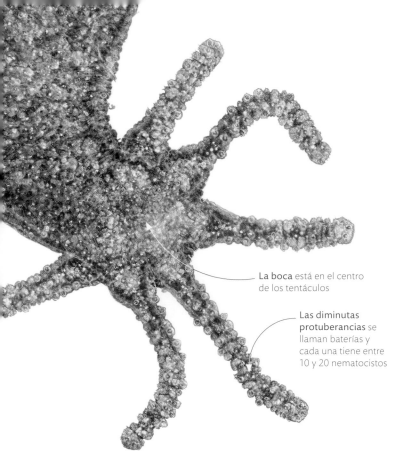

Enrollados y listos para atacar
Los grandes nematocistos que tiene en los pliegues el pólipo fungiforme *Discosoma* son armas eficaces, que usa sobre todo para defenderse, no para alimentarse. El largo túbulo enrollado tiene pequeñas espinas a lo largo y está armado con barbas en la base. Al ser estimulado, el túbulo explota y genera la presión suficiente para que las barbas penetren en su objetivo. Las esferas anaranjadas son zooxantelas, unas algas que viven en los tejidos del coral. MO, 1300×

La **boca** está en el centro de los tentáculos

Las **diminutas protuberancias** se llaman baterías y cada una tiene entre 10 y 20 nematocistos

Diminuto depredador de estanque
Las hidras (*Hydra* sp.) son depredadoras eficaces. Miden menos de 15 mm, pero capturan presas de la mitad de su tamaño. Si hay movimiento cerca de los tentáculos se descargan los nematocistos. La presa es impulsada a través de la boca hacia la cavidad gástrica.

células urticantes

Los hidrozoos, las anémonas de mar, los corales y las medusas poseen cnidos, unas estructuras celulares únicas utilizada para perforar, envenenar o sujetar las presas. Son cápsulas diminutas de 0,1 mm de longitud, con un túbulo hueco y enrollado que se dispara desde un extremo. Cuando recibe un estímulo, la cápsula se abre y dispara el túbulo, que se vuelve del revés y tiene que ser reemplazado. Los cnidos se desarrollan dentro del cuerpo del animal y luego pasan al ectodermo (capa externa), especialmente en los tentáculos, donde se agrupan en baterías.

TIPOS DE CNIDOS

Se conocen 28 tipos de cnidos. Los nematocistos inyectan veneno urticante y suelen tener barbas que mantienen el filamento incrustado en la presa. Los espirocistos sujetan la presa con pelos pegajosos. Los pticocistos, exclusivos de las anémonas ceriántidas, construyen un tubo y sujetan a la presa.

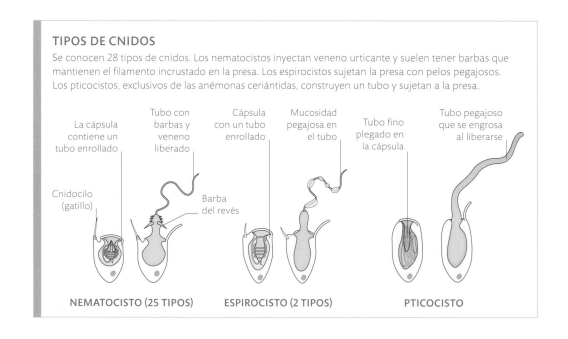

La cápsula contiene un tubo enrollado

Tubo con barbas y veneno liberado

Cápsula con un tubo enrollado

Mucosidad pegajosa en el tubo

Tubo fino plegado en la cápsula

Tubo pegajoso que se engrosa al liberarse

Cnidocilo (gatillo)

Barba del revés

NEMATOCISTO (25 TIPOS)   **ESPIROCISTO (2 TIPOS)**   **PTICOCISTO**

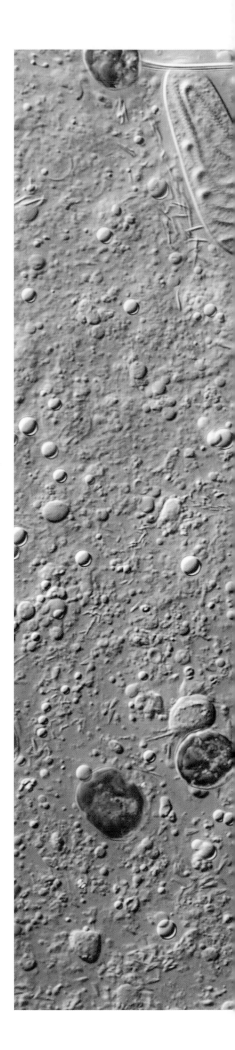

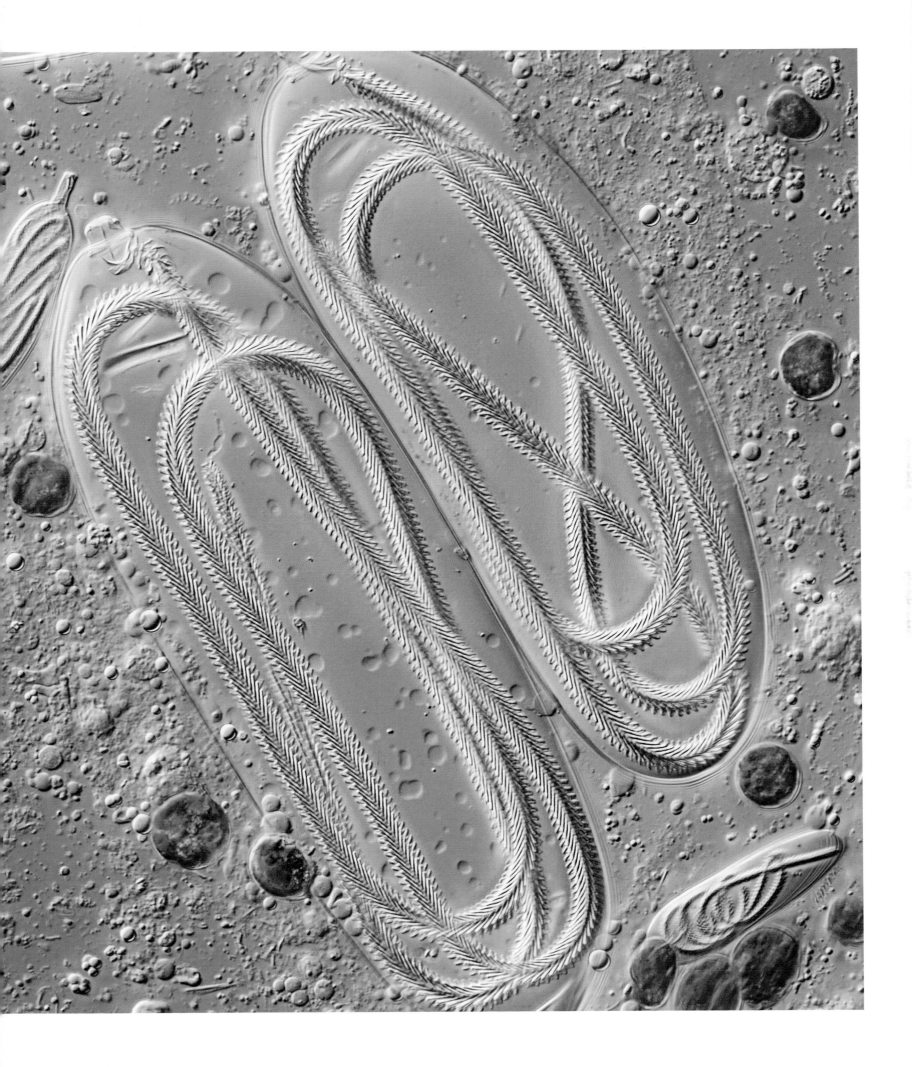

alimentarse de partículas

Muchos animales acuáticos, desde microorganismos hasta ballenas, se alimentan de partículas, como plancton y restos orgánicos flotantes. Casi todos los microorganismos que lo hacen son suspensívoros pasivos: dependen del flujo de agua para llevar las partículas hasta ellos. Los suspensívoros activos generan corrientes con un mecanismo de bombeo o de deriva. La mayoría de los animales grandes y complejos —y algunos microorganismos— que consumen activamente partículas en suspensión filtran el agua para obtenerlas.

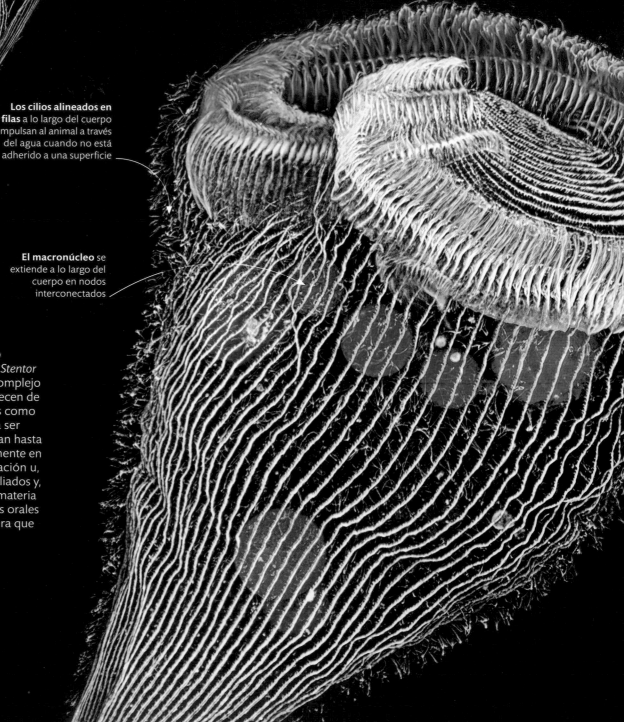

Las bandas de gránulos de pigmento corren a lo largo de surcos estrechos que llevan microtúbulos para cambiar la forma de la célula

Los cilios alineados en filas a lo largo del cuerpo impulsan al animal a través del agua cuando no está adherido a una superficie

El macronúcleo se extiende a lo largo del cuerpo en nodos interconectados

Célula simple, cuerpo complejo
Los microorganismos del género *Stentor* tienen un núcleo en un cuerpo complejo con forma de trompeta, pero carecen de rasgos que permitan clasificarlos como plantas, animales u hongos. Para ser unicelulares, son grandes (alcanzan hasta 3 mm de altura), y viven normalmente en agua dulce, adheridos a la vegetación u, ocasionalmente, nadando. Son ciliados y, cuando se fijan, se alimentan de materia en suspensión moviendo los cilios orales para hacer llegar agua a la abertura que hace de boca. MEB, 100×

Los cilios orales de la banda membranelar baten constantemente, creando así un remolino en el que captura partículas de alimento

Alrededor de 250 placas, cada una de ellas formada por dos o tres filas de cilios muy apretados, crean la banda membranelar, una abertura en forma de boca

Los *Stentor* se fijan a las plantas y a otras superficies

Cada célula tiene un flagelo batiente

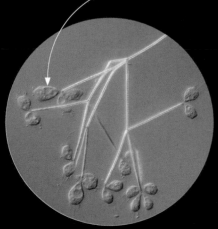

Colonia de alimentación
Cada célula del coanoflagelado colonial *Codosiga umbellata* crea una corriente de alimentación con el flagelo. Esa corriente arrastra el agua hacia un collar de protuberancias (microvellosidades) donde quedan atrapados alimentos como las bacterias.

TIPOS DE SUSPENSÍVOROS

Tanto los ciliados microscópicos como los percebes, más grandes, son suspensívoros, pero no consiguen el alimento igual. El percebe es filtrador: barre el agua con sus apéndices plumosos, orientándose hacia la corriente, y atrapa las partículas en un tamiz. En cambio, el ciliado crea una corriente y, como no tiene tamiz, engulle las partículas una a una.

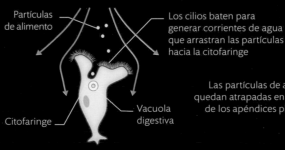

Partículas de alimento

Los cilios baten para generar corrientes de agua que arrastran las partículas hacia la citofaringe

Citofaringe

Vacuola digestiva

ALIMENTACIÓN SUSPENSÍVORA DE UN CILIADO MICROSCÓPICO

El apéndice plumoso se mueve hacia delante y hacia atrás en el agua

Las partículas de alimento quedan atrapadas en el tamiz de los apéndices plumosos

Cada pata tiene dos ramificaciones (cirros) con sedas que forman un tamiz

ALIMENTACIÓN SUSPENSÍVORA DE UN PERCEBE

Clípeo, placa que forma la
parte delantera de la cabeza

Articulación
flexible del palpo

El palpo de la segunda
maxila está conectado con
el labio inferior (lábium)

El labio superior
(lábrum) se extiende en
dos lóbulos articulados
delante del clípeo

Las grandes mandíbulas
tienen bordes cortantes para
agarrar y morder a la presa

La primera maxila
se utiliza para
manipular la presa

COMPONENTES DE LAS PIEZAS BUCALES

El complejo aparato bucal de los insectos consta de cinco componentes principales, que se desarrollan a partir de partes sucesivas de la cabeza. En la parte delantera está el lábrum, seguido de dos mandíbulas y de la hipofaringe a modo de lengua. Los dos pares de maxilas y el lábium funcionan como piezas accesorias. En la mayoría de los insectos, las maxilas tienen en el extremo sendos palpos, con los que se manipula el alimento.

Mandíbula con bordes dentados, utilizada para morder y masticar

Primera maxila, útil para agarrar

Lábrum (labio superior)

Segunda maxila (lábium, o labio inferior), usada para morder

PIEZAS BUCALES DE UN SALTAMONTES

Lábrum

Mandíbula

Hipofaringe, a modo de lengua que suelta saliva

Primera maxila

Borde dentado de la mandíbula

Lábium

Palpo maxilar

Segunda maxila

Palpo labial

PIEZAS BUCALES (POR SEPARADO)

Palpos multiarticulados de la primera maxila

La pata raptora tiene bordes dentados que sujetan la presa

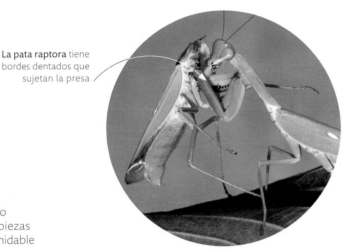

Mandíbulas poderosas

La cabeza de este escarabajo dorado (*Carabus rutilans*) está armada con piezas bucales que lo convierten en un formidable depredador de otros invertebrados, como babosas, caracoles, gusanos e insectos. Con más de 40 000 especies, los escarabajos carábidos han prosperado gracias a sus piezas bucales mordedoras.

Patas raptoras

La mantis religiosa asiática (*Hierodula doveri*) atrapa la presa —en este caso, su pareja— con las patas. Sus mandíbulas, más pequeñas que las de un escarabajo, son lo bastante afiladas como para desmembrar a su víctima.

piezas bucales
adaptadas

La boca de un animal debe estar equipada para ingerir alimentos, tanto si muerde y mastica sólidos como si sorbe líquidos. Los insectos tienen varias piezas con las que manipulan los alimentos y se los comen. Sus piezas bucales han evolucionado hasta convertirse en diferentes herramientas para los distintos alimentos —desde plantas o animales hasta sangre, savia o residuos—, una especialización adaptada a la dieta y al hábitat. En los insectos que mastican, como las langostas o los escarabajos, se evidencia la clara función de las piezas masticadoras, con mandíbulas cortantes y palpos en forma de dedos.

Perforar

Muchos insectos extraen néctar, savia e incluso sangre por perforación. Aunque sus piezas bucales parecen un tubo, están estructuradas de distintas maneras. Los homópteros (orden de insectos que comprende las cigarras y los pulgones) tienen un «pico» perforador compuesto por las mandíbulas alargadas, el lábium y las maxilas. Estas últimas se han transformado en estiletes, que sirven para cortar a modo de cuchillas materia vegetal o animal, según la especie.

CIGARRAS
Megatibicen resh

El posclípeo, con forma de nariz, tiene músculos que succionan la savia a través del pico

CHINCHES
Loxa viridis

Pieza larga y estrecha con la que agujerea las hojas para obtener savia

COREIDOS
Coreus sp.

El pico perfora semillas y frutos

Masticar

Los primeros insectos que surgieron hace unos 400 millones de años tenían piezas bucales masticadoras. Estas también son comunes en larvas de insectos, como las orugas, que las utilizan aunque los adultos no lo hagan. Las piezas masticadoras suelen tener un par de mandíbulas afiladas que muerden lateralmente y se abren hacia los lados. Otras piezas, como las maxilas, forman palpos, apéndices con forma de pata que ayudan a manipular la comida.

AVISPA COMÚN
Vespula vulgaris

Las mandíbulas cortan el alimento en trozos que caben en la boca

HORMIGA GIGANTE
Camponotus gigas

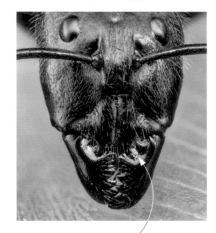

La hormiga puede transportar mucho peso con las mandíbulas

LANGOSTA MIGRATORIA
Locusta migratoria

Las piezas masticadoras se mueven de lado a lado como una sierra

Lamer y absorber

Las piezas bucales de la mayoría de las moscas y de todas las abejas son idóneas para lamer. Las especies muscomorfas, como la mosca doméstica y la mosca de la carne, carecen de mandíbulas. Regurgitan jugos digestivos sobre el alimento para descomponerlo; luego, la punta esponjosa del labellum absorbe la mezcla resultante. Las abejas tienen un lábium que se prolonga en una lengua con forma de cepillo, la glosa, que lame el néctar y la miel.

MOSCA DOMÉSTICA
Musca domestica

Las gotas de alimento líquido se adhieren a las piezas bucales peludas

MOSCA DE LA CARNE
Calliphora vicina

La punta del lábium se expande y forma una almohadilla esponjosa (labellum)

SÍRFIDOS
Helophilus sp.

La corta probóscide recolecta néctar y polen

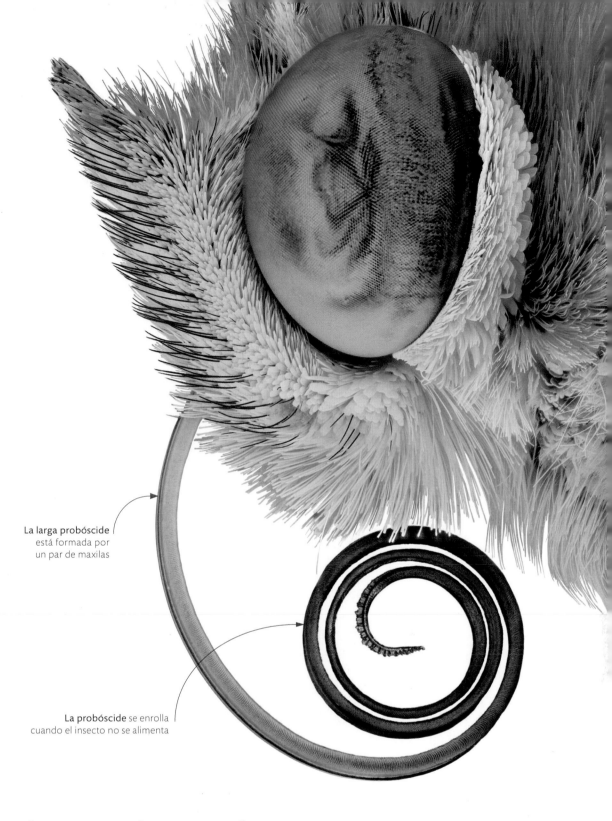

Nectarívora

Las mariposas adultas y casi todas las polillas se alimentan de líquidos, sobre todo del dulce néctar de las flores, que succionan mediante un largo tubo: la probóscide. La de la vanesa de los cardos *(Vanessa cardui)*, a la derecha, está formada por unas maxilas muy alargadas que se enganchan y forman un cilindro flexible. Se endereza cuando la mariposa se alimenta y se recoge cuando vuela.

La larga probóscide está formada por un par de maxilas

La probóscide se enrolla cuando el insecto no se alimenta

ESCARABAJO TIGRE
Cicindela campestris

Las mandíbulas grandes y curvas agarran la presa, que el escarabajo arrastra a su nido

ABEJA EUROPEA
Apis mellifera

La glosa (lengua) se extiende para lamer el néctar

piezas bucales de los insectos

A pesar de la diversidad de formas y funciones, el aparato bucal de los insectos está formado por una o varias de las cinco unidades anatómicas de la cabeza: lábrum (labio superior), mandíbula, maxila, lábium (labio inferior) e hipofaringe (pp. 46–47). Las mandíbulas y las maxilas pueden formar apéndices articulados que se usan para alimentarse. Con esas piezas bucales, los insectos ingieren alimentos como sangre, savia, madera o carne podrida.

Ojo pequeño y simples
con una sola lente, capaz
de percibir la luz y la
oscuridad, y detectar
el movimiento

Las espinas protectoras
orientadas hacia atrás ofrecen
poca resistencia cuando la
pulga se arrastra hacia delante
a través del pelo de otro animal

El cuerpo está cubierto de
unas escamas protectoras
duras llamadas escleritos y puede
comprimirse lateralmente, lo que
ayuda al parásito a deslizarse
entre los pelos sin ser atrapado
o dañado por su huésped

Los palpos similares a
dedos, a los lados de las
piezas bucales con forma
de aguja, tienen pelos
sensoriales que detectan
el olor de sangre cercana,
que es su alimento

chupar sangre

Ser pequeño es una ventaja para un parásito chupador de sangre: puede pasar su vida aferrado al cuerpo de un huésped, oculto bajo el pelo y con acceso ilimitado al alimento que hay justo debajo de la piel. La pulga adulta tiene el cuerpo duro y comprimido, y puede saltar para evitar ser capturada y para pasar de un huésped a otro. Como otros insectos que pican, usa los estiletes (piezas bucales con hojas cortantes) para perforar la piel e inyectar un anticoagulante con su saliva. Así la sangre fluye mientras chupa hasta que su diminuto cuerpo se sacia. Ambos sexos pican, y las hembras usan ese alimento rico en proteínas para producir cientos de huevos a lo largo de su vida.

Larva de la pulga del gato (*Ctenocephalides felis*) llena de comida

Sangre de segunda mano
Como se alimentan de restos del nido de su huésped, las larvas de pulga tienen una dieta más sólida que las adultas parásitas. Obtienen proteínas comiendo heces de las pulgas adultas, que contienen sangre no digerida.

Alimentarse de felinos
La mayoría de las más de 2500 especies de pulgas, como la pulga del gato (*Ctenocephalides felis*), parásita sobre todo de gatos y perros, tiene un huésped específico. Los huéspedes de sangre caliente son los preferidos: el 94 % de las pulgas parásita mamíferos, y el resto vive en aves. Todas las especies son no voladoras, tienen el cuerpo fino, duro y resistente, y sus piezas bucales perforan como una aguja. MEB, 300×

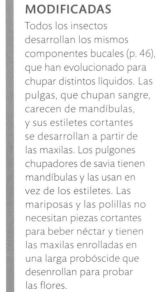

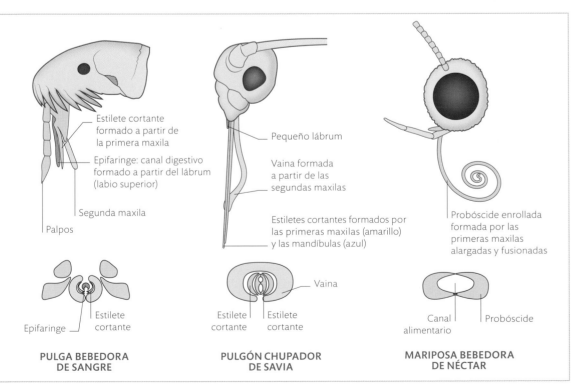

PIEZAS BUCALES MODIFICADAS

Todos los insectos desarrollan los mismos componentes bucales (p. 46), que han evolucionado para chupar distintos líquidos. Las pulgas, que chupan sangre, carecen de mandíbulas, y sus estiletes cortantes se desarrollan a partir de las maxilas. Los pulgones chupadores de savia tienen mandíbulas y las usan en vez de los estiletes. Las mariposas y las polillas no necesitan piezas cortantes para beber néctar y tienen las maxilas enrolladas en una larga probóscide que desenrollan para probar las flores.

Estilete cortante formado a partir de la primera maxila

Epifaringe: canal digestivo formado a partir del lábrum (labio superior)

Segunda maxila

Palpos

Epifaringe | Estilete cortante

PULGA BEBEDORA DE SANGRE

Pequeño lábrum

Vaina formada a partir de las segundas maxilas

Estiletes cortantes formados por las primeras maxilas (amarillo) y las mandíbulas (azul)

Vaina

Estilete cortante | Estilete cortante

PULGÓN CHUPADOR DE SAVIA

Probóscide enrollada formada por las primeras maxilas alargadas y fusionadas

Canal alimentario | Probóscide

MARIPOSA BEBEDORA DE NÉCTAR

Las hormigas dan toques con las antenas a los pulgones para hacer que excreten melaza, que ellas se beben

Insecto ordeñador
Los pulgones eliminan el exceso de azúcares por el ano en forma de melaza, lo que atrae a las hormigas. Muchas de ellas «ordeñan» a los pulgones por su azúcar y los protegen de los depredadores.

Infestación sin alas
Como otros pulgones, el pulgón de la ortiga *(Microlophium carnosum)* vuela para detectar y colonizar las plantas idóneas. Una vez establecido, se reproduce y genera formas sin alas que permanecen cerca de los nervios ricos en azúcar de un brote o una hoja. Las hembras alcanzan 4 mm de longitud, se reproducen sin aparearse (p. 243) e infestan rápidamente la planta con su descendencia.

beber savia

Muchos insectos extraen savia mediante unas piezas que actúan como una aguja hipodérmica. La savia fluye bajo la superficie de la hoja o del tallo a través de los vasos del floema (unos conductos microscópicos, pp. 206–207). Los pulgones encuentran los vasos palpando con la proboscide. La savia, que transporta nutrientes elaborados por fotosíntesis, es azúcar en al menos un 50 %; el resto son aminoácidos y otros nutrientes. Los pulgones crecen y se reproducen rápidamente gracias a su dieta rica en energía, y pueden asfixiar tantos brotes que atrofian el crecimiento de la planta.

AZÚCAR AL ALCANCE DE LA MANO

Los sensores de sus piezas bucales indican al pulgón dónde hay un vaso del floema. Una vez el insecto lo ha perforado con el afilado estilete de la proboscide (p. 51), la presión del floema es suficiente para empujar la savia hacia su intestino sin que este tenga que succionar.

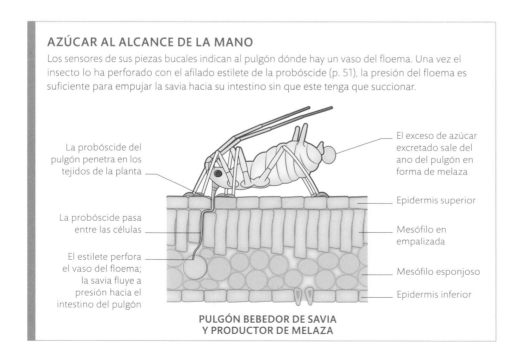

La proboscide del pulgón penetra en los tejidos de la planta

La proboscide pasa entre las células

El estilete perfora el vaso del floema; la savia fluye a presión hacia el intestino del pulgón

El exceso de azúcar excretado sale del ano del pulgón en forma de melaza

Epidermis superior

Mesófilo en empalizada

Mesófilo esponjoso

Epidermis inferior

PULGÓN BEBEDOR DE SAVIA Y PRODUCTOR DE MELAZA

raspar el alimento

Cuando un animal come, el alimento que entra en su cuerpo tiene que ser convertido en partículas lo bastante pequeñas para que las absorban las células. Un caracol herbívoro, como otros animales, comienza ese proceso desmenuzando mecánicamente la comida en la boca, pero el caracol no mastica, sino que usa la rádula, una estructura parecida a una lengua cubierta de dientes microscópicos. Al lamer hacia delante y hacia atrás, la rádula raspa la superficie de la planta y desprende trozos que el caracol puede tragar. El procesamiento químico por las enzimas del intestino completa la digestión.

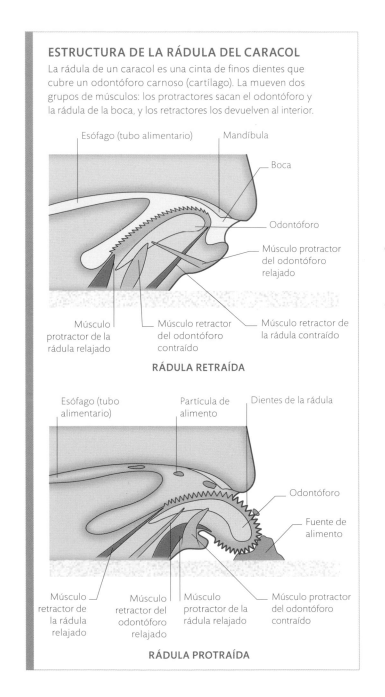

ESTRUCTURA DE LA RÁDULA DEL CARACOL

La rádula de un caracol es una cinta de finos dientes que cubre un odontóforo carnoso (cartílago). La mueven dos grupos de músculos: los protractores sacan el odontóforo y la rádula de la boca, y los retractores los devuelven al interior.

Esófago (tubo alimentario)

Mandíbula

Boca

Odontóforo

Músculo protractor del odontóforo relajado

Músculo protractor de la rádula relajado

Músculo retractor del odontóforo contraído

Músculo retractor de la rádula contraído

RÁDULA RETRAÍDA

Esófago (tubo alimentario)

Partícula de alimento

Dientes de la rádula

Odontóforo

Fuente de alimento

Músculo retractor de la rádula relajado

Músculo retractor del odontóforo relajado

Músculo protractor de la rádula relajado

Músculo protractor del odontóforo contraído

RÁDULA PROTRAÍDA

La concha, principalmente de carbonato de calcio, crece con el caracol hasta que el animal alcanza el tamaño adulto

Comedor de hojas

Pese a su lentitud, el caracol romano, o de Borgoña, es un herbívoro voraz. Prefiere los hábitats calcáreos, donde la vegetación rica en calcio le ayuda a formar y mantener su concha.

Las filas de dientes están dispuestas con las puntas hacia atrás, lo que ayuda a dirigir las partículas de comida al interior de la boca

Lengua abrasiva
Los dientes microscópicos que cubren la
rádula de un caracol romano *(Helix pomatia)*
son de quitina, el mismo material que forma el
exoesqueleto de muchos animales, como los
artrópodos. Cuando esos dientes se desgastan,
son sustituidos por otros nuevos, que salen
de la capa de células subyacente.

**Los fragmentos de tejido
vegetal** quedan atrapados
por los dientes antes de
deslizarse hacia atrás

Las crestas del diente
reducen el desgaste para
que la acción abrasiva sea
eficaz durante más tiempo

**Las bases superpuestas de los
dientes** se entrelazan para
mantener a estos en su sitio y
evitar que se desprendan

pinzas venenosas

En el mundo oculto de la vida microscópica hay cazadores que, vistos de cerca, pueden dar miedo. Los seudoescorpiones no son mayores que un grano de arroz, pero están armados con pinzas que agarran la presa y le inyectan un veneno paralizante antes de absorber sus jugos corporales, como hacen las arañas y los verdaderos escorpiones. Viven en la hojarasca, el compost, los nidos de las aves, las cuevas y cualquier lugar donde abunden colémbolos, ácaros y otras presas lo bastante pequeñas para hacerse con ellas. Algunos viven entre los libros de viejas bibliotecas, donde cazan piojos que, a su vez, se alimentan de la cola de encuadernación.

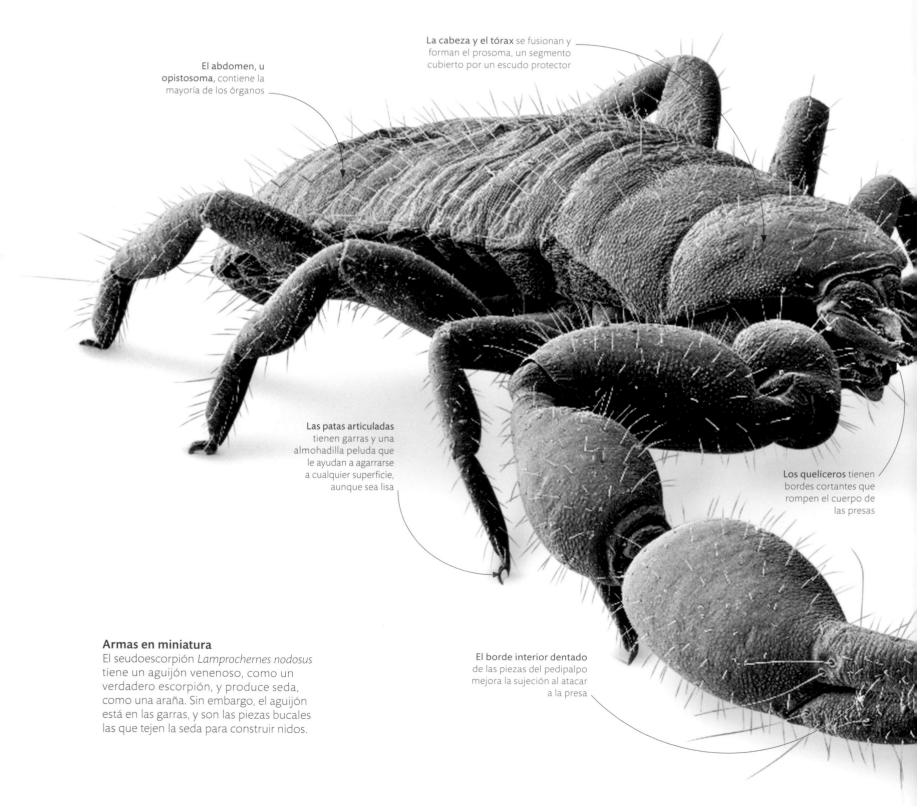

El abdomen, u opistosoma, contiene la mayoría de los órganos

La cabeza y el tórax se fusionan y forman el prosoma, un segmento cubierto por un escudo protector

Las patas articuladas tienen garras y una almohadilla peluda que le ayudan a agarrarse a cualquier superficie, aunque sea lisa

Los quelíceros tienen bordes cortantes que rompen el cuerpo de las presas

Armas en miniatura
El seudoescorpión *Lamprochernes nodosus* tiene un aguijón venenoso, como un verdadero escorpión, y produce seda, como una araña. Sin embargo, el aguijón está en las garras, y son las piezas bucales las que tejen la seda para construir nidos.

El borde interior dentado de las piezas del pedipalpo mejora la sujeción al atacar a la presa

En autostop

Los seudoescorpiones utilizan las pinzas para aferrarse a un animal más grande (como un insecto volador u otro arácnido) y ser transportados de un lugar a otro. Estos autoestopistas son siempre hembras, y así dispersan sus crías por nuevas zonas del hábitat (pp. 172–173).

El seudoescorpión se aferra a sus huéspedes con las pinzas, a veces durante días

El huésped es mucho más grande; aquí, una avispa (*Dolichomitus* sp.)

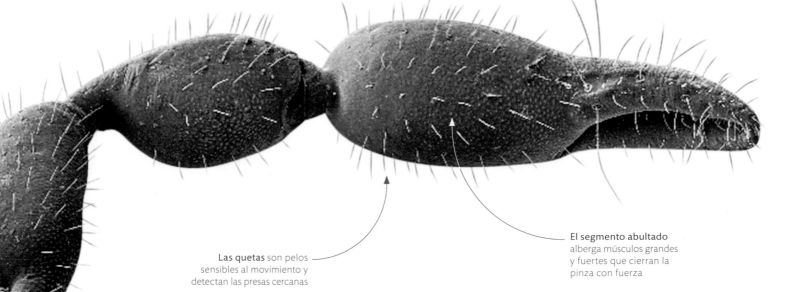

Las quetas son pelos sensibles al movimiento y detectan las presas cercanas

El segmento abultado alberga músculos grandes y fuertes que cierran la pinza con fuerza

DEDOS URTICANTES

Las pinzas del seudoescorpión son pedipalpos, unos apéndices modificados con dos dedos (como en los escorpiones), uno fijo y otro articulado, que es el que agarra. A diferencia de los escorpiones, que tienen el veneno en la cola, casi todos los seudoescorpiones lo tienen en los pedipalpos y lo dispensan a través de las aberturas que hay en los dedos. En el dibujo se representan los pedipalpos de tres especies de seudoescorpiones con diferente disposición de las glándulas venenosas.

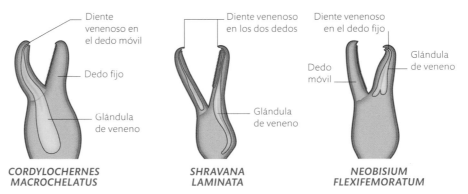

Diente venenoso en el dedo móvil

Dedo fijo

Glándula de veneno

CORDYLOCHERNES MACROCHELATUS

Diente venenoso en los dos dedos

Glándula de veneno

SHRAVANA LAMINATA

Diente venenoso en el dedo fijo

Dedo móvil

Glándula de veneno

NEOBISIUM FLEXIFEMORATUM

Con los pelos sensoriales, o sedas, los ácaros perciben o huelen el entorno

El escudo dorsal, una pieza dura del exoesqueleto, protege el cuerpo no segmentado del ácaro

Los quelíceros actúan como unas mandíbulas: agarran la presa y le inyectan jugos digestivos

El pedipalpo es un apéndice largo y articulado con forma de pata

predigestión de la presa

Los arácnidos depredadores, como ácaros y arañas, se alimentan chupando líquido del interior de su presa o disolviendo a esta mediante jugos digestivos regurgitados que producen en el aparato digestivo y las glándulas maxilares. Algunos arácnidos también descomponen el alimento mecánicamente mediante piezas bucales en forma de mandíbulas, o quelíceros. Los líquidos ingeridos se filtran mediante sedas que recubren la cavidad bucal. La sopa de presa es aspirada por el estómago, fuertemente musculado, que bombea el líquido hacia el esófago. Los quelíceros de muchas arañas son apéndices huecos con forma de colmillo que tienen glándulas venenosas o están conectados a ellas. El veneno inyectado paraliza a la presa mientras la araña la predigiere.

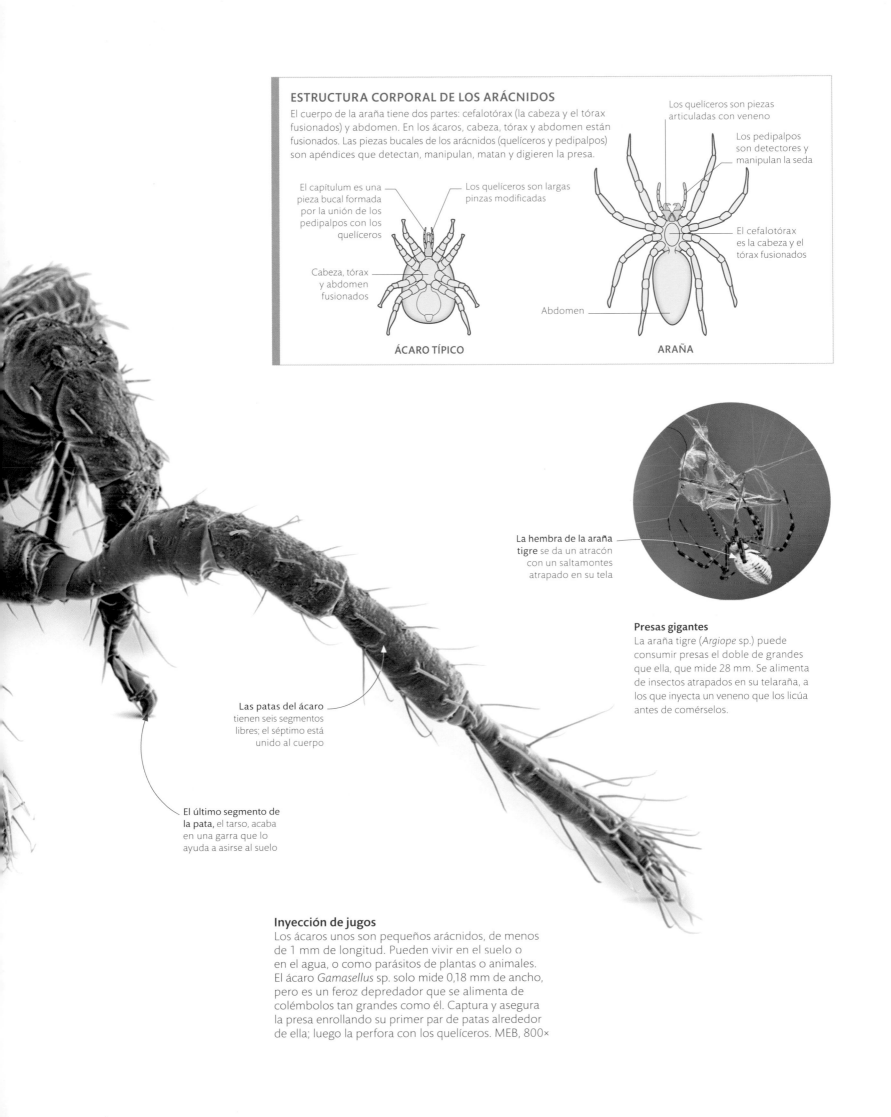

ESTRUCTURA CORPORAL DE LOS ARÁCNIDOS

El cuerpo de la araña tiene dos partes: cefalotórax (la cabeza y el tórax fusionados) y abdomen. En los ácaros, cabeza, tórax y abdomen están fusionados. Las piezas bucales de los arácnidos (quelíceros y pedipalpos) son apéndices que detectan, manipulan, matan y digieren la presa.

El capítulum es una pieza bucal formada por la unión de los pedipalpos con los quelíceros

Los quelíceros son largas pinzas modificadas

Cabeza, tórax y abdomen fusionados

Los quelíceros son piezas articuladas con veneno

Los pedipalpos son detectores y manipulan la seda

El cefalotórax es la cabeza y el tórax fusionados

Abdomen

ÁCARO TÍPICO

ARAÑA

La hembra de la araña tigre se da un atracón con un saltamontes atrapado en su tela

Presas gigantes

La araña tigre (*Argiope* sp.) puede consumir presas el doble de grandes que ella, que mide 28 mm. Se alimenta de insectos atrapados en su telaraña, a los que inyecta un veneno que los licúa antes de comérselos.

Las patas del ácaro tienen seis segmentos libres; el séptimo está unido al cuerpo

El último segmento de la pata, el tarso, acaba en una garra que lo ayuda a asirse al suelo

Inyección de jugos

Los ácaros unos son pequeños arácnidos, de menos de 1 mm de longitud. Pueden vivir en el suelo o en el agua, o como parásitos de plantas o animales. El ácaro *Gamasellus* sp. solo mide 0,18 mm de ancho, pero es un feroz depredador que se alimenta de colémbolos tan grandes como él. Captura y asegura la presa enrollando su primer par de patas alrededor de ella; luego la perfora con los quelíceros. MEB, 800×

ABSORCIÓN DE NUTRIENTES

El intestino humano absorbe sustancias simples, como glúcidos, aminoácidos y ácidos grasos, cuyas moléculas son lo bastante pequeñas como para atravesar su revestimiento (epitelio intestinal). Los glúcidos y los aminoácidos (componentes de las proteínas) pasan rápidamente a los vasos sanguíneos. Una red de capilares sanguíneos recorre cada vellosidad. Las grasas menos solubles son recogidas por el sistema linfático y de allí pasan al torrente sanguíneo.

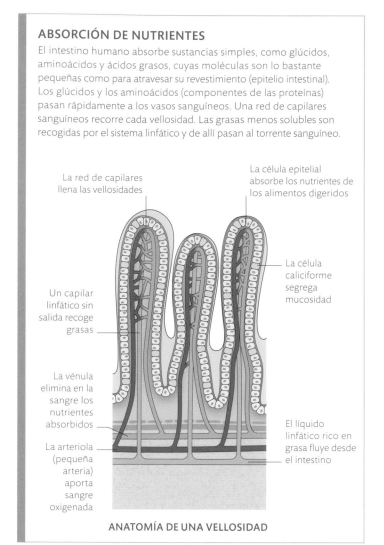

La red de capilares llena las vellosidades

La célula epitelial absorbe los nutrientes de los alimentos digeridos

Un capilar linfático sin salida recoge grasas

La célula caliciforme segrega mucosidad

La vénula elimina en la sangre los nutrientes absorbidos

La arteriola (pequeña arteria) aporta sangre oxigenada

El líquido linfático rico en grasa fluye desde el intestino

ANATOMÍA DE UNA VELLOSIDAD

Superficie extra

Este corte transversal de la pared intestinal humana muestra que las vellosidades (aquí con un revestimiento rojo de células epiteliales) aumentan mucho la superficie de dicha pared y, con ello, la capacidad del intestino para absorber nutrientes. MEB, 80×

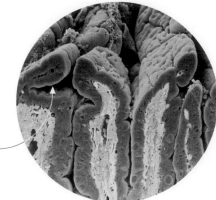

Los pliegues cubren la superficie de cada vellosidad

Las microvellosidades forman una capa en forma de cepillo que constituye la interfaz con el contenido del intestino

Microvellosidades

Las células epiteliales que cubren la superficie de las vellosidades tienen una membrana superior muy enroscada. En conjunto forman las microvellosidades, prolongaciones con forma de dedo que crean una superficie de absorción muy amplia. MEB, 8900×

alimentos en la sangre

Todos los organismos que ingieren alimentos deben descomponer las sustancias alimenticias en moléculas que los tejidos puedan absorber. Los organismos microscópicos absorben los nutrientes a través de la superficie del cuerpo, pero los animales grandes necesitan estructuras sofisticadas para absorber los nutrientes rápidamente. En los seres humanos, esto lo hace el intestino delgado, cuya pared está formada por vellosidades, unas protuberancias microscópicas con forma de dedo revestidas de células, cubiertas a su vez por otras protuberancias similares: las microvellosidades. Entre los dos tipos de protuberancias conforman una gran superficie de absorción. En el tramo final del intestino delgado, llamado íleon (que mide 3 m), se absorben las vitaminas y los nutrientes restantes.

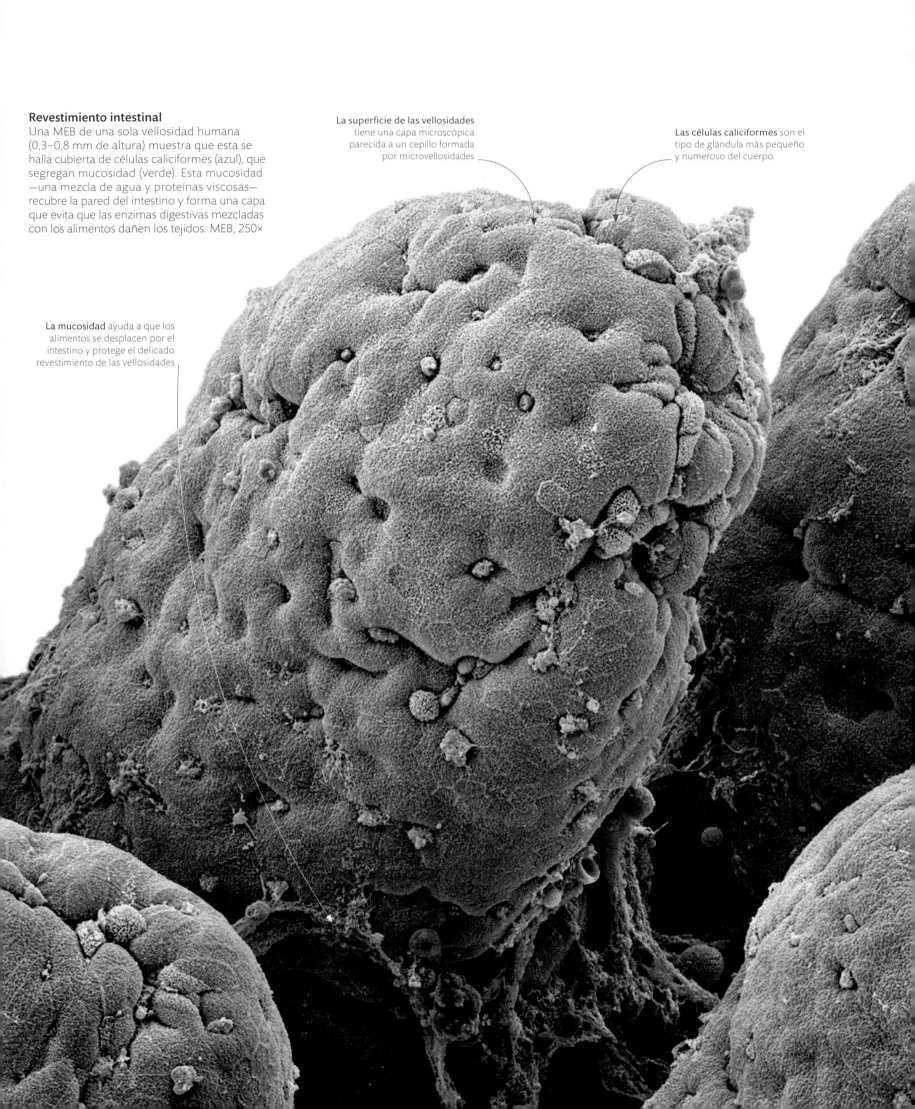

Revestimiento intestinal
Una MEB de una sola vellosidad humana (0,3–0,8 mm de altura) muestra que esta se halla cubierta de células caliciformes (azul), que segregan mucosidad (verde). Esta mucosidad —una mezcla de agua y proteínas viscosas— recubre la pared del intestino y forma una capa que evita que las enzimas digestivas mezcladas con los alimentos dañen los tejidos. MEB, 250×

La superficie de las vellosidades tiene una capa microscópica parecida a un cepillo formada por microvellosidades

Las células caliciformes son el tipo de glándula más pequeño y numeroso del cuerpo

La mucosidad ayuda a que los alimentos se desplacen por el intestino y protege el delicado revestimiento de las vellosidades

Hecha para engancharse
La cabeza, o escólex, de la tenia del cerdo (*Taenia solium*) está armada con ganchos y cuatro ventosas, que se adhieren a la pared del intestino humano. Como otras tenias, esta tiene dos huéspedes diferentes: los segmentos de la tenia llenos de huevos que se desprenden con las heces humanas completan el ciclo vital dentro del cerdo. MEB, 100×

Los segmentos que están justo detrás del escólex (cabeza) son desprendibles; cada uno está lleno de huevos, que dispersan el parásito en el huésped siguiente

Los verticilos de ganchos, de proteína endurecida, se extienden cuando la tenia está adherida con las ventosas y así aseguran la sujeción

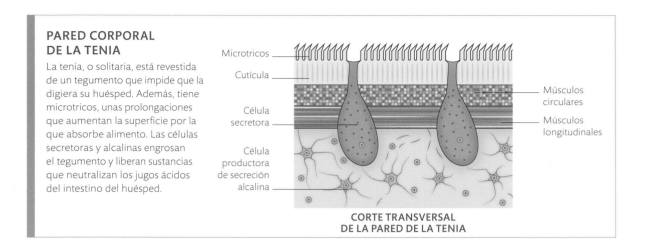

PARED CORPORAL DE LA TENIA

La tenia, o solitaria, está revestida de un tegumento que impide que la digiera su huésped. Además, tiene microtricos, unas prolongaciones que aumentan la superficie por la que absorbe alimento. Las células secretoras y alcalinas engrosan el tegumento y liberan sustancias que neutralizan los jugos ácidos del intestino del huésped.

Microtricos

Cutícula

Célula secretora

Célula productora de secreción alcalina

Músculos circulares

Músculos longitudinales

CORTE TRANSVERSAL DE LA PARED DE LA TENIA

La superficie dura del tegumento resiste la acción de los jugos digestivos del huésped

vivir en el intestino

Un parásito obtiene su alimento de otro organismo: su huésped. Este se debilita a medida que queda privado de alimento. No obstante, al parásito le interesa que el huésped siga vivo, al menos durante el tiempo necesario para reproducirse. Las tenias son maestras en esa relación desigual. Viven en el intestino de muchos animales, en puntos avanzados del tracto digestivo, donde la comida ya está predigerida. Al carecer de intestino propio, necesitan permanecer adheridas a la pared intestinal y absorber lo que haya. Cuando han alcanzado la madurez ponen sus huevos en las heces del huésped; después, los huevos serán ingeridos por otro animal y así se dispersarán.

Las ventosas se adhieren al revestimiento intestinal del huésped para evitar que los movimientos peristálticos expulsen a la tenia

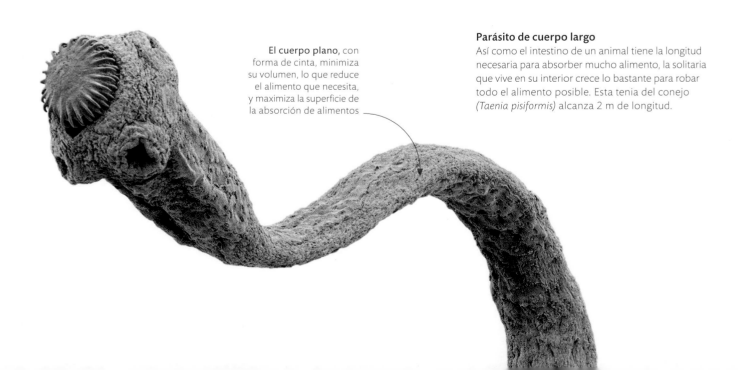

El cuerpo plano, con forma de cinta, minimiza su volumen, lo que reduce el alimento que necesita, y maximiza la superficie de la absorción de alimentos

Parásito de cuerpo largo
Así como el intestino de un animal tiene la longitud necesaria para absorber mucho alimento, la solitaria que vive en su interior crece lo bastante para robar todo el alimento posible. Esta tenia del conejo (*Taenia pisiformis*) alcanza 2 m de longitud.

La araña se aferra a
la red con las garras
y sedas del extremo
de las patas

Tejer una trampa
La araña de cuatro puntos *(Araneus quadratus)*
utiliza su seda para construir una red con la que
atrapar insectos voladores. Comienza tendiendo
un puente que conecta dos soportes. Después
teje una malla a base de radios y espirales en
torno a un punto central.

redes tejidas

La seda es uno de los materiales más resistentes producidos por
los seres vivos. Las arañas y las orugas hacen con ella capullos.
Las arañas, además, la usan para tender trampas con las que
atrapan presas. La seda es una proteína y, al igual que otras
muchas proteínas (como la insulina y las enzimas digestivas), se
sintetiza en glándulas y se segrega en forma líquida. Cuando sale
de la glándula se transforma en un hilo sólido gracias a reacciones
físicas y químicas. Las arañas pueden tejer telas de seda de una
extraordinaria complejidad geométrica.

FABRICAR SEDA

Las glándulas del abdomen de las arañas producen diferentes
tipos de seda. Algunos sirven para proteger los huevos; otros
son tan delicados que transmiten las vibraciones de la presa y
alertan a la araña, o bien son pegajosos y retienen la presa,
pero todos los tipos de seda se fabrican igual. La proteína
líquida almacenada en la glándula de la seda pasa por unos
conductos donde aumenta su acidez y se elimina el agua. Eso
modifica el estado de la proteína y la convierte en hilos, de la
misma manera que un huevo se vuelve sólido al hervir.

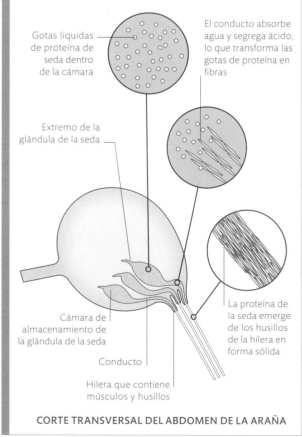

Gotas líquidas
de proteína de
seda dentro
de la cámara

El conducto absorbe
agua y segrega ácido,
lo que transforma las
gotas de proteína en
fibras

Extremo de la
glándula de la seda

Cámara de
almacenamiento de
la glándula de la seda

Conducto

La proteína de
la seda emerge
de los husillos
de la hilera en
forma sólida

Hilera que contiene
músculos y husillos

CORTE TRANSVERSAL DEL ABDOMEN DE LA ARAÑA

Los minúsculos husillos del
interior de la hilera liberan
hebras de seda que pueden
ser 20 veces más finas que
un cabello humano

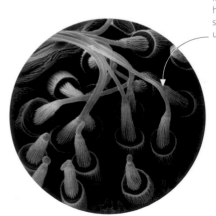

Segregación de la seda
Dependiendo de la especie, una araña
puede tener hasta cuatro pares de hileras
en el extremo del abdomen. En cada
hilera, como en esta de *Gasteracantha* sp.,
hay músculos que controlan su posición
y la de un grupo de diminutos agujeros,
o husillos, por cuyo extremo se segregan
los hilos de seda.

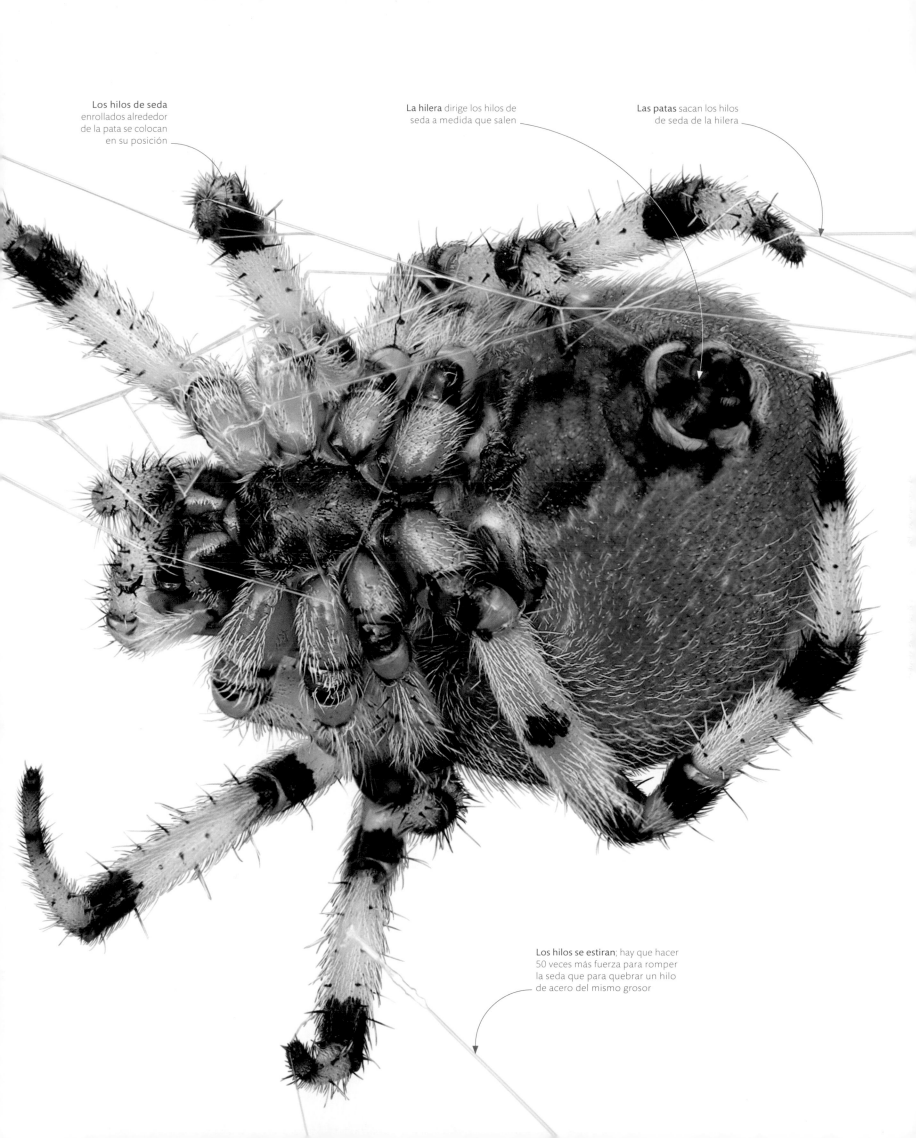

Los hilos de seda enrollados alrededor de la pata se colocan en su posición

La hilera dirige los hilos de seda a medida que salen

Las patas sacan los hilos de seda de la hilera

Los hilos se estiran; hay que hacer 50 veces más fuerza para romper la seda que para quebrar un hilo de acero del mismo grosor

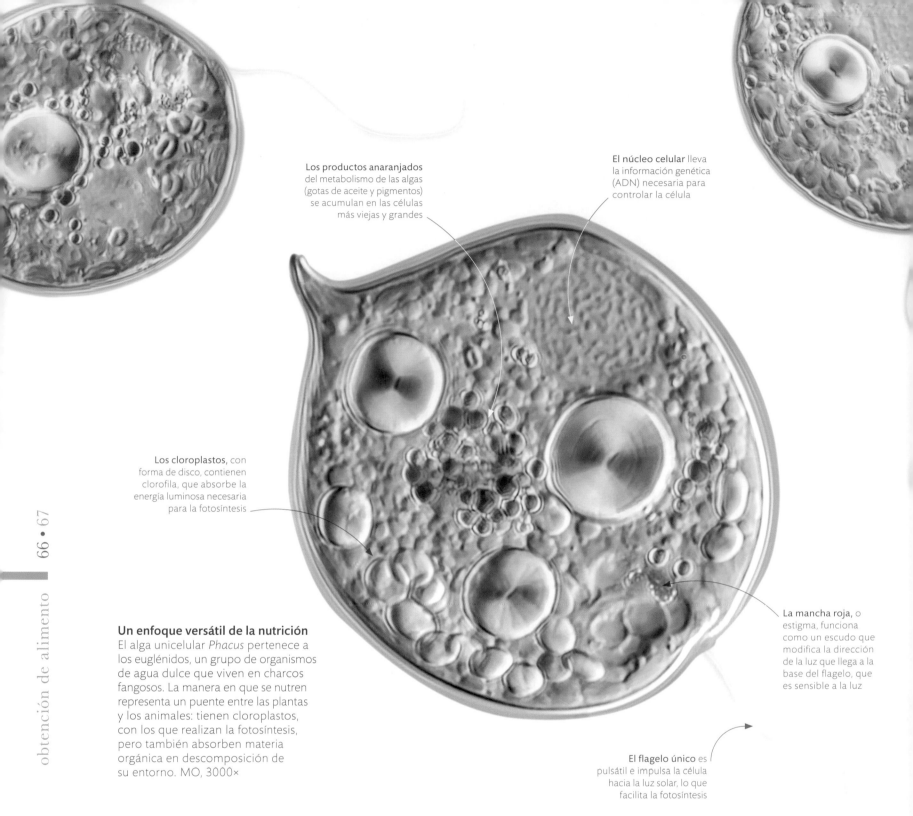

Los productos anaranjados del metabolismo de las algas (gotas de aceite y pigmentos) se acumulan en las células más viejas y grandes

El núcleo celular lleva la información genética (ADN) necesaria para controlar la célula

Los cloroplastos, con forma de disco, contienen clorofila, que absorbe la energía luminosa necesaria para la fotosíntesis

La mancha roja, o estigma, funciona como un escudo que modifica la dirección de la luz que llega a la base del flagelo, que es sensible a la luz

Un enfoque versátil de la nutrición
El alga unicelular *Phacus* pertenece a los euglénidos, un grupo de organismos de agua dulce que viven en charcos fangosos. La manera en que se nutren representa un puente entre las plantas y los animales: tienen cloroplastos, con los que realizan la fotosíntesis, pero también absorben materia orgánica en descomposición de su entorno. MO, 3000×

El flagelo único es pulsátil e impulsa la célula hacia la luz solar, lo que facilita la fotosíntesis

ni planta ni animal

Las algas unicelulares fotosintetizadoras son una fuente importante de materia orgánica en todas las redes tróficas acuáticas. Como los vegetales, las algas tienen cloroplastos, con clorofila, que absorben la energía de la luz, pero muchas se desplazan, como los animales, y alcanzan lugares iluminados impulsándose mediante flagelos (pp. 100–101). Algunas pueden absorber materia orgánica del medio, que les proporciona nutrientes que no producen por sí mismas, por ejemplo, vitaminas. Unas pocas desactivan la fotosíntesis cuando están en penumbra y se nutren por completo de materia orgánica.

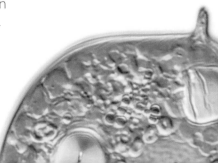

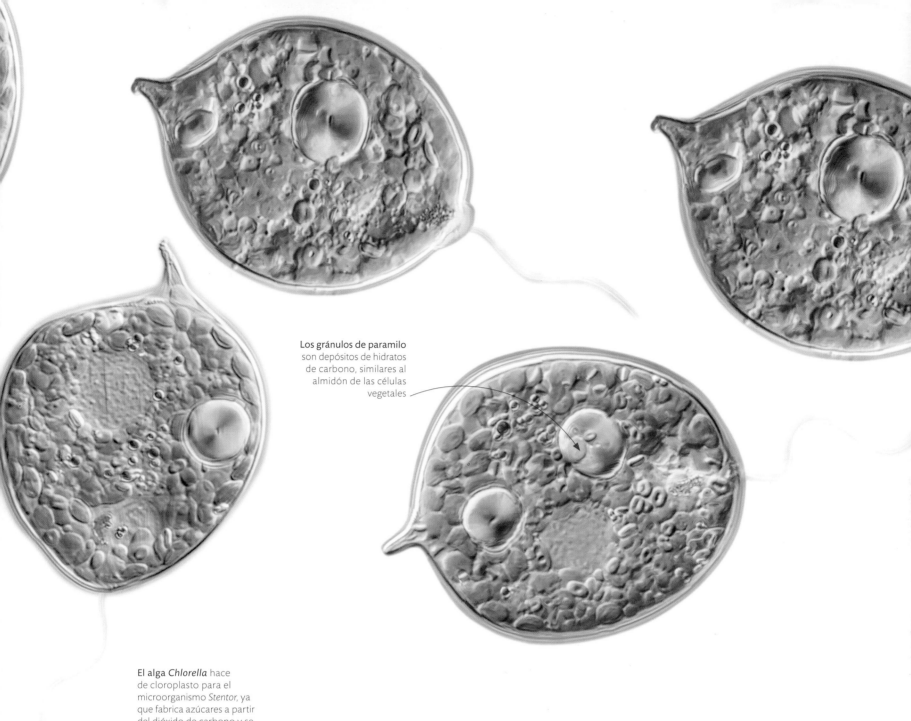

Los gránulos de paramilo son depósitos de hidratos de carbono, similares al almidón de las células vegetales

El alga *Chlorella* hace de cloroplasto para el microorganismo *Stentor*, ya que fabrica azúcares a partir del dióxido de carbono y se los pasa al protozoo

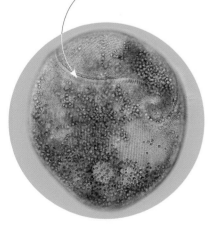

Intercambio de recursos

El protozoo *Stentor* parece un alga con cloroplastos, como *Phacus*, pero no lo es. Las manchas verdes son algas unicelulares que se han instalado en él en simbiosis, una relación beneficiosa para ambos organismos.

ALTERNAR ES LA ESTRATEGIA

Algunos tipos de euglénidos, como *Euglena gracilis*, alternan, según las circunstancias, entre la fotosíntesis y aprovechar materia del medio. Cuando hay mucha luz, los cloroplastos se agrandan y producen casi todos los nutrientes que necesitan. Pero si el medio se vuelve demasiado oscuro para la fotosíntesis, los cloroplastos se reducen y las células dependen de la absorción de materia orgánica del medio.

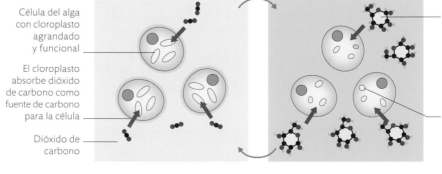

Célula del alga con cloroplasto agrandado y funcional

El cloroplasto absorbe dióxido de carbono como fuente de carbono para la célula

Dióxido de carbono

La glucosa y los compuestos orgánicos complejos son fuente de carbono

El cloroplasto se reduce y no es funcional

EUGLÉNIDOS CON ILUMINACIÓN REGULAR

EUGLÉNIDOS CON OSCURIDAD PROLONGADA

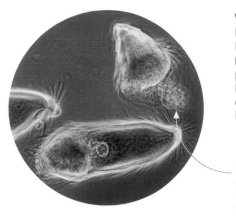

Vivir de la madera
Las termitas abundan en las zonas tropicales. La digestión de la madera por *Coptotermes niger* (propia de América Central) empieza con las piezas bucales masticadoras y termina con los microorganismos intestinales. Así, la termita obtiene nutrientes y, además, abre cavidades en la madera donde anidará una colonia. MEB, 50×

Los flagelos ayudan al protozoo a nadar hacia las partículas de madera en el intestino de la termita

Microorganismos intestinales
El flagelado *Trichonympha* es un protozoo intestinal que genera ácidos grasos, algunos de las cuales absorbe y utiliza la termita.

comer madera

La celulosa de la pared celular vegetal es un escollo para muchos herbívoros, al igual que la madera, aún más dura, que tiene lignina. Pero las termitas se han adaptado a comer madera asociadas con microorganismos. Su aparato digestivo alberga microorganismos cuyas enzimas ablandan la madera y transforman la celulosa en nutrientes. Algunas bacterias extraen el nitrógeno del aire y así aumentan el insumo de ese gas para las termitas. Por su parte, las arqueas procesan los residuos y producen metano; esto hace de las termitas unos productores notables de ese gas de efecto invernadero.

PROCESAR LA MADERA

El intestino de las termitas digiere la celulosa y la transforma en nutrientes que pueden ser absorbidos; la lignina indigerible queda como residuo. Los microorganismos de su intestino participan en la digestión. Algunos, ricos en nitrógeno, son excretados y después consumidos y digeridos por otras termitas, que complementan así su dieta pobre en nitrógeno.

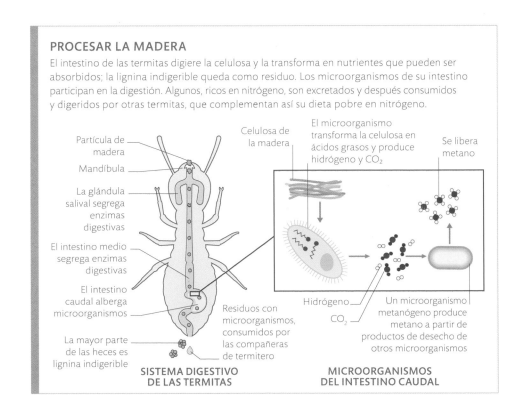

Partícula de madera

Mandíbula

La glándula salival segrega enzimas digestivas

El intestino medio segrega enzimas digestivas

El intestino caudal alberga microorganismos

La mayor parte de las heces es lignina indigerible

Residuos con microorganismos, consumidos por las compañeras de termitero

Celulosa de la madera

El microorganismo transforma la celulosa en ácidos grasos y produce hidrógeno y CO_2

Se libera metano

Hidrógeno

CO_2

Un microorganismo metanógeno produce metano a partir de productos de desecho de otros microorganismos

SISTEMA DIGESTIVO DE LAS TERMITAS

MICROORGANISMOS DEL INTESTINO CAUDAL

energía para el cuerpo

Los seres vivos tienen energía química; liberarla y utilizarla para impulsar los procesos vitales es la tarea de las reacciones químicas de la respiración. Algunos microorganismos respiran sin oxígeno, pero los organismos grandes necesitan este gas, y muchas de las estructuras microscópicas de su cuerpo se encargan de absorberlo y distribuirlo a todas las células.

Brillar para encontrar pareja
Por la noche, las luciérnagas macho emiten destellos que atraen
a las hembras. La luz que emiten es fría (conlleva poca pérdida
de calor), pero consume energía, que obtienen del alimento.

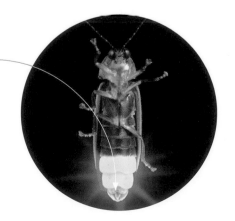

La luz es producida por
órganos del abdomen
especializados

liberar energía

La vida utiliza energía. Incluso los organismos que parecen inactivos, como
las plantas, tienen actividad en sus células: el citoplasma circula, y las células
se dividen. La energía bombea nutrientes a las células, genera calor y construye
nueva materia para crecer y reproducirse. Los animales necesitan energía para
contraer los músculos, establecer sinapsis y —en algunos casos— emitir luz. La
energía para todo procede sale de los alimentos, consumidos o elaborados por
fotosíntesis, y se libera mediante las reacciones químicas de la respiración celular.

Generar luz
La luz de la luciérnaga se produce mediante
reacciones químicas: este proceso es la
bioluminiscencia (pp. 118-119). Las sustancias
necesarias las elabora el metabolismo del
insecto.

BALANCE ENERGÉTICO DE LA VIDA

Las moléculas orgánicas que componen un organismo tienen energía química. Los animales las obtienen de los alimentos, y las plantas las fabrican por fotosíntesis con la energía de la luz. Las moléculas calóricas de los alimentos, como los azúcares (glúcidos) y las grasas (lípidos), reaccionan en las reacciones químicas de la respiración y transfieren su energía a moléculas de trifosfato de adenosina (ATP), la principal «moneda» energética de las células. Luego, el ATP se descompone y libera la energía que impulsa los procesos vitales, como el crecimiento y el movimiento.

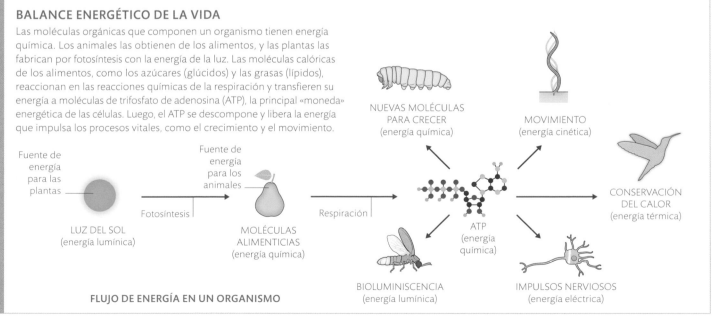

NUEVAS MOLÉCULAS
PARA CRECER
(energía química)

MOVIMIENTO
(energía cinética)

Fuente de
energía
para las
plantas

Fuente de
energía
para los
animales

CONSERVACIÓN
DEL CALOR
(energía térmica)

Fotosíntesis

Respiración

ATP
(energía
química)

LUZ DEL SOL
(energía lumínica)

MOLÉCULAS
ALIMENTICIAS
(energía química)

BIOLUMINISCENCIA
(energía lumínica)

IMPULSOS NERVIOSOS
(energía eléctrica)

FLUJO DE ENERGÍA EN UN ORGANISMO

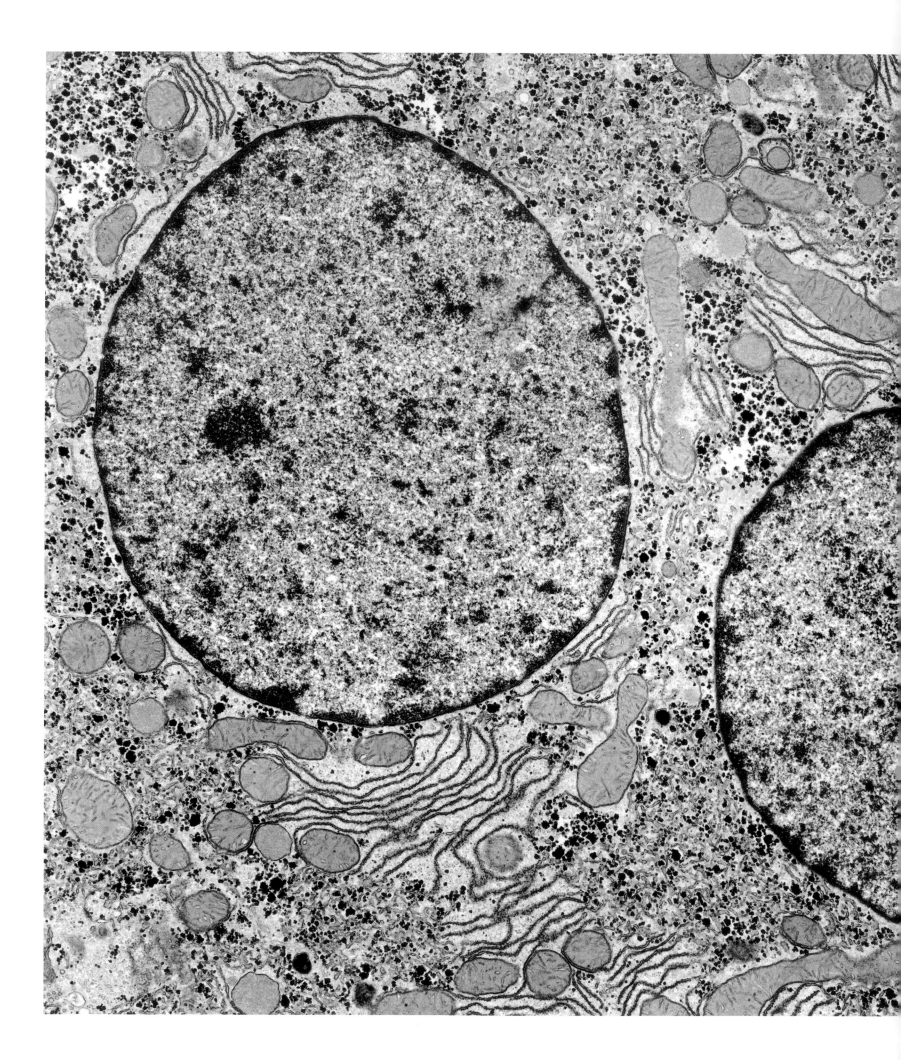

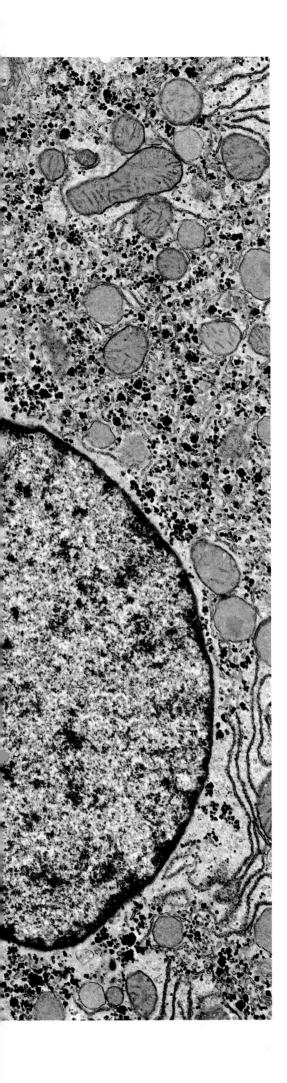

Célula ocupada

A través de reacciones químicas, una célula hepática humana almacena glúcidos, elimina sustancias nocivas y culmina procesos vitales. Toda esa actividad, impulsada por las enzimas, exige energía de las mitocondrias de las células, visibles aquí en color azul claro. MET, 15000×

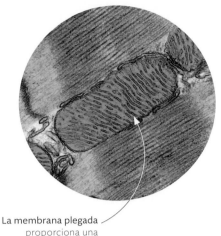

La membrana plegada proporciona una gran superficie para transportar enzimas

La energía del corazón

Las muchas mitocondrias de sus células suministran al corazón la energía que le permite latir sin cesar. Las mitocondrias tienen una alta densidad de pliegues de la membrana, o crestas.

respiración con oxígeno

Las reacciones químicas de la respiración descomponen las moléculas ricas en energía —especialmente la glucosa— en otras más pequeñas y liberan su energía. La transformación de la glucosa en dióxido de carbono (CO_2) es la reacción que produce más energía, pero requiere oxígeno. Las enzimas reúnen en las mitocondrias las moléculas adecuadas y catalizan las reacciones. Esta respiración aeróbica (con oxígeno) es la principal fuente de energía de la célula. Los tejidos que trabajan mucho, como los de los músculos o el hígado, tienen más mitocondrias.

LIBERACIÓN DE ENERGÍA A PARTIR DE LA GLUCOSA

Las reacciones que liberan energía requieren la oxidación del combustible: se añade oxígeno y se elimina hidrógeno. El combustible de las células es la glucosa, que la oxidación descompone en dióxido de carbono. La mayor parte de la energía se genera en las crestas de las mitocondrias. Allí, el hidrógeno es eliminado en una serie de reacciones dependientes del oxígeno y se libera el 90% de la energía que se obtiene de la glucosa.

CLAVE

- Glucosa
- Ácido orgánico
- Energía
- Oxígeno
- Agua
- Dióxido de carbono
- Hidrógeno

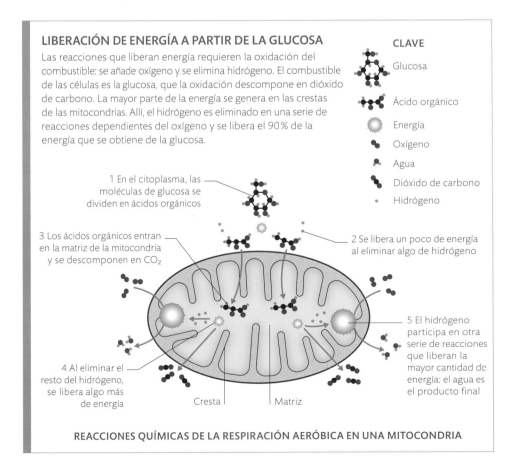

1 En el citoplasma, las moléculas de glucosa se dividen en ácidos orgánicos

2 Se libera un poco de energía al eliminar algo de hidrógeno

3 Los ácidos orgánicos entran en la matriz de la mitocondria y se descomponen en CO_2

5 El hidrógeno participa en otra serie de reacciones que liberan la mayor cantidad de energía: el agua es el producto final

4 Al eliminar el resto del hidrógeno, se libera algo más de energía

Cresta | Matriz

REACCIONES QUÍMICAS DE LA RESPIRACIÓN AERÓBICA EN UNA MITOCONDRIA

El óxido de hierro
recubre esta bacteria
con una gruesa costra
naranja

La bacteria *Acidovorax*
es un bacilo: sus células
tienen forma de bastón

La forma de bastón de la
bacteria se mantiene gracias
a su rígida pared externa

Nódulos producidos por enzimas
que, mediante oxidación química,
transforman el hierro soluble en
óxido de hierro insoluble

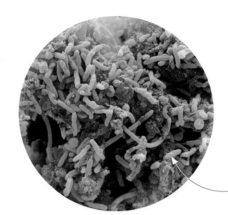

Uranio para comer
Con metales disueltos, como el hierro, el manganeso y el uranio, la bacteria *Geobacter metallireducens* oxida las sustancias orgánicas de las que se alimenta y, al hacerlo, produce un metal sólido como subproducto. Su tolerancia a la radiactividad permite usarla para separar los peligrosos residuos de uranio del agua potable.

Las bacterias (aquí teñidas de verde) colonizan la superficie de los minerales ricos en uranio

Los nódulos de óxido de hierro comienzan a aparecer en esta bacteria

energía mineral

Vistas al microscopio, la mayoría de las 10 000 especies conocidas de bacterias tiene un aspecto similar, pero la gama de lo que pueden hacer es muy amplia. Las bacterias pasan por procesos químicos imposibles en otros seres vivos. Muchas obtienen nutrientes a partir del dióxido de carbono (como las plantas), pero otras usan minerales como fuente de energía. Algunas utilizan minerales como sustituto del oxígeno, lo que las ayuda a prosperar en hábitats donde este escasea, pero continúan extrayendo energía de los alimentos. Esas habilidades químicas hacen de las bacterias unos útiles limpiadores de contaminantes.

Energía de la oxidación
La bacteria *Acidovorax* forma una capa de hierro oxidado debido a su inusual respiración. Vive en suelos poco aireados y emplea nitrato —la misma sal de nitrógeno que absorben las plantas— en lugar de oxígeno. Recoge el hierro disuelto y lo convierte en herrumbre (óxido de hierro) mediante el nitrato: en ese proceso se genera energía aprovechable. MEB, 50 000×

DESCONTAMINACIÓN DE RESIDUOS INDUSTRIALES

Elementos como el uranio y el arsénico son tóxicos porque se disuelven en el agua y pueden pasar a los animales y las plantas. Algunas bacterias convierten esos elementos en formas sólidas que se pueden extraer. Esas bacterias se usan en la biorremediación, que consiste en utilizar organismos para limpiar hábitats contaminados.

Ion metálico tóxico disuelto (partícula cargada)

La bacteria utiliza los iones metálicos para oxidar su alimento

Los iones metálicos tóxicos disminuyen a medida que las bacterias transforman el metal disuelto en un compuesto metálico sólido

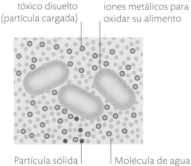

Partícula sólida que contiene metal

Molécula de agua

El precipitado de metal se sedimenta y se puede eliminar

DESCONTAMINACIÓN DEL AGUA

ELABORACIÓN DE LA CERVEZA

La levadura crece mejor cuando tiene respiración aeróbica. Tanto en esta como en la anaeróbica, las enzimas del citoplasma descomponen el azúcar en ácido orgánico y liberan algo de energía. Si hay oxígeno, las enzimas de las mitocondrias descomponen aún más el ácido orgánico y se libera abundante energía. En ausencia de oxígeno, la levadura puede saltarse la etapa aeróbica y pasar a la fermentación, que convierte el ácido orgánico en etanol, liberado como residuo.

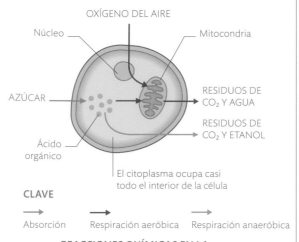

OXÍGENO DEL AIRE

Núcleo

Mitocondria

AZÚCAR

RESIDUOS DE CO_2 Y AGUA

RESIDUOS DE CO_2 Y ETANOL

Ácido orgánico

El citoplasma ocupa casi todo el interior de la célula

CLAVE

→ Absorción

→ Respiración aeróbica

→ Respiración anaeróbica

REACCIONES QUÍMICAS EN LA RESPIRACIÓN DE LA LEVADURA

GEMACIÓN DE LA LEVADURA

Tanto si respira de forma aeróbica como si fermenta, la levadura se reproduce por gemación. El núcleo se divide en dos, y uno de ellos pasa a una protuberancia de la célula progenitora: así se genera una célula hija. Cuando está nutrida y oxigenada, la levadura produce cadenas de células.

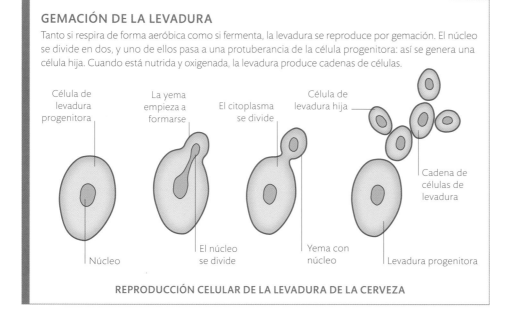

Célula de levadura progenitora

La yema empieza a formarse

El citoplasma se divide

Célula de levadura hija

Cadena de células de levadura

Núcleo

El núcleo se divide

Yema con núcleo

Levadura progenitora

REPRODUCCIÓN CELULAR DE LA LEVADURA DE LA CERVEZA

la energía de la fermentación

Muchos organismos, como las levaduras, pueden obtener energía cuando hay poco oxígeno, o sin oxígeno. La glucosa se descompone en menos pasos y, además de dióxido de carbono, da otros productos en los que se queda gran parte de la energía. En el caso de la levadura, el producto es un alcohol. La respiración anaeróbica (sin oxígeno) es la fermentación. Esta suele ser una estrategia temporal que aprovechan sobre todo microorganismos con poca demanda energética. No obstante, puede suministrar energía de emergencia a organismos aerobios que trabajan al máximo de su capacidad.

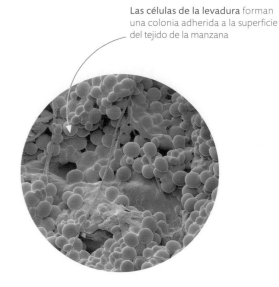

Las células de la levadura forman una colonia adherida a la superficie del tejido de la manzana

Microhábitat dulce

Las levaduras prosperan donde hay una fuente de azúcar para alimentar su metabolismo, como en los túneles abiertos por una oruga de la polilla del manzano dentro de una manzana dulce.

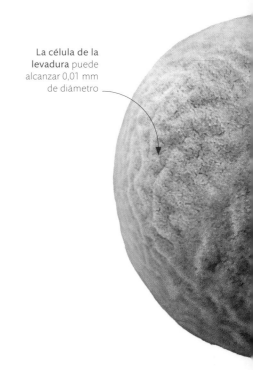

La célula de la levadura puede alcanzar 0,01 mm de diámetro

Microorganismo útil

La fermentación de la levadura de la cerveza (Saccharomyces cerevisiae) se usa en la elaboración de vino, cerveza y pan. A medida que las células se multiplican por gemación, en la respiración se generan residuos que se utilizan para la producción de alimentos y bebidas: etanol, para elaborar bebidas alcohólicas, y gas carbónico, para hacer subir la masa del pan. MEB, 10 000×

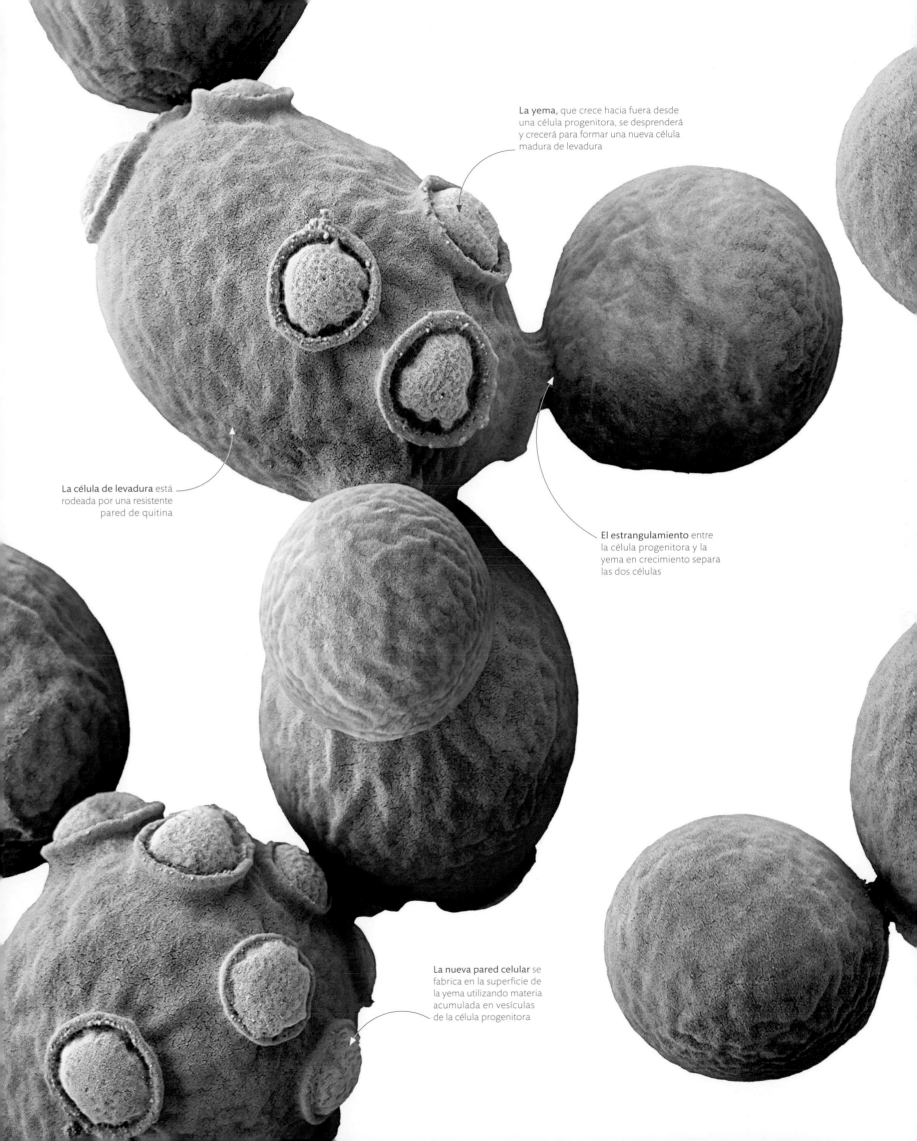

La yema, que crece hacia fuera desde una célula progenitora, se desprenderá y crecerá para formar una nueva célula madura de levadura

La célula de levadura está rodeada por una resistente pared de quitina

El estrangulamiento entre la célula progenitora y la yema en crecimiento separa las dos células

La nueva pared celular se fabrica en la superficie de la yema utilizando materia acumulada en vesículas de la célula progenitora

RESPUESTA A LA DISPONIBILIDAD DE OXÍGENO

Los organismos llamados anaerobios facultativos pueden alternar entre la respiración aeróbica y la anaeróbica, pero se desarrollan mejor en medios ricos en oxígeno. Los que no pueden utilizar el oxígeno se llaman aerobios obligados y crecen mejor sin él o no les afecta su presencia. Los organismos microaerófilos solo sobreviven en medios con poco oxígeno.

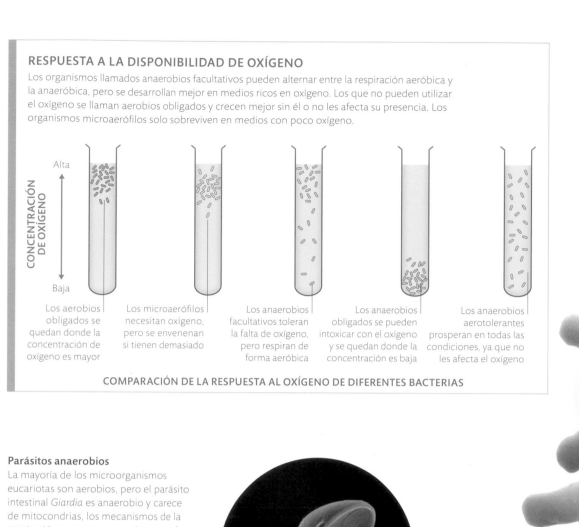

CONCENTRACIÓN DE OXÍGENO

Alta

Baja

Los aerobios obligados se quedan donde la concentración de oxígeno es mayor

Los microaerófilos necesitan oxígeno, pero se envenenan si tienen demasiado

Los anaerobios facultativos toleran la falta de oxígeno, pero respiran de forma aeróbica

Los anaerobios obligados se pueden intoxicar con el oxígeno y se quedan donde la concentración es baja

Los anaerobios aerotolerantes prosperan en todas las condiciones, ya que no les afecta el oxígeno

COMPARACIÓN DE LA RESPUESTA AL OXÍGENO DE DIFERENTES BACTERIAS

Las cadenas de bacterias son el resultado de la división celular

Parásitos anaerobios

La mayoría de los microorganismos eucariotas son aerobios, pero el parásito intestinal *Giardia* es anaerobio y carece de mitocondrias, los mecanismos de la respiración que consume oxígeno en las células de los organismos aerobios.

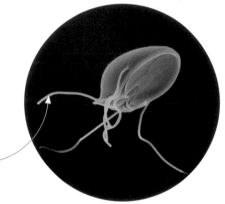

Giardia se mueve en el intestino por el impulso del flagelo filiforme

envenenados por el oxígeno

Las células de la mayoría de los seres vivos consumen oxígeno y disfrutan de la ventaja de disponer de la energía liberada por la respiración aeróbica. Pero cuando la concentración de oxígeno es muy inferior a la de la atmósfera (alrededor del 20 %), los organismos tienen que recurrir a la respiración anaeróbica. Algunos microorganismos, como las arqueas, descienden de antepasados que vivieron hace millones de años, cuando la atmósfera de la Tierra carecía de oxígeno y antes de que surgiera la fotosíntesis que lo genera, y han permanecido en hábitats anaeróbicos, como sedimentos fangosos o el fondo marino. Otros organismos que rehúyen el oxígeno han evolucionado para vivir en el tracto digestivo de los animales.

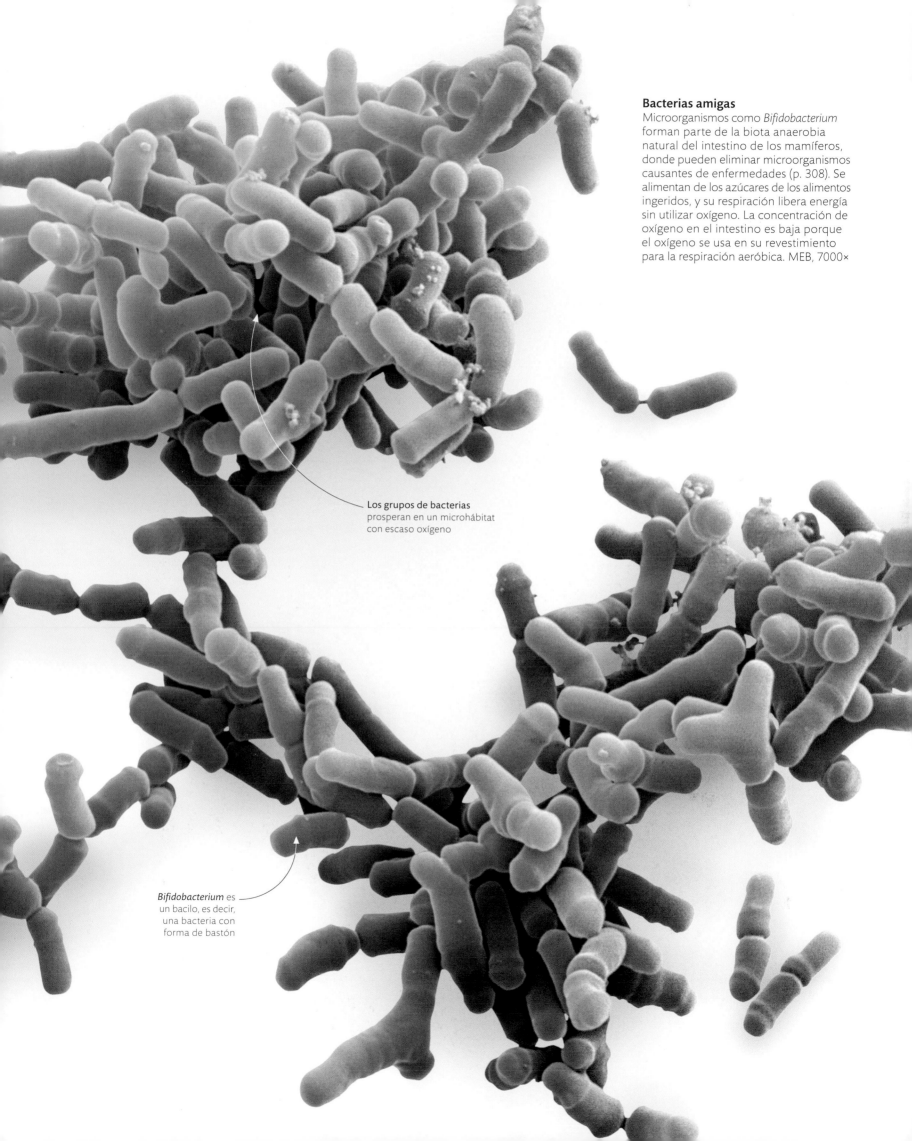

Bacterias amigas
Microorganismos como *Bifidobacterium* forman parte de la biota anaerobia natural del intestino de los mamíferos, donde pueden eliminar microorganismos causantes de enfermedades (p. 308). Se alimentan de los azúcares de los alimentos ingeridos, y su respiración libera energía sin utilizar oxígeno. La concentración de oxígeno en el intestino es baja porque el oxígeno se usa en su revestimiento para la respiración aeróbica. MEB, 7000×

Los grupos de bacterias prosperan en un microhábitat con escaso oxígeno

Bifidobacterium es un bacilo, es decir, una bacteria con forma de bastón

intercambio gaseoso

Un animal vivo consume oxígeno y produce dióxido de carbono (pp. 74–75), lo que crea un gradiente de gases entre el interior y el exterior. El oxígeno entra, y el dióxido de carbono sale, siempre desde donde la concentración es mayor hacia donde es menor. Pero la difusión no es lo bastante rápida a partir de cierto tamaño corporal; por eso los animales acuáticos respiran por branquias, cuyas láminas aumentan la superficie de intercambio de gases, facilitado por las paredes finas y la abundancia de vasos sanguíneos. La sangre fluye por las branquias y el agua pasa a través de ellas: así se mantiene un fuerte gradiente de concentración de los gases, lo que hace que el intercambio sea rápido y eficaz.

SUPERFICIES RESPIRATORIAS

Los animales acuáticos dependen del oxígeno disuelto en el agua. Necesitan mucha superficie respiratoria porque en el agua hay poco oxígeno; allí, los organismos pequeños respiran por todo el cuerpo, pero los grandes necesitan branquias u otra estructura externa. El aire es rico en oxígeno, pero seco, y no proporciona apoyo; por eso, los animales que respiran aire tienen órganos respiratorios internos que minimizan la pérdida de agua y se mantienen húmedos y bien sostenidos.

Intercambio de gases a través de la superficie del cuerpo

Vapor de agua perdido por la piel

SUPERFICIE CORPORAL (EN EL AGUA)

SUPERFICIE CORPORAL (EN EL AIRE)

Branquias sostenidas por el agua

Conductos de aire en los pulmones (o tráqueas, los tubos respiratorios de los insectos)

BRANQUIAS (EN EL AGUA)

PULMONES Y TRÁQUEAS (EN EL AIRE)

CLAVE → Oxígeno → Vapor de agua
→ CO_2

El tubo protector contiene el tórax y el abdomen del gusano

Aparato respiratorio retráctil

Los plumeros de mar son gusanos que deben su nombre a la corona de tentáculos que sobresalen de su tubo protector, construido con carbonato de calcio o mucosidad. Ante cualquier peligro, esconden rápidamente los tentáculos.

Ramas plumosas

Las branquias están formadas por diferentes partes del cuerpo, según el animal. Las branquias de *Sabellastarte magnifica*, un plumero de mar, aquí aumentado 10 veces, son sus radiolos (tentáculos ciliados) con forma de pluma. Cada uno tiene muchas pínulas llenas de sangre y cubiertas de cilios batientes que dirigen el agua a través del plumero y favorecen así la alimentación y la respiración.

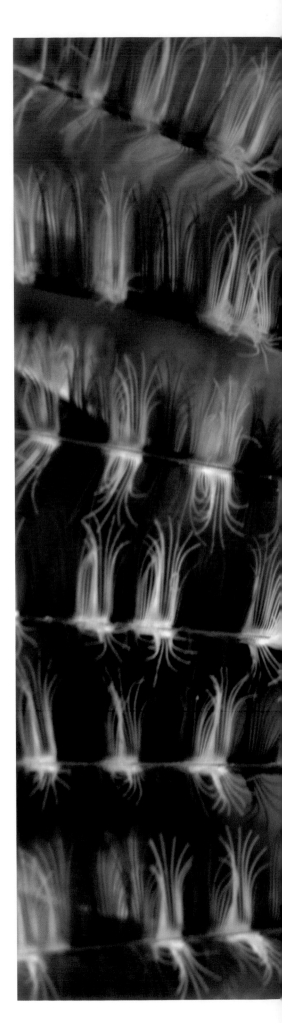

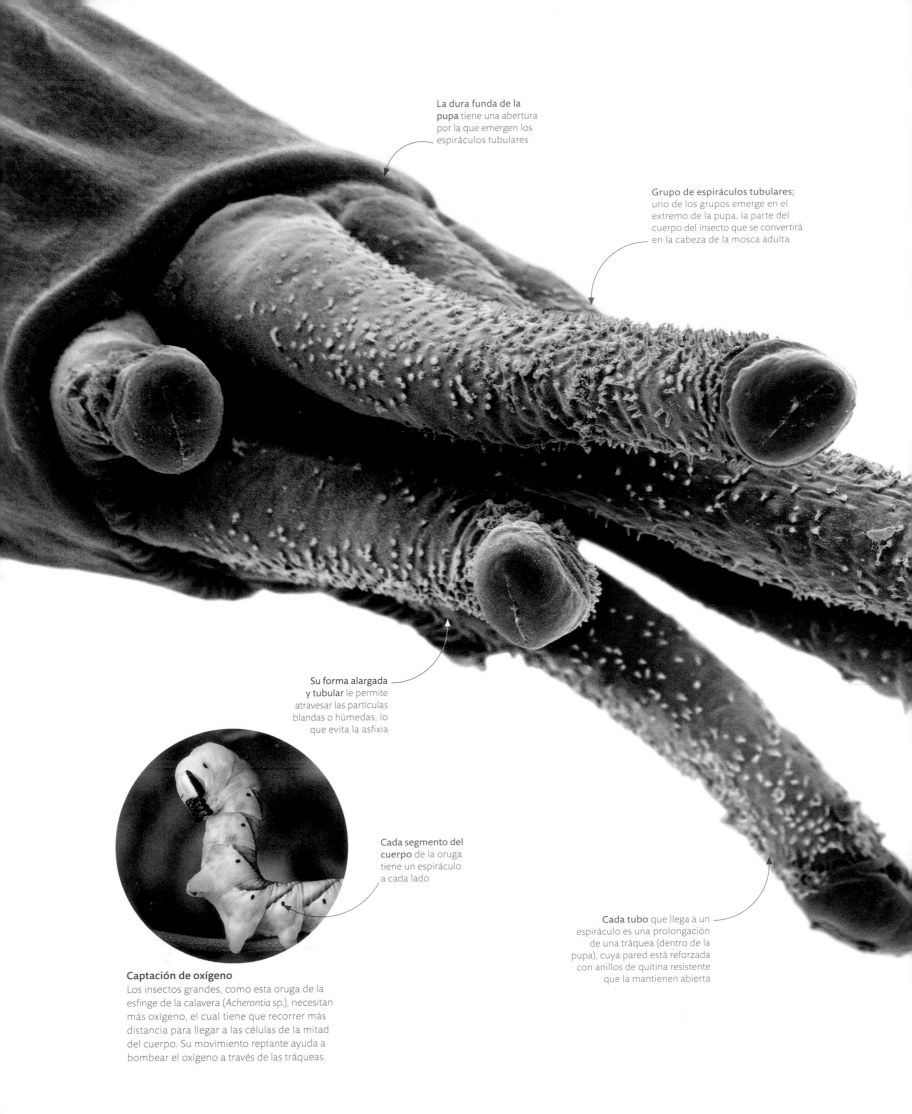

La dura funda de la pupa tiene una abertura por la que emergen los espiráculos tubulares

Grupo de espiráculos tubulares; uno de los grupos emerge en el extremo de la pupa, la parte del cuerpo del insecto que se convertirá en la cabeza de la mosca adulta

Su forma alargada y tubular le permite atravesar las partículas blandas o húmedas, lo que evita la asfixia

Cada segmento del cuerpo de la oruga tiene un espiráculo a cada lado

Cada tubo que llega a un espiráculo es una prolongación de una tráquea (dentro de la pupa), cuya pared está reforzada con anillos de quitina resistente que la mantienen abierta

Captación de oxígeno
Los insectos grandes, como esta oruga de la esfinge de la calavera (*Acherontia* sp.), necesitan más oxígeno, el cual tiene que recorrer más distancia para llegar a las células de la mitad del cuerpo. Su movimiento reptante ayuda a bombear el oxígeno a través de las tráqueas.

Espiráculos tubulares

Cada espiráculo (orificio respiratorio) de la pupa de la mosca de la fruta (*Drosophila melanogaster*) nace en el extremo de un tubo. Las larvas de esta mosca se alimentan entre el líquido dulce de la fruta en descomposición. Si una larva no encuentra un lugar seco para pupar, los espiráculos tubulares evitan que su sistema traqueal sea taponado por el alimento pegajoso y le permiten alcanzar aire rico en oxígeno y seguir respirando en su medio. MEB, 1800×

Oxigenar un cuerpo diminuto

En la mayoría de los insectos voladores adultos, como la mosca de la fruta, el sistema traqueal conecta con una fila de espiráculos a cada lado del cuerpo. Este minúsculo insecto (4 mm de longitud), es lo bastante pequeño como para que el oxígeno llegue a sus células por difusión, sin necesidad de transporte activo.

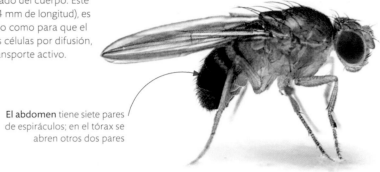

El **abdomen** tiene siete pares de espiráculos; en el tórax se abren otros dos pares

La **abertura espiral** en forma de hendidura ayuda a evitar que los desechos obstruyan el espiráculo

tubos de respiración

En muchos animales, los pulmones o las branquias recogen el oxígeno y se lo suministran a las células a través de la sangre. En cambio, el sistema respiratorio de los insectos evita la sangre. Las tráqueas son tubos llenos de aire que forman una red que transporta el oxígeno desde los espiráculos (orificios de la superficie del cuerpo) hasta los tejidos. Las tráqueas tienen unas ramificaciones tan finas que pueden llevar el oxígeno a cada célula. Este sistema respiratorio requiere poca energía, y los espiráculos pierden poca agua, pero la distancia que recorre el oxígeno debe ser corta para que sea eficaz: por eso los insectos suelen ser diminutos.

TRÁQUEAS Y TRAQUEOLAS

Las tráqueas de los insectos se mantienen abiertas mediante refuerzos de quitina (el material de su exoesqueleto). Pero las traqueolas, los tubos más pequeños y profundos del sistema traqueal, solo están revestidos por una fina membrana celular, que permite la difusión del oxígeno hacia las células circundantes.

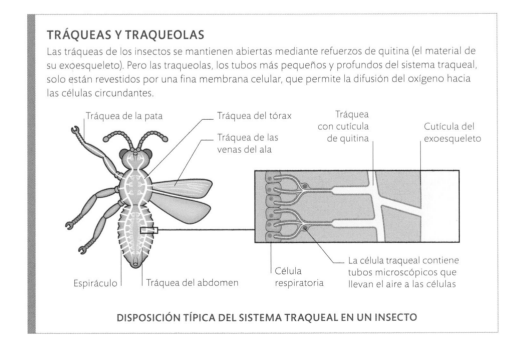

Tráquea de la pata   Tráquea del tórax   Tráquea con cutícula de quitina   Cutícula del exoesqueleto

Tráquea de las venas del ala

Espiráculo   Tráquea del abdomen   Célula respiratoria   La célula traqueal contiene tubos microscópicos que llevan el aire a las células

DISPOSICIÓN TÍPICA DEL SISTEMA TRAQUEAL EN UN INSECTO

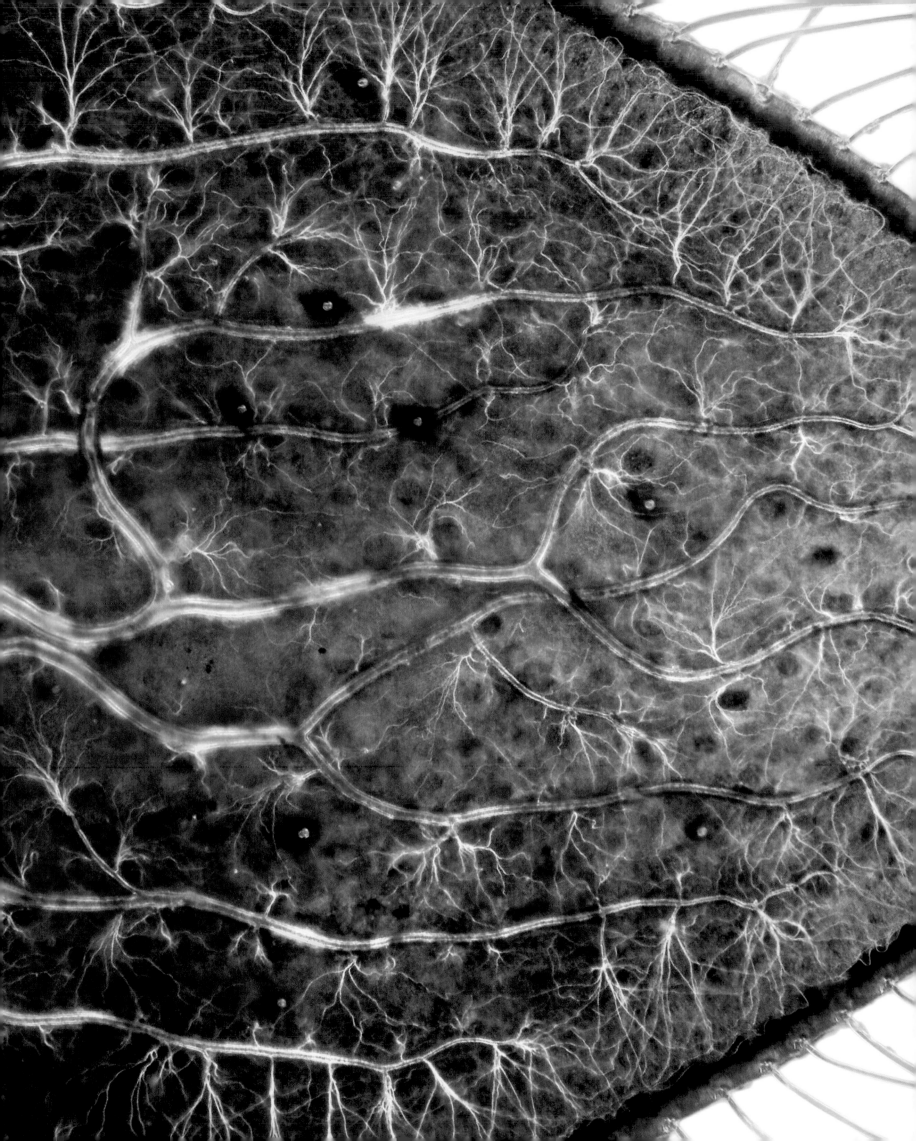

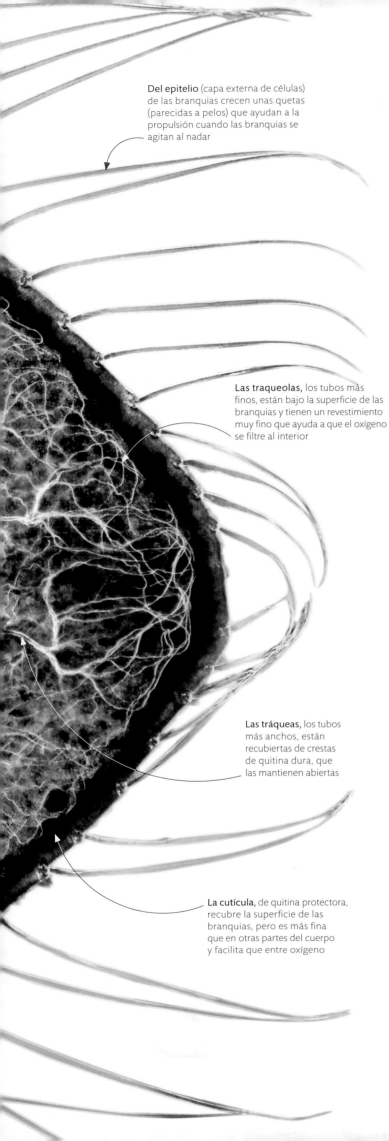

Del **epitelio** (capa externa de células) de las branquias crecen unas quetas (parecidas a pelos) que ayudan a la propulsión cuando las branquias se agitan al nadar

Las traqueolas, los tubos más finos, están bajo la superficie de las branquias y tienen un revestimiento muy fino que ayuda a que el oxígeno se filtre al interior

Las tráqueas, los tubos más anchos, están recubiertas de crestas de quitina dura, que las mantienen abiertas

La cutícula, de quitina protectora, recubre la superficie de las branquias, pero es más fina que en otras partes del cuerpo y facilita que entre oxígeno

las branquias de los insectos

Los insectos tienen una red de tubos llamados tráqueas que llevan oxígeno al cuerpo directamente desde el aire. Pero algunos han evolucionado hacia la vida acuática: muchos, como los caballitos del diablo, comienzan siendo ninfas subacuáticas, y sus tráqueas se ramifican finamente en unas prolongaciones del cuerpo que funcionan como unas branquias. No tienen espiráculos (pp. 84–85), sino que el oxígeno disuelto en el agua se filtra a través de la fina pared branquial y, si el hábitat está bien oxigenado, se difunde sin cesar en el cuerpo y reemplaza el ya utilizado por los tejidos.

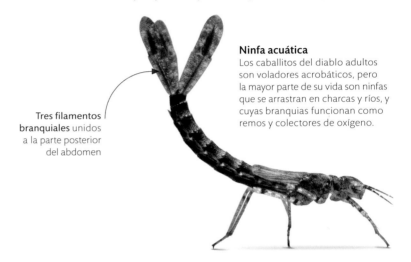

Ninfa acuática
Los caballitos del diablo adultos son voladores acrobáticos, pero la mayor parte de su vida son ninfas que se arrastran en charcas y ríos, y cuyas branquias funcionan como remos y colectores de oxígeno.

Tres filamentos branquiales unidos a la parte posterior del abdomen

Branquia traqueal
Las branquias de muchos animales tienen vasos sanguíneos, pero las de un caballito del diablo tienen en su lugar tráqueas llenas degas. Estos tubos tienen un extremo ciego y están tan cerca de la superficie de las branquias que el oxígeno les llega fácilmente. MO, 550×

SUMINISTRO DE AIRE

Los insectos subacuáticos cuentan con respiración traqueal y deben llevar una provisión de aire que reponen en la superficie. Los escarabajos buceadores llevan bajo los élitros una burbuja que sueltan cuando se agota el oxígeno, y otros insectos retienen una película de aire con los pelos en la superficie del cuerpo. Otros, como los gusanos cola de rata, respiran sumergidos a través de sifones conectados a la superficie.

ESCARABAJO BUCEADOR

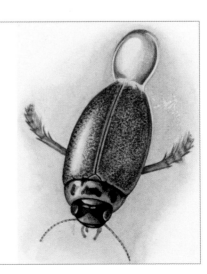
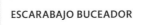

Las venas y las arterias, que transportan la sangre, conectan los pulmones con el corazón

Red de sacos de aire
Los bronquiolos son millones de finos conductos de aire que terminan en los alvéolos, unos sacos de aire de pared delgada, que se ven como espacios esféricos en esta imagen de tejido pulmonar. Los glóbulos rojos que aparecen por roturas de las paredes alveolares indican que hay una red de capilares (pequeños vasos sanguíneos) alrededor de cada alvéolo. Los glóbulos rojos absorben el oxígeno y lo llevan a las células. MEB, 1860×

La caja torácica rodea y protege los pulmones

Pulmones humanos
Como todos los mamíferos, los seres humanos tienen dos pulmones. El aire entra en ellos a través de dos tubos: los bronquios. La circulación pulmonar conecta los pulmones con el corazón, que bombea la sangre oxigenada a todo el cuerpo.

pulmones de los mamíferos

Los animales necesitan oxígeno para extraer la energía del alimento. Los vertebrados más grandes que respiran aire, como los mamíferos, lo obtienen mediante los pulmones. Aspiran aire, que contiene oxígeno, y lo llevan hacia los pulmones, y expulsan el dióxido de carbono de desecho con los movimientos respiratorios. La compleja estructura de tubos y sacos de aire de los pulmones maximiza la superficie a través de la cual se obtiene oxígeno; por eso, los animales con pulmones pueden crecer mucho más que los que no los tienen.

INTERCAMBIO DE GASES
El intercambio de gases es el proceso por el que la sangre absorbe oxígeno y elimina dióxido de carbono (producto de desecho de la respiración). El aire que entra en el alvéolo (saco de aire) tiene un 21 % de oxígeno, y el que sale, un 16 %. Los dos gases se mueven en direcciones opuestas por difusión a través de las finas paredes de los alvéolos y de los capilares que los rodean, de manera que pasan de donde su concentración es mayor a donde es menor.

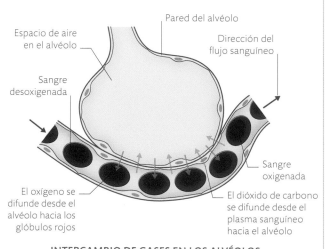

Pared del alvéolo

Espacio de aire en el alvéolo

Dirección del flujo sanguíneo

Sangre desoxigenada

Sangre oxigenada

El oxígeno se difunde desde el alvéolo hacia los glóbulos rojos

El dióxido de carbono se difunde desde el plasma sanguíneo hacia el alvéolo

INTERCAMBIO DE GASES EN LOS ALVÉOLOS

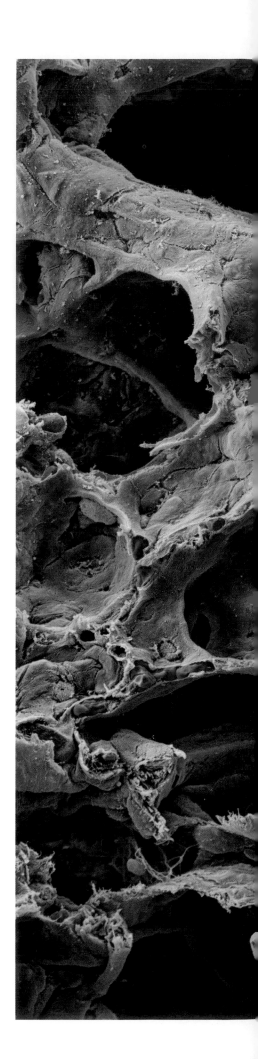

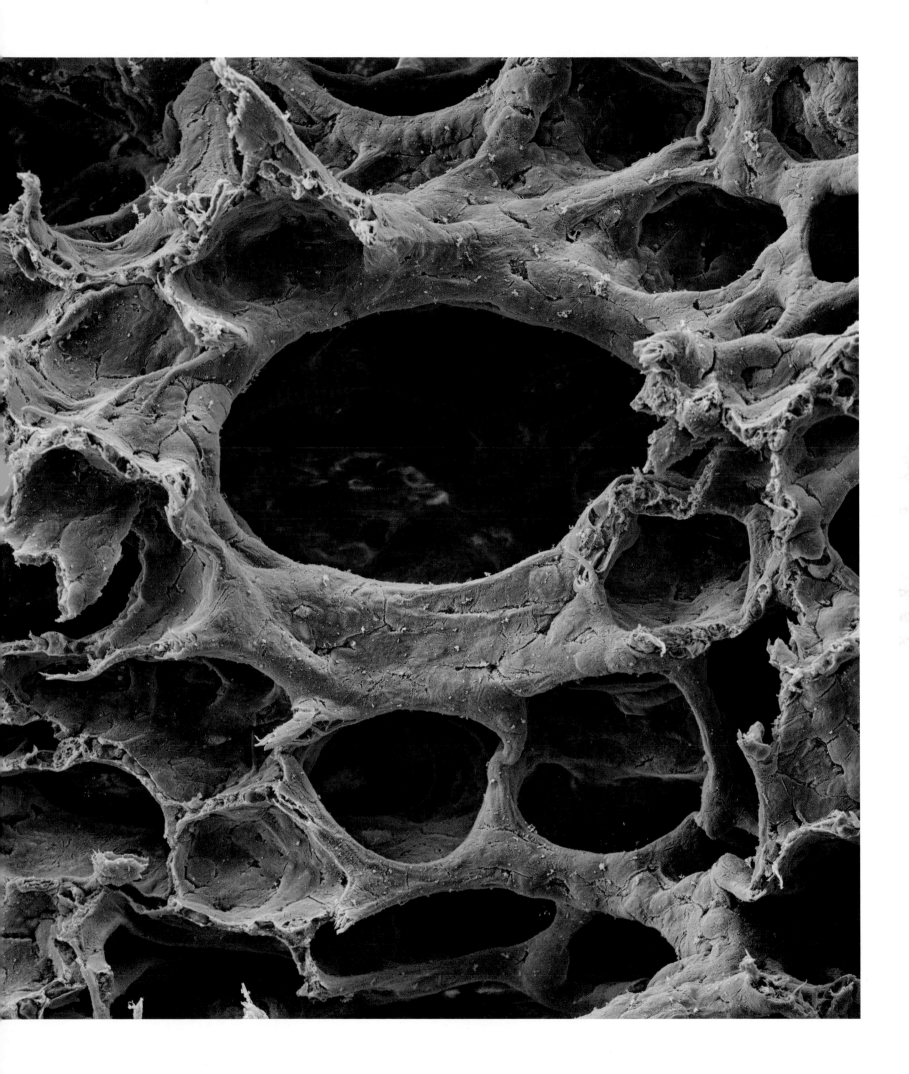

transportar oxígeno

El oxígeno es vital para la respiración, pero no se disuelve bien en agua. Eso no es un problema para los insectos, que pasan el oxígeno a las células directamente desde el aire a través de las tráqueas, pero los animales que transportan el oxígeno en la sangre necesitan un portador que lo recoja en los pulmones o en las branquias y lo lleve a en todas las células. Los vertebrados empaquetan su portador de oxígeno, la hemoglobina, en los glóbulos rojos. Más del 80 % de las células humanas son glóbulos rojos, lo que indica su importancia.

CARGA Y DESCARGA

Los glóbulos rojos contienen hemoglobina y poco más. Los de los mamíferos pierden el núcleo, con el ADN, por lo que les cabe más hemoglobina. Una molécula de hemoglobina está formada por cuatro cadenas de proteínas, cada una de las cuales lleva un componente con un átomo de hierro llamado grupo hemo. El oxígeno se une al hemo allí donde hay mucho oxígeno —los pulmones o las branquias—, y es liberado donde hay poco: en los tejidos.

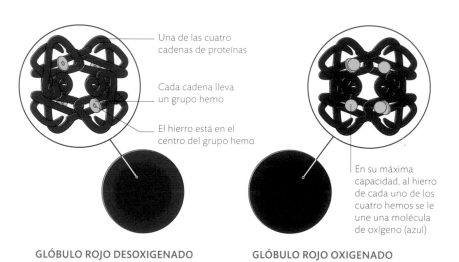

Una de las cuatro cadenas de proteínas

Cada cadena lleva un grupo hemo

El hierro está en el centro del grupo hemo

En su máxima capacidad, al hierro de cada uno de los cuatro hemos se le une una molécula de oxígeno (azul)

GLÓBULO ROJO DESOXIGENADO

GLÓBULO ROJO OXIGENADO

Discos portadores de oxígeno

En la sangre humana hay glóbulos rojos, que transportan oxígeno, y glóbulos blancos, que combaten las infecciones. Los rojos son mil veces más abundantes que los blancos. Un glóbulo rojo es un disco sin núcleo; la ausencia de este permite aprovechar el espacio para portar el máximo de hemoglobina. MEB, 2800×

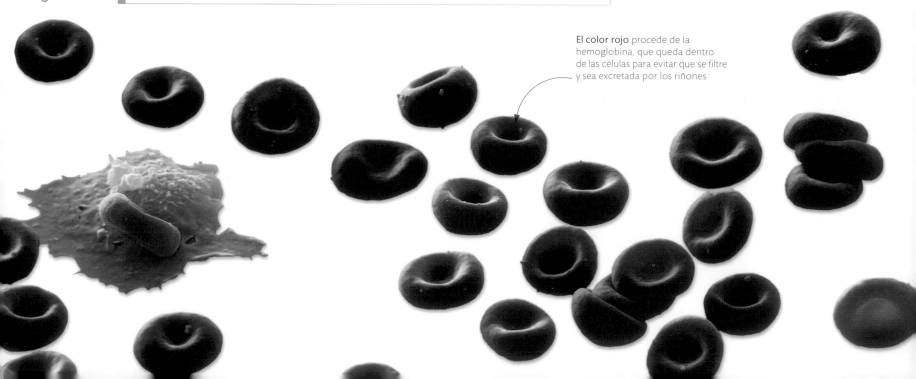

El color rojo procede de la hemoglobina, que queda dentro de las células para evitar que se filtre y sea excretada por los riñones

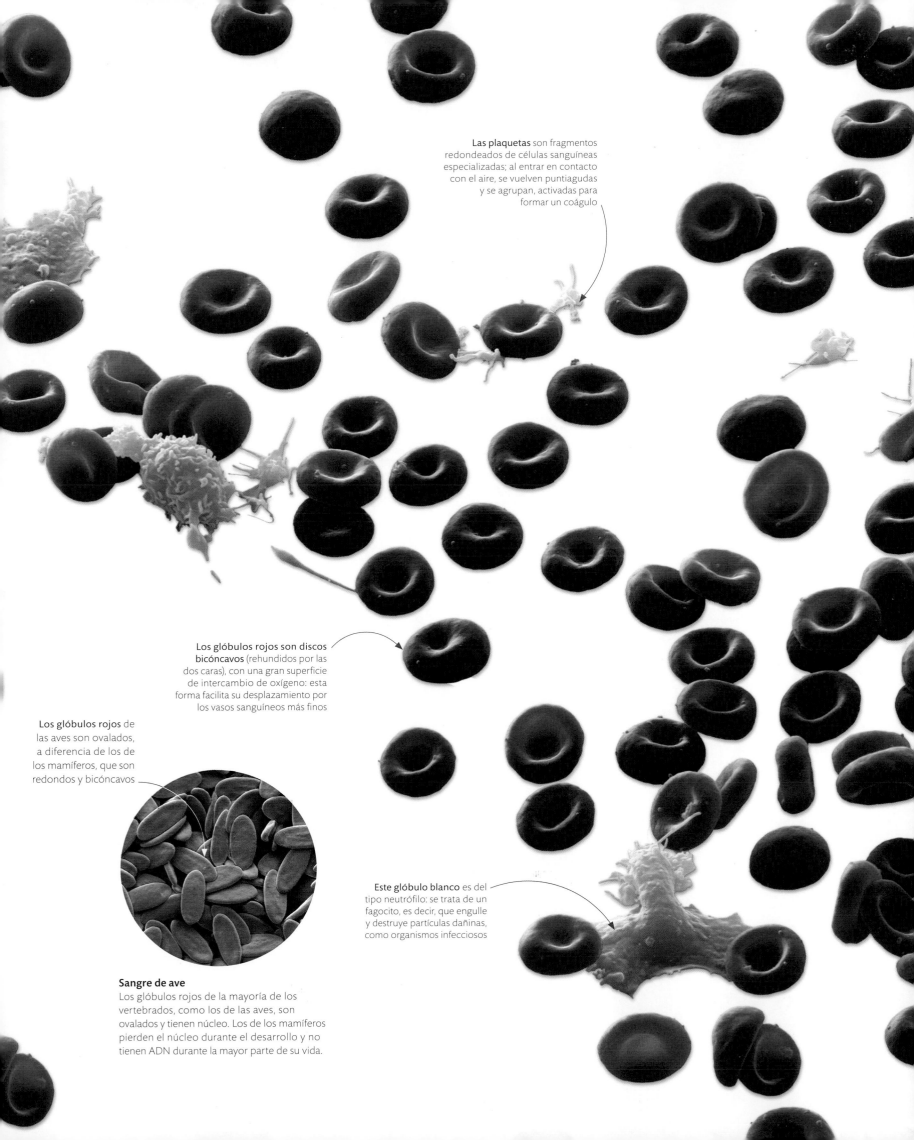

Las plaquetas son fragmentos redondeados de células sanguíneas especializadas; al entrar en contacto con el aire, se vuelven puntiagudas y se agrupan, activadas para formar un coágulo

Los glóbulos rojos son discos bicóncavos (rehundidos por las dos caras), con una gran superficie de intercambio de oxígeno: esta forma facilita su desplazamiento por los vasos sanguíneos más finos

Los glóbulos rojos de las aves son ovalados, a diferencia de los de los mamíferos, que son redondos y bicóncavos

Este glóbulo blanco es del tipo neutrófilo: se trata de un fagocito, es decir, que engulle y destruye partículas dañinas, como organismos infecciosos

Sangre de ave

Los glóbulos rojos de la mayoría de los vertebrados, como los de las aves, son ovalados y tienen núcleo. Los de los mamíferos pierden el núcleo durante el desarrollo y no tienen ADN durante la mayor parte de su vida.

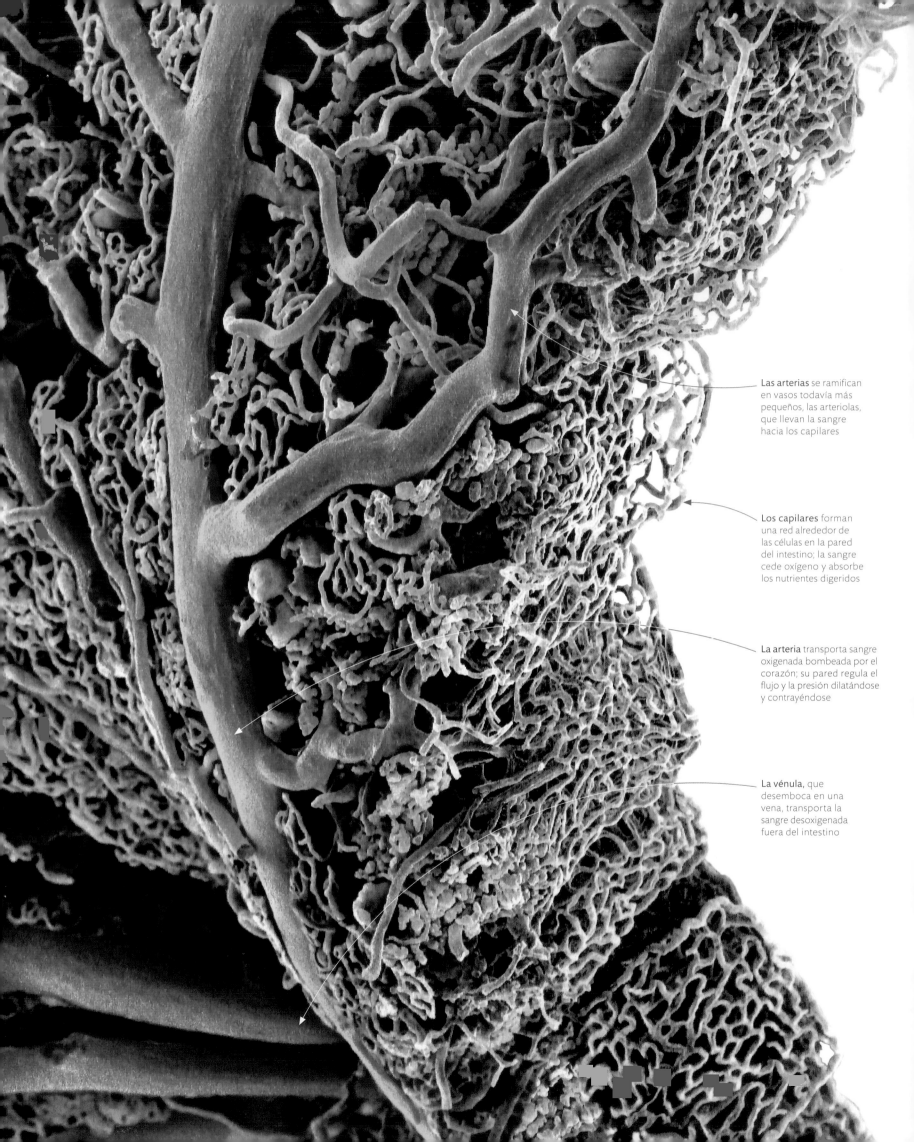

Las arterias se ramifican en vasos todavía más pequeños, las arteriolas, que llevan la sangre hacia los capilares

Los capilares forman una red alrededor de las células en la pared del intestino; la sangre cede oxígeno y absorbe los nutrientes digeridos

La arteria transporta sangre oxigenada bombeada por el corazón; su pared regula el flujo y la presión dilatándose y contrayéndose

La vénula, que desemboca en una vena, transporta la sangre desoxigenada fuera del intestino

Abastecer a todo el cuerpo

Los vasos sanguíneos que irrigan el intestino delgado transportan la sangre que absorberá los alimentos digeridos y luego circulará para alimentar las células de todo el cuerpo. Los vasos se ramifican y forman una red de capilares que absorben nutrientes y suministran oxígeno. MEB, 200×

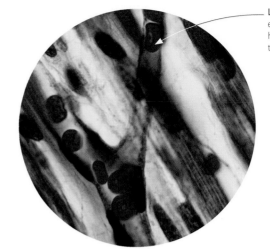

Los glóbulos rojos están llenos de la roja hemoglobina, que transporta el oxígeno

Transferencia de oxígeno

La fina pared de los capilares parece transparente. Los glóbulos rojos circulan por ellos en fila india, lo que hace que el oxígeno que portan se acerque tanto a su pared que puede filtrarse a los tejidos.

sistema circulatorio

Las células animales necesitan oxígeno y nutrientes, y requieren un sistema de transporte para llevarlos allá donde se necesitan. La sangre transporta el oxígeno y los nutrientes desde los órganos que los reciben y los reparte por todo el cuerpo. Una bomba muscular, el corazón, mantiene el flujo. El mismo sistema transporta los productos de desecho fuera de las células para su excreción. En muchos invertebrados, la sangre baña las células en una cámara abierta, pero en los vertebrados siempre circula por los vasos sanguíneos, que la conducen a unos tubos microscópicos que pasan entre las células.

TIPOS DE VASOS SANGUÍNEOS

La sangre es bombeada por el corazón a las arterias, cuya gruesa pared soporta la alta presión y posee una capa muscular potente que controla el flujo. Las venas, de pared más fina y con válvulas unidireccionales que impiden el reflujo, devuelven la sangre al corazón. Entre las arterias y las venas hay capilares microscópicos, donde se intercambian los materiales con las células circundantes.

Capa externa de colágeno resistente

Capa muscular gruesa

Colágeno más fino

Capa muscular más fina

Tamaño de los capilares, en comparación con las arterias y las venas

Glóbulo rojo

Capa simple de células endoteliales (endotelio)

El endotelio es el mismo que en la arteria

Núcleo de la célula endotelial

La pared externa es una sola capa de células endoteliales

ARTERIA

VENA

CAPILAR

TRANSPIRACIÓN

Cuando los estomas se abren y absorben dióxido de carbono, sale algo de vapor de agua, es decir, la hoja transpira. La pérdida de agua produce una presión negativa, que atrae más agua hacia la hoja a través del sistema vascular. La transpiración de todas las hojas de una planta crea la fuerza suficiente para que ascienda el agua desde la raíz. Una parte del agua se pierde al transpirar, y otra se utiliza para la fotosíntesis en el mesófilo.

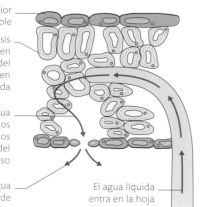

Epidermis superior impermeable

La fotosíntesis tiene lugar en las células del mesófilo en empalizada

El vapor de agua se acumula en los espacios gaseosos entre las células del mesófilo esponjoso

El vapor de agua sale por el estoma de la epidermis inferior

El agua líquida entra en la hoja

RUTA DEL AGUA A TRAVÉS DE LA HOJA

Fila de olorosas **flores** de forma acampanada

La epidermis superior de la hoja tiene pocos poros y una cutícula gruesa y cerosa

LIRIO DE LOS VALLES (MUGUETE)

Alimentación de las flores

El lirio de los valles necesita humedad. La mayoría de los estomas está en el envés de la hoja. Esto podría servir para reducir la transpiración o para evitar que patógenos como las esporas de hongos entren en la hoja desde arriba.

Apertura activa

Cada abertura de la hoja del lirio de los valles (*Convallaria majalis*) es un estoma delimitado por dos células verdes, cuya fototropina, sensible a la luz, hace que se abra. Las células se hinchan con el agua y se inclinan hacia fuera, ya que su pared exterior es más elástica que la interior, lo que crea un espacio de aire de unas micras. Esas células guarda tienen cloroplastos, que proporcionan energía al mecanismo de apertura. Cuando hay poca luz, las células guarda pierden agua y se encogen, y la abertura se cierra.

estomas foliares

Como centro de la fotosíntesis, las hojas necesitan un buen suministro de dos materias primas: agua, proporcionada por las raíces, y dióxido de carbono, recogido del aire. El dióxido de carbono entra en la hoja a través de los estomas, que no son simples poros, sino que responden al entorno. En la mayoría de las plantas se abren cuando hay suficiente luz y se cierran cuando la luz no basta para la fotosíntesis o cuando falta agua para que el proceso continúe. Los estomas no solo permiten la entrada de dióxido de carbono, sino también la salida de oxígeno, que, como el azúcar, es un producto de la fotosíntesis.

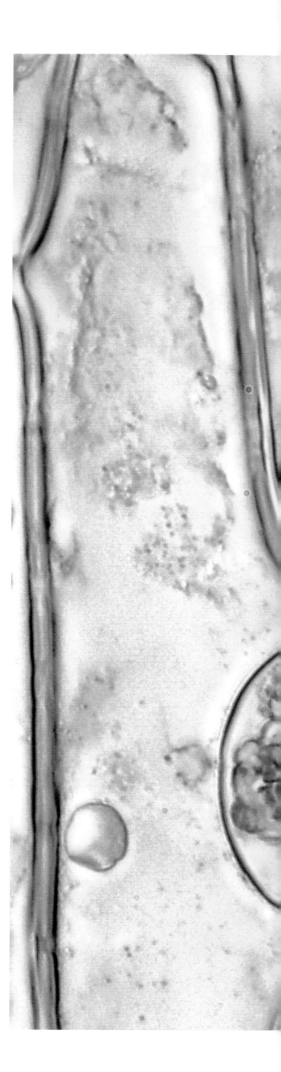

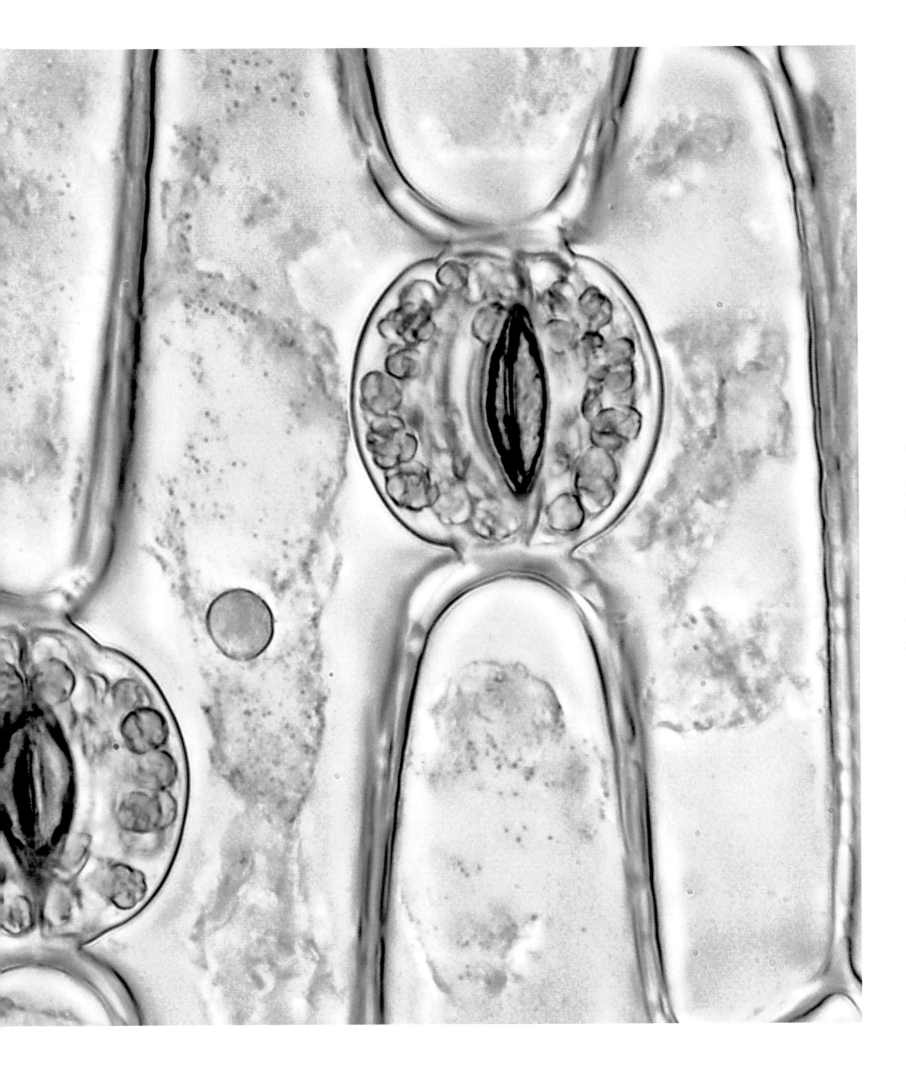

Las plumas de contorno de la superficie se superponen a las del plumón, mullidas y aislantes, que minimizan la pérdida de calor corporal

Las alas, estrechas y puntiagudas, se mueven hacia delante y hacia atrás a toda velocidad impulsadas por los grandes músculos del pecho

El cuerpo, como el de otras aves, contiene sacos de aire que funcionan como fuelles; ayudan a expulsar aire a través de los pulmones y a mantener la sangre provista de oxígeno

Con las anchas plumas de la cola, el colibrí controla la posición cuando se estabiliza verticalmente frente a una flor

mantener el calor

Para un animal de sangre caliente no es una ventaja ser pequeño. Las aves y los mamíferos generan calor corporal mediante su metabolismo interno y no dependen de obtener calor del entorno, como la mayoría de los demás animales. Ser de sangre caliente tiene sus pros y sus contras: el cuerpo puede mantenerse activo incluso si hace frío, pero se paga un alto precio en consumo de combustible. Los cuerpos más pequeños pierden proporcionalmente más calor corporal y, por tanto, se enfrían con más facilidad. Por ello, los colibríes y las musarañas (más pequeños que los insectos y las arañas más grandes) necesitan un suministro constante de alimento de alto contenido energético solo para sobrevivir.

El pico largo y puntiagudo entra en las flores tubulares mientras el pájaro planea y lame el néctar con su larga lengua

La piel peluda de la musaraña conserva el calor corporal, como ocurre en todos los mamíferos

Mamífero diminuto
El peso de la musaraña enana *(Sorex minutus)* es semejante al de una moneda pequeña. Este animal tiene que comer al día una masa de invertebrados superior a su propia masa.

Amante del néctar
Un colibrí, como el mango pechiverde *(Anthracothorax prevostii)*, sobrevive con una dieta en la que predomina el néctar, de elevado contenido energético. Los colibríes defienden un área abundante en flores, ya que el acceso al «combustible» puede ser cuestión de vida o muerte. El vuelo de un colibrí consiste en batir las alas muy rápido. Esa actividad muscular conlleva un alto consumo de energía, compensado por la capacidad de mantenerse vertical y casi inmóvil sobre una flor para «repostar» eficazmente.

EL PELIGRO DE SER PEQUEÑO

El calor que pierde un cuerpo depende de su superficie, pero el calor generado por el metabolismo depende de su volumen. La relación entre ambos (fácil de calcular en un cubo) aumenta a medida que el cuerpo se hace más pequeño, por lo que, en proporción, los cuerpos pequeños pierden calor más rápido.

Si la relación superficie/volumen es baja, se pierde poco calor

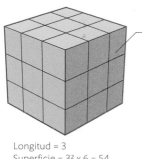

Si relación superficie/volumen es alta, se pierde calor deprisa

Longitud = 3
Superficie = 3^2 x 6 = 54
Volumen = 3^3 = 27

RELACIÓN SUPERFICIE/VOLUMEN = 2

Longitud = 2
Superficie = 2^2 x 6 = 24
Volumen = 2^3 = 8

RELACIÓN SUPERFICIE/VOLUMEN = 3

Longitud = 1
Superficie = 1^2 x 6 = 6
Volumen = 1^3 = 1

RELACIÓN SUPERFICIE/VOLUMEN = 6

percepción y respuesta

Hasta los microorganismos más simples
perciben el entorno: sentir es una de las cualidades
fundamentales de la vida. Los seres vivos usan la
información sensorial para actuar y reaccionar:
acercarse a la comida, a la luz o a los congéneres,
y alejarse del peligro. Los sentidos químicos son los
más sencillos, pero los otros sentidos fundamentales
—los que generan respuestas al contacto y a la luz—
son también casi universales.

percibir el medio

La capacidad de percibir (sentir) y responder es una característica de los seres vivos que los diferencia del mundo no vivo. Los sentidos mejoran la supervivencia, ya que ayudan a rastrear la comida o la luz para obtener energía, a encontrar pareja y a evitar el peligro. Los animales y las plantas poseen órganos sensoriales formados por células especializadas, pero los microorganismos pueden sentir dentro de una sola célula. Las algas unicelulares utilizan la luz para realizar la fotosíntesis y producir así alimento, y muchas tienen flagelos que las impulsan. Al producir un pigmento que absorbe la luz —un fotorreceptor— y activa sus flagelos, unen la sensación a la respuesta y nadan hacia la luz.

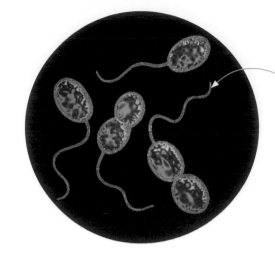

El largo flagelo ayuda a la bacteria a moverse hacia el azufre

Atracción hacia la comida
Incluso las bacterias —los organismos unicelulares más simples— tienen receptores que detectan sustancias químicas y les ayudan a desplazarse hacia el alimento. Las bacterias *Thiocystis* sp. necesitan desplazarse hacia su fuente de energía, que es el azufre.

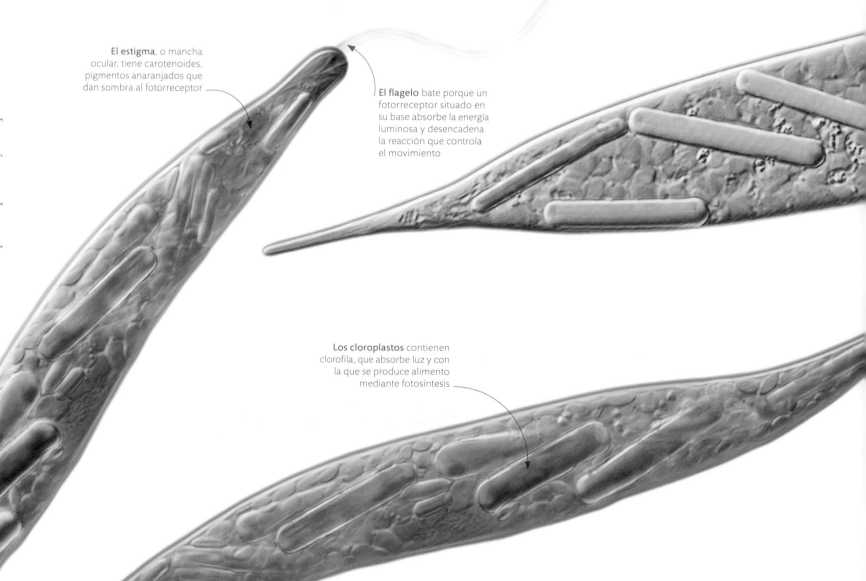

El estigma, o mancha ocular, tiene carotenoides, pigmentos anaranjados que dan sombra al fotorreceptor

El flagelo bate porque un fotorreceptor situado en su base absorbe la energía luminosa y desencadena la reacción que controla el movimiento

Los cloroplastos contienen clorofila, que absorbe luz y con la que se produce alimento mediante fotosíntesis

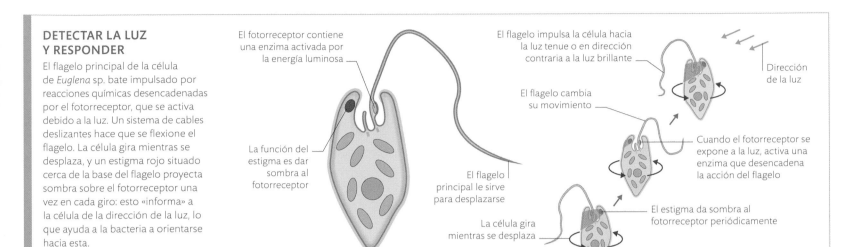

DETECTAR LA LUZ Y RESPONDER

El flagelo principal de la célula de *Euglena* sp. bate impulsado por reacciones químicas desencadenadas por el fotorreceptor, que se activa debido a la luz. Un sistema de cables deslizantes hace que se flexione el flagelo. La célula gira mientras se desplaza, y un estigma rojo situado cerca de la base del flagelo proyecta sombra sobre el fotorreceptor una vez en cada giro: esto «informa» a la célula de la dirección de la luz, lo que ayuda a la bacteria a orientarse hacia esta.

El fotorreceptor contiene una enzima activada por la energía luminosa

La función del estigma es dar sombra al fotorreceptor

El flagelo principal le sirve para desplazarse

EUGLENA

El flagelo impulsa la célula hacia la luz tenue o en dirección contraria a la luz brillante

El flagelo cambia su movimiento

Dirección de la luz

Cuando el fotorreceptor se expone a la luz, activa una enzima que desencadena la acción del flagelo

El estigma da sombra al fotorreceptor periódicamente

La célula gira mientras se desplaza

ASÍ FUNCIONA EL ESTIGMA

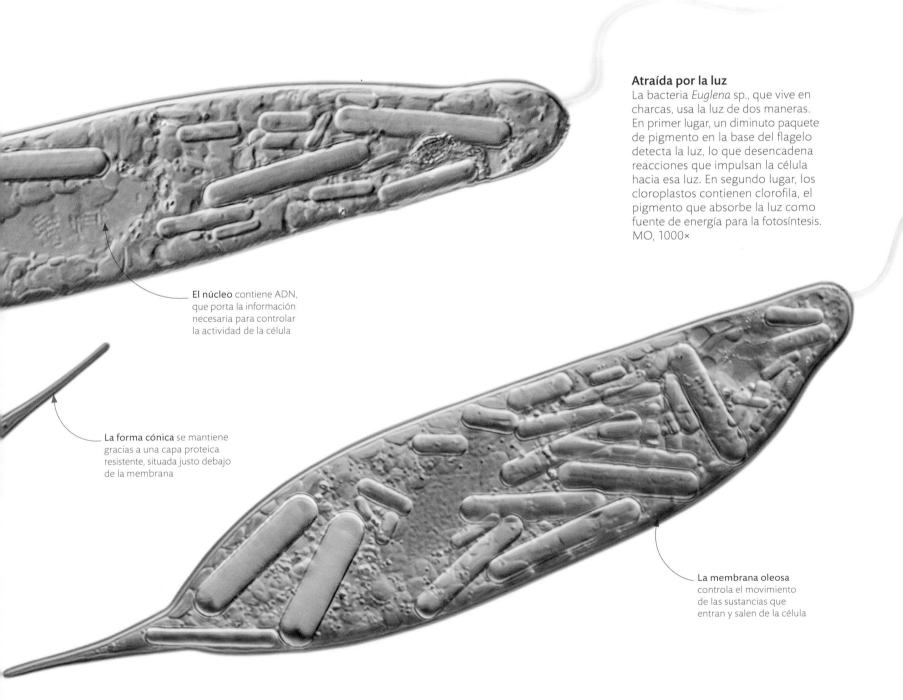

Atraída por la luz

La bacteria *Euglena* sp., que vive en charcas, usa la luz de dos maneras. En primer lugar, un diminuto paquete de pigmento en la base del flagelo detecta la luz, lo que desencadena reacciones que impulsan la célula hacia esa luz. En segundo lugar, los cloroplastos contienen clorofila, el pigmento que absorbe la luz como fuente de energía para la fotosíntesis. MO, 1000×

El núcleo contiene ADN, que porta la información necesaria para controlar la actividad de la célula

La forma cónica se mantiene gracias a una capa proteica resistente, situada justo debajo de la membrana

La membrana oleosa controla el movimiento de las sustancias que entran y salen de la célula

El **flagelo,** el filamento
principal de la antena de
un insecto, está dividido
en segmentos por los anillos

Las **antenas** de esta avispa
icneumónida *(Rhyssa persuasoria)*
detectan la vibración y el olor de
las larvas que perforan la madera
bajo la corteza de los árboles

El largo oviscapto
perfora la corteza y
deposita los huevos
en larvas dentro
del tronco del árbol

antenas

Los animales con antenas están bien equipados para percibir el medio que
los rodea. Las antenas son propias de los artrópodos: los crustáceos suelen
tener dos pares, mientras que los insectos y los ciempiés tienen un par, y los
arácnidos no tienen. Su función principal es sensorial, pero a veces tienen otros
usos, como las antenas natatorias de las pulgas de agua. Las de los insectos
tienen sensores de movimiento en la base que ayudan a controlar el vuelo y
también presentan largos filamentos provistos de una batería de sensores
que detectan sustancias químicas, la presión y el calor.

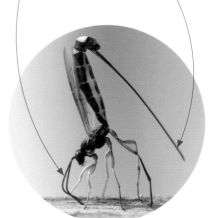

Detectar alimento

Las avispas icneumónidas hembras utilizan sus
antenas —más grandes que las de los machos—
para encontrar un huésped, como una larva o
una oruga, en el que poner los huevos. De estos
nacen larvas que se comen vivo a su huésped.

DIVERSIDAD DE LONGICORNIOS

Las antenas de los escarabajos
longicornios (de cuernos largos) miden
dos tercios de la cabeza y el cuerpo
sumados. Hay más de 30000 especies de
estos animales, que constituyen una de las
familias de escarabajos más numerosas y
cuya diversidad es especialmente alta en
las zonas tropicales. A veces, los machos
tienen las antenas más largas que las
hembras y pueden cortejar a estas
mediante el tacto. Como las de otros
insectos, las antenas de estos escarabajos
se mueven por medio de los músculos de
su base y pueden doblarse hacia atrás.

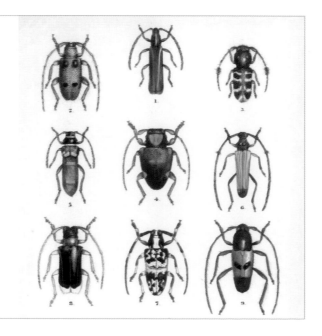

**ESCARABAJOS LONGICORNIOS,
GRABADO DE C. 1880-1890**

Sensores multifunción

Se dice que las antenas son órganos de
palpación, pero tienen otras funciones
sensoriales. Las largas antenas del
escarabajo longicornio *Thysia wallichii*
perciben olor y sabor, además de tocar
el entorno. Como responden a diversos
estímulos, guían al escarabajo hacia la
pareja y hacia plantas que pueda comer.

Los mechones plumosos del flagelo de la antena tienen sensores que reciben el estímulo del aire en movimiento

El pedicelo, un segmento entre el flagelo y el escapo, contiene el órgano de Johnston, un sensor de movimiento que es estimulado por el movimiento del flagelo

El escapo (segmento basal) está repleto de músculos que controlan el movimiento del largo y sensible flagelo

La parte superior de la cabeza tiene músculos conectados con el escapo que se contraen para hacer que las antenas se muevan hacia arriba o hacia abajo

olfato y gusto

Tanto el olfato como el gusto implican sensores que detectan sustancias y envían impulsos eléctricos al cerebro. El olfato capta las partículas que flotan en el aire, mientras que el gusto funciona por contacto directo. Los insectos, que carecen de lengua, disponen de sensilias, unos órganos sensoriales de las piezas bucales adaptados para percibir el sabor. También tienen sensilias en otras partes, como las antenas o las patas. Los sensores de la probóscide de una polilla o una mariposa que bebe néctar se activan con el azúcar.

Sensores de azúcar
En la polilla, las sensilias gustativas (azul) se agrupan cerca de la punta de la probóscide enrollada (imagen de la derecha), y hay otras en el interior. El contacto con el dulce néctar desencadena un reflejo alimentario: los impulsos nerviosos hacen que la probóscide se llene de sangre, cuya presión hace que se desenrolle para que la polilla pueda beber. MEB, 120×

La larga probóscide se enrolla cuando no se utiliza para evitar que se dañe cuando el insecto se desplaza

Piezas bucales sensitivas
La probóscide de una mariposa entra a fondo en la flor para llegar a los nectarios (glándulas que segregan néctar). Gracias a los receptores del tacto y del gusto que posee percibe el camino hacia su objetivo.

SENSILIA GUSTATIVA

La sensilia gustativa de un insecto es un cono microscópico que tiene un conjunto de células nerviosas sensoriales. Las fibras de estas células poseen receptores moleculares que se fijan a las moléculas que se filtran en el poro de la punta de la sensilia. Las fibras tienen receptores adaptados a los azúcares, la sal y otras sustancias.

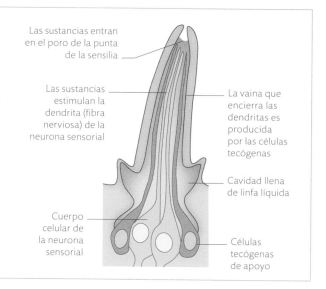

CÉLULAS DE UNA SENSILIA GUSTATIVA

Las sustancias entran en el poro de la punta de la sensilia

Las sustancias estimulan la dendrita (fibra nerviosa) de la neurona sensorial

La vaina que encierra las dendritas es producida por las células tecógenas

Cavidad llena de linfa líquida

Cuerpo celular de la neurona sensorial

Células tecógenas de apoyo

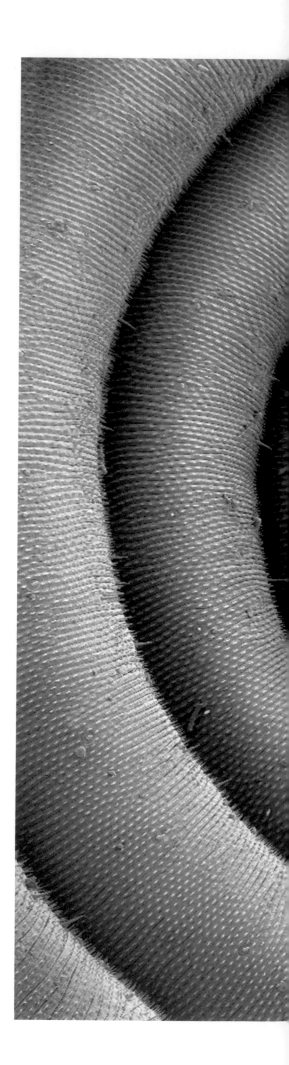

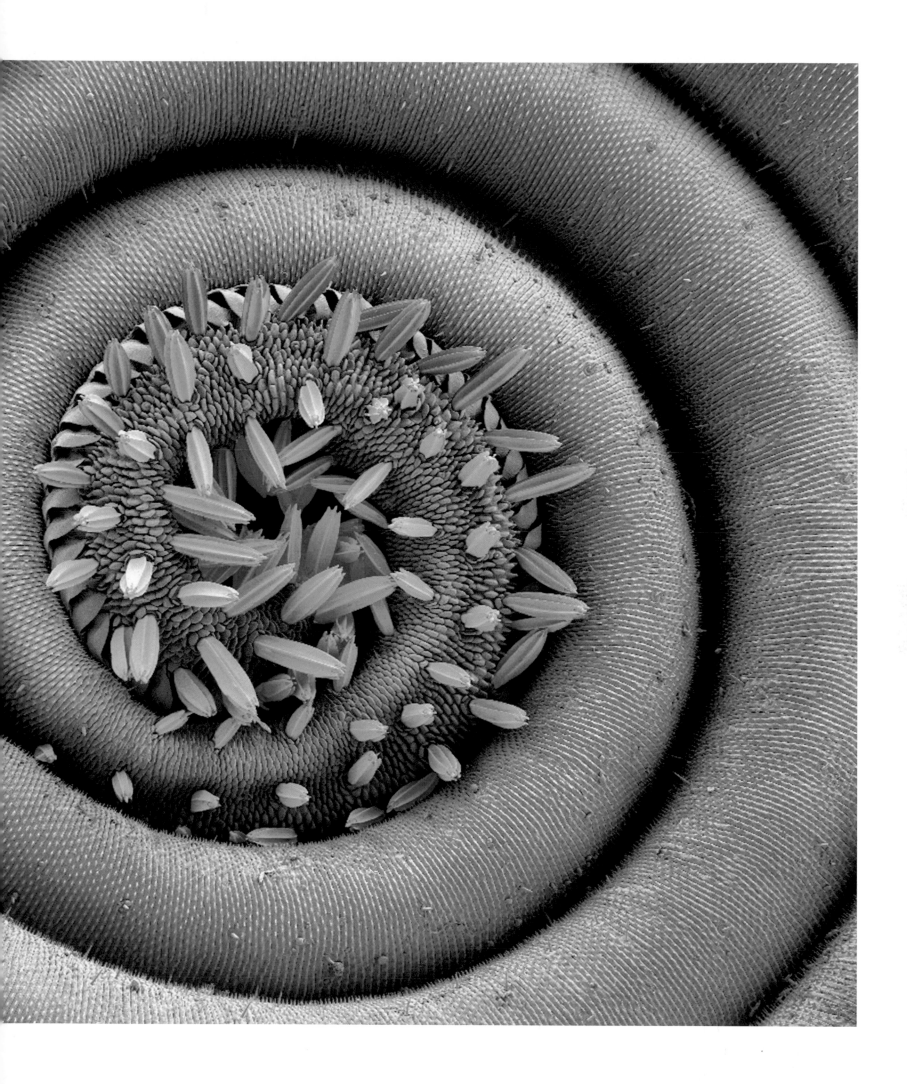

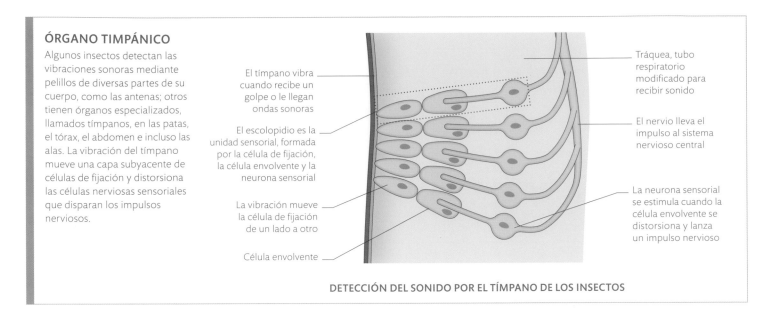

ÓRGANO TIMPÁNICO

Algunos insectos detectan las vibraciones sonoras mediante pelillos de diversas partes de su cuerpo, como las antenas; otros tienen órganos especializados, llamados tímpanos, en las patas, el tórax, el abdomen e incluso las alas. La vibración del tímpano mueve una capa subyacente de células de fijación y distorsiona las células nerviosas sensoriales que disparan los impulsos nerviosos.

El tímpano vibra cuando recibe un golpe o le llegan ondas sonoras

El escolopidio es la unidad sensorial, formada por la célula de fijación, la célula envolvente y la neurona sensorial

La vibración mueve la célula de fijación de un lado a otro

Célula envolvente

Tráquea, tubo respiratorio modificado para recibir sonido

El nervio lleva el impulso al sistema nervioso central

La neurona sensorial se estimula cuando la célula envolvente se distorsiona y lanza un impulso nervioso

DETECCIÓN DEL SONIDO POR EL TÍMPANO DE LOS INSECTOS

oír el sonido

El sonido (ondas que viajan por el aire, el agua o el suelo) crea movimiento, que muchos animales captan mediante pelos sensoriales. Los animales con órganos auditivos especializados son especialmente sensibles al sonido. Las polillas pueden sintonizar los sonidos de ecolocalización de los murciélagos, sus depredadores. Los insectos que se comunican por medio de sonidos tienen el oído muy desarrollado. Así, en los grillos, un parche de cutícula estirado sobre un saco de aire en la pata funciona como un tímpano y ayuda a la hembra a captar las vibraciones del «canto de amor» del macho.

El órgano timpánico está en la tibia de la pata delantera, ligeramente dilatada para albergarlo

Las alas producen un sonido chirriante al rozarse una con otra: esto se llama estridulación

Cortejo del macho
El grillo macho «canta» frotando las alas. Este canto es el detonante para que la hembra lo acepte como pareja.

Oír con las patas
El grillo doméstico (*Acheta domesticus*) tiene en las dos patas delanteras órganos timpánicos que detectan el tono y el volumen de un sonido —la frecuencia y la intensidad de las vibraciones en el aire—, y envían la información al cerebro del insecto.

La cutícula del tímpano carece del engrosamiento protector del resto del exoesqueleto, y eso le permite vibrar

Las sedas rígidas y espinosas protegen la fina cutícula que hay debajo

Las fibras de la proteína elástica llamada resilina ayudan a la cutícula a estirarse cuando vibra

La cutícula reforzada del exoesqueleto circundante continúa en la cutícula del tímpano

células sensoriales del oído

El oído de los mamíferos es un órgano muy sensible con un aparato amplificador único, formado por tres osículos. El sonido transportado por el aire hace vibrar el tímpano, y los osículos transmiten esa vibración al oído interno, lleno de líquido. En el oído interno hay células ciliadas, que son receptores de movimiento incrustados en una membrana enrollada cuya rigidez varía a lo largo de su recorrido, por lo que es selectivamente sensible a los sonidos de diferentes tonos. Es así como las células ciliadas convierten la información sonora detallada en señales nerviosas.

Células ciliadas altamente sensibles
Esta imagen muestra los mechones con forma de «V» del órgano de Corti de un cobaya *(Cavia porcellus)*. Cada mechón sobresale de una célula sensorial; sus diminutos movimientos, causados por las ondas sonoras, se traducen en señales eléctricas que se envían al cerebro. MEB, 10 600×

percepción y respuesta

ASÍ FUNCIONA LA CÓCLEA

La cóclea, con forma de espiral, recibe el sonido como una vibración de los osículos del oído medio. Ese sonido viaja en el fluido del interior de la cóclea y mueve las células sensoriales del órgano de Corti. El cerebro distingue el tono porque recibe las señales de las células ciliadas en diferentes puntos de la cóclea.

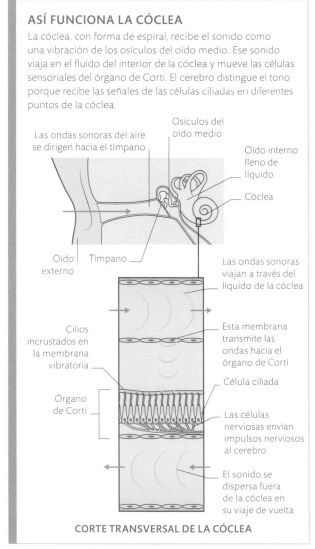

Osículos del oído medio

Las ondas sonoras del aire se dirigen hacia el tímpano

Oído interno lleno de líquido

Cóclea

Oído externo

Tímpano

Las ondas sonoras viajan a través del líquido de la cóclea

Cilios incrustados en la membrana vibratoria

Esta membrana transmite las ondas hacia el órgano de Corti

Célula ciliada

Órgano de Corti

Las células nerviosas envían impulsos nerviosos al cerebro

El sonido se dispersa fuera de la cóclea en su viaje de vuelta

CORTE TRANSVERSAL DE LA CÓCLEA

El órgano de Corti, con sus largos tubos de membranas, recorre toda la cóclea

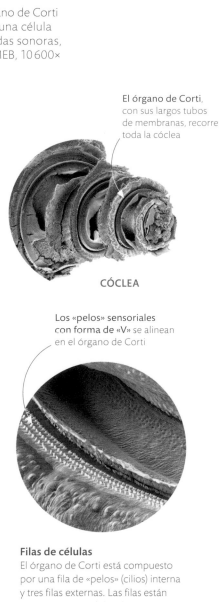

CÓCLEA

Los «pelos» sensoriales con forma de «V» se alinean en el órgano de Corti

Filas de células
El órgano de Corti está compuesto por una fila de «pelos» (cilios) interna y tres filas externas. Las filas están separadas por células de soporte y bañadas en el líquido coclear.

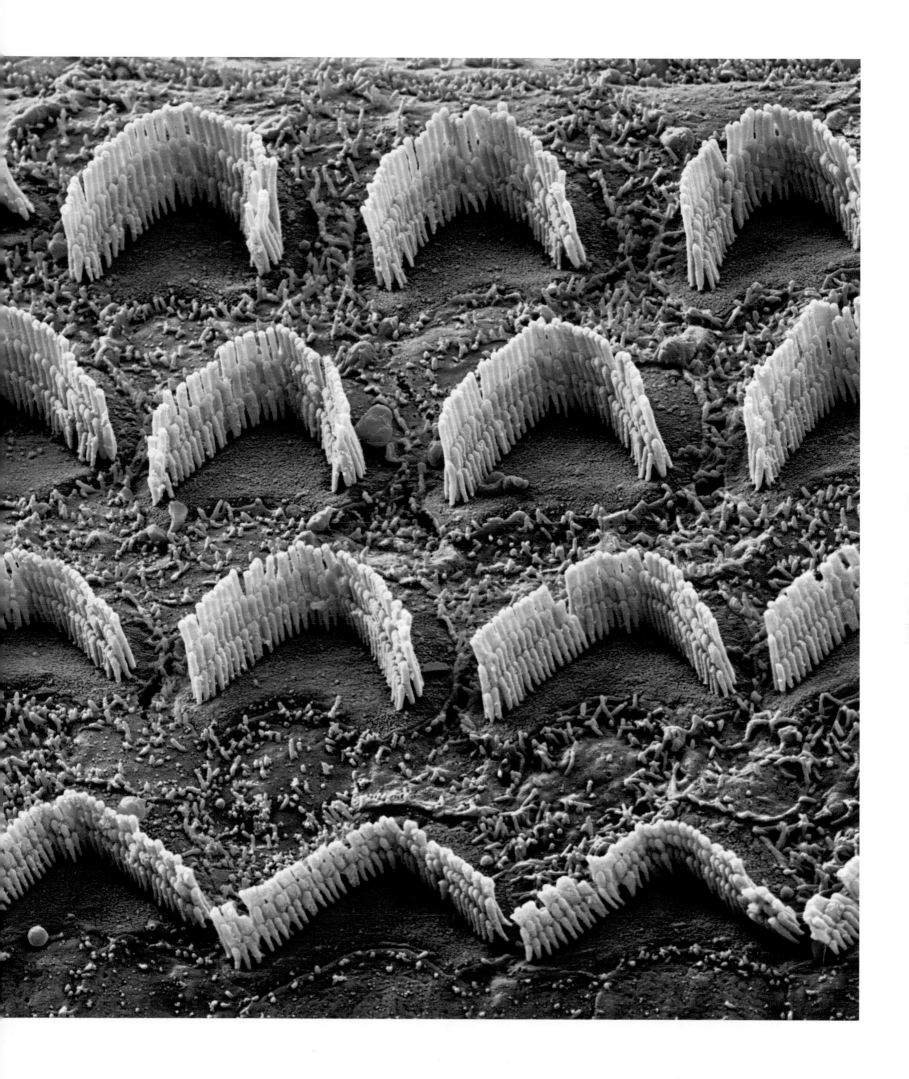

Los ojos secundarios captan menos luz, pero tienen una capa reflectante (*tapetum lucidum*) que ayuda a concentrar la luz en la retina

Los pelos sensoriales son estimulados por el aire en movimiento y el contacto

La lente de los grandes ojos primarios está formada por una cutícula transparente engrosada que concentra la luz en la retina multicapa

Dos ojos pequeños orientados hacia delante proporcionan un amplio campo de visión

Presa atrapada

Una reacción rápida y una mordedura venenosa hacen que incluso una avispa que pica no sea rival para una araña saltadora. El veneno mata rápidamente a la presa para que la araña pueda alimentarse sin demora.

Ojos de cazador

Al igual que la mayoría de las arañas, la araña saltadora tiene ocho ojos simples. Pero son sus dos grandes ojos orientados hacia delante los que hacen de ella una buena cazadora al acecho. Estos ojos tienen la lente más grande y más fotorreceptores, por lo que son más eficaces para captar la luz y producen una imagen más nítida.

CALCULAR LA DISTANCIA DE SALTO

Los vertebrados con los ojos frontales miden la distancia mediante la visión binocular: cada ojo envía una imagen diferente al cerebro, que combina las dos imágenes y genera una en tres dimensiones. Las arañas saltadoras poseen una retina de varias capas. Las capas más profundas enfocan la luz verde, y otras perciben la luz ultravioleta (UV) difusa; esta es más difusa cuanto más cerca está el objetivo. La araña estima la distancia por la cantidad de luz ultravioleta difusa en comparación con la verde.

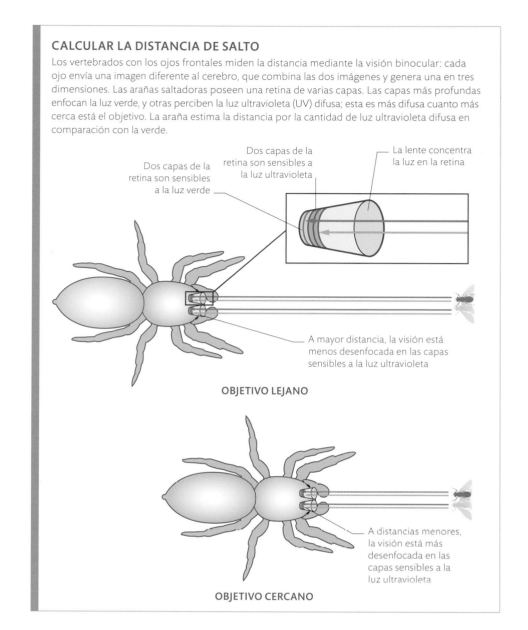

Dos capas de la retina son sensibles a la luz verde

Dos capas de la retina son sensibles a la luz ultravioleta

La lente concentra la luz en la retina

A mayor distancia, la visión está menos desenfocada en las capas sensibles a la luz ultravioleta

OBJETIVO LEJANO

A distancias menores, la visión está más desenfocada en las capas sensibles a la luz ultravioleta

OBJETIVO CERCANO

calcular la distancia

Los complejos ojos de los animales no solo perciben la luz y la oscuridad, sino que generan imágenes: permiten ver formas, movimientos y colores, y percibir la profundidad y la distancia. Las ventajas de una buena visión son enormes. Una araña saltadora caza presas, no las atrapa en una telaraña. Sus grandes ojos simples la ayudan a ver un insecto cercano comestible y proporcionan al cerebro toda la información que necesita para tenderle una emboscada. Cada ojo tiene una lente que enfoca la luz y una retina formada por células sensibles a la luz conectadas al sistema nervioso, de manera que la araña no solo evalúa el tamaño de la presa, sino también la distancia que tiene que saltar para atraparla.

Las zonas pigmentadas pueden ayudar a la mosca a ver al pasar de la luz a la sombra en un medio soleado

Ojos coloreados
Las rayas violetas de los ojos de la mosca soldado negra *(Hermetia illucens)* se deben a pigmentos que protegen diversas partes del ojo.

La antena tiene células sensoriales que detectan el movimiento del aire; combinada con la visión, esa información sirve para controlar el vuelo

ojos compuestos

Los ojos de muchos animales tienen una sola lente (ojos simples). Una lente grande enfocada a muchas células sensibles a la luz produce una imagen detallada. En cambio, los ojos de los insectos son compuestos, formados por muchas lentes pequeñas enfocadas a menos células y de escasa resolución: incluso los eficientes ojos de las libélulas ven diez veces menos detalles que el ojo humano. Sin embargo, los cientos de lentes de un ojo compuesto proporcionan un campo de visión amplio. El menor movimiento activa una lente tras otra; así, los ojos de los insectos son detectores de movimiento ultrasensibles.

ADAPTACIÓN A LA LUZ Y A LA OSCURIDAD

Los ojos compuestos con buena resolución tienen facetas, u omatidios, envueltas por bandas de pigmento que guían la luz hacia las células nerviosas sin interferir con las facetas adyacentes. Estos ojos funcionan mejor con luz brillante. Los insectos que vuelan al atardecer o de noche tienen facetas con menos pigmento, y cada célula sensorial aprovecha la luz recogida por varias facetas. Aunque esto supone un uso eficiente de la luz escasa, la resolución es menor.

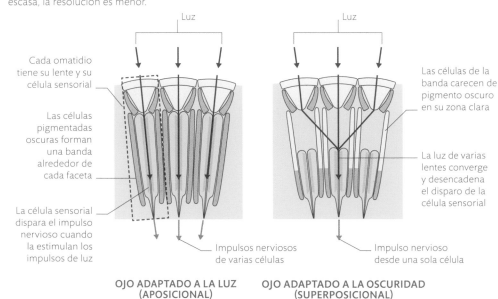

Luz

Cada omatidio tiene su lente y su célula sensorial

Las células pigmentadas oscuras forman una banda alrededor de cada faceta

La célula sensorial dispara el impulso nervioso cuando la estimulan los impulsos de luz

Impulsos nerviosos de varias células

Luz

Las células de la banda carecen de pigmento oscuro en su zona clara

La luz de varias lentes converge y desencadena el disparo de la célula sensorial

Impulso nervioso desde una sola célula

OJO ADAPTADO A LA LUZ (APOSICIONAL)

OJO ADAPTADO A LA OSCURIDAD (SUPERPOSICIONAL)

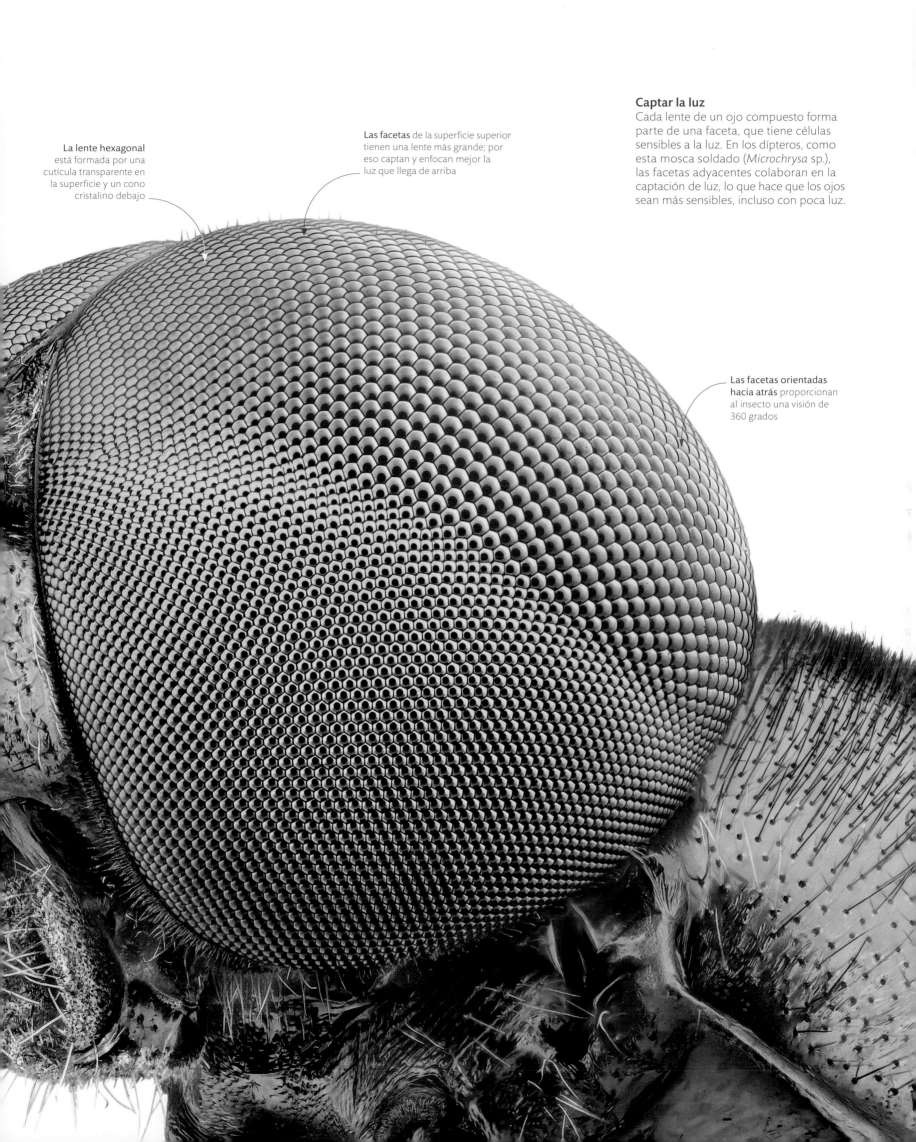

La lente hexagonal está formada por una cutícula transparente en la superficie y un cono cristalino debajo

Las facetas de la superficie superior tienen una lente más grande; por eso captan y enfocan mejor la luz que llega de arriba

Captar la luz
Cada lente de un ojo compuesto forma parte de una faceta, que tiene células sensibles a la luz. En los dípteros, como esta mosca soldado (*Microchrysa* sp.), las facetas adyacentes colaboran en la captación de luz, lo que hace que los ojos sean más sensibles, incluso con poca luz.

Las facetas orientadas hacia atrás proporcionan al insecto una visión de 360 grados

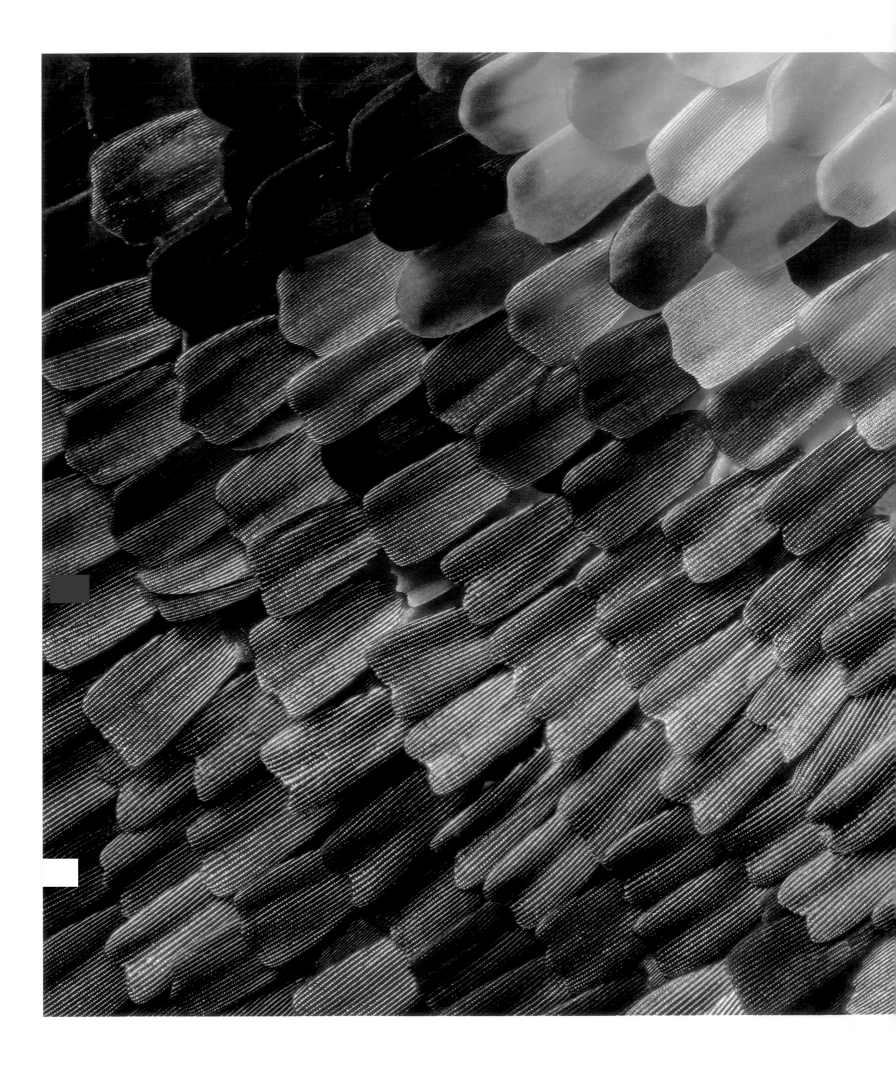

Ala multicolor
Los azules y los amarillos se unen en las escamas de las alas de la polilla diurna asiática *Eterusia repleta* y dan verde allí donde se superponen. En las polillas y las mariposas, tanto el azul como el amarillo pueden proceder de la dispersión de la luz, pero el amarillo lo producen los pigmentos papiliocromos.

producir color

Mediante el color, la vida muestra y oculta, atrae y repele, y hasta hace trucos a escala microscópica. Los ojos ven colores porque detectan diferentes longitudes de onda de la luz, desde las ondas cortas de los azules hasta las ondas largas de los rojos. Las coloridas alas de una mariposa están cubiertas de escamas, que modifican la reflexión de la luz. Algunos colores, como los rojos y los negros, los producen los pigmentos de las escamas; otros, como los azules, son el resultado de la reflexión de la luz por las escamas, igual que las gotas de lluvia dispersan la luz y crean así el arcoíris.

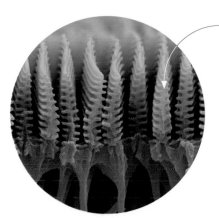

Cada cresta microscópica hace que las longitudes de onda del azul se superpongan, lo cual intensifica el color

Crestas de las escamas
Las escamas de una mariposa del género *Morpho* tienen crestas verticales que dispersan y refuerzan las longitudes de onda del azul cuando se reflejan hacia el observador.

COLORES A PARTIR DE SUSTANCIAS QUÍMICAS Y TEXTURAS

Cada pigmento absorbe y refleja una longitud de onda según su composición. El color estructural se produce porque las irregularidades microscópicas de las superficies refractan (desvían) diferentes longitudes de onda; así, las superficies aparecen coloreadas aunque carezcan de pigmentos.

El pigmento rojo refleja las longitudes de onda rojas y absorbe las demás

El pigmento blanco refleja todas las longitudes de onda y no absorbe ninguna

Las crestas verticales dispersan y refuerzan las longitudes de onda azules; la superficie se ve azul, como en las mariposas *Morpho*

El pigmento negro absorbe todas las longitudes de onda y no refleja ninguna

El pigmento amarillo refleja las longitudes de onda amarillas y absorbe las demás

Los gránulos dispersan todas las longitudes de onda; la superficie parece blanca, como en las mariposas blancas de la col

COLOR PIGMENTARIO

COLOR ESTRUCTURAL

REFLEJAR DIFERENTES COLORES

Los cristales del tetra cardenal son de guanina y se producen en unas células de la piel llamadas iridóforos. Los cristales planos reflejan las longitudes de onda azules, y los inclinados en un ángulo grande, el amarillo.

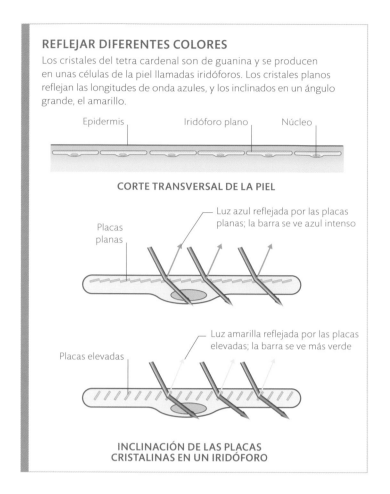

Epidermis — Iridóforo plano — Núcleo

CORTE TRANSVERSAL DE LA PIEL

Luz azul reflejada por las placas planas; la barra se ve azul intenso

Placas planas

Placas elevadas

Luz amarilla reflejada por las placas elevadas; la barra se ve más verde

INCLINACIÓN DE LAS PLACAS CRISTALINAS EN UN IRIDÓFORO

Truco luminoso

El tetra cardenal (*Paracheirodon axelrodi*) es un diminuto pez de la cuenca del Amazonas. Bajo la lupa, su piel se ve con motas brillantes azules y amarillas producidas por cristales que se inclinan en diferentes ángulos. A distancia, los colores se combinan, y la franja azul iridiscente parece más verde.

Las manchas oscuras se deben a gránulos de melanina, un pigmento producido por los melanóforos

La franja roja se intensifica cuando el pez expande unos sacos microscópicos de pigmento

Especies multicolores

Algunas especies de peces del Amazonas identifican a su propia especie por el color. El tetra cardenal combina su azul iridiscente con una franja de pigmento rojo.

iridiscencia

Los tonos metálicos y multicolores de animales como los colibríes y los escarabajos dependen del ángulo desde el que se miran. Esta propiedad, la iridiscencia, se debe a unas estructuras microscópicas de la cutícula o de las plumas que reflejan diferentes longitudes de onda. Como resultado, los colores brillantes cambian cuando el animal cambia de posición. Algunos animales pueden controlar ese efecto. La franja iridiscente de un tetra cardenal cambia de azul a verde, incluso cuando el ángulo de visión es el mismo. El pez logra ese truco óptico modificando la inclinación de los cristales que reflejan la luz bajo la piel.

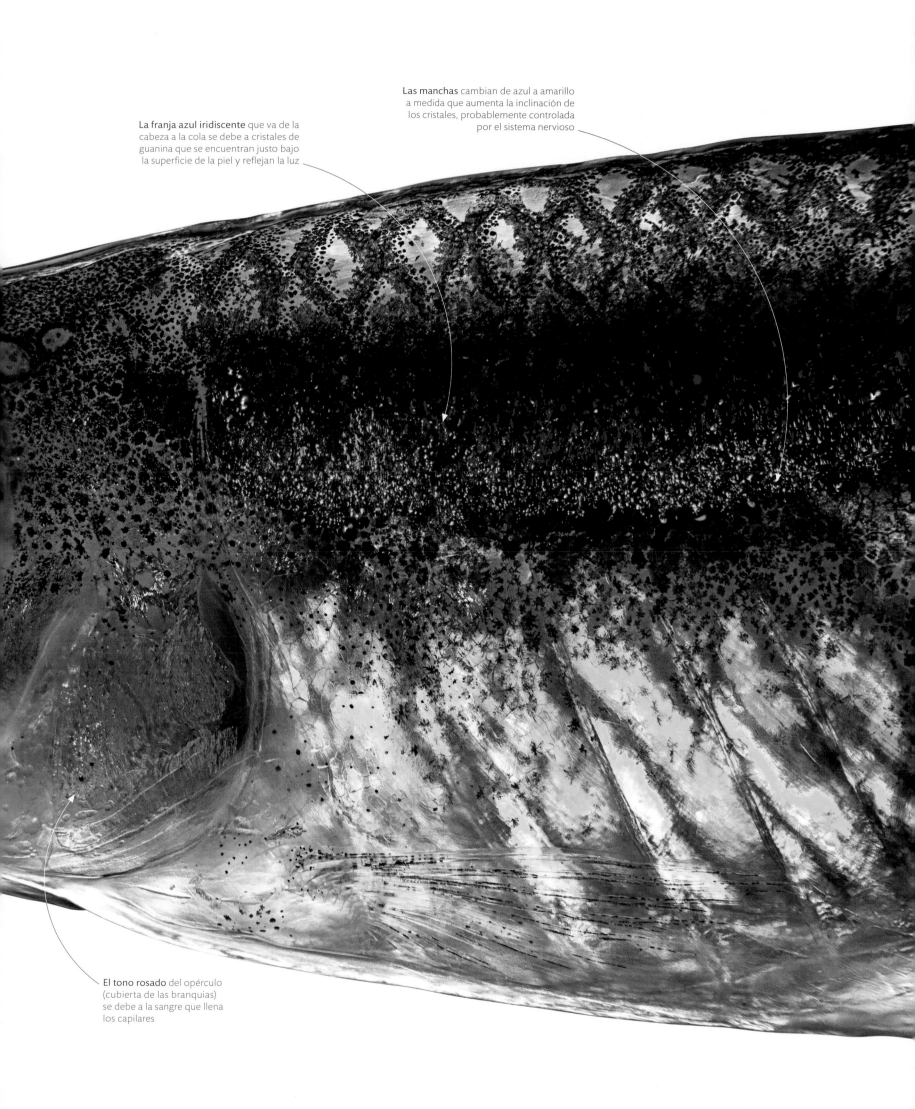

Las manchas cambian de azul a amarillo a medida que aumenta la inclinación de los cristales, probablemente controlada por el sistema nervioso

La franja azul iridiscente que va de la cabeza a la cola se debe a cristales de guanina que se encuentran justo bajo la superficie de la piel y reflejan la luz

El tono rosado del opérculo (cubierta de las branquias) se debe a la sangre que llena los capilares

Los escintilones son diminutas vesículas de sustancias químicas que producen luz

El cloroplasto se expande durante el día y maximiza la absorción de luz para la fotosíntesis; al contraerse por la noche mejora el brillo de los escintilones productores de luz

Uso de la luz

Cada célula del dinoflagelado *Pyrocystis fusiformis* tiene un cloroplasto amarillo que absorbe la energía de la luz y la utiliza para realizar la fotosíntesis. Cuando el agua en movimiento perturba a los dinoflagelados, sus vesículas bioluminiscentes transforman la energía química del alimento en luz y emiten un resplandor azul. MO, 100×

Las hebras de citoplasma sostienen el cloroplasto en el centro de la célula

La **pared celular de celulosa rígida** envuelve al dinoflagelado y mantiene su forma de huso

La luz azul se produce cuando el plancton es golpeado por las olas que rompen en aguas someras

Marea brillante
A veces, si proliferan los dinoflagelados y otras células bioluminiscentes del plancton, las aguas costeras brillan cuando el oleaje estimula sus células y les hace emitir luz.

producir luz

Algunos organismos producen luz por las mismas razones que otros la reflejan: para confundir o enviar señales a otros animales que pueden verlos. En la oscuridad de la noche o de las profundidades del mar, un destello repentino puede tanto atraer a una pareja como disuadir a un depredador. La luz se produce por una reacción química dentro de las células vivas. Este proceso es la bioluminiscencia, y la desencadena un estímulo. Algunos dinoflagelados, que forman parte del fitoplancton marino (pp. 288-289), producen un resplandor bioluminiscente cuando el mar que los rodea es agitado por el oleaje o por el movimiento de animales.

CÉLULAS PRODUCTORAS DE LUZ

Los escintilones son unas vesículas de los dinoflagelados que contienen un productor de luz, la luciferina, y una enzima, la luciferasa. Cuando la superficie de la célula sufre la presión del agua, la luciferasa actúa sobre la luciferina de los escintilones y se libera luz.

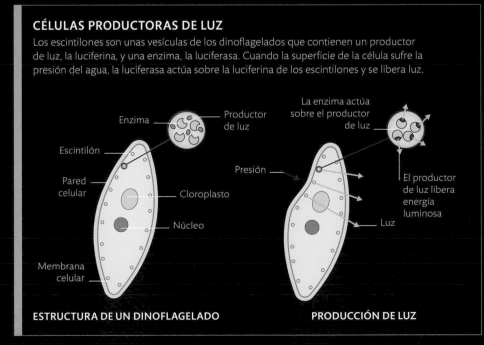

Enzima
Productor de luz
La enzima actúa sobre el productor de luz

Escintilón
Pared celular
Presión
El productor de luz libera energía luminosa

Cloroplasto
Luz
Núcleo

Membrana celular

ESTRUCTURA DE UN DINOFLAGELADO   **PRODUCCIÓN DE LUZ**

cambios de color

Algunos animales tienen en la piel unos órganos diminutos y complejos que provocan cambios de color: los cromatóforos. Los que se encuentran en la piel de los cefalópodos (calamares, pulpos y sepias) son los más sensibles, ya que los controla el sistema nervioso central, lo que permite a esos animales cambiar de color más deprisa que cualquier otro (incluso más que los camaleones). Las neuronas que inervan los cromatóforos se encuentran en determinados lóbulos del cerebro: el pulpo común *(Octopus vulgaris)* tiene más de medio millón de ellas. La capacidad de los cefalópodos para cambiar de aspecto casi al instante es clave para algunos comportamientos de huida, así como para la caza y para las estrategias de camuflaje y señalización.

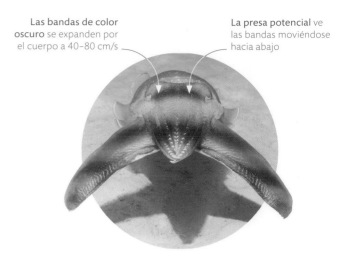

Las bandas de color oscuro se expanden por el cuerpo a 40–80 cm/s

La presa potencial ve las bandas moviéndose hacia abajo

Cambio de táctica
La sepia mazuda *(Sepia latimanus)* se acerca camuflada a su presa y, cuando está a 50–100 cm, empieza a mostrar un despliegue de ondas o bandas que engaña e hipnotiza a la presa.

Octópodo llamativo
El argonauta más grande *(Argonauta argo)* vive cerca de la superficie en los mares tropicales y subtropicales, donde abundan los depredadores, y usa cromatóforos y contraluces para ser menos llamativo. La hembra, más grande que el macho, tiene una concha que emplea como cámara incubadora y para atrapar aire de la superficie y controlar la flotabilidad. Esta hembra mide unos 4 cm de largo.

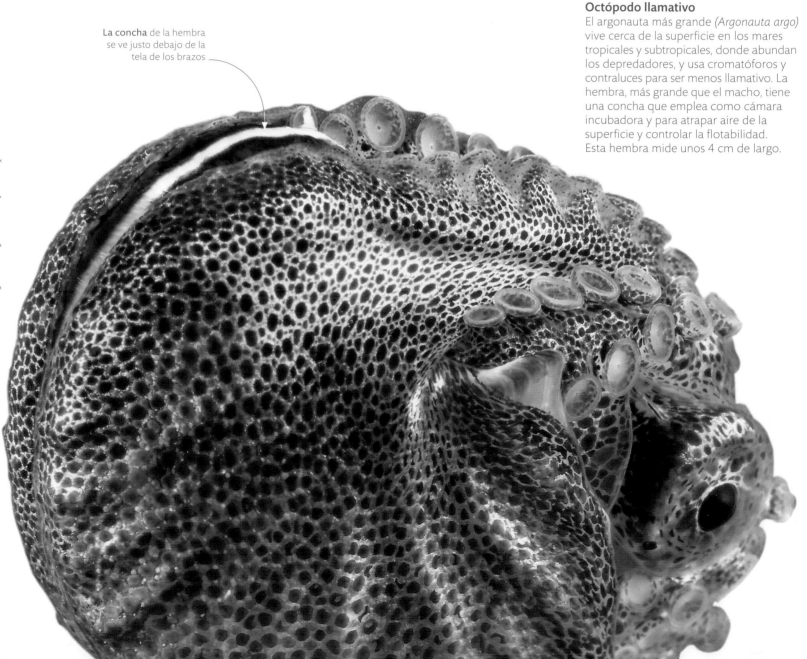

La concha de la hembra se ve justo debajo de la tela de los brazos

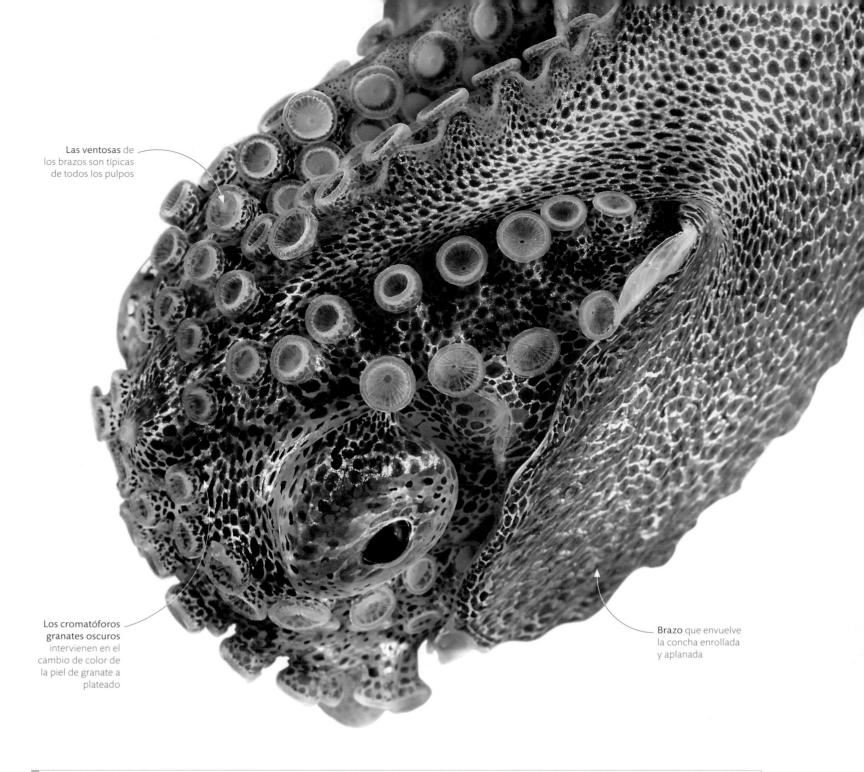

Las ventosas de los brazos son típicas de todos los pulpos

Los cromatóforos granates oscuros intervienen en el cambio de color de la piel de granate a plateado

Brazo que envuelve la concha enrollada y aplanada

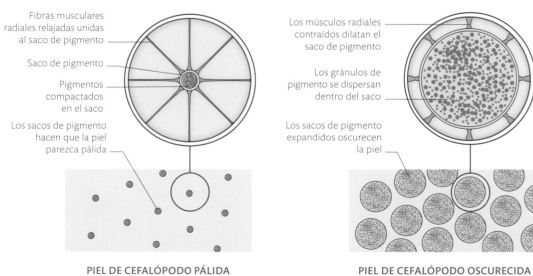

ASÍ CAMBIAN EL COLOR DE LA PIEL LOS CROMATÓFOROS

En la piel de un cefalópodo hay miles de cromatóforos. Cada cromatóforo tiene un saco elástico lleno de pigmento y unido al borde exterior por músculos radiales con su propio suministro de nervios. Cuando los músculos están relajados, el saco permanece en el centro. Al ser estimulados, los músculos se contraen y dilatan el saco, y los gránulos de pigmento se dispersan.

Fibras musculares radiales relajadas unidas al saco de pigmento

Saco de pigmento

Pigmentos compactados en el saco

Los sacos de pigmento hacen que la piel parezca pálida

Los músculos radiales contraídos dilatan el saco de pigmento

Los gránulos de pigmento se dispersan dentro del saco

Los sacos de pigmento expandidos oscurecen la piel

PIEL DE CEFALÓPODO PÁLIDA

PIEL DE CEFALÓPODO OSCURECIDA

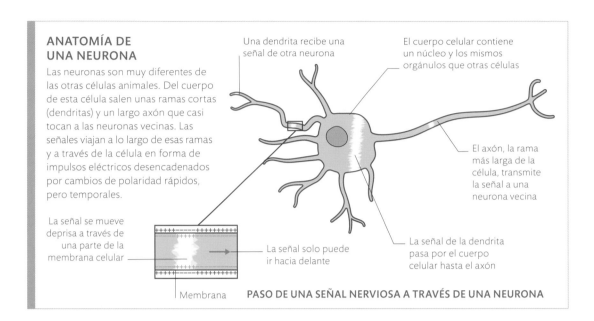

ANATOMÍA DE UNA NEURONA

Las neuronas son muy diferentes de las otras células animales. Del cuerpo de esta célula salen unas ramas cortas (dendritas) y un largo axón que casi tocan a las neuronas vecinas. Las señales viajan a lo largo de esas ramas y a través de la célula en forma de impulsos eléctricos desencadenados por cambios de polaridad rápidos, pero temporales.

Una dendrita recibe una señal de otra neurona

El cuerpo celular contiene un núcleo y los mismos orgánulos que otras células

El axón, la rama más larga de la célula, transmite la señal a una neurona vecina

La señal de la dendrita pasa por el cuerpo celular hasta el axón

La señal se mueve deprisa a través de una parte de la membrana celular

La señal solo puede ir hacia delante

Membrana

PASO DE UNA SEÑAL NERVIOSA A TRAVÉS DE UNA NEURONA

La materia gris de la corteza cerebral —la capa superficial del cerebro— está muy plegada, lo que proporciona una gran superficie que puede albergar más neuronas

COMUNICACIÓN ENTRE NEURONAS

Los axones no tocan las dendritas de las células vecinas, sino que hay una pequeña brecha, de apenas 30 nanómetros denominada sinapsis. Un impulso eléctrico que llega al final del axón estimula la liberación de neurotransmisores, que se difunden a través de la sinapsis y se unen a los receptores de la dendrita, lo que estimula un nuevo impulso eléctrico. Los neurotransmisores excitan a las células vecinas, que, a su vez, envían señales a otras neuronas o inhiben su transmisión.

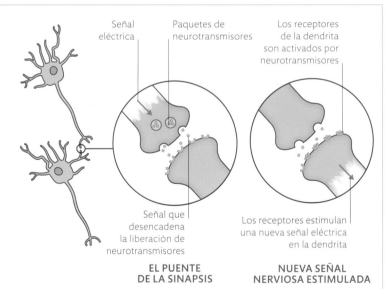

Señal eléctrica

Paquetes de neurotransmisores

Los receptores de la dendrita son activados por neurotransmisores

Señal que desencadena la liberación de neurotransmisores

Los receptores estimulan una nueva señal eléctrica en la dendrita

EL PUENTE DE LA SINAPSIS

NUEVA SEÑAL NERVIOSA ESTIMULADA

¿Gris o blanca?
El tejido de las regiones externas del cerebro de los seres humanos, con gran densidad de cuerpos celulares de neuronas, es la materia gris. Los cuerpos celulares son grises porque carecen del aislamiento blanco y graso de los axones (materia blanca). Los axones de estas células se extienden hacia el interior desde la materia gris hasta la blanca.

Células cerebrales gigantes
Las células de Purkinje (verdes en esta imagen en falso color) son neuronas gigantes de la materia gris del cerebelo, la parte del encéfalo donde se gestionan los patrones de movimiento aprendidos, como andar. El cuerpo humano tiene 86 000 millones de neuronas, la mayoría de ellas en el encéfalo y la médula espinal. MO, 570×

células nerviosas

Todos los animales de cierto tamaño y cierta complejidad y velocidad de movimiento necesitan un sistema de señalización lo bastante rápido como para coordinar el cuerpo y reaccionar a los cambios externos e internos. La necesidad de respuestas rápidas exige que dicho sistema sea más rápido que los sistemas de señales químicas de los microorganismos y las plantas. En casi todos los animales —a partir de cierta complejidad, como la de las medusas—, ese sistema es el sistema nervioso, una red eléctrica compuesta por neuronas, o células nerviosas.

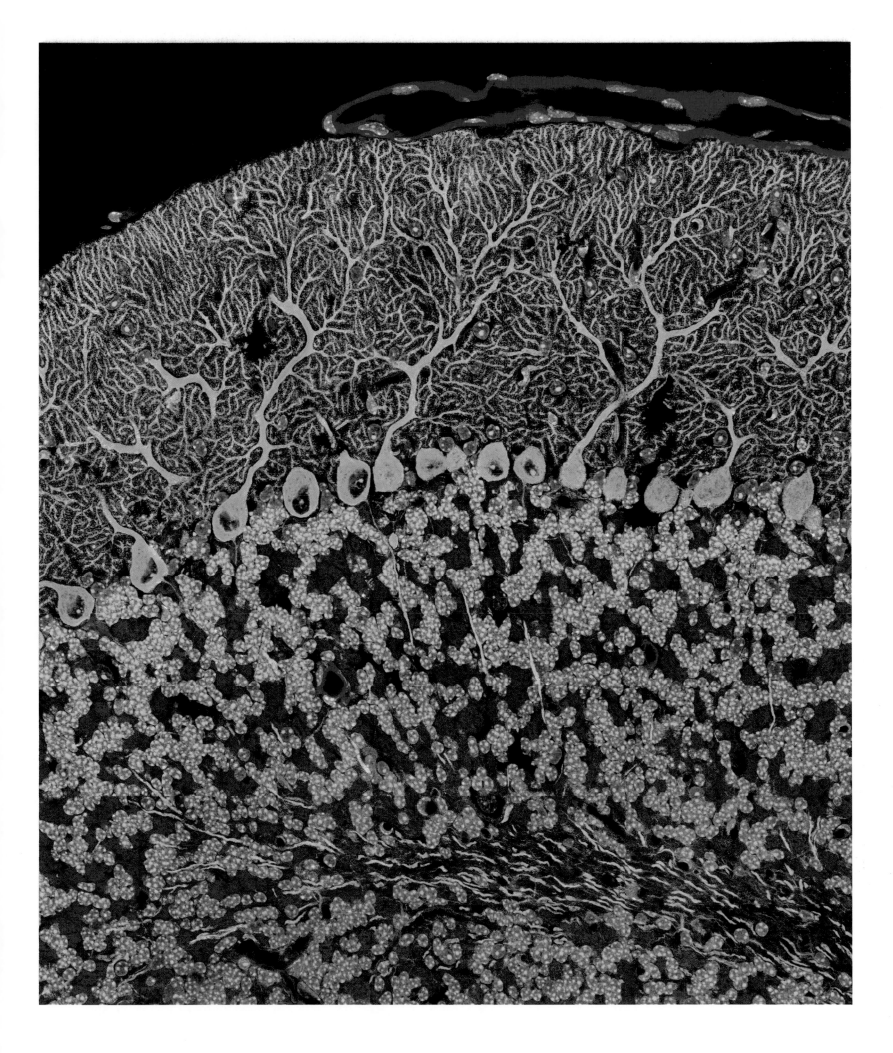

Los ojos tienen fotorreceptores, que envían impulsos a través de los nervios ópticos al protocerebro, la parte delantera del cerebro del insecto, responsable de la visión en gran medida

La parte frontal de la cabeza y el lábrum (labio superior) tienen sensores táctiles que mandan impulsos al tritocerebro, la parte posterior

Las piezas bucales están controladas por el ganglio subesofágico, una masa de tejido nervioso situada bajo el esófago (tubo alimentario)

Las antenas portan receptores del tacto y del olfato y que envían impulsos a través de los nervios antenales hasta el deuterocerebro, la parte media del cerebro

Una cabeza para el comportamiento

Aunque gran parte de la cabeza de la hormiga *Camponotus consobrinus* está formada por músculos que accionan sus potentes mandíbulas, su cerebro continúa siendo crucial para controlar el comportamiento innato y programado. Tres partes del cerebro —el protocerebro, el deuterocerebro y el tritocerebro— reciben información de diferentes sensores de la cabeza.

Mirar hacia delante

Un animal cefalizado tiene las mitades derecha e izquierda simétricas, y las partes delantera y trasera distintas, y recoge datos sensoriales mientras va hacia delante. Algunos animales, como las esponjas, los corales y las medusas, no tienen lado izquierdo ni derecho, ni parte delantera ni trasera, y ni tan siquiera cabeza.

El tórax alberga un cordón nervioso que va desde la cabeza hasta el abdomen

coordinar el comportamiento

El desarrollo de una parte anterior y otra posterior, y un lado izquierdo y otro derecho fue un hito en la evolución animal. Como la parte anterior debió de ser la primera en encontrar nuevos estímulos, los órganos sensoriales se agruparon allí. Para gestionar la información sensorial procedente de estos órganos, el sistema nervioso central (pp. 122–123) se concentró en esa zona. Ese fue el proceso de cefalización: la evolución de una cabeza con el encéfalo dentro. El cerebro es un centro de recepción de información y de emisión de señales que dirige al resto del cuerpo.

SISTEMA NERVIOSO

El sistema nervioso de un animal con cabeza está constituido por el sistema nervioso central (SNC), que consta del encéfalo y los cordones nerviosos, y el sistema nervioso periférico, formado por los nervios que llevan los impulsos desde los sensores hasta los músculos. El SNC de la mayoría de los invertebrados —incluidos los insectos, como los saltamontes— tiene un cordón nervioso ventral que recorre la parte inferior del cuerpo. En cambio, los vertebrados tienen una médula espinal dorsal que recorre la columna vertebral.

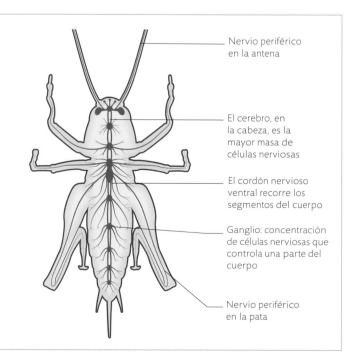

Nervio periférico en la antena

El cerebro, en la cabeza, es la mayor masa de células nerviosas

El cordón nervioso ventral recorre los segmentos del cuerpo

Ganglio: concentración de células nerviosas que controla una parte del cuerpo

Nervio periférico en la pata

SISTEMA NERVIOSO DE UN SALTAMONTES

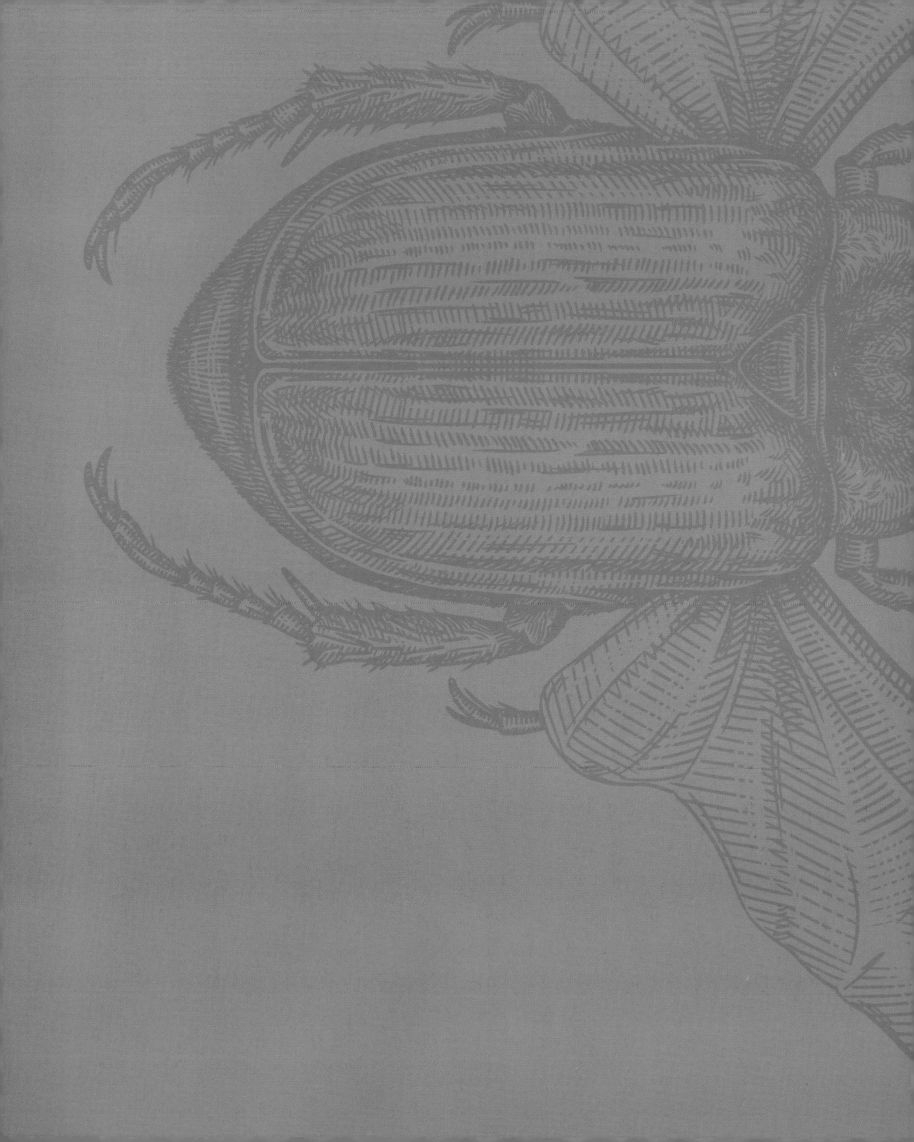

movimiento

El movimiento es una de las características fundamentales de la vida. Algunos organismos pequeños corren y saltan con sus patas articuladas, otros agitan las alitas para mantenerse en el aire. Incluso las bactcrias pueden desplazar su maquinaria celular. Y en todos los organismos, en el interior de las células se producen movimientos con los que estas cambian de forma o introducen y expulsan sustancias.

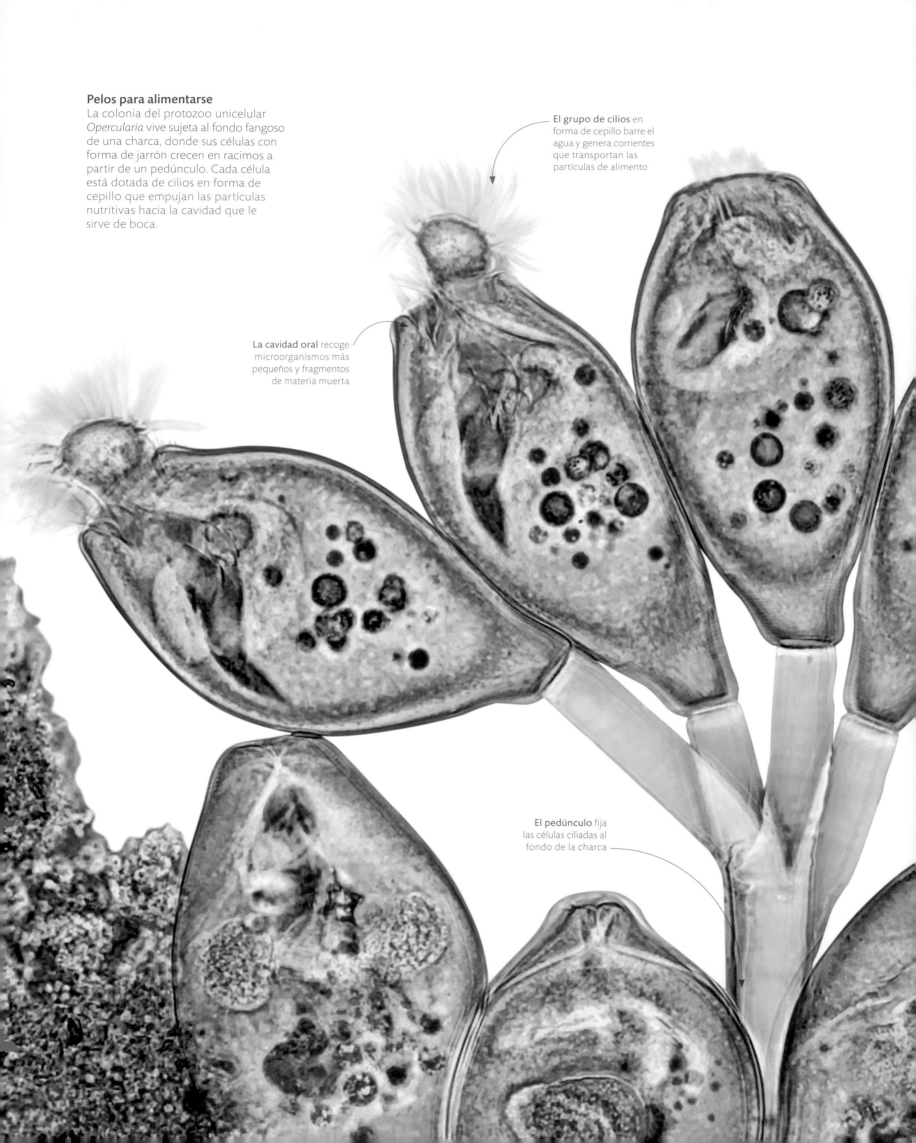

Pelos para alimentarse
La colonia del protozoo unicelular *Opercularia* vive sujeta al fondo fangoso de una charca, donde sus células con forma de jarrón crecen en racimos a partir de un pedúnculo. Cada célula está dotada de cilios en forma de cepillo que empujan las partículas nutritivas hacia la cavidad que le sirve de boca.

El grupo de cilios en forma de cepillo barre el agua y genera corrientes que transportan las partículas de alimento

La cavidad oral recoge microorganismos más pequeños y fragmentos de materia muerta

El pedúnculo fija las células ciliadas al fondo de la charca

pelos batientes

El movimiento de algunos seres vivos muy pequeños, entre ellos los unicelulares, no depende de los músculos, sino de cilios y flagelos, unos pelos microscópicos que barren el agua circundante. Aunque estos son al menos 250 veces más finos que un cabello humano, su movimiento genera corrientes que propulsan al organismo en el agua o le acercan partículas. Al igual que los músculos, estas estructuras están formadas por filamentos de proteínas que tiran unos de otros cuando se mueven.

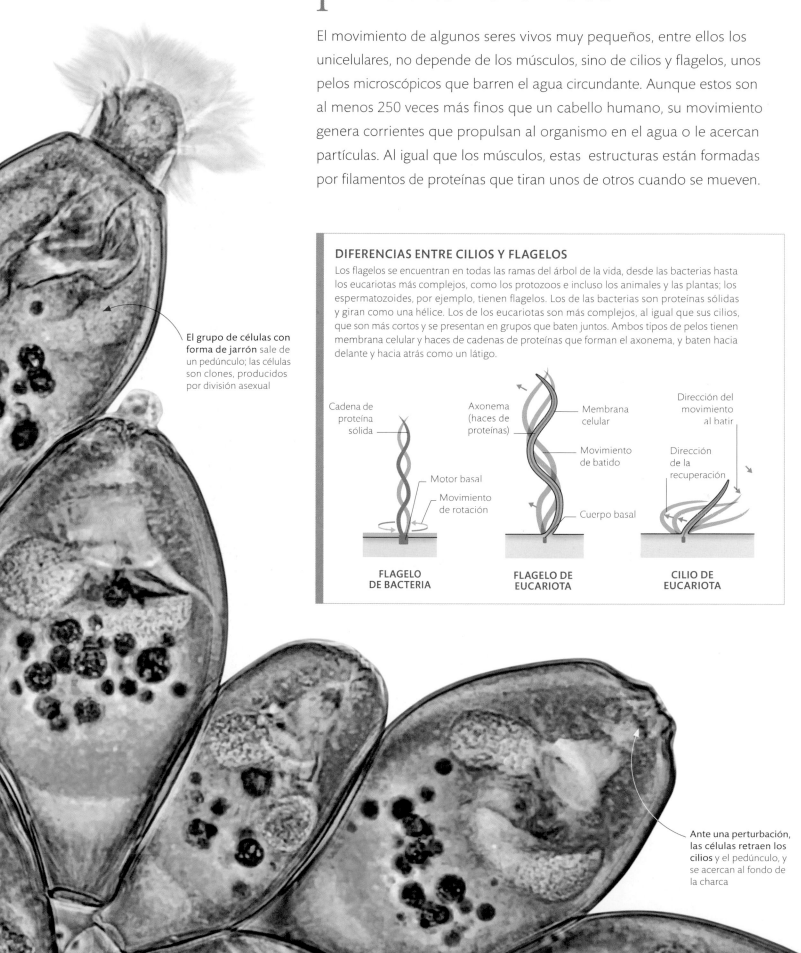

El grupo de células con forma de jarrón sale de un pedúnculo; las células son clones, producidos por división asexual

DIFERENCIAS ENTRE CILIOS Y FLAGELOS

Los flagelos se encuentran en todas las ramas del árbol de la vida, desde las bacterias hasta los eucariotas más complejos, como los protozoos e incluso los animales y las plantas; los espermatozoides, por ejemplo, tienen flagelos. Los de las bacterias son proteínas sólidas y giran como una hélice. Los de los eucariotas son más complejos, al igual que sus cilios, que son más cortos y se presentan en grupos que baten juntos. Ambos tipos de pelos tienen membrana celular y haces de cadenas de proteínas que forman el axonema, y baten hacia delante y hacia atrás como un látigo.

Cadena de proteína sólida

Motor basal

Movimiento de rotación

FLAGELO DE BACTERIA

Axonema (haces de proteínas)

Membrana celular

Movimiento de batido

Cuerpo basal

FLAGELO DE EUCARIOTA

Dirección del movimiento al batir

Dirección de la recuperación

CILIO DE EUCARIOTA

Ante una perturbación, las células retraen los cilios y el pedúnculo, y se acercan al fondo de la charca

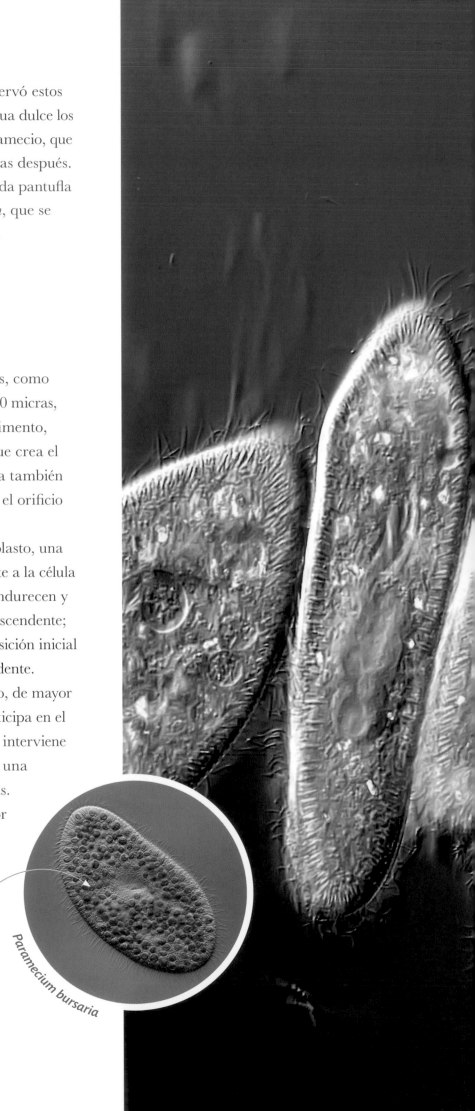

En 1718, cuando el microbiólogo Louis Joblot observó estos organismos unicelulares que viven sobre todo en agua dulce los llamó animálculos zapatilla. El nombre actual, paramecio, que significa «alargado» u «oblongo», se les dio décadas después. Sin embargo, su parecido con la suela de una cómoda pantufla es evidente, realzado por el surco oral, o *vestibulum*, que se encuentra cerca de la parte más ancha de la célula.

paramecio

El *vestibulum* es el punto de entrada de alimentos, como bacterias y levaduras. Con una longitud de hasta 300 micras, un paramecio es cientos de veces mayor que su alimento, que le llega arrastrado por la corriente de agua que crea el movimiento de los cilios de su superficie. La célula también tiene una salida: el poro anal, menos evidente que el orificio oral y situado en la zona del «tacón».

El cuerpo del paramecio está dentro de un periplasto, una membrana exterior rígida, que, no obstante, permite a la célula desplazarse cuando los cilios baten. Los cilios se endurecen y empujan el agua durante el rápido movimiento descendente; luego se ablandan y se flexionan para volver a la posición inicial antes de comenzar el siguiente movimiento descendente.

Un paramecio tiene dos núcleos. El macronúcleo, de mayor tamaño, contiene varias dotaciones de genes y participa en el control de la célula. El micronúcleo, más pequeño, interviene en la reproducción, que se realiza por bipartición, una simple división celular que origina dos células hijas. A veces, los paramecios también se reproducen por conjugación, en la que dos de ellos intercambian la mitad de su material genético.

En el interior del paramecio viven algas verdes que le proporcionan sustento a cambio de protección

Paramecium bursaria

Suministro de alimentos
Dentro de la célula de *Paramecium caudatum,* las vacuolas almacenan partículas ingeridas y se reducen a medida que se digiere el contenido. Algunas especies de paramecio complementan su nutrición con la que les proporcionan algas endosimbiontes fotosintetizadoras. MO, 950×

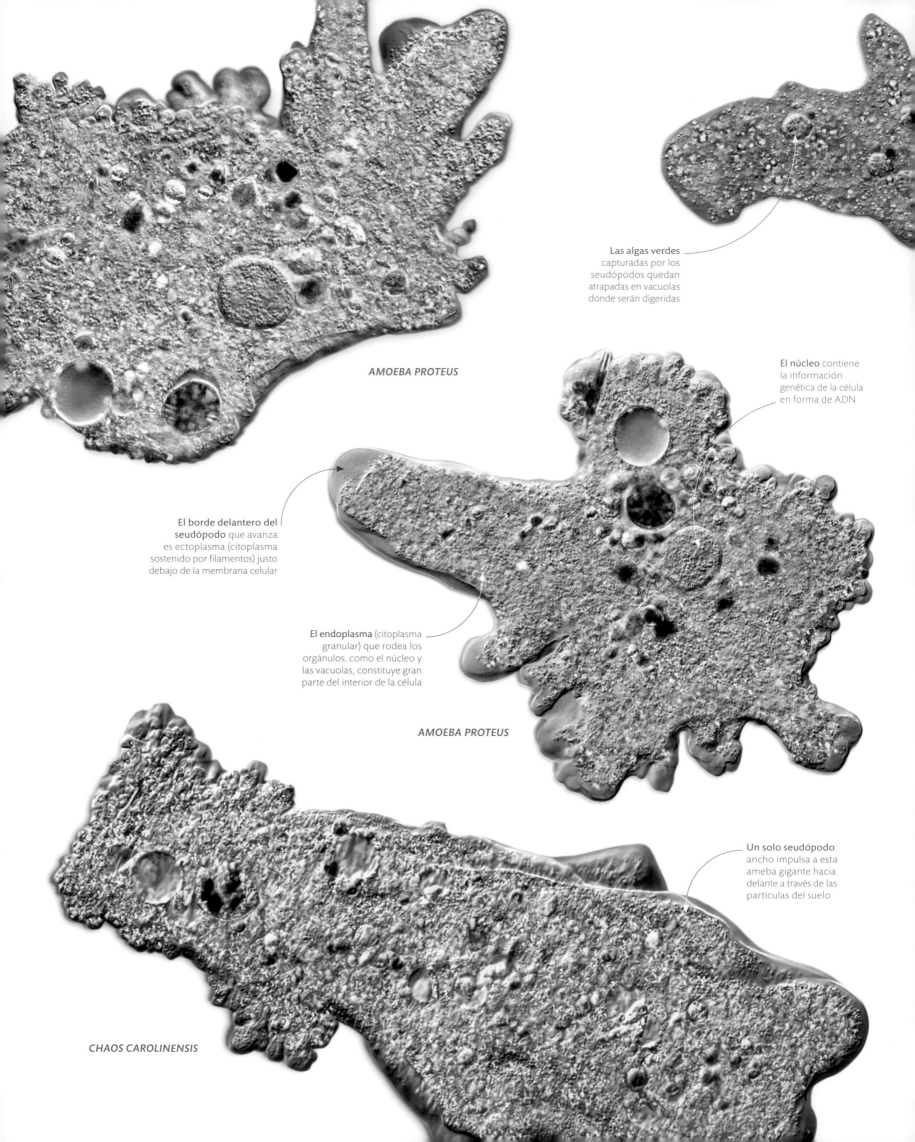

AMOEBA PROTEUS

Las algas verdes capturadas por los seudópodos quedan atrapadas en vacuolas donde serán digeridas

El núcleo contiene la información genética de la célula en forma de ADN

El borde delantero del seudópodo que avanza es ectoplasma (citoplasma sostenido por filamentos) justo debajo de la membrana celular

El endoplasma (citoplasma granular) que rodea los orgánulos, como el núcleo y las vacuolas, constituye gran parte del interior de la célula

AMOEBA PROTEUS

Un solo seudópodo ancho impulsa a esta ameba gigante hacia delante a través de las partículas del suelo

CHAOS CAROLINENSIS

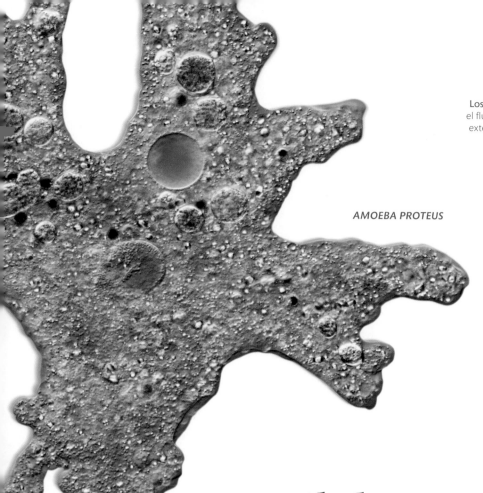

AMOEBA PROTEUS

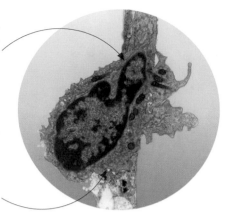

Los glóbulos blancos usan el flujo citoplasmático para extender un seudópodo a través del poro

La pared del capilar sanguíneo tiene poros lo bastante grandes como para que el glóbulo se cuele por ellos

Combatir infecciones
Los glóbulos blancos tienen muchas similitudes con los amebas. Pasan a través de los poros de la pared de los capilares sanguíneos para llegar a un foco de infección, donde engullen las partículas extrañas con sus seudópodos.

células reptantes

A una célula le es difícil desplazarse. Los flagelos y los cilios (pp. 128–129) pueden impulsar un microorganismo o un espermatozoide, pero las células que carecen de ellos tienen que cambiar de forma para desplazarse. Todas las células tienen citoplasma, una gelatina reforzada por un andamiaje de filamentos proteicos. Las amebas y otras células reptantes pueden ensamblar esos filamentos y así estirar el citoplasma en forma de seudópodos («pies falsos») que arrastran la célula. El avance es lento: una ameba depredadora tardaría una semana en cruzar esta página, cuando un espermatozoide lo haría en 10 minutos. Pero, en el mundo microscópico, basta para atrapar presas aún más lentas y pequeñas.

Pies falsos
Las especies de ameba se caracterizan por la forma de emitir seudópodos. La ameba común (*Amoeba proteus*; las tres células de arriba), produce varios a la vez, lo que le permite estirarse, abrirse en abanico y atrapar presas como bacterias y algas. La ameba gigante (*Chaos carolinensis*; abajo) produce un único y grueso seudópodo, y se desplaza con movimientos como de babosa. MO, 300×

FORMACIÓN DE SEUDÓPODOS

Los seudópodos se mueven por flujo citoplasmático, un proceso basado en la actina (la proteína que hace que los músculos se contraigan). En la parte delantera del seudópodo, los filamentos de actina se ensamblan a partir de subunidades. Esto crea una «tapa» rígida de ectoplasma que empuja hacia delante y luego fluye hacia atrás por los lados hasta la parte posterior de la célula. Allí, la actina se descompone, y las subunidades se reciclan de vuelta al endoplasma acuoso.

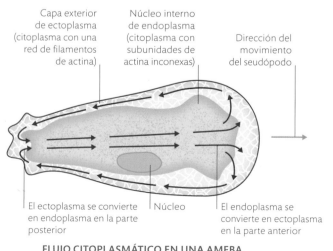

Capa exterior de ectoplasma (citoplasma con una red de filamentos de actina)

Núcleo interno de endoplasma (citoplasma con subunidades de actina inconexas)

Dirección del movimiento del seudópodo

El ectoplasma se convierte en endoplasma en la parte posterior

Núcleo

El endoplasma se convierte en ectoplasma en la parte anterior

FLUJO CITOPLASMÁTICO EN UNA AMEBA

DIVERSIDAD DE ROTÍFEROS

Hay más de dos mil especies de rotíferos en hábitats marinos y de agua dulce, así como en microhábitats húmedos terrestres, como los de musgos o líquenes. El rotífero más pequeño es menor que un espermatozoide humano, y el más grande, casi como un grano de arena. Casi todos los rotíferos atrapan partículas de alimento con sus coronas ciliadas; algunos atrapan presas con espinas y sedas dispuestas en forma de embudo, y los hay con mandíbulas extensibles para morder.

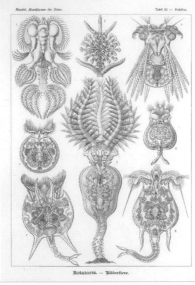

ROTÍFEROS EN UN GRABADO DE ERNST HAECKEL (1904)

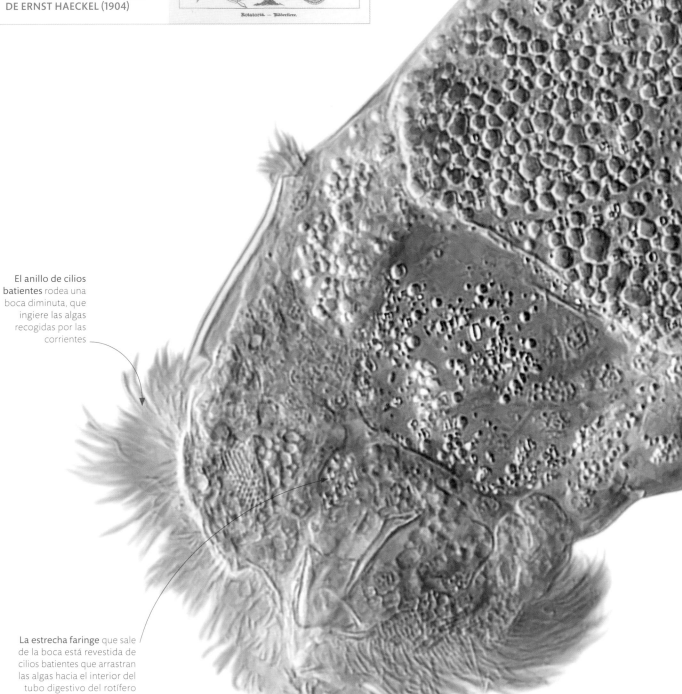

El mástax es una amplia cámara del intestino revestida de trofos, unas crestas dentadas que ayudan a pulverizar las algas ingeridas

El anillo de cilios batientes rodea una boca diminuta, que ingiere las algas recogidas por las corrientes

La estrecha faringe que sale de la boca está revestida de cilios batientes que arrastran las algas hacia el interior del tubo digestivo del rotífero

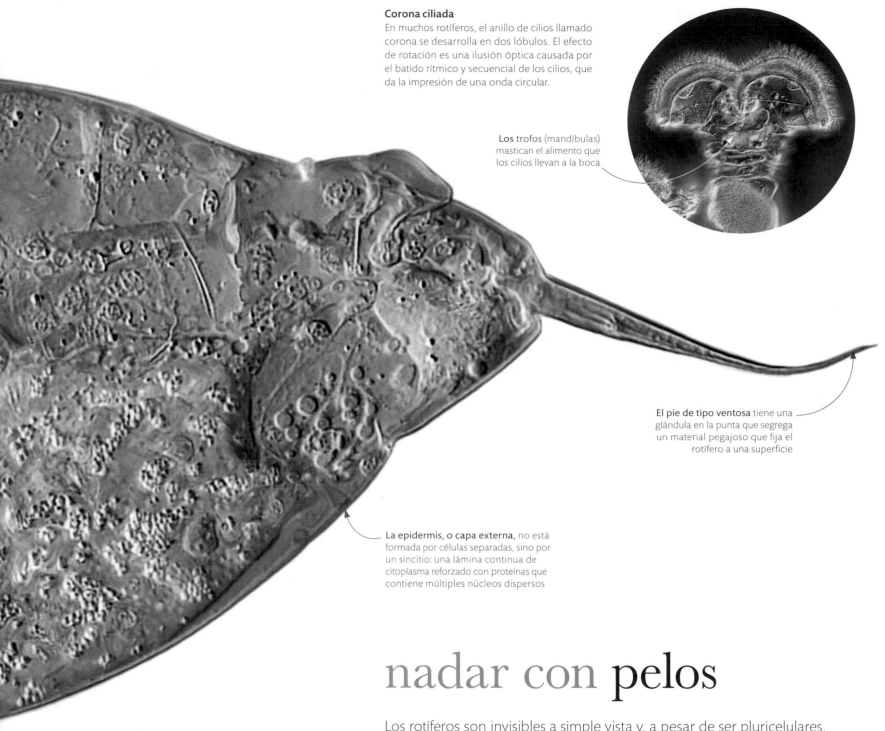

Corona ciliada
En muchos rotíferos, el anillo de cilios llamado corona se desarrolla en dos lóbulos. El efecto de rotación es una ilusión óptica causada por el batido rítmico y secuencial de los cilios, que da la impresión de una onda circular.

Los trofos (mandíbulas) mastican el alimento que los cilios llevan a la boca

El pie de tipo ventosa tiene una glándula en la punta que segrega un material pegajoso que fija el rotífero a una superficie

La epidermis, o capa externa, no está formada por células separadas, sino por un sincitio: una lámina continua de citoplasma reforzado con proteínas que contiene múltiples núcleos dispersos

Pacedor de algas
A través de la pared transparente y sin pigmentos de este rotífero monogononto se ven algas semidigeridas. Arrastradas por los cilios hacia la boca, las algas se acumulan en el mástax, una cámara cuya pared muscular ayuda a triturarlas hasta convertirlas en pulpa. MO, 2000×

nadar con pelos

Los rotíferos son invisibles a simple vista y, a pesar de ser pluricelulares, pueden ser incluso más pequeños que algunos microorganismos unicelulares. Son abundantes en las charcas ricas en nutrientes, donde su cuerpo translúcido y con forma de gusano se desliza entre la vegetación y el sedimento. En la parte anterior tienen cilios, cuyo movimiento coordinado se parece tanto a un disco giratorio que los primeros microscopistas los llamaron «animálculos de rueda». El extremo posterior tiene un pie en forma de ventosa que se aferra a los objetos mientras el animal se extiende y explora el entorno. La mayoría de los rotíferos se desplaza nadando con los cilios o arrastrándose como un gusano, pero algunos viven permanentemente fijados por su pie.

La base de los tentáculos está encerrada en vainas cuyos músculos controlan su movimiento

Los tentáculos están revestidos de coloblastos, unas células que producen hilos pegajosos que atrapan organismos planctónicos

Una ola de contracción muscular recorre el cuerpo, ondulándolo como el de un pez

Una hilera de peines recorre cada borde del animal

peines de cilios

Muchos organismos microscópicos nadan batiendo flagelos o cilios. En el caso de los animales más grandes, esos elementos no generan por sí solos el empuje suficiente para desplazarse, por lo que también necesitan la fuerza muscular. Sin embargo, los ctenóforos, un grupo de animales marinos, se sirven de cilios para desplazarse a pesar de que llegan a ser tan grandes como un pez pequeño. Pueden hacerlo porque los cilios están fusionados en grupos: los peines, que empujan el agua con la fuerza suficiente para impulsar su cuerpo en el agua.

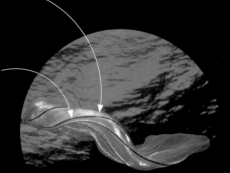

Fuerza muscular
Los ctenóforos más grandes, como este cinturón de Venus (*Cestum veneris*), pueden medir 1 m. Demasiado grandes para propulsarse solo con cilios, se impulsan mediante ondulaciones musculares.

Peinando el mar

Pleurobrachia pileus es un ctenóforo común en el Atlántico de cuerpo esférico y de 1 a 2,5 cm de largo. Se sirve de ocho hileras de peines (*ctenes*, en griego), o paletas natatorias, que son filas de cilios fusionados, para desplazarse arriba y abajo en la columna de agua. Los largos tentáculos, impulsados por músculos, le sirven para capturar organismos flotantes del plancton (pp. 286–287).

La iridiscencia se produce cuando los peines batientes reflejan la luz de diferentes longitudes de onda; esto atrae presas y repele depredadores

Los peines de cilios fusionados barren hacia abajo, empujando el agua, e impulsan al animal hacia arriba

Los largos tentáculos se retraen en la vaina cuando no están desplegados para capturar presas

El ano expulsa partículas de alimento no digerido

PEINES NADADORES

Cada animal tiene ocho hileras de peines que van desde la boca hasta el ano. Un órgano sensorial apical situado cerca del ano no solo equilibra el cuerpo en el agua, sino que, a través de las fibras nerviosas que recorren cada hilera, controla los peines que baten.

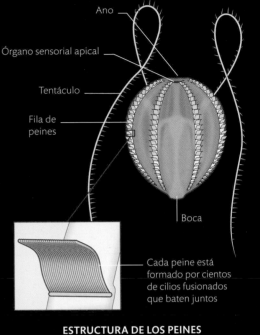

Ano

Órgano sensorial apical

Tentáculo

Fila de peines

Boca

Cada peine está formado por cientos de cilios fusionados que baten juntos

ESTRUCTURA DE LOS PEINES

FILAMENTOS MUSCULARES EN UN TENTÁCULO

Los tentáculos de un hidrozoo son prolongaciones tubulares del cuerpo. De estructura simple, están formados por una capa epitelial externa y otra interna, separadas por la mesoglea gelatinosa. En los tentáculos especializados en el movimiento, las células epiteliales tienen mionemas, compuestos por filamentos de las mismas proteínas que las células musculares. Juntos, forman una banda de músculo en la pared del cuerpo.

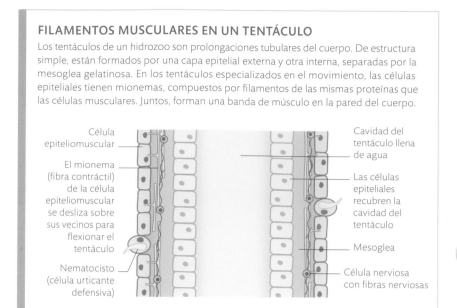

Célula epiteliomuscular

El mionema (fibra contráctil) de la célula epiteliomuscular se desliza sobre sus vecinos para flexionar el tentáculo

Nematocisto (célula urticante defensiva)

Cavidad del tentáculo llena de agua

Las células epiteliales recubren la cavidad del tentáculo

Mesoglea

Célula nerviosa con fibras nerviosas

SECCIÓN TRANSVERSAL DEL TENTÁCULO DE UN HIDROZOO

Movimiento de los tentáculos

El hidrozoo *Ectopleura larynx*, que llega a medir 5 cm, vive fijado a rocas, conchas y algas entre mareas fuertes. De color rosa o rojizo, tiene un anillo exterior e interior de tentáculos, entre los que se encuentran los gonóforos, grupos de yemas reproductoras. Los tentáculos son extremadamente móviles: se agitan, se doblan y se contraen en busca del alimento que pasan a la boca. MEB, 70×

músculos simples

Las medusas nadan mediante músculos estriados (pp. 140–141), mientras que muchos otros cnidarios —como las anémonas de mar, los corales y los hidrozoos— carecen de ellos y no tienen células musculares. Por el contrario, poseen fibras contráctiles, denominadas mionemas, en células epiteliales especializadas. Algunos mionemas son longitudinales, y otros forman anillos alrededor del cuerpo. Cuando se contraen, presionan espacios llenos de líquido que actúan como un esqueleto hidrostático. Con estos dos conjuntos de fibras musculares, un cnidario puede alargarse o acortarse y flexionarse en todas las direcciones.

Tentáculo aboral, o exterior

Postura defensiva

El sistema muscular de *Ectopleura* está integrado en el sistema nervioso y sensorial, por lo que responde enseguida al peligro. En la imagen, las células epiteliomusculares contraídas han plegado los tentáculos orales y aborales para proteger los gonóforos.

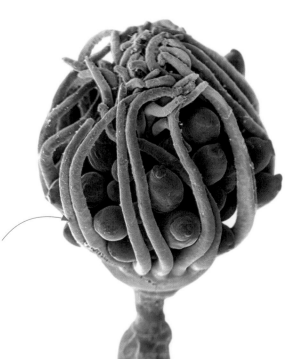

Los tentáculos plegados cubren la boca y las estructuras reproductoras

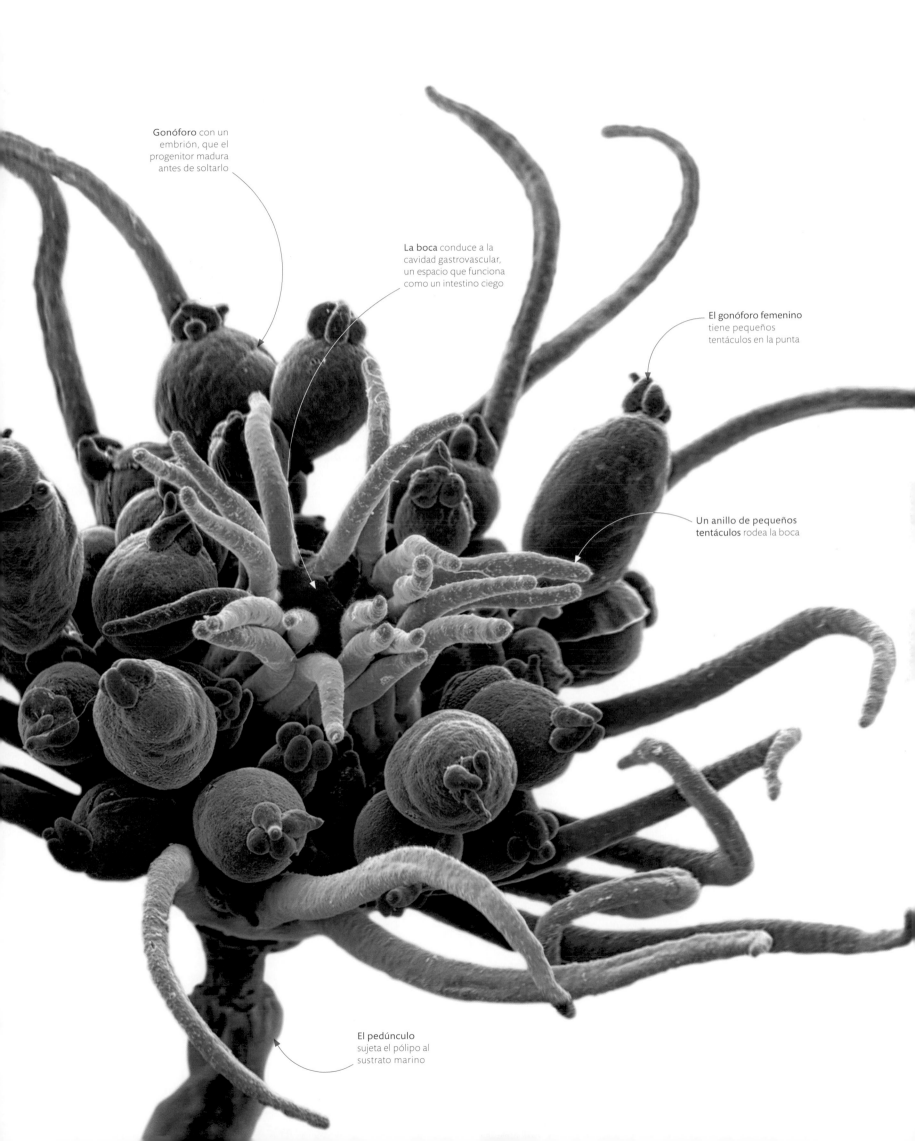

Gonóforo con un embrión, que el progenitor madura antes de soltarlo

La boca conduce a la cavidad gastrovascular, un espacio que funciona como un intestino ciego

El gonóforo femenino tiene pequeños tentáculos en la punta

Un anillo de pequeños tentáculos rodea la boca

El pedúnculo sujeta el pólipo al sustrato marino

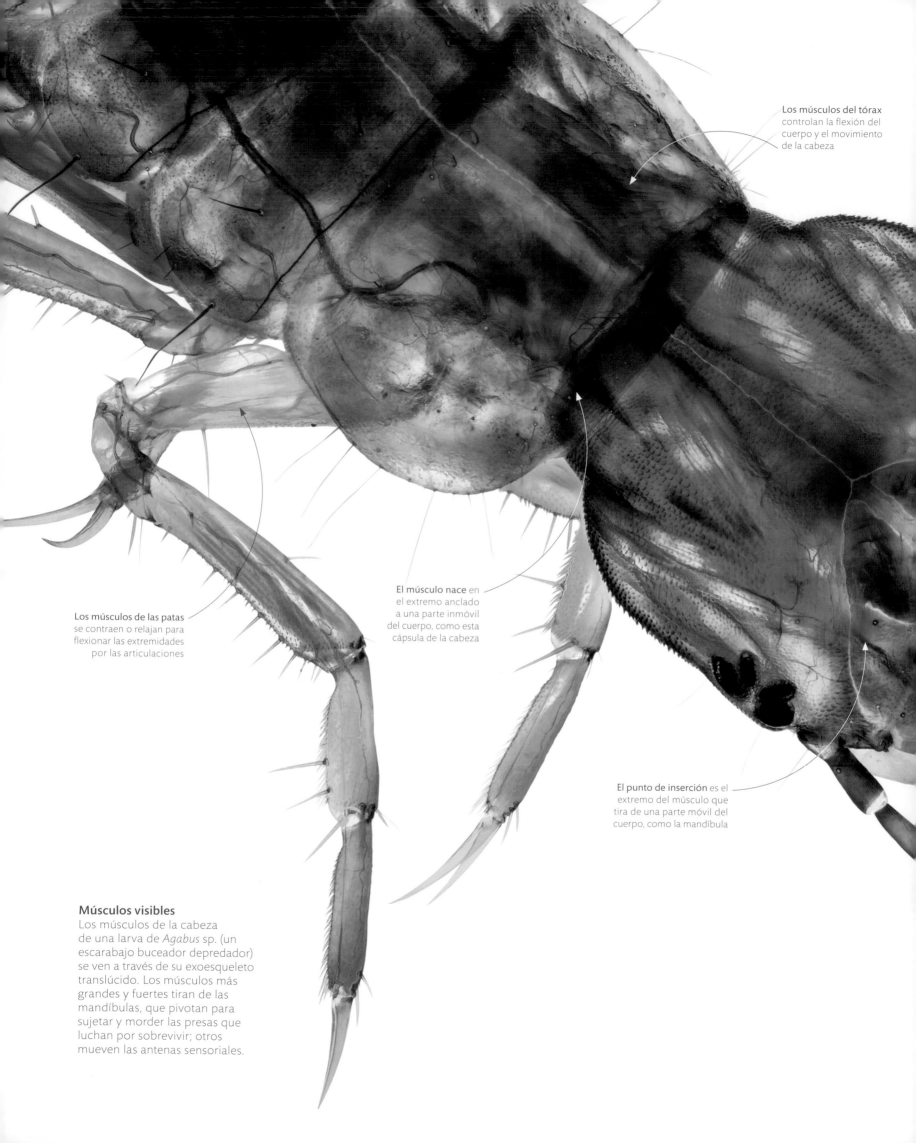

Los músculos del tórax controlan la flexión del cuerpo y el movimiento de la cabeza

Los músculos de las patas se contraen o relajan para flexionar las extremidades por las articulaciones

El músculo nace en el extremo anclado a una parte inmóvil del cuerpo, como esta cápsula de la cabeza

El punto de inserción es el extremo del músculo que tira de una parte móvil del cuerpo, como la mandíbula

Músculos visibles
Los músculos de la cabeza de una larva de *Agabus* sp. (un escarabajo buceador depredador) se ven a través de su exoesqueleto translúcido. Los músculos más grandes y fuertes tiran de las mandíbulas, que pivotan para sujetar y morder las presas que luchan por sobrevivir; otros mueven las antenas sensoriales.

músculos contraídos

Los músculos, y los rápidos movimientos que generan, son propios de los animales. Se componen de filamentos de proteínas que contraen (acortan) sus largas células gracias a la energía de la respiración. Como los nervios, transmiten impulsos eléctricos, y un desencadenante eléctrico, que suele proceder del sistema nervioso, estimula su contracción. Los músculos de las paredes de los órganos vitales se contraen para hacer avanzar los alimentos, la sangre o los desechos. Los músculos esqueléticos tienen los extremos unidos al esqueleto y, al tirar, hacen que se mueva alguna parte del cuerpo.

Las estrías de los músculos se deben a la alternancia de grupos de filamentos proteicos gruesos y finos en las células

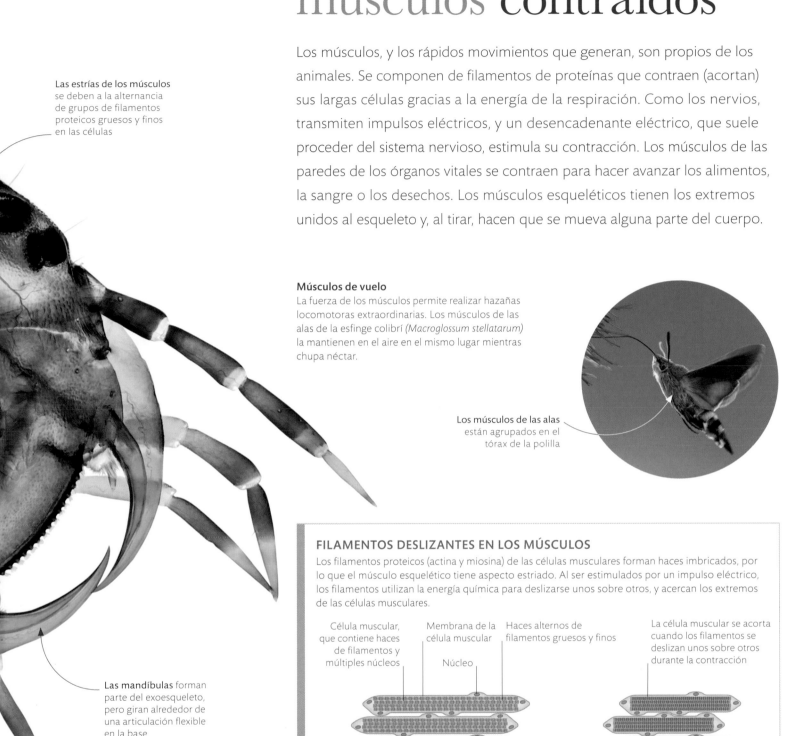

Las mandíbulas forman parte del exoesqueleto, pero giran alrededor de una articulación flexible en la base

Músculos de vuelo
La fuerza de los músculos permite realizar hazañas locomotoras extraordinarias. Los músculos de las alas de la esfinge colibrí (Macroglossum stellatarum) la mantienen en el aire en el mismo lugar mientras chupa néctar.

Los músculos de las alas están agrupados en el tórax de la polilla

FILAMENTOS DESLIZANTES EN LOS MÚSCULOS

Los filamentos proteicos (actina y miosina) de las células musculares forman haces imbricados, por lo que el músculo esquelético tiene aspecto estriado. Al ser estimulados por un impulso eléctrico, los filamentos utilizan la energía química para deslizarse unos sobre otros, y acercan los extremos de las células musculares.

Célula muscular, que contiene haces de filamentos y múltiples núcleos

Membrana de la célula muscular

Haces alternos de filamentos gruesos y finos

Núcleo

La célula muscular se acorta cuando los filamentos se deslizan unos sobre otros durante la contracción

Filamento grueso de miosina

Pequeño solapamiento entre filamentos

Filamento delgado de actina

Mayor solapamiento entre filamentos

MÚSCULO RELAJADO

MÚSCULO CONTRAÍDO

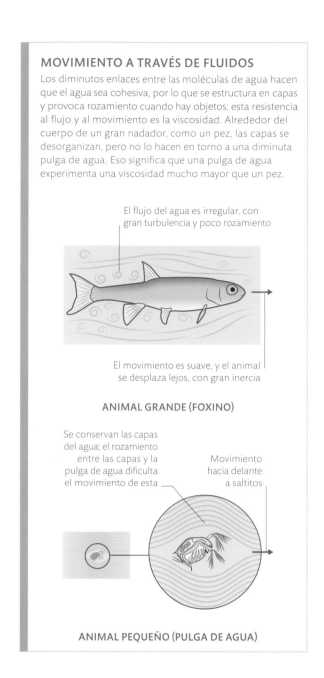

MOVIMIENTO A TRAVÉS DE FLUIDOS

Los diminutos enlaces entre las moléculas de agua hacen que el agua sea cohesiva, por lo que se estructura en capas y provoca rozamiento cuando hay objetos: esta resistencia al flujo y al movimiento es la viscosidad. Alrededor del cuerpo de un gran nadador, como un pez, las capas se desorganizan, pero no lo hacen en torno a una diminuta pulga de agua. Eso significa que una pulga de agua experimenta una viscosidad mucho mayor que un pez.

El flujo del agua es irregular, con gran turbulencia y poco rozamiento

El movimiento es suave, y el animal se desplaza lejos, con gran inercia

ANIMAL GRANDE (FOXINO)

Se conservan las capas del agua; el rozamiento entre las capas y la pulga de agua dificulta el movimiento de esta

Movimiento hacia delante a saltitos

ANIMAL PEQUEÑO (PULGA DE AGUA)

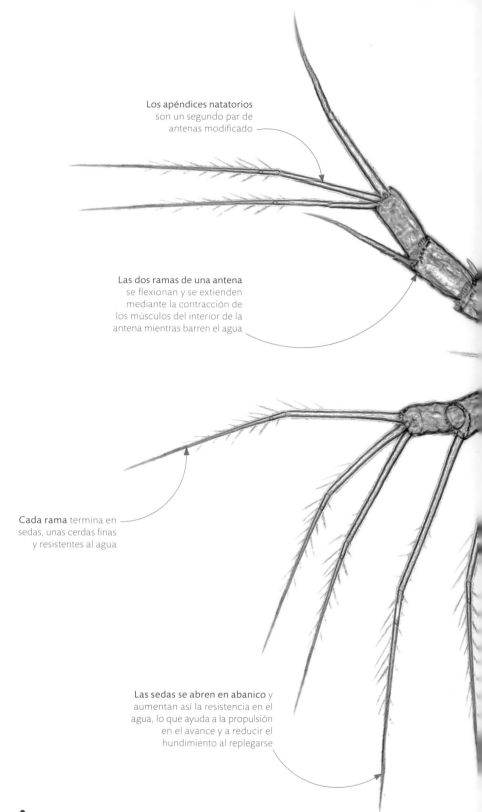

Los apéndices natatorios son un segundo par de antenas modificado

Las dos ramas de una antena se flexionan y se extienden mediante la contracción de los músculos del interior de la antena mientras barren el agua

Cada rama termina en sedas, unas cerdas finas y resistentes al agua

Las sedas se abren en abanico y aumentan así la resistencia en el agua, lo que ayuda a la propulsión en el avance y a reducir el hundimiento al replegarse

vencer el rozamiento

Para cualquier animal que nade, el empuje debe vencer al rozamiento entre su cuerpo y el agua. Eso es más fácil para los animales grandes con músculos potentes y cuerpo hidrodinámico. No obstante, para los pequeños, el rozamiento es importante. A la escala de la pulga de agua (alrededor de 1 mm), los enlaces entre las moléculas de agua son notables, por lo que es como si un ser humano nadara en miel. Eso significa que una pulga de agua gasta más energía que un ser humano al nadar, y la viscosidad del agua hace que se pare tras cada impulso, lo que hace que sus movimientos sean característicamente bruscos.

Antenas propulsoras
Como muchos crustáceos, las pulgas de agua (*Daphnia* sp.) tienen antenas ramificadas. Otros animales las utilizan como sensores, pero las de la pulga de agua son enormes y se usan como palas de natación. Los fuertes músculos de las antenas reman empujando hacia atrás y abriéndose en abanico al impulsarse.

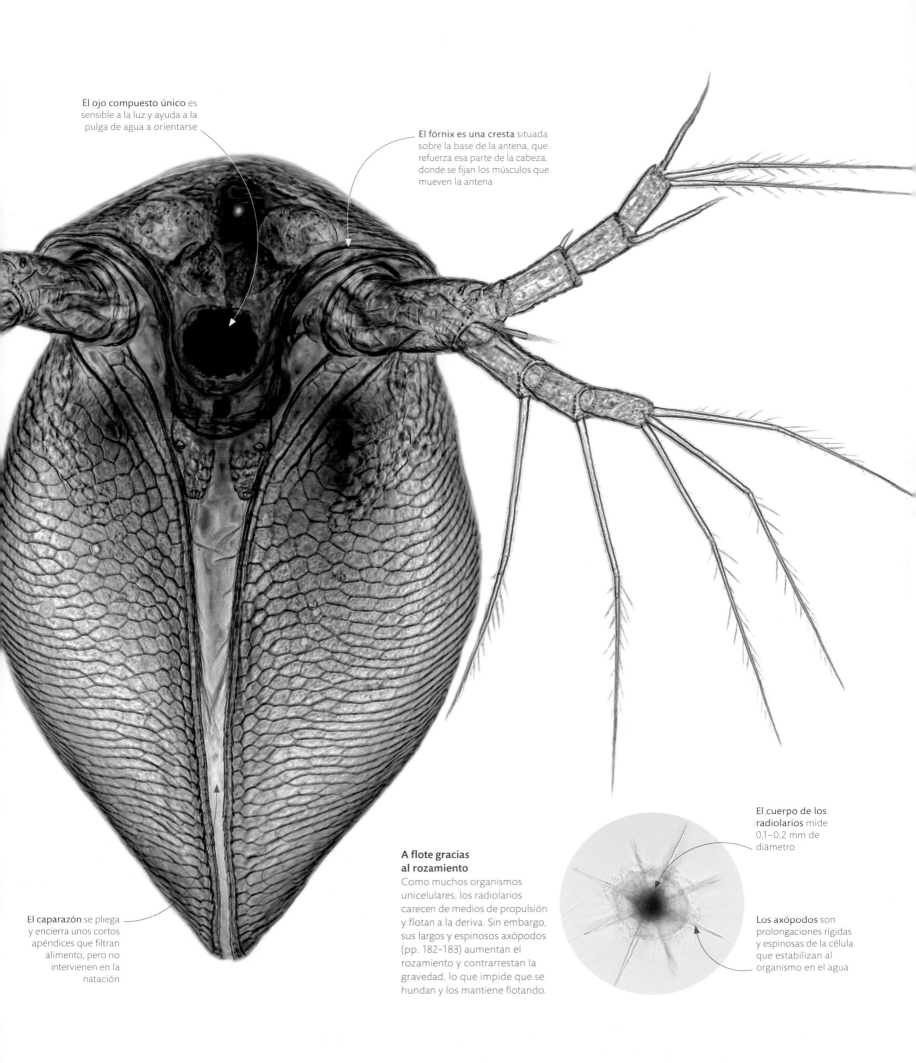

El ojo compuesto único es sensible a la luz y ayuda a la pulga de agua a orientarse

El fórnix es una cresta situada sobre la base de la antena, que refuerza esa parte de la cabeza, donde se fijan los músculos que mueven la antena

El caparazón se pliega y encierra unos cortos apéndices que filtran alimento, pero no intervienen en la natación

El cuerpo de los radiolarios mide 0,1–0,2 mm de diámetro

A flote gracias al rozamiento

Como muchos organismos unicelulares, los radiolarios carecen de medios de propulsión y flotan a la deriva. Sin embargo, sus largos y espinosos axópodos (pp. 182–183) aumentan el rozamiento y contrarrestan la gravedad, lo que impide que se hundan y los mantiene flotando.

Los axópodos son prolongaciones rígidas y espinosas de la célula que estabilizan al organismo en el agua

Apéndices como palas
El toracópodo de *Artemia* sp. tiene una fila de
aletas anchas provistas de un fleco de espinas
y sedas. Las aletas con sus flecos aumentan
la superficie de empuje contra el agua: así se
genera un mayor empuje en cada impulso al
nadar. MEB, 700×

Las sedas más largas se extienden
y empujan contra el agua cuando el
apéndice da un impulso; luego, cuando
el apéndice recupera la posición, se
encogen y reducen la resistencia

Las sedas más cortas forman un
peine que atrapa las partículas
de alimento más pequeñas, que
son arrastradas hacia la boca

Cinco o seis aletas, o
enditos, a lo largo de
un apéndice ayudan
a absorber el oxígeno,
además de actuar
como remos

remar con suavidad

La natación de un animal que viva en aguas pelágicas tiene que ser lo bastante vigorosa como para impulsarlo hacia delante. En el caso de los pequeños crustáceos, como las artemias, eso lo hacen los anchos y frondosos apéndices que empujan contra el agua y luego se repliegan sobre sus articulaciones. Las artemias nadan de espaldas y tienen 11 pares de patas que trabajan juntas provocando una acción de remo, con una ola de movimientos coordinados que recorre el cuerpo desde atrás hacia delante. El efecto es que el animal se desliza suavemente por el agua.

FUNCIONES DE LOS APÉNDICES

Las artemias son branquiópodos, un grupo de crustáceos cuyos apéndices son polivalentes. Además de servirles para nadar, absorben oxígeno, y su acción de remo arrastra una corriente de agua a lo largo de la parte inferior del animal, de manera que las partículas de alimento quedan atrapadas en las prolongaciones con forma de aleta de las extremidades.

Cercópodo

Tórax

Los adultos tienen dos ojos compuestos

Abdomen

Los apéndices con forma de aleta del toracópodo le sirven para nadar

ARTEMIA ADULTA

Las sedas engrosadas a modo de espinas atrapan las partículas de comida más grandes

El punto ocular único (rojo) detecta la presencia y la dirección de la luz

Artemia joven
Al igual que en la mayoría de los crustáceos, del huevo de artemia sale una larva llamada nauplio con tres pares de apéndices natatorios en la cabeza, que formarán las antenas y las piezas bucales en el adulto.

Las sedas plumosas cercanas a los extremos de los apéndices actúan como palas complementarias y aumentan el impulso

controlar la flotabilidad

Los organismos que viven flotando a profundidad media deben tener flotabilidad neutra, es decir, flotar sin hundirse ni subir. Para ello, su densidad general debe ser igual a la del agua, aunque tengan partes de diferente densidad, como músculos pesados o aceites ligeros. Los insectos, incluso los acuáticos, respiran a través de una red de tubos traqueales llenos de aire, lo que los hace ascender, pero las larvas acuáticas de *Chaoborus* tienen en su sistema traqueal unos sacos que se dilatan y se contraen para controlar su posición en la columna de agua.

Microdepredador flotante
La larva de *Chaoborus* sp. puede vivir como un feroz depredador acuático porque su cabeza dispone de un complejo equipamiento integrado por antenas y mandíbulas que atrapan larvas de mosquito y pulgas de agua. Detrás de la cabeza se aprecian dos sacos de aire pigmentados, y hay otros dos cerca de la cola. MO, 40×

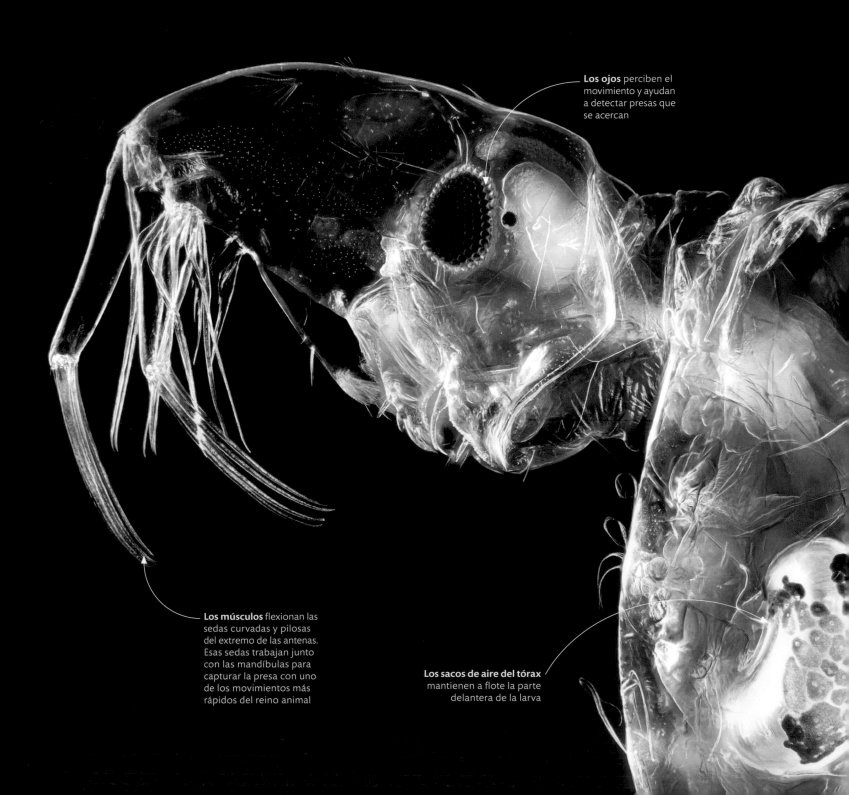

Los ojos perciben el movimiento y ayudan a detectar presas que se acercan

Los músculos flexionan las sedas curvadas y pilosas del extremo de las antenas. Esas sedas trabajan junto con las mandíbulas para capturar la presa con uno de los movimientos más rápidos del reino animal

Los sacos de aire del tórax mantienen a flote la parte delantera de la larva

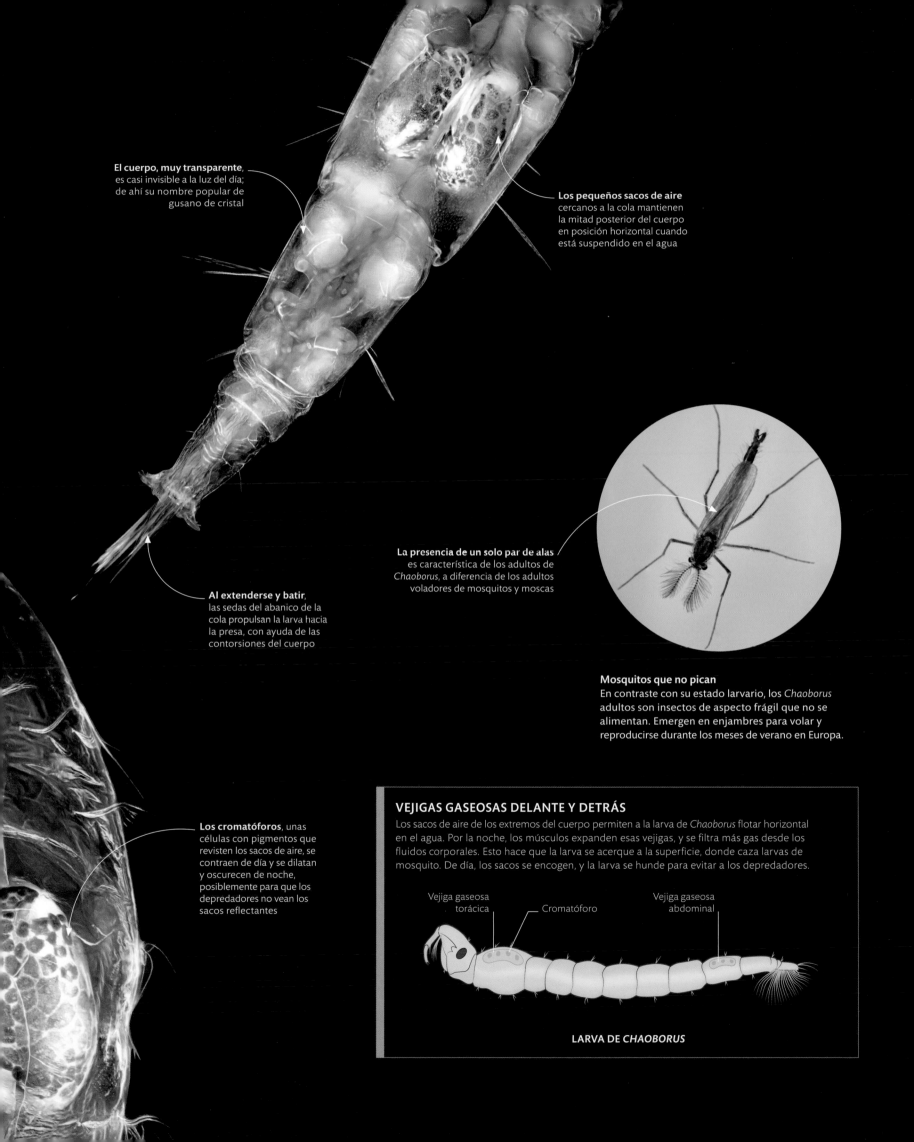

El cuerpo, muy transparente, es casi invisible a la luz del día; de ahí su nombre popular de gusano de cristal

Los pequeños sacos de aire cercanos a la cola mantienen la mitad posterior del cuerpo en posición horizontal cuando está suspendido en el agua

Al extenderse y batir, las sedas del abanico de la cola propulsan la larva hacia la presa, con ayuda de las contorsiones del cuerpo

La presencia de un solo par de alas es característica de los adultos de *Chaoborus*, a diferencia de los adultos voladores de mosquitos y moscas

Mosquitos que no pican
En contraste con su estado larvario, los *Chaoborus* adultos son insectos de aspecto frágil que no se alimentan. Emergen en enjambres para volar y reproducirse durante los meses de verano en Europa.

Los cromatóforos, unas células con pigmentos que revisten los sacos de aire, se contraen de día y se dilatan y oscurecen de noche, posiblemente para que los depredadores no vean los sacos reflectantes

VEJIGAS GASEOSAS DELANTE Y DETRÁS

Los sacos de aire de los extremos del cuerpo permiten a la larva de *Chaoborus* flotar horizontal en el agua. Por la noche, los músculos expanden esas vejigas, y se filtra más gas desde los fluidos corporales. Esto hace que la larva se acerque a la superficie, donde caza larvas de mosquito. De día, los sacos se encogen, y la larva se hunde para evitar a los depredadores.

Vejiga gaseosa torácica

Cromatóforo

Vejiga gaseosa abdominal

LARVA DE *CHAOBORUS*

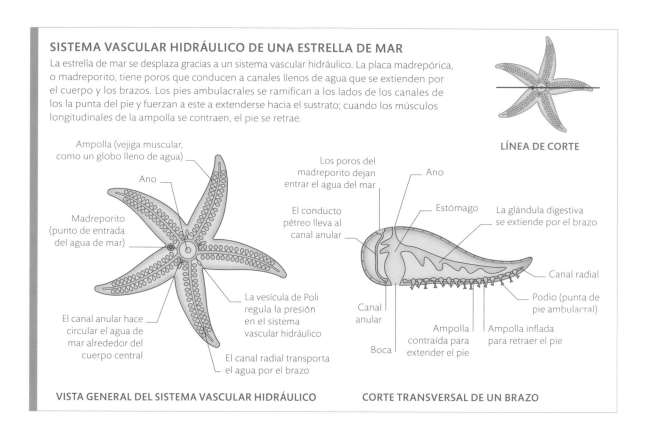

SISTEMA VASCULAR HIDRÁULICO DE UNA ESTRELLA DE MAR

La estrella de mar se desplaza gracias a un sistema vascular hidráulico. La placa madrepórica, o madreporito, tiene poros que conducen a canales llenos de agua que se extienden por el cuerpo y los brazos. Los pies ambulacrales se ramifican a los lados de los canales de los la punta del pie y fuerzan a este a extenderse hacia el sustrato; cuando los músculos longitudinales de la ampolla se contraen, el pie se retrae.

LÍNEA DE CORTE

Ampolla (vejiga muscular, como un globo lleno de agua)

Ano

Madreporito (punto de entrada del agua de mar)

El canal anular hace circular el agua de mar alrededor del cuerpo central

La vesícula de Poli regula la presión en el sistema vascular hidráulico

El canal radial transporta el agua por el brazo

Los poros del madreporito dejan entrar el agua del mar

El conducto pétreo lleva al canal anular

Ano

Estómago

La glándula digestiva se extiende por el brazo

Canal radial

Podio (punta de pie ambulacral)

Canal anular

Boca

Ampolla contraída para extender el pie

Ampolla inflada para retraer el pie

VISTA GENERAL DEL SISTEMA VASCULAR HIDRÁULICO

CORTE TRANSVERSAL DE UN BRAZO

El pedúnculo del pie ambulacral tiene aros radiales de tejido conjuntivo que se expanden a medida que el pie se extiende

pies ambulacrales

Los equinodermos —estrellas, erizos y pepinos de mar, y ofiuras— se mueven con rapidez y agilidad gracias a los pies ambulacrales. Estos son estructuras no articuladas que funcionan mediante la presión hidrostática creada por un sistema vascular hidráulico (arriba), adaptadas para la locomoción, la fijación y la manipulación de alimentos. Cada pie es independiente: se levanta, se extiende hacia delante y luego se apoya en el sustrato y empuja hacia atrás. Los movimientos se logran mediante la coordinación de músculos opuestos de la pared de los pies con válvulas estratégicamente dispuestas, que aseguran que el agua fluya en la dirección deseada. La mayoría de las especies también tiene una ventosa adhesiva en el extremo de cada pie.

La ventosa del pie es útil para subir por superficies empinadas o resbaladizas

Pies ambulacrales en acción
Esta vista lateral de un brazo de una estrella de mar de siete brazos, *Luidia ciliaris*, muestra los pies ambulacrales. Son de diferente longitud y se mueven de manera independiente, controlados por el sistema nervioso central.

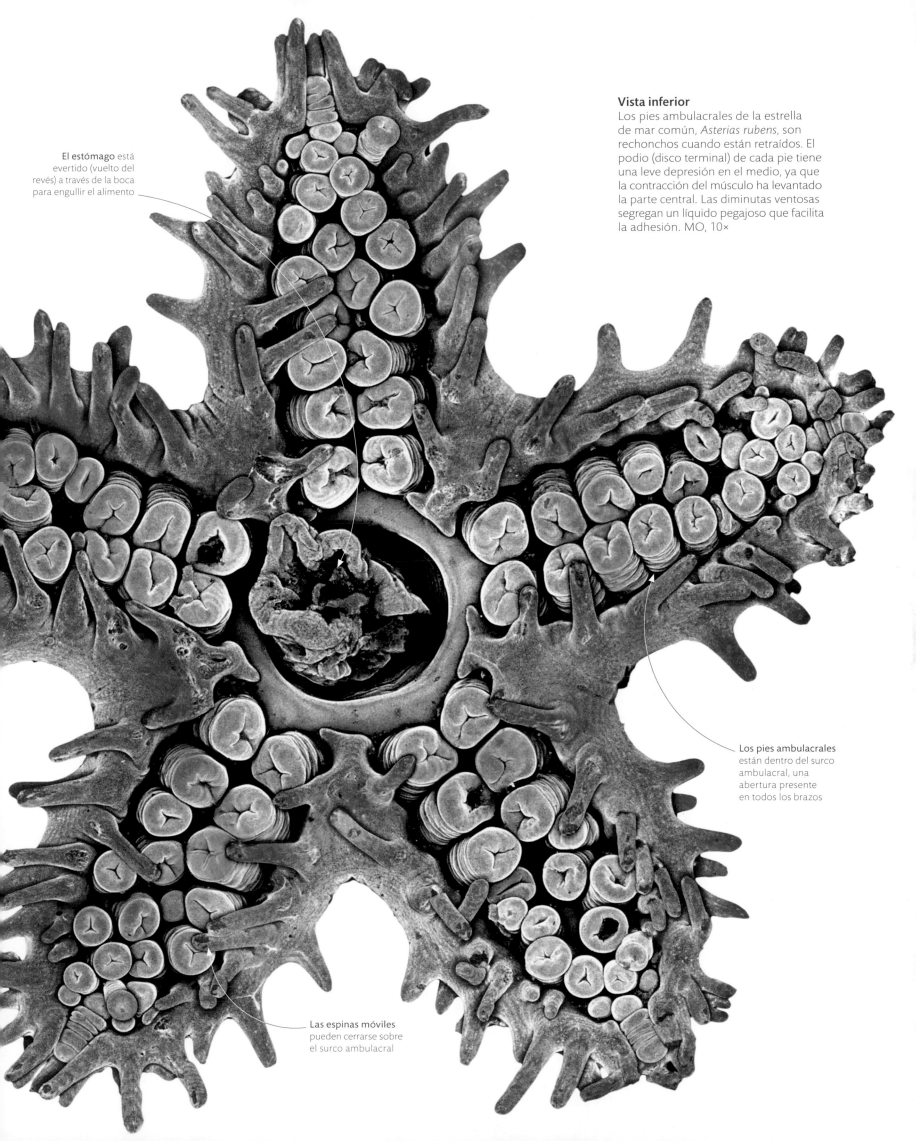

El estómago está evertido (vuelto del revés) a través de la boca para engullir el alimento

Vista inferior
Los pies ambulacrales de la estrella de mar común, *Asterias rubens*, son rechonchos cuando están retraídos. El podio (disco terminal) de cada pie tiene una leve depresión en el medio, ya que la contracción del músculo ha levantado la parte central. Las diminutas ventosas segregan un líquido pegajoso que facilita la adhesión. MO, 10×

Los pies ambulacrales están dentro del surco ambulacral, una abertura presente en todos los brazos

Las espinas móviles pueden cerrarse sobre el surco ambulacral

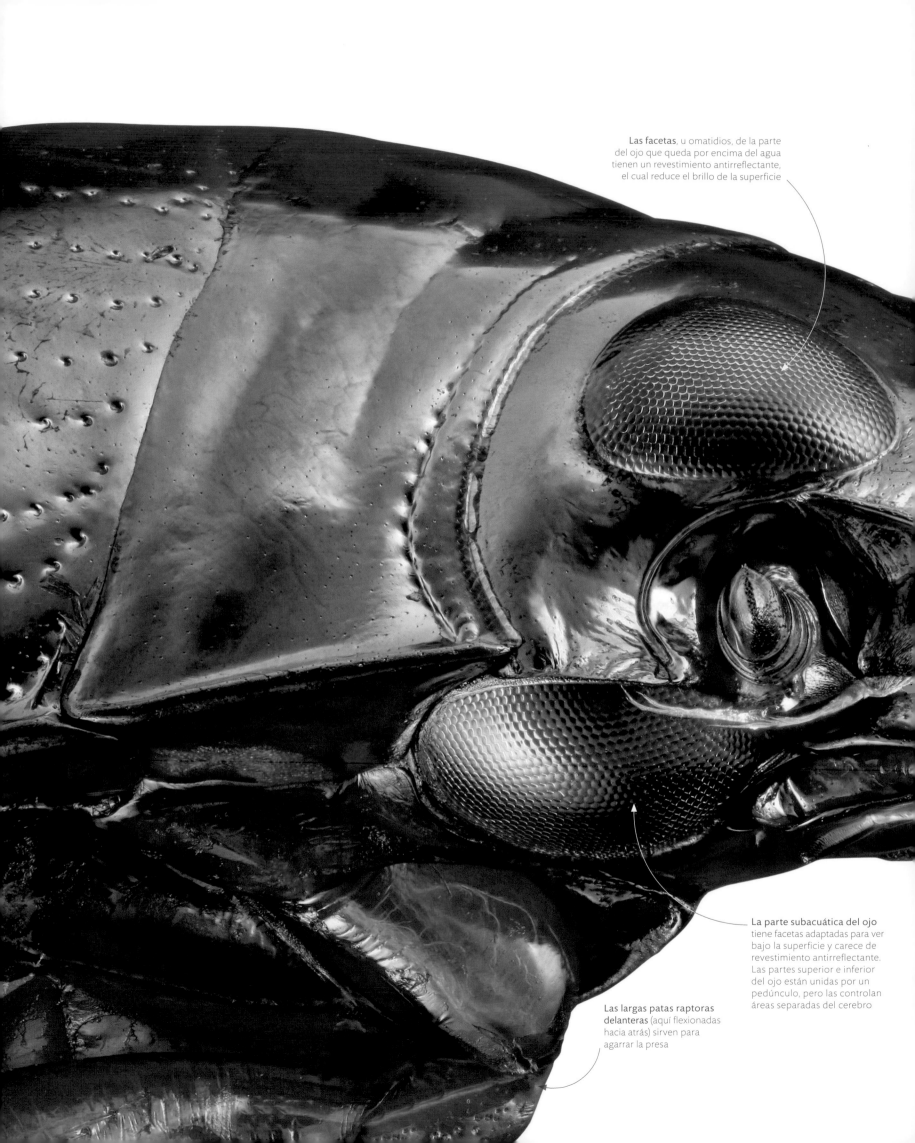

Las facetas, u omatidios, de la parte del ojo que queda por encima del agua tienen un revestimiento antirreflectante, el cual reduce el brillo de la superficie

La parte subacuática del ojo tiene facetas adaptadas para ver bajo la superficie y carece de revestimiento antirreflectante. Las partes superior e inferior del ojo están unidas por un pedúnculo, pero las controlan áreas separadas del cerebro

Las largas patas raptoras delanteras (aquí flexionadas hacia atrás) sirven para agarrar la presa

Oportunista de superficie

El cuerpo de solo 5–7 mm del escarabajo *Gyrinus* sp. repele el agua. Este animal se alimenta de insectos que no están tan bien adaptados y quedan atrapados en la tensión superficial de una charca. Mientras el escarabajo gira en círculos remando con las patas traseras, sus antenas móviles y su visión excéntrica lo alertan de los forcejeos de las presas cercanas.

Los sensores de presión de la base de la antena detectan cuándo esta se dobla por los movimientos de la superficie

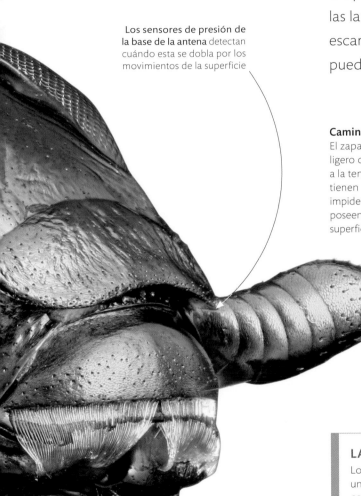

vivir en la superficie

Las moléculas de agua se unen entre sí, pero las que están en la superficie no pueden unirse con el aire de encima, así que se unen con más fuerza a sus vecinas, creando de este modo una fina película de tensión superficial. Muchos animales que viven sobre la superficie, como los zapateros, usan esa película como una plataforma para caminar sobre el agua; otros, como las larvas de mosquito, se cuelgan de ella con sus tubos respiratorios. Los escarabajos girínidos están medio sumergidos y, con sus ojos divididos, pueden ver por encima y por debajo de la superficie al mismo tiempo.

Caminar por el agua

El zapatero *(Gerris lacustris)* no solo es lo bastante ligero como para sostenerse sobre el agua gracias a la tensión superficial, sino que sus largas patas tienen en la punta pelos que repelen el agua e impiden que los pies se mojen. Las patas delanteras poseen sensores que captan las ondulaciones de la superficie causadas por el movimiento de una presa.

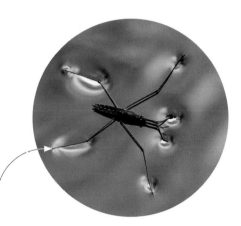

Los pies repelentes del agua forman hoyitos en la superficie del agua

LA COMUNIDAD DE LA SUPERFICIE

Los organismos que viven en la superficie de una charca flotan o se mantienen sobre el agua, como los zapateros, que caminan sobre ella. En conjunto, forman una comunidad llamada neuston. Los escarabajos girínidos flotan gracias al aire que tienen bajo las alas, y las larvas de mosquito, mediante tubos de respiración llenos de aire (sifones) que atraviesan la superficie. Muchos microorganismos dependen de gotas de aceite que les proporcionan flotabilidad.

ORGANISMOS MICROSCÓPICOS DEL NEUSTON

Cianobacteria

Protozoo

Protozoo colonial

Alga

Escarabajo girínido

Zapatero

Larva de mosquito

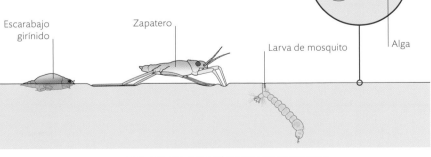

ANIMALES MACROSCÓPICOS DEL NEUSTON

Los garapitos son insectos de agua dulce que flotan boca arriba bajo la superficie del agua, apoyados en la película superficial. Son depredadores y acechan en esa posición a sus presas, a la espera de que caigan al agua. En aguas profundas cazan de forma activa utilizando sus largas patas traseras con flecos como un par de remos. Con una longitud máxima de 14 mm, el garapito *Notonecta glauca* se alimenta de insectos, renacuajos

garapitos

y pequeños peces. Como otros insectos (p. 48), los garapitos tienen piezas bucales punzantes con las que inyectan una toxina paralizante en la presa antes de succionar sus fluidos corporales.

Si bien pasan mucho tiempo bajo el agua, los garapitos respiran aire y salen de vez en cuando para aprovisionarse de oxígeno o volar un poco. Cuando están listos para sumergirse de nuevo, atrapan una capa de burbujas de aire en su cuerpo erizado y bajo las alas: eso les garantiza un suministro de oxígeno que les puede durar más de cien días bajo el agua. Las burbujas también les dan una extraordinaria flotabilidad. Para evitar subir a la superficie, se agarran a la vegetación más cercana al fondo de la charca.

Los garapitos encuentran las presas sobre todo con la vista y detectando las ondas que provocan en la superficie del agua. Sus grandes ojos compuestos pueden formar imágenes tanto en el agua como en el aire, y tanto de día como de noche. La parte inferior oscura y la superior clara hacen que el garapito sea más difícil de ver desde arriba y desde abajo cuando está sobre el dorso, acechando justo debajo de la superficie.

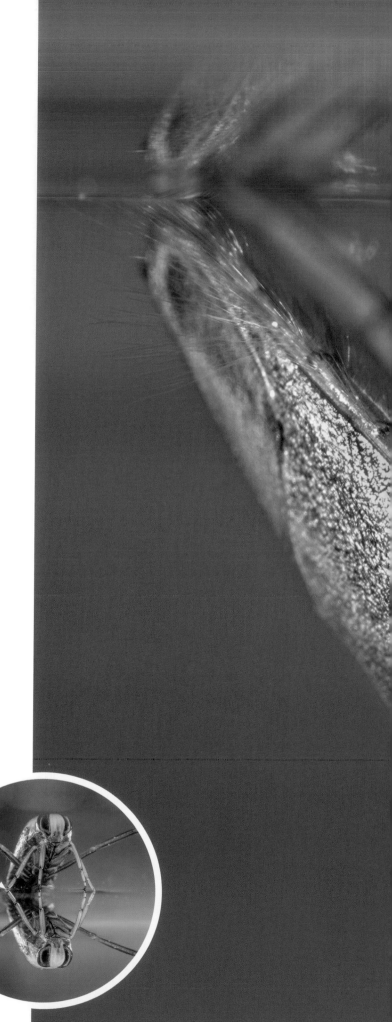

Dos pares de patas apoyadas en la película superficial

garapito común

Depredador de agua dulce
Un garapito común (*Notonecta glauca*) ha atrapado una mosca que se ha posado en el agua y se ha mojado demasiado para despegar. Con las puntas de las patas delanteras, el cazador busca ondulaciones en la película superficial y distingue las causadas por insectos acuáticos o que forcejean en el agua.

PIES ESTÁTICOS

Las sedas (pelos) del cuerpo de una araña crecen a partir de células que están bajo el exoesqueleto. Cada seda de los pies de una araña está dividida en cientos de filamentos microscópicos, llamados sétulas, que terminan en una ancha espátula que se adhiere a una superficie mediante las fuerzas de Van der Waals, similares a la electricidad estática.

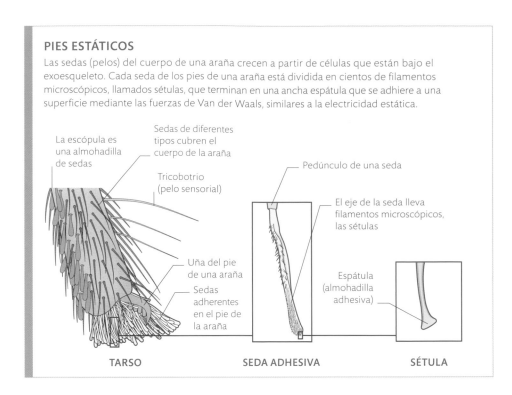

La escópula es una almohadilla de sedas

Sedas de diferentes tipos cubren el cuerpo de la araña

Tricobotrio (pelo sensorial)

Uña del pie de una araña

Sedas adherentes en el pie de la araña

Pedúnculo de una seda

El eje de la seda lleva filamentos microscópicos, las sétulas

Espátula (almohadilla adhesiva)

TARSO   **SEDA ADHESIVA**   **SÉTULA**

Pie multiusos

El pie de la araña saltadora *Myrmarachne formicaria* posee un complejo conjunto de ganchos y pelos. Algunos pelos recogen información táctil e incluso perciben movimientos en el aire, pero la almohadilla de la punta —con su textura plumosa— permite al animal trepar por una ribera inclinada cubierta de hierba. MEB, 1000×

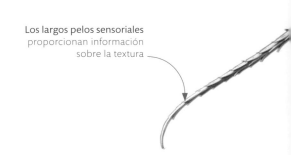

Araña saltadora «disfrazada» de hormiga
Muchos depredadores evitan a las hormigas porque sus jugos defensivos ácidos son desagradables. Esta araña las imita para aprovechar esa ventaja levantando las dos patas delanteras y corriendo sobre las otras seis.

El cuerpo, similar al de las hormigas, tiene una «cintura» muy estrecha

Las patas delanteras levantadas parecen antenas de hormiga

Los largos pelos sensoriales proporcionan información sobre la textura

pies adherentes

Las fuerzas que actúan en el mundo microscópico permiten a los animales pequeños lograr hazañas imposibles para los más grandes. Las arañas y los insectos trepan por superficies lisas gracias a la atracción electrostática (fuerzas de Van der Waals) entre sus pies y la superficie. Por sí solas, estas fuerzas son débiles, pero, combinadas con la adaptación especial del pie de una araña, se multiplican muchas veces. Cada pie tiene cepillos de pelos divididos en filamentos más pequeños con una punta adhesiva microscópica. Aunque parezca que la araña se apoya en ocho patas, en realidad tiene cientos de puntos de sujeción, más que suficientes para soportar su peso y permitirle subir por paredes verticales.

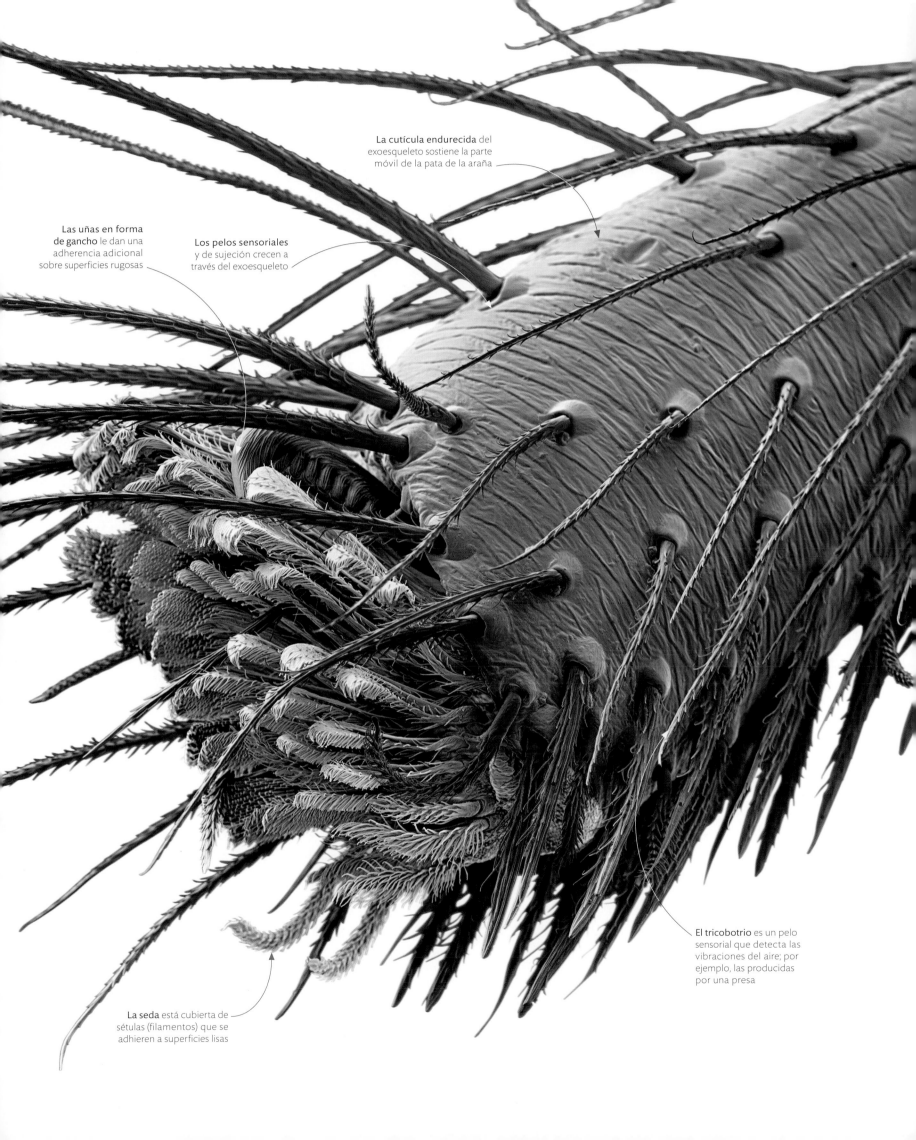

La cutícula endurecida del exoesqueleto sostiene la parte móvil de la pata de la araña

Las uñas en forma de gancho le dan una adherencia adicional sobre superficies rugosas

Los pelos sensoriales y de sujeción crecen a través del exoesqueleto

El tricobotrio es un pelo sensorial que detecta las vibraciones del aire; por ejemplo, las producidas por una presa

La seda está cubierta de sétulas (filamentos) que se adhieren a superficies lisas

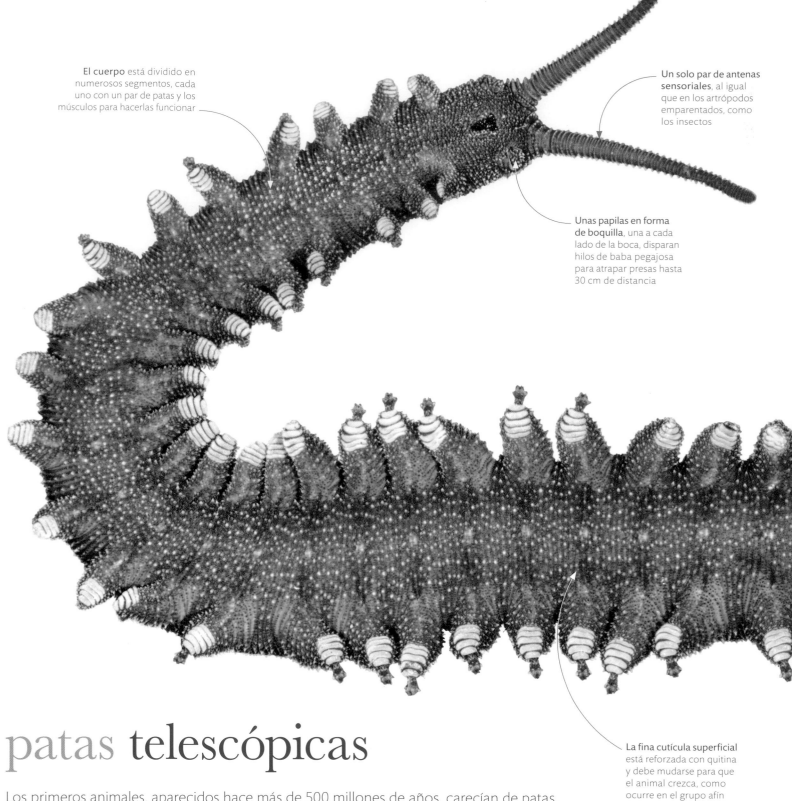

El cuerpo está dividido en numerosos segmentos, cada uno con un par de patas y los músculos para hacerlas funcionar

Un solo par de antenas sensoriales, al igual que en los artrópodos emparentados, como los insectos

Unas papilas en forma de boquilla, una a cada lado de la boca, disparan hilos de baba pegajosa para atrapar presas hasta 30 cm de distancia

La fina cutícula superficial está reforzada con quitina y debe mudarse para que el animal crezca, como ocurre en el grupo afín de los artrópodos

patas telescópicas

Los primeros animales, aparecidos hace más de 500 millones de años, carecían de patas, y sus descendientes todavía se arrastran. Sin embargo, las patas facilitan el desplazamiento. Unos animales de patas rechonchas, similares a los onicóforos actuales, podrían ser los antepasados de los artrópodos con patas articuladas, como crustáceos, arácnidos e insectos. Sobre patas, el cuerpo soporta menos rozamiento, y la fuerza muscular se destina a empujar el suelo con los pies, no con todo el cuerpo. Los onicóforos carecen de la coraza de los artrópodos, y sus blandas patas se sostienen por la presión de los fluidos corporales. Para caminar, extienden y retraen estas patas como si fueran telescopios.

Pies con doble función
Cada una de las patas de un
onicóforo está acolchada con
hasta seis almohadillas blandas.
El pie tiene dos ganchos que
ayudan a trepar, y ese es el
origen del nombre del grupo
taxonómico: onicóforos,
«portadores de garras».
MEB, 130×

La garra con forma de hoz
es de quitina ultrarresistente

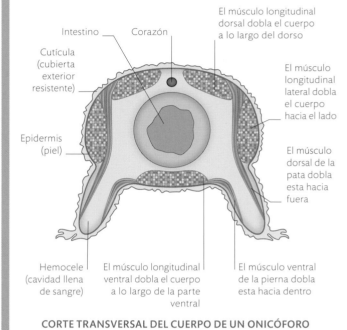

CONTROL MUSCULAR

Los músculos longitudinales que recorren el cuerpo de un onicóforo
se contraen para acortarlo. Esto hace que la sangre entre en las
patas y que estas se abran hacia fuera. Otros músculos que van
desde la cavidad corporal hasta dentro de las patas tiran de ellas
para hacerlas girar hacia delante o hacia atrás.

Intestino   Corazón

El músculo longitudinal
dorsal dobla el cuerpo
a lo largo del dorso

Cutícula
(cubierta
exterior
resistente)

El músculo
longitudinal
lateral dobla
el cuerpo
hacia el lado

Epidermis
(piel)

El músculo
dorsal de la
pata dobla
esta hacia
fuera

Hemocele
(cavidad llena
de sangre)

El músculo longitudinal
ventral dobla el cuerpo
a lo largo de la parte
ventral

El músculo ventral
de la pierna dobla
esta hacia dentro

CORTE TRANSVERSAL DEL CUERPO DE UN ONICÓFORO

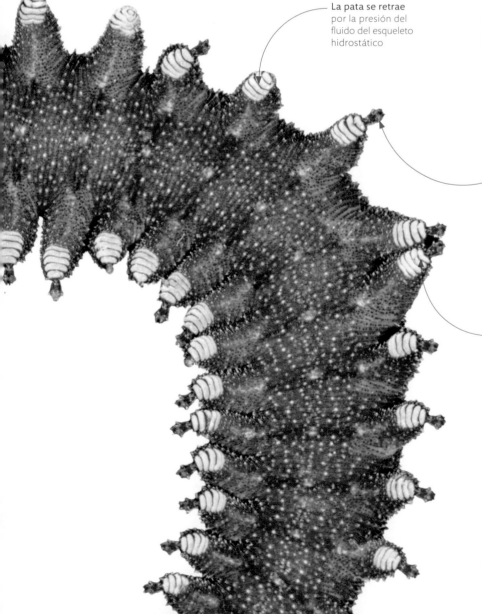

La pata se retrae
por la presión del
fluido del esqueleto
hidrostático

La pata se extiende por una
combinación de músculos
y presión de fluidos en el
esqueleto hidrostático

Las patas blandas y carnosas
se mueven adelante y atrás
mediante músculos, pero
carecen de las articulaciones
que tienen los artrópodos

Patas hidrostáticas

El blando cuerpo del onicóforo *Peripatus* sp., que
mide unos 5 cm, tiene una cavidad llena de sangre,
el hemocele, que funciona como un esqueleto
hidrostático para sostener tanto el cuerpo como
las patas. El número de patas varía según la especie,
pero en todos los onicóforos, las patas se mueven
coordinadas con precisión para ondular lentamente
el cuerpo y empujar al animal hacia delante.

patas articuladas

Los insectos, los arácnidos y los crustáceos son artrópodos, es decir, tienen patas articuladas, una característica que los ha hecho triunfar en la tierra y en el agua. Con un exoesqueleto rígido, pero con bisagras flexibles, las patas sirven para correr, nadar, cavar y todos los demás movimientos necesarios para desplazarse. Cada articulación es accionada por un par de músculos antagónicos que tiran del exoesqueleto, flexionando y enderezando las bisagras. Otros conjuntos de músculos más complejos conectan las patas con el cuerpo, de modo que la articulación puede girar como una rótula.

Patas excavadoras
El escarabajo *Phanaeus vindex* y el alacrán cebollero, o grillotalpa *(Gryllotalpa gryllotalpa)* excavan madrigueras, por lo que parte de sus patas delanteras es como una pala. El primero excava para enterrar estiércol para sus larvas, pero el segundo crea madrigueras más permanentes, ya que pasa buena parte de su vida bajo tierra. (Aquí, las patas se muestran aumentadas 20 veces).

158 • 159

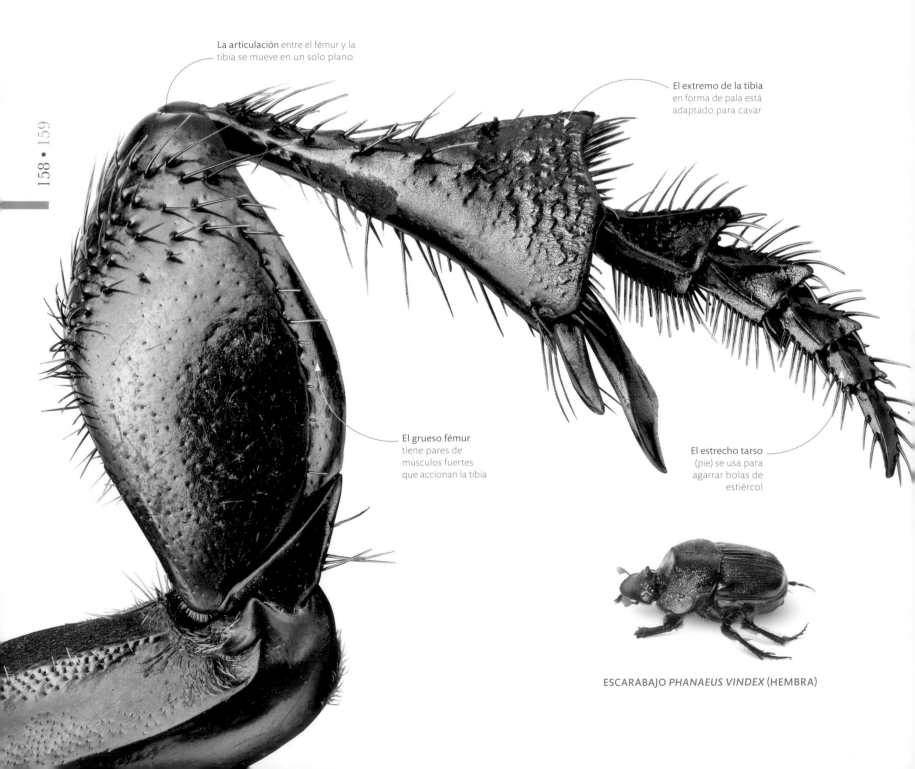

La articulación entre el fémur y la tibia se mueve en un solo plano

El extremo de la tibia en forma de pala está adaptado para cavar

El grueso fémur tiene pares de músculos fuertes que accionan la tibia

El estrecho tarso (pie) se usa para agarrar bolas de estiércol

ESCARABAJO *PHANAEUS VINDEX* (HEMBRA)

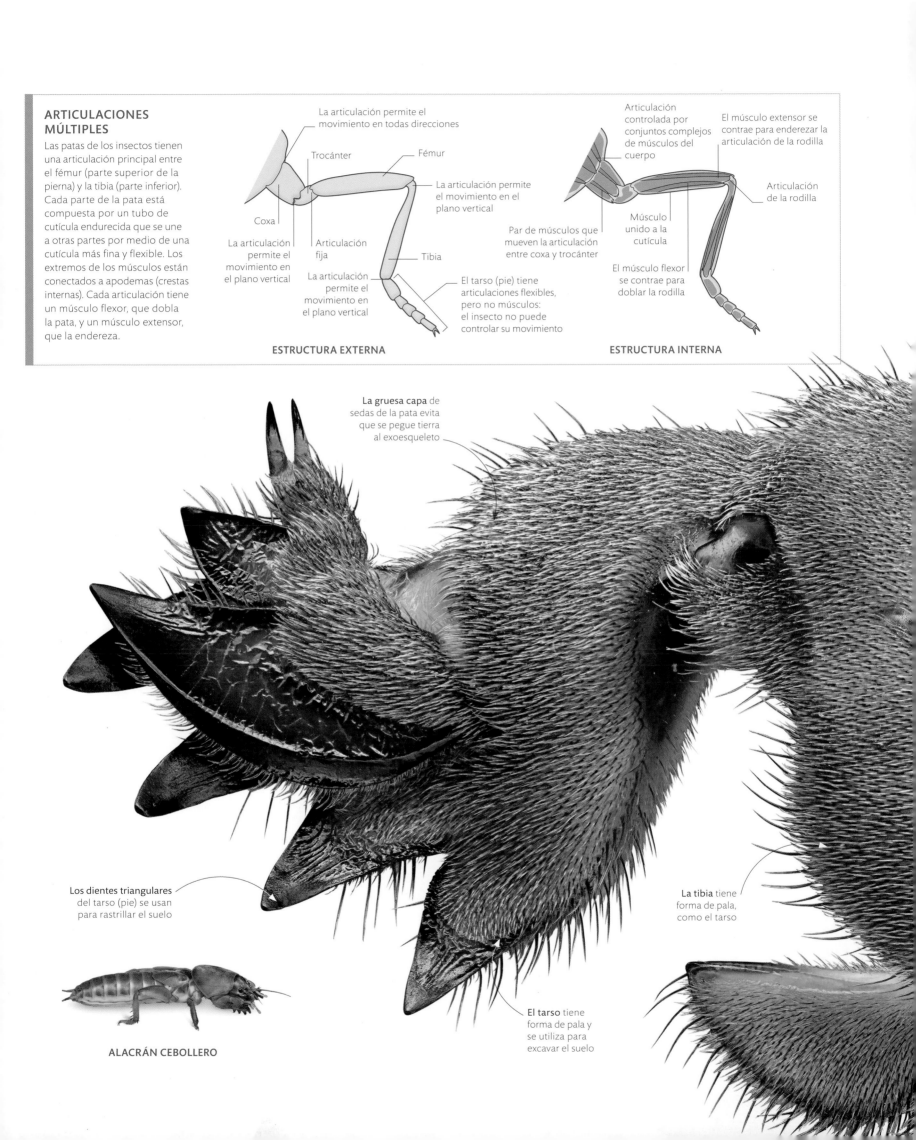

ARTICULACIONES MÚLTIPLES

Las patas de los insectos tienen una articulación principal entre el fémur (parte superior de la pierna) y la tibia (parte inferior). Cada parte de la pata está compuesta por un tubo de cutícula endurecida que se une a otras partes por medio de una cutícula más fina y flexible. Los extremos de los músculos están conectados a apodemas (crestas internas). Cada articulación tiene un músculo flexor, que dobla la pata, y un músculo extensor, que la endereza.

La articulación permite el movimiento en todas direcciones

Trocánter

Fémur

La articulación permite el movimiento en el plano vertical

Coxa

La articulación permite el movimiento en el plano vertical

Articulación fija

Tibia

La articulación permite el movimiento en el plano vertical

El tarso (pie) tiene articulaciones flexibles, pero no músculos: el insecto no puede controlar su movimiento

ESTRUCTURA EXTERNA

Articulación controlada por conjuntos complejos de músculos del cuerpo

El músculo extensor se contrae para enderezar la articulación de la rodilla

Articulación de la rodilla

Músculo unido a la cutícula

Par de músculos que mueven la articulación entre coxa y trocánter

El músculo flexor se contrae para doblar la rodilla

ESTRUCTURA INTERNA

La gruesa capa de sedas de la pata evita que se pegue tierra al exoesqueleto

Los dientes triangulares del tarso (pie) se usan para rastrillar el suelo

La tibia tiene forma de pala, como el tarso

El tarso tiene forma de pala y se utiliza para excavar el suelo

ALACRÁN CEBOLLERO

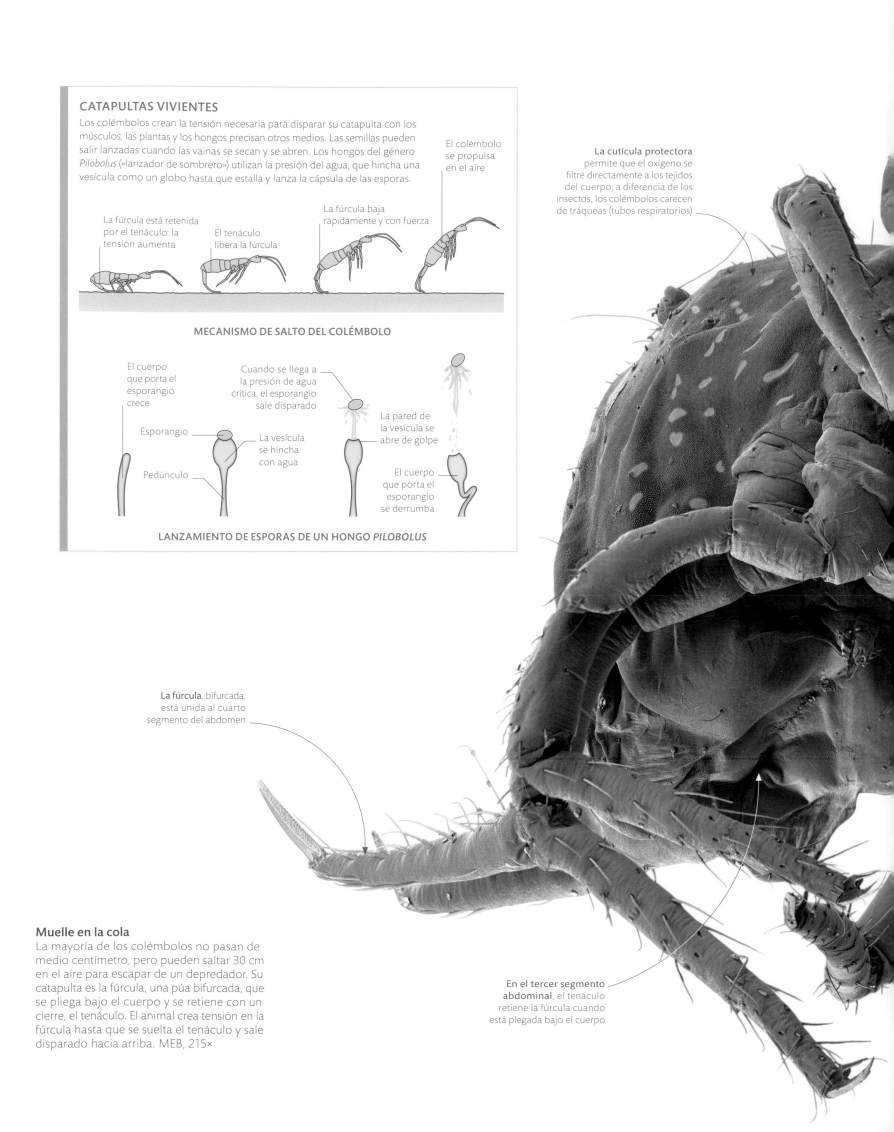

CATAPULTAS VIVIENTES

Los colémbolos crean la tensión necesaria para disparar su catapulta con los músculos; las plantas y los hongos precisan otros medios. Las semillas pueden salir lanzadas cuando las vainas se secan y se abren. Los hongos del género *Pilobolus* («lanzador de sombrero») utilizan la presión del agua, que hincha una vesícula como un globo hasta que estalla y lanza la cápsula de las esporas.

El colémbolo se propulsa en el aire

La fúrcula está retenida por el tenáculo: la tensión aumenta

El tenáculo libera la fúrcula

La fúrcula baja rápidamente y con fuerza

MECANISMO DE SALTO DEL COLÉMBOLO

El cuerpo que porta el esporangio crece

Esporangio

Pedúnculo

La vesícula se hincha con agua

Cuando se llega a la presión de agua crítica, el esporangio sale disparado

La pared de la vesícula se abre de golpe

El cuerpo que porta el esporangio se derrumba

LANZAMIENTO DE ESPORAS DE UN HONGO *PILOBOLUS*

La cutícula protectora permite que el oxígeno se filtre directamente a los tejidos del cuerpo; a diferencia de los insectos, los colémbolos carecen de tráqueas (tubos respiratorios)

La fúrcula, bifurcada, está unida al cuarto segmento del abdomen

Muelle en la cola

La mayoría de los colémbolos no pasan de medio centímetro, pero pueden saltar 30 cm en el aire para escapar de un depredador. Su catapulta es la fúrcula, una púa bifurcada, que se pliega bajo el cuerpo y se retiene con un cierre, el tenáculo. El animal crea tensión en la fúrcula hasta que se suelta el tenáculo y sale disparado hacia arriba. MEB, 215×

En el tercer segmento abdominal, el tenáculo retiene la fúrcula cuando está plegada bajo el cuerpo

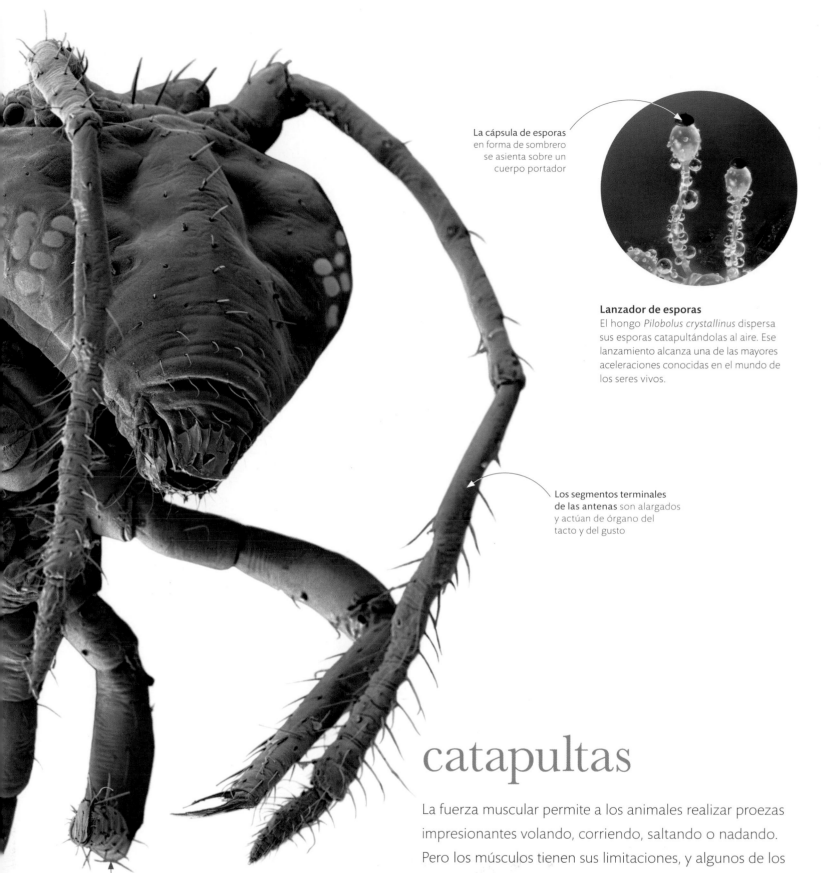

La **cápsula de esporas** en forma de sombrero se asienta sobre un cuerpo portador

Lanzador de esporas
El hongo *Pilobolus crystallinus* dispersa sus esporas catapultándolas al aire. Ese lanzamiento alcanza una de las mayores aceleraciones conocidas en el mundo de los seres vivos.

Los **segmentos terminales de las antenas** son alargados y actúan de órgano del tacto y del gusto

catapultas

La fuerza muscular permite a los animales realizar proezas impresionantes volando, corriendo, saltando o nadando. Pero los músculos tienen sus limitaciones, y algunos de los movimientos más rápidos de los animales no se deben a la contracción muscular. Los seres microscópicos usan a veces una catapulta: acumulando energía bajo tensión —como un arquero que tira de la cuerda de un arco— y liberándola de golpe, como si se lanzara un misil, algunos organismos se impulsan muy lejos. Los pequeños insectos saltadores, como las pulgas, y los colémbolos recurren a este método, y algunas plantas y hongos también utilizan catapultas.

Las **patas caminadoras** son el medio habitual de locomoción, a menos que haya peligro. Los colémbolos se consideraban insectos porque tienen seis patas articuladas, pero carecen de alas y poseen otras características únicas y ahora se clasifican en un grupo aparte.

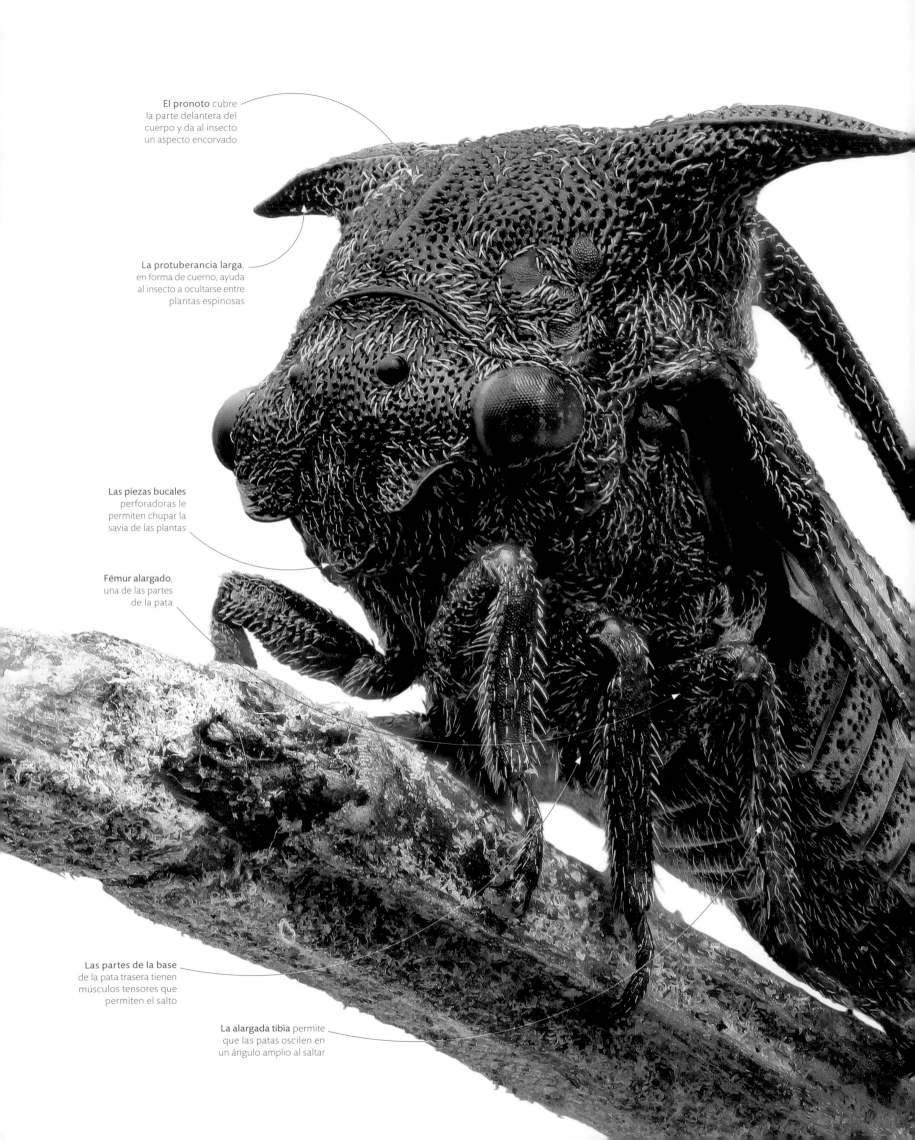

El pronoto cubre la parte delantera del cuerpo y da al insecto un aspecto encorvado

La protuberancia larga, en forma de cuerno, ayuda al insecto a ocultarse entre plantas espinosas

Las piezas bucales perforadoras le permiten chupar la savia de las plantas

Fémur alargado, una de las partes de la pata

Las partes de la base de la pata trasera tienen músculos tensores que permiten el salto

La alargada tibia permite que las patas oscilen en un ángulo amplio al saltar

Saltador críptico

Los saltamontes membrácidos son chupadores de plantas, parientes de las chicharritas y las cigarras, que usan su camuflaje y su velocidad para escapar de los depredadores, como los pájaros. Las patas de *Leptocentrus taurus* (en la imagen a 30 veces su tamaño real) funcionan como catapultas, lo que le permite saltar entre ramas.

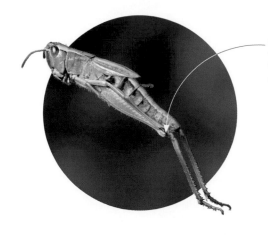

Cuando la articulación de la rodilla se libera, la tibia salta hacia fuera, y el insecto sale disparado

Rodillas que catapultan

Al contraerse, los músculos del fémur de un saltamontes *Pseudochorthippus parallelus* generan tensión hasta que se libera una estructura en las rodillas, y las patas se enderezan.

saltar con movimientos

Algunas patas de artrópodos están especializadas en generar tal fuerza que lanzan al animal al aire. Esas patas tienen músculos gruesos, con muchas fibras, que generan una gran tracción. Las piezas de las patas son largas, por lo que pivotan lejos y rápido alrededor de las articulaciones. Algunos saltamontes son campeones de salto de longitud porque sus patas reúnen ambas características. Otros insectos saltadores con las patas más cortas saltan catapultados. Sus fuertes músculos actúan acumulando tensión alrededor de una articulación fija, y al liberar dicha tensión, el animal sale disparado.

MÚSCULOS FRENTE A CATAPULTA

Cuando los gruesos músculos del fémur del saltamontes se contraen, la pata se mueve. Los músculos tiran de la tibia y enderezan la rodilla, de modo que las patas son lanzadas hacia fuera, y el insecto salta. El salto de un membrácido comienza cuando los músculos del cuerpo tiran de una pata que está en posición de bloqueo: la contracción muscular acumula tensión hasta que la pata se desbloquea, momento en el que el insecto salta hacia delante.

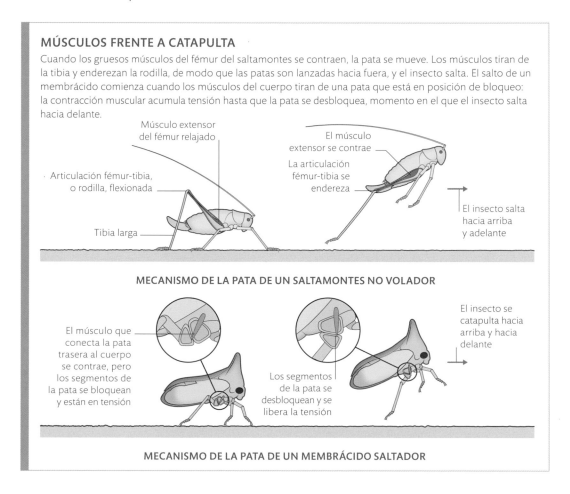

Músculo extensor del fémur relajado

Articulación fémur-tibia, o rodilla, flexionada

Tibia larga

El músculo extensor se contrae

La articulación fémur-tibia se endereza

El insecto salta hacia arriba y adelante

MECANISMO DE LA PATA DE UN SALTAMONTES NO VOLADOR

El músculo que conecta la pata trasera al cuerpo se contrae, pero los segmentos de la pata se bloquean y están en tensión

Los segmentos de la pata se desbloquean y se libera la tensión

El insecto se catapulta hacia arriba y hacia delante

MECANISMO DE LA PATA DE UN MEMBRÁCIDO SALTADOR

El margen principal del ala tiene menos escamas y pelos, lo que minimiza las turbulencias, ya que corta el aire cuando el mosquito vuela hacia delante

Las sensilias (escamas sensoriales) transmiten impulsos a través de los nervios de las venas al ser estimuladas por el movimiento

Las venas están reforzadas por una cutícula gruesa, lo que las ayuda a actuar como puntales; además, se mantienen abiertas para transportar la sangre y las vías aéreas del sistema traqueal

alas de insecto

Los insectos son los únicos invertebrados capaces de volar, una habilidad que sin duda los ayudó a dominar la vida en la tierra: el 90 % de todas las especies animales son insectos. Mientras que las alas de los vertebrados voladores (aves y murciélagos) son las extremidades anteriores transformadas, las alas de los insectos derivan de su exoesqueleto. Las alas maximizan la superficie de sustentación y minimizan el peso, ya que son poco más que finas prolongaciones de la cutícula con venas de soporte intercaladas.

Las microtriquias son unos diminutos pelos rígidos que ayudan a repeler el agua y mantener el ala seca

Los élitros son las alas delanteras endurecidas

Las alas del segundo par son membranosas, y se despliegan para volar

Funda de las alas
Los insectos tienen dos pares de alas, uno de los cuales, o bien ambos, puede estar modificado para fines distintos del vuelo. En los escarabajos, como esta mariquita, el par delantero está endurecido y forma un escudo protector que cubre el par posterior membranoso cuando no vuela.

La cutícula que cubre las membranas del ala es de quitina, el mismo material resistente del exoesqueleto

VENAS DE LAS ALAS

La fina membrana del ala de un insecto se sostiene mediante unas venas rígidas y ramificadas interconectadas. Cada vena principal lleva un nervio y una tráquea llena de aire, que oxigena el tejido del ala. Las venas dividen el ala en celdas, cuyo patrón es característico del grupo taxonómico.

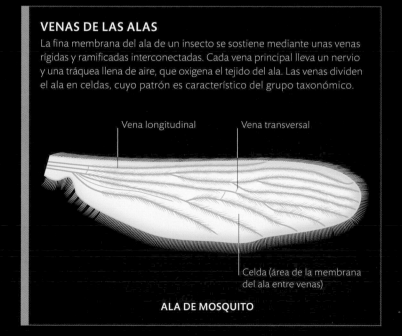

Vena longitudinal

Vena transversal

Celda (área de la membrana del ala entre venas)

ALA DE MOSQUITO

Membrana de vuelo
El ala de un mosquito (*Culex* sp.) es tan fina que parece translúcida, excepto por una capa de pelos y escamas a lo largo de las venas y del borde del ala. Las escamas son sensilias, unas estructuras sensoriales que detectan el movimiento y la tensión de la cutícula del ala; esa información ayuda a controlar el vuelo. MO, 200×

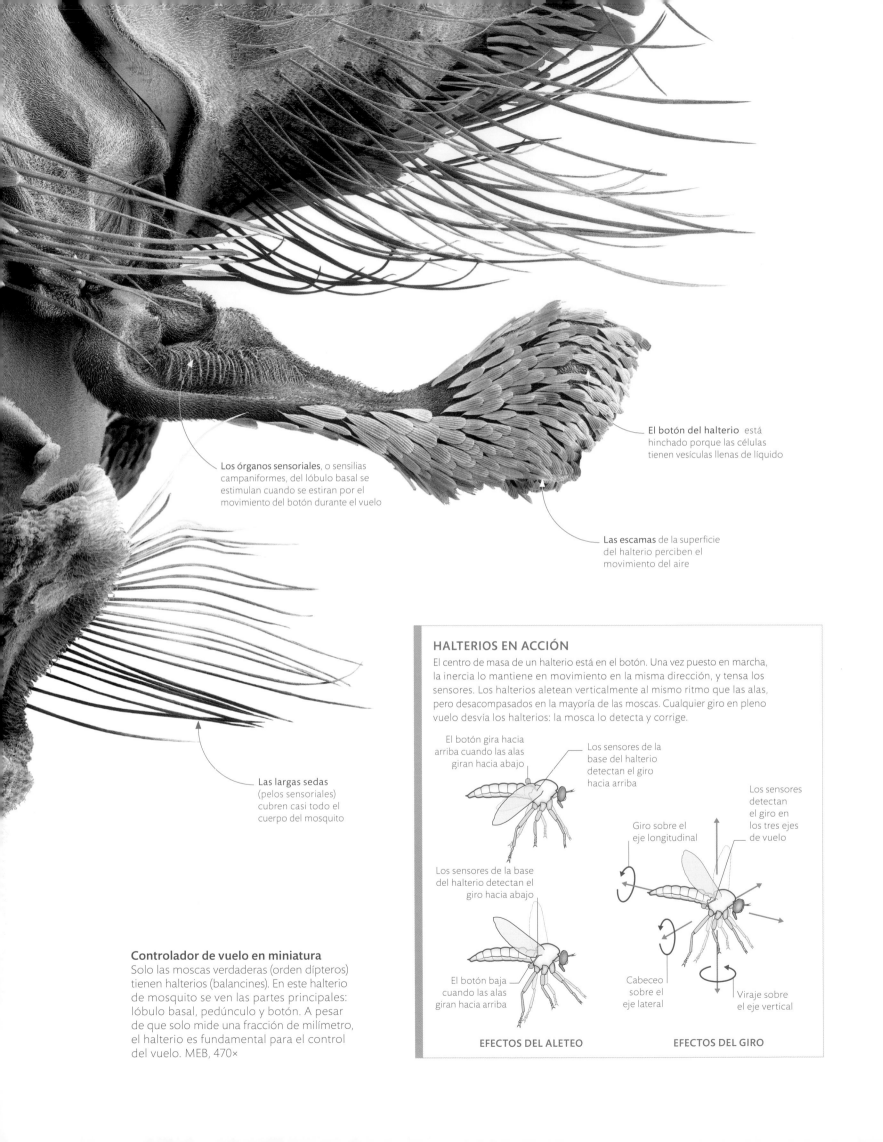

El botón del halterio está hinchado porque las células tienen vesículas llenas de líquido

Los órganos sensoriales, o sensilias campaniformes, del lóbulo basal se estimulan cuando se estiran por el movimiento del botón durante el vuelo

Las escamas de la superficie del halterio perciben el movimiento del aire

Las largas sedas (pelos sensoriales) cubren casi todo el cuerpo del mosquito

Controlador de vuelo en miniatura

Solo las moscas verdaderas (orden dípteros) tienen halterios (balancines). En este halterio de mosquito se ven las partes principales: lóbulo basal, pedúnculo y botón. A pesar de que solo mide una fracción de milímetro, el halterio es fundamental para el control del vuelo. MEB, 470×

HALTERIOS EN ACCIÓN

El centro de masa de un halterio está en el botón. Una vez puesto en marcha, la inercia lo mantiene en movimiento en la misma dirección, y tensa los sensores. Los halterios aletean verticalmente al mismo ritmo que las alas, pero desacompasados en la mayoría de las moscas. Cualquier giro en pleno vuelo desvía los halterios: la mosca lo detecta y corrige.

El botón gira hacia arriba cuando las alas giran hacia abajo

Los sensores de la base del halterio detectan el giro hacia arriba

Los sensores de la base del halterio detectan el giro hacia abajo

El botón baja cuando las alas giran hacia arriba

Los sensores detectan el giro en los tres ejes de vuelo

Giro sobre el eje longitudinal

Cabeceo sobre el eje lateral

Viraje sobre el eje vertical

EFECTOS DEL ALETEO

EFECTOS DEL GIRO

estabilizadores de vuelo

El vuelo supone algo más que tener unos músculos fuertes y batir las alas: requiere controlar la posición del cuerpo en el aire. Las moscas vuelan en trayectorias perfectamente rectas, tanto hacia delante como hacia atrás, y realizan maniobras a la velocidad del rayo para escapar de los depredadores. Su habilidad se debe a un equipamiento de vuelo único: un par de alas voladoras y otro remodelado en forma de halterios que pivotan sobre un pedúnculo en todas las direcciones. Los halterios se mueven hacia arriba y hacia abajo, como las alas, y se balancean si el insecto se retuerce o gira: todos esos movimientos estiran las células sensoriales de su base, lo que desencadena impulsos nerviosos que permiten a la mosca ajustar y estabilizar automáticamente la trayectoria de vuelo.

Puesta de huevos de precisión
En el costado de esta mosca taquínida sobresale un halterio, parecido a una maza. El dominio del vuelo de muchos taquínidos, con ayuda de los halterios, facilita a las hembras la puesta de huevos en otros insectos sin ser detectadas: sus larvas son parásitas.

Los halterios se unen al tercer segmento torácico, justo detrás de las alas

Las alas son una membrana transparente cubierta de quitina

Las alas laminares se engarzan en el centro de los tres segmentos del tórax

Los taquínidos están cubiertos de unas sedas rígidas

Los grandes ojos compuestos, muy sensibles a la luz, al movimiento y a la forma, ayudan a controlar el vuelo

El hilo de seda atrapa el viento como un paracaídas y tira de la araña hacia arriba

El vilano de la semilla del diente de león la eleva y prolonga su descenso hasta el suelo

La fina lámina del ala en forma de tira contiene dos venas rígidas que le sirven de soporte

El diminuto aquenio, un tipo de fruto seco, contiene la semilla

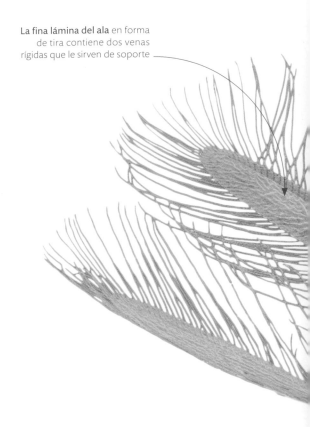

VUELO ARÁCNIDO

DISPERSIÓN AÉREA DE SEMILLAS (ANEMOCORIA)

Aeroplancton
Algunos de los organismos aéreos más pequeños no vuelan, sino que van a la deriva en el viento. Ese aeroplancton utiliza las corrientes de aire para dispersarse y comprende microorganismos, esporas, polen, semillas y arañas diminutas que expulsan hilos de seda al aire para atrapar el viento.

aviadores diminutos

Como todo lo que vuela, los insectos permanecen en el aire gracias a dos fuerzas: el empuje, que los hace avanzar, y la sustentación, que los mantiene en el aire. Pocos insectos planean, y los que lo hacen solo dejan de aletear unos segundos, ya que batir las alas permite tanto el empuje como la sustentación. Los poderosos músculos del tórax hacen funcionar las alas con una velocidad asombrosa de hasta cientos de batidos por segundo. Al batir, las alas empujan el aire hacia atrás para impulsar al insecto. Al mismo tiempo, el aleteo genera remolinos de aire sobre las alas que forman bolsas de baja presión que sustentan al animal.

Alas para un mundo microscópico
Un trips, que no pasa de unos milímetros, siente la resistencia del aire mucho más que un volador grande, por lo que una pequeña brisa le hace perder el rumbo. Unas finas alas con flecos pilosos le ayudan a reducir esa resistencia. En el ascenso, las alas se juntan, y cuando se separan, el aire corre entre ellas y mejora la sustentación. MEB, 130×

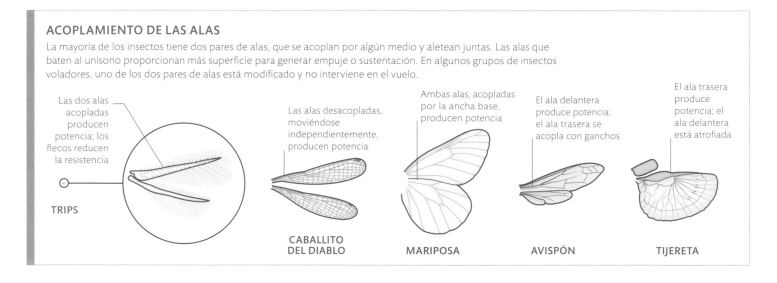

ACOPLAMIENTO DE LAS ALAS
La mayoría de los insectos tiene dos pares de alas, que se acoplan por algún medio y aletean juntas. Las alas que baten al unísono proporcionan más superficie para generar empuje o sustentación. En algunos grupos de insectos voladores, uno de los dos pares de alas está modificado y no interviene en el vuelo.

Las dos alas acopladas producen potencia; los flecos reducen la resistencia

TRIPS

Las alas desacopladas, moviéndose independientemente, producen potencia

CABALLITO DEL DIABLO

Ambas alas, acopladas por la ancha base, producen potencia

MARIPOSA

El ala delantera produce potencia; el ala trasera se acopla con ganchos

AVISPÓN

El ala trasera produce potencia; el ala delantera está atrofiada

TIJERETA

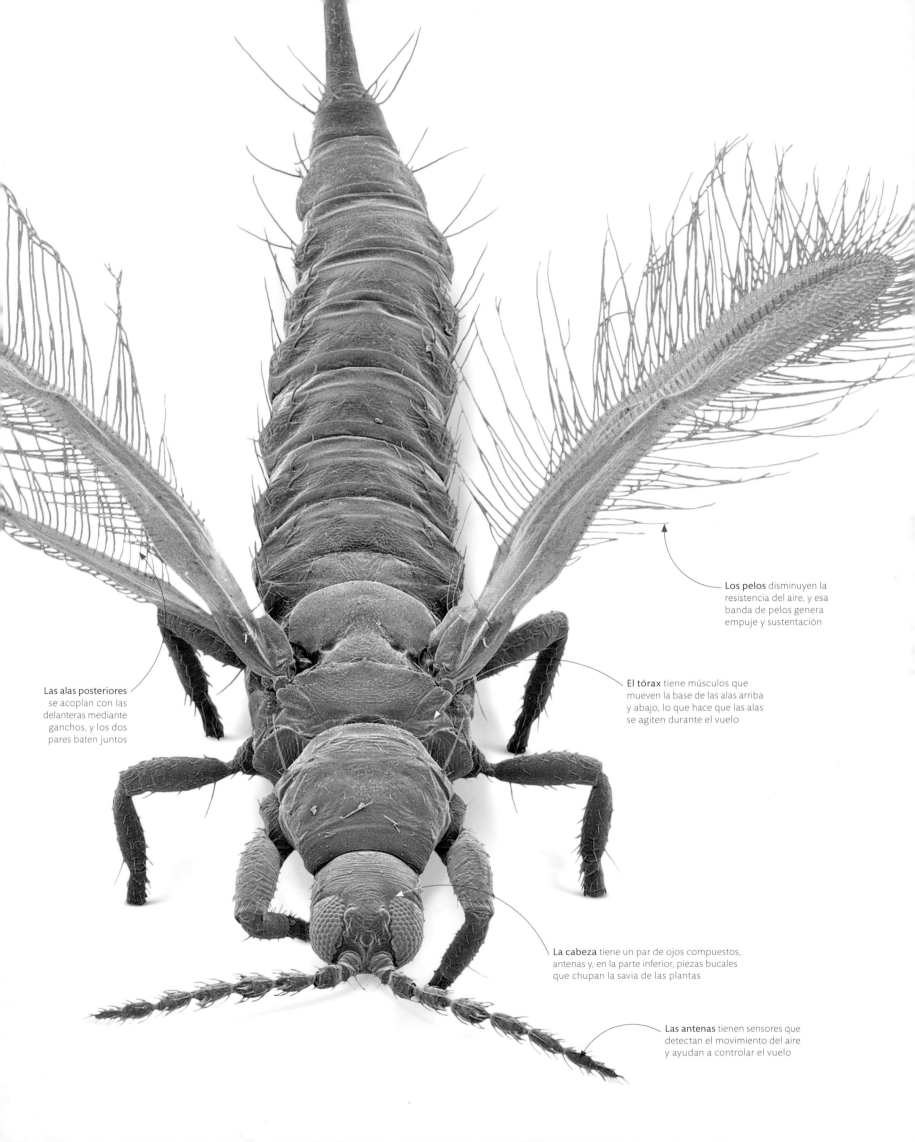

Los pelos disminuyen la resistencia del aire, y esa banda de pelos genera empuje y sustentación

El tórax tiene músculos que mueven la base de las alas arriba y abajo, lo que hace que las alas se agiten durante el vuelo

Las alas posteriores se acoplan con las delanteras mediante ganchos, y los dos pares baten juntos

La cabeza tiene un par de ojos compuestos, antenas y, en la parte inferior, piezas bucales que chupan la savia de las plantas

Las antenas tienen sensores que detectan el movimiento del aire y ayudan a controlar el vuelo

PARTES DE LAS PLUMAS DE VUELO

Las plumas de vuelo, rígidas y lisas, tienen un eje central con barbas a cada lado que se ramifican en otras secundarias, más pequeñas y finas: las barbillas. Las barbillas de un lado tienen ganchos, y las del otro, una ranura. Eso permite que las barbas adyacentes se traben entre ellas y formen una estructura entrelazada.

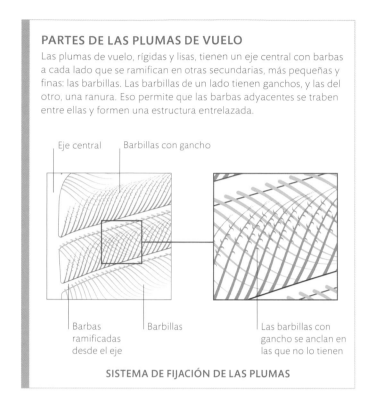

Eje central
Barbillas con gancho

Barbas ramificadas desde el eje
Barbillas
Las barbillas con gancho se anclan en las que no lo tienen

SISTEMA DE FIJACIÓN DE LAS PLUMAS

TIPOS DE PLUMAS DE VUELO

Las plumas de vuelo rígidas y alargadas de las alas y la cola son superficies aerodinámicas que proporcionan sustentación y control en el vuelo. Las plumas asimétricas de las alas generan sustentación; las simétricas de la cola aportan algo de sustentación y estabilidad.

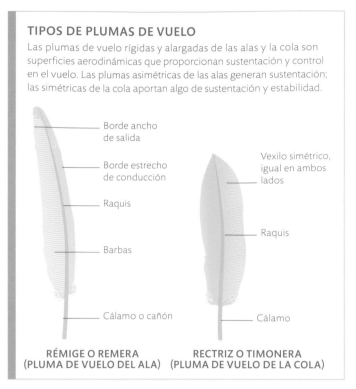

Borde ancho de salida
Borde estrecho de conducción
Raquis
Barbas
Cálamo o cañón

Vexilo simétrico, igual en ambos lados
Raquis
Cálamo

RÉMIGE O REMERA (PLUMA DE VUELO DEL ALA)
RECTRIZ O TIMONERA (PLUMA DE VUELO DE LA COLA)

plumas de vuelo

Las plumas son de queratina, la misma proteína del pelo de los mamíferos y de las escamas de los reptiles. En las aves actuales, las plumas sirven para aislarse, camuflarse, exhibirse y volar. Como el pelo, crecen a partir de un folículo de la piel, pero, en vez de formar una sola hebra, tienen un eje rígido (raquis) que se ramifica en barbas y luego en barbillas. El plumón proporciona aislamiento, pero las estructuras más complejas y rígidas de las alas y la cola, algunas de las cuales están unidas directamente al esqueleto del ave, permiten el vuelo.

Las barbillas están compuestas por láminas de moléculas de queratina tejidas

Mantenimiento de las plumas
Las aves cuidan sus plumas pasando el pico sobre ellas para limpiarlas de suciedad y parásitos, unir las bárbulas y cubrir la superficie con aceite de acicalamiento, producido por una glándula situada encima de la cola.

Las barbas se desenganchan cuando se ensucian, se mojan o se descuidan

Plumas de vuelo en detalle
Esta imagen de una pluma de golondrina *(Hirundo rustica)* muestra las barbillas. Algunas tienen en la punta unos ganchos, o barbicelas, con los que se unen a las barbillas vecinas, que carecen de ganchos. Esos enlaces microscópicos, junto con el grueso y rígido raquis, hacen que las aerodinámicas plumas de vuelo sean fuertes y, a la vez, flexibles y ligeras. MEB, 5000×

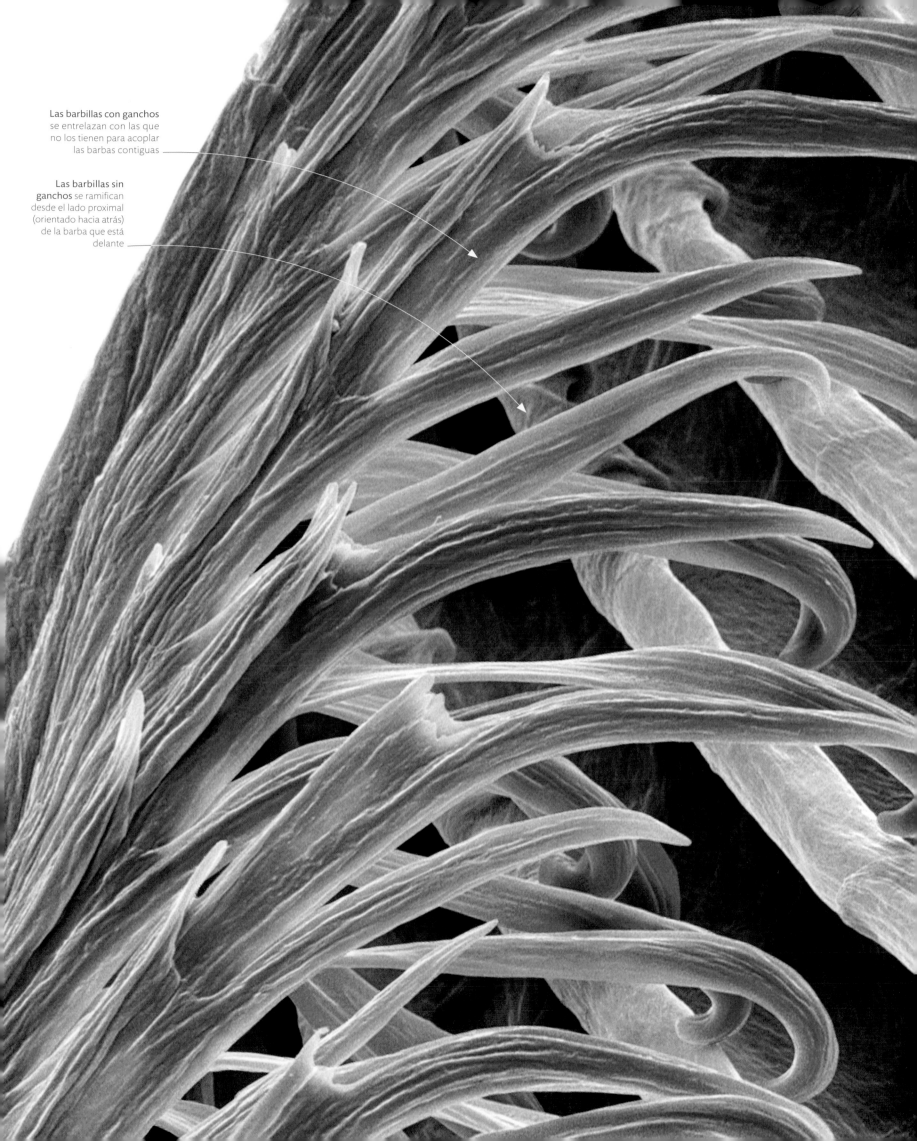

Las barbillas con ganchos se entrelazan con las que no los tienen para acoplar las barbas contiguas

Las barbillas sin ganchos se ramifican desde el lado proximal (orientado hacia atrás) de la barba que está delante

Pasajero encapsulado

Un ácaro *Uropoda* sp. viaja adherido a la parte inferior de un escarabajo pelotero (*Aphodius prodromus*). Se trata de una ninfa joven encerrada en una cápsula protectora, con las extremidades planas y bien recogidas. Cuando el escarabajo llega a un montón de estiércol —alimento tanto para el insecto como para el pasajero—, el ácaro desembarca convertido en un adulto reproductor.

El ácaro se aferra con las patas y se alimenta con sus piezas bucales perforadoras

Carga parasitaria

No todos los ácaros pasajeros son inofensivos. El ácaro *Varroa destructor* chupa la grasa de las abejas melíferas (*Apis mellifera*). Además, transmite enfermedades y mata colonias enteras.

ácaros autostopistas

Los animales que corren, vuelan o nadan, colonizan fácilmente nuevos hábitats, y algunos de movimientos lentos aprovechan esas habilidades para dispersarse unidos a ellos: este comportamiento se denomina foresis. Ciertos invertebrados diminutos, como los ácaros y los seudoescorpiones, son especialistas del «autostop». Algunos ácaros se adhieren a insectos como escarabajos u hormigas para llegar a nuevos lugares. Suelen ser inofensivos, pues se alimentan de hongos que crecen en los desechos: su involuntario transportista solo tiene que llevar un poco de peso más.

CICLOS VITALES EN AUTOSTOP

Muchos ácaros pasan por una serie de mudas para transformarse de larvas en adultos sexualmente maduros. En algunas especies, la segunda fase de la ninfa (deutoninfa) puede ser forética, es decir, «hace autostop».

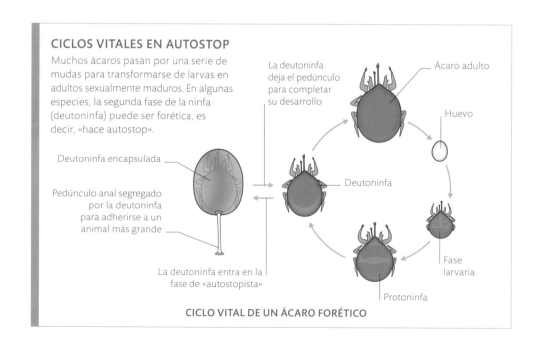

Deutoninfa encapsulada

Pedúnculo anal segregado por la deutoninfa para adherirse a un animal más grande

La deutoninfa entra en la fase de «autostopista»

La deutoninfa deja el pedúnculo para completar su desarrollo

Ácaro adulto

Huevo

Deutoninfa

Fase larvaria

Protoninfa

CICLO VITAL DE UN ÁCARO FORÉTICO

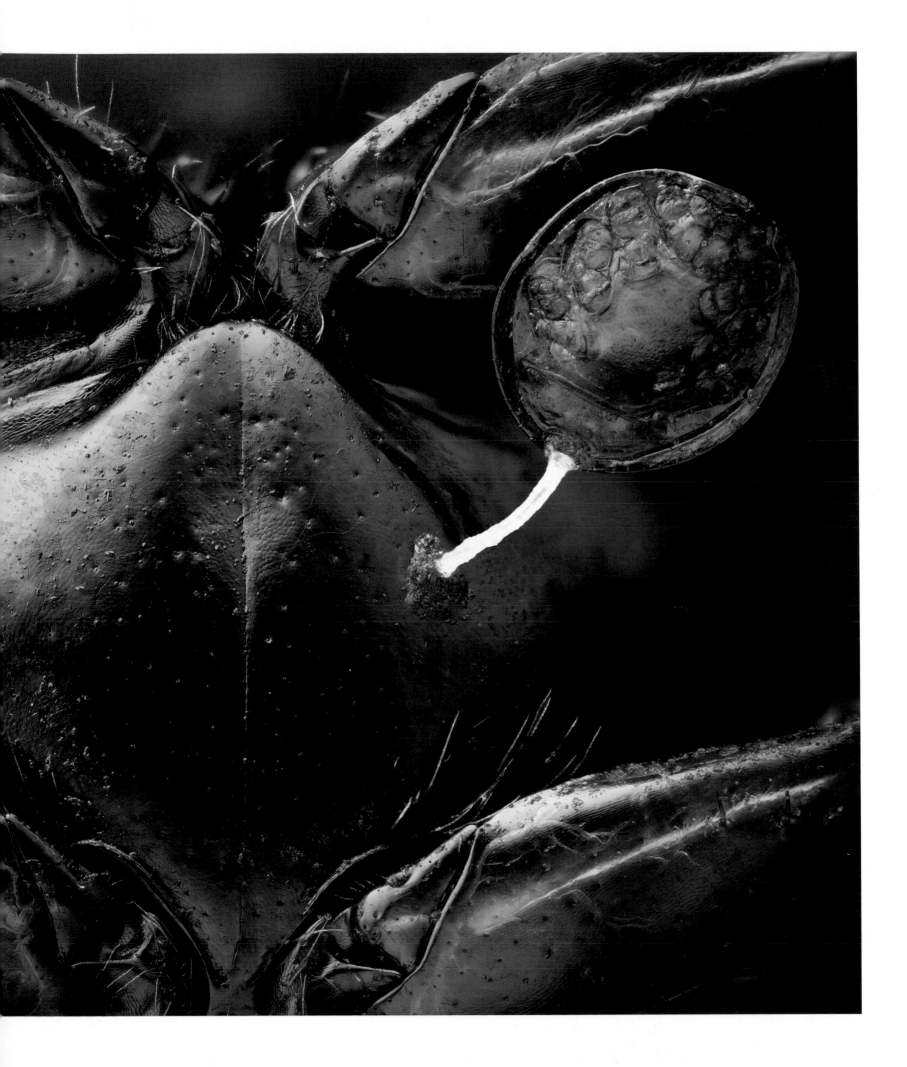

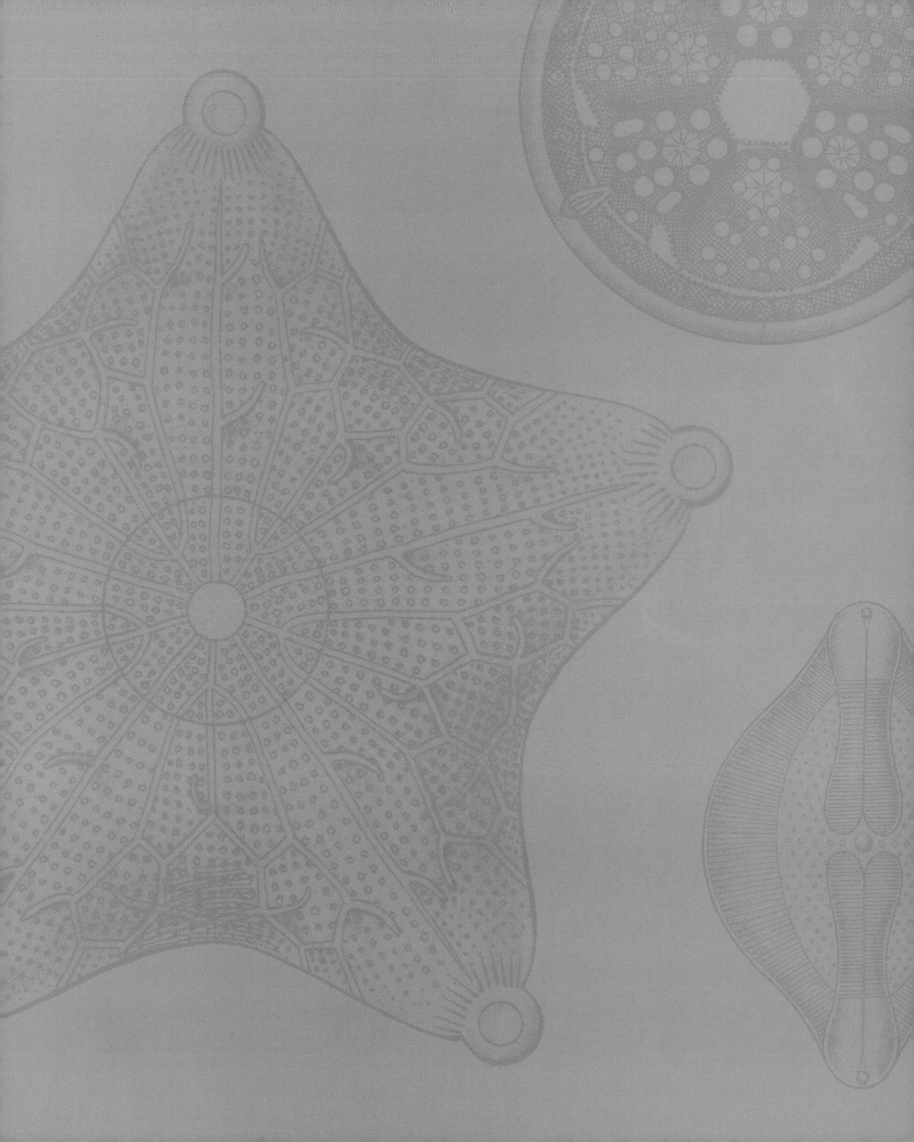

soporte y protección

Incluso los organismos más pequeños necesitan algún tipo de armazón, funda o andamiaje de soporte para hacer consistente su forma o mantener ancladas las partes del cuerpo mientras se mueven. Al ser pequeños y vulnerables, también necesitan defensa, ya sea física, química o por la fuerza que confiere estar en grupos numerosos.

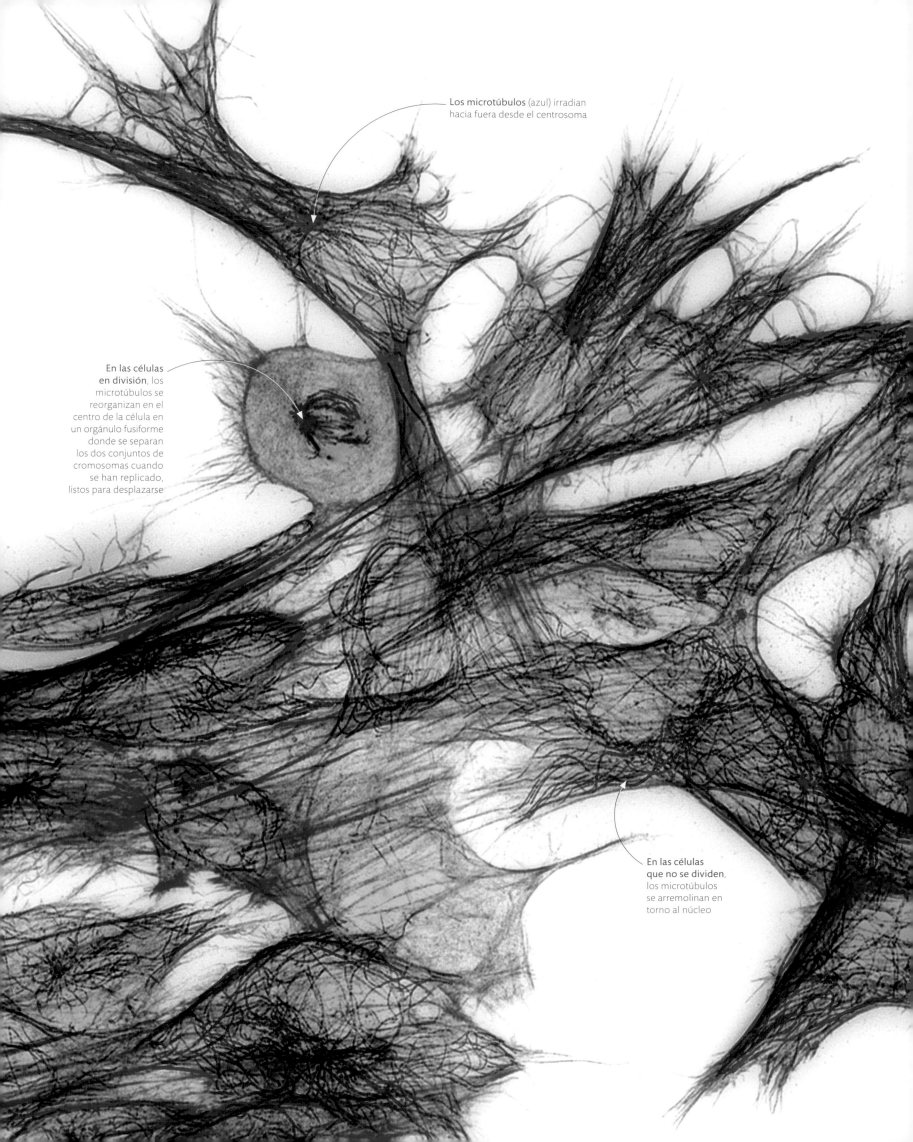

Los **microtúbulos** (azul) irradian
hacia fuera desde el centrosoma

**En las células
en división**, los
microtúbulos se
reorganizan en el
centro de la célula en
un orgánulo fusiforme
donde se separan
los dos conjuntos de
cromosomas cuando
se han replicado,
listos para desplazarse

**En las células
que no se dividen**,
los microtúbulos
se arremolinan en
torno al núcleo

el esqueleto de una célula

Aunque algunas células, como las vegetales, tienen una pared exterior rígida (pp. 204–205), todas las células se sostienen por dentro. Existe un esqueleto celular, o citoesqueleto, que consiste en una elaborada disposición de túbulos y filamentos de proteínas. Esa estructura mantiene la forma de la célula y contribuye a su movimiento, como cuando una célula se parte en dos durante la división (pp. 254–255). El citoesqueleto también proporciona las fibras que hacen que los músculos se contraigan y que endurecen la piel.

El fibroblasto es una célula con largas ramas llenas de filamentos de refuerzo que sostienen el tejido

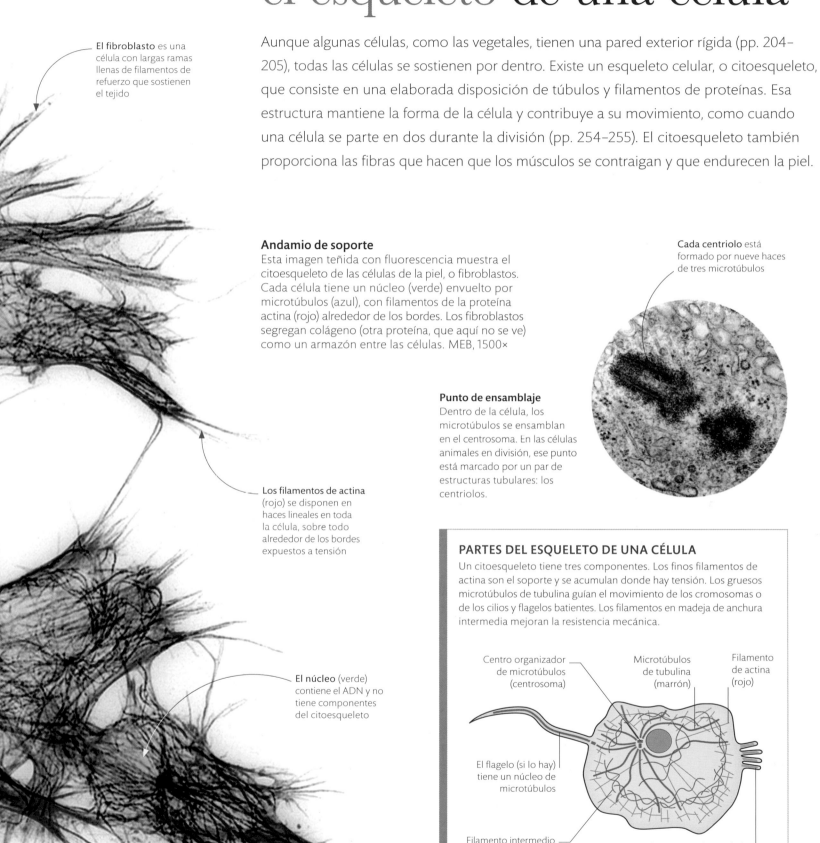

Andamio de soporte
Esta imagen teñida con fluorescencia muestra el citoesqueleto de las células de la piel, o fibroblastos. Cada célula tiene un núcleo (verde) envuelto por microtúbulos (azul), con filamentos de la proteína actina (rojo) alrededor de los bordes. Los fibroblastos segregan colágeno (otra proteína, que aquí no se ve) como un armazón entre las células. MEB, 1500×

Cada centriolo está formado por nueve haces de tres microtúbulos

Punto de ensamblaje
Dentro de la célula, los microtúbulos se ensamblan en el centrosoma. En las células animales en división, ese punto está marcado por un par de estructuras tubulares: los centriolos.

Los filamentos de actina (rojo) se disponen en haces lineales en toda la célula, sobre todo alrededor de los bordes expuestos a tensión

El núcleo (verde) contiene el ADN y no tiene componentes del citoesqueleto

PARTES DEL ESQUELETO DE UNA CÉLULA
Un citoesqueleto tiene tres componentes. Los finos filamentos de actina son el soporte y se acumulan donde hay tensión. Los gruesos microtúbulos de tubulina guían el movimiento de los cromosomas o de los cilios y flagelos batientes. Los filamentos en madeja de anchura intermedia mejoran la resistencia mecánica.

Centro organizador de microtúbulos (centrosoma)

Microtúbulos de tubulina (marrón)

Filamento de actina (rojo)

El flagelo (si lo hay) tiene un núcleo de microtúbulos

Filamento intermedio (verde) formado por varias proteínas

Las proyecciones de las microvellosidades (si las hay) tienen filamentos de actina que aumentan la superficie de absorción de nutrientes

CITOESQUELETO DE UNA CÉLULA ANIMAL

Las valvas de las diatomeas

El frústulo de una diatomea está formado por dos valvas. La valva superior, o epiteca, es algo más grande que la inferior, o hipoteca. Las valvas, muy ajustadas, se mueven una respecto a la otra, lo que permite a la diatomea crecer mientras se prepara para dividirse. Durante la división celular, cada una de las dos células hijas hereda una valva de la progenitora y genera una segunda.

La ranura, o rafe, segrega un líquido con el que la diatomea se adhiere a una superficie o se desliza por ella

HIPOTECA PENNADA
Navicula sp.

Una fina banda de sílice cierra la unión entre las dos valvas

DIATOMEA CENTRADA COMPLETA
Thalassiosira sp.

Las estructuras tubulares se proyectan alrededor del borde de esta valva superior

EPITECA CENTRADA
Aulacodiscus oreganus

Diatomeas pennadas

Estas diatomeas tienen simetría bilateral: el lado izquierdo es una imagen especular del lado derecho. Suelen ser alargadas, siguiendo un eje, y pueden tener forma de barca, de bastón o de aguja. Por lo general no flotan bien, por lo que abundan en los sedimentos.

Las diatomeas con forma de barco son más anchas en la parte media

CON FORMA DE BARCA
Navicula sp.

Las diatomeas con forma de bastón se apilan y forman una colonia

COLONIAL
Achnanthidium sp.

Las hileras de estrías permiten la entrada de nutrientes en la célula y la expulsión de desechos

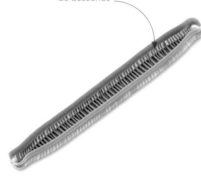

CON FORMA DE AGUJA
Synedra sp.

Diatomeas centradas

Las diatomeas que sobreviven en la columna de agua como plancton a la deriva suelen tener simetría radial: son centradas, o céntricas. Esta forma aumenta la superficie de la célula en relación con su masa, lo que ayuda a estas algas fotosintetizadoras a mantenerse a flote en la zona iluminada, cerca de la superficie del agua.

Los lados cóncavos separan orificios de diferentes tamaños

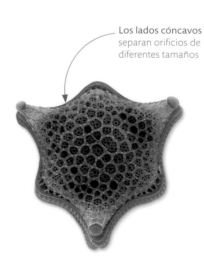

HEXAGONAL
Pseudictyota dubium

La superficie superior de las diatomeas centradas tiene aspecto de disco

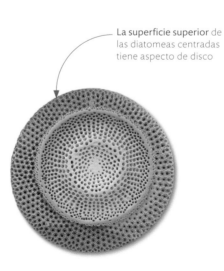

DISCOIDAL
Coscinodiscus sp.

Los poros de la superficie (estrías) liberan un líquido viscoso que adhiere las células cercanas

TRIANGULAR
Triceratium sp.

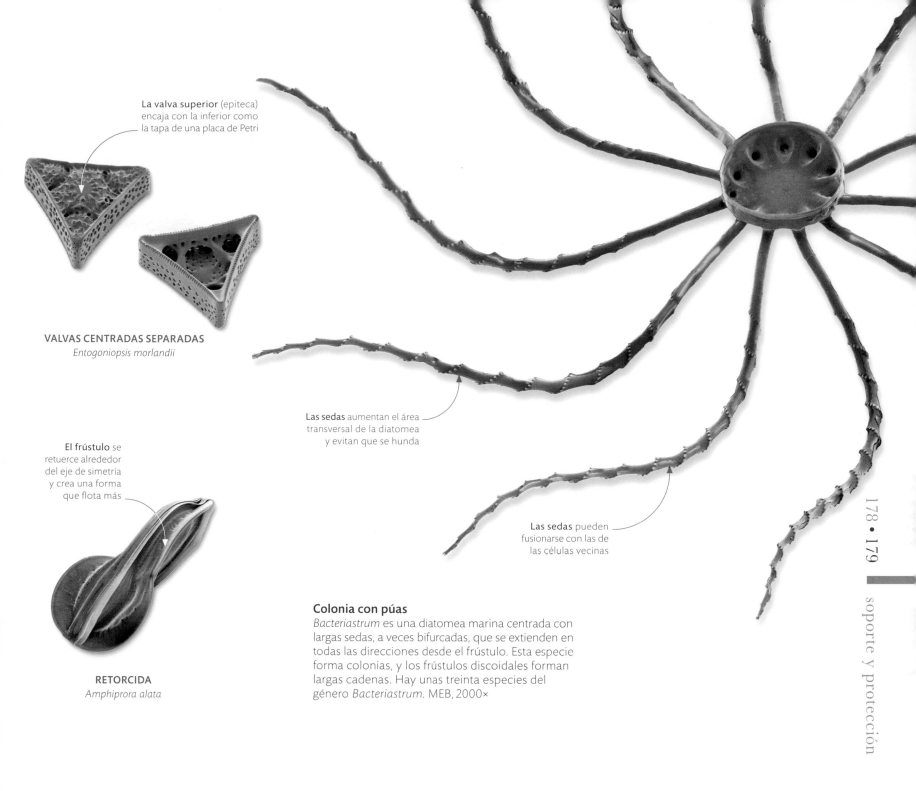

La valva superior (epiteca) encaja con la inferior como la tapa de una placa de Petri

VALVAS CENTRADAS SEPARADAS
Entogoniopsis morlandii

Las sedas aumentan el área transversal de la diatomea y evitan que se hunda

Las sedas pueden fusionarse con las de las células vecinas

El frústulo se retuerce alrededor del eje de simetría y crea una forma que flota más

RETORCIDA
Amphiprora alata

Colonia con púas
Bacteriastrum es una diatomea marina centrada con largas sedas, a veces bifurcadas, que se extienden en todas las direcciones desde el frústulo. Esta especie forma colonias, y los frústulos discoidales forman largas cadenas. Hay unas treinta especies del género *Bacteriastrum*. MEB, 2000×

El frústulo vítreo es de sílice, que se extrae del agua

CON FORMA DE ESTRELLA
Triceratium sp.

diatomeas

Las diatomeas, uno de los principales grupos de algas unicelulares, viven principalmente como plancton en hábitats marinos y de agua dulce, aunque también se encuentran en tierra. Se calcula que su fotosíntesis genera entre el 20 y el 50 % del oxígeno del planeta. Se clasifican por la forma de su compleja pared celular, el frústulo, que es de sílice y tiene entre 2 y 200 micras de longitud. En condiciones ideales, una diatomea puede vivir seis días y se reproduce por bipartición (partiéndose en dos) cada 24 horas. En algunas especies, las células se unen y forman colonias.

Conchas variadas
La concha, o testa, de los foraminíferos varía según la especie, desde una esfera sencilla hasta una compleja espiral con varias cámaras. Hay casi 9000 especies de foraminíferos, y se conocen otras 40000 fósiles.

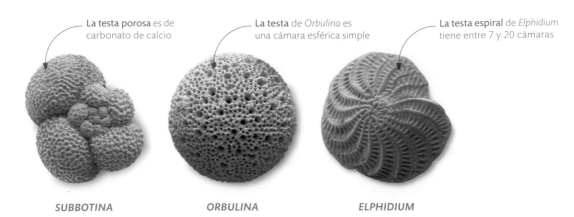

La testa porosa es de carbonato de calcio

La testa de *Orbulina* es una cámara esférica simple

La testa espiral de *Elphidium* tiene entre 7 y 20 cámaras

SUBBOTINA *ORBULINA* *ELPHIDIUM*

conchas microscópicas

Muchos organismos unicelulares están encerrados dentro de una rígida pared protectora, que restringe la movilidad. En cambio, muchos microorganismos que cambian de forma para conseguir alimento habitan en diminutas conchas que fabrican ellos mismos. Los foraminíferos son protozoos marinos que emiten seudópodos, hilos de citoplasma (el medio gelatinoso del interior de la célula; pp. 132–133), para desplazarse y recoger alimento y materiales. Algunos fabrican la concha con el calcio del agua marina, y otros con sílice. En todos los casos, los poros que quedan en la concha permiten al animal extender los seudópodos.

DE MICROORGANISMO A ROCA

Las conchas de millones de foraminíferos depositadas en el fondo marino durante millones de años se compactaron y formaron rocas sedimentarias como la caliza. Como las distintas especies vivieron en épocas diferentes, los fósiles de foraminíferos se usan para datar las rocas en las que se encuentran.

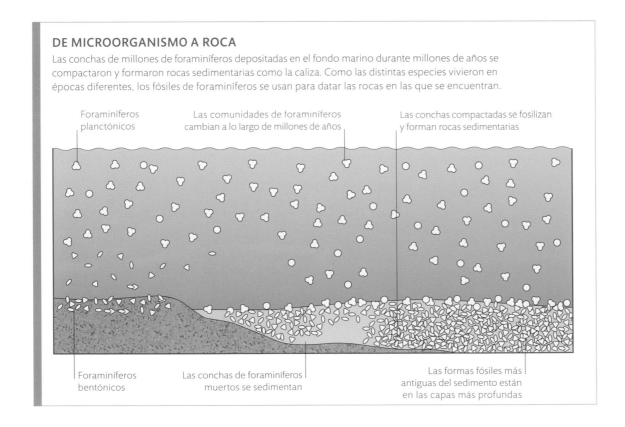

Foraminíferos planctónicos

Las comunidades de foraminíferos cambian a lo largo de millones de años

Las conchas compactadas se fosilizan y forman rocas sedimentarias

Foraminíferos bentónicos

Las conchas de foraminíferos muertos se sedimentan

Las formas fósiles más antiguas del sedimento están en las capas más profundas

Concha esculpida
La concha del foraminífero *Favulina* se sostiene mediante unos soportes rígidos que forman un mosaico geométrico. Los filamentos de citoplasma alimentarios se extienden desde el organismo y se proyectan a través de una abertura lateral. Otros filamentos constructores se entremezclan y forman el ectoplasma, una capa granular sobre la superficie. MEB, 9600×

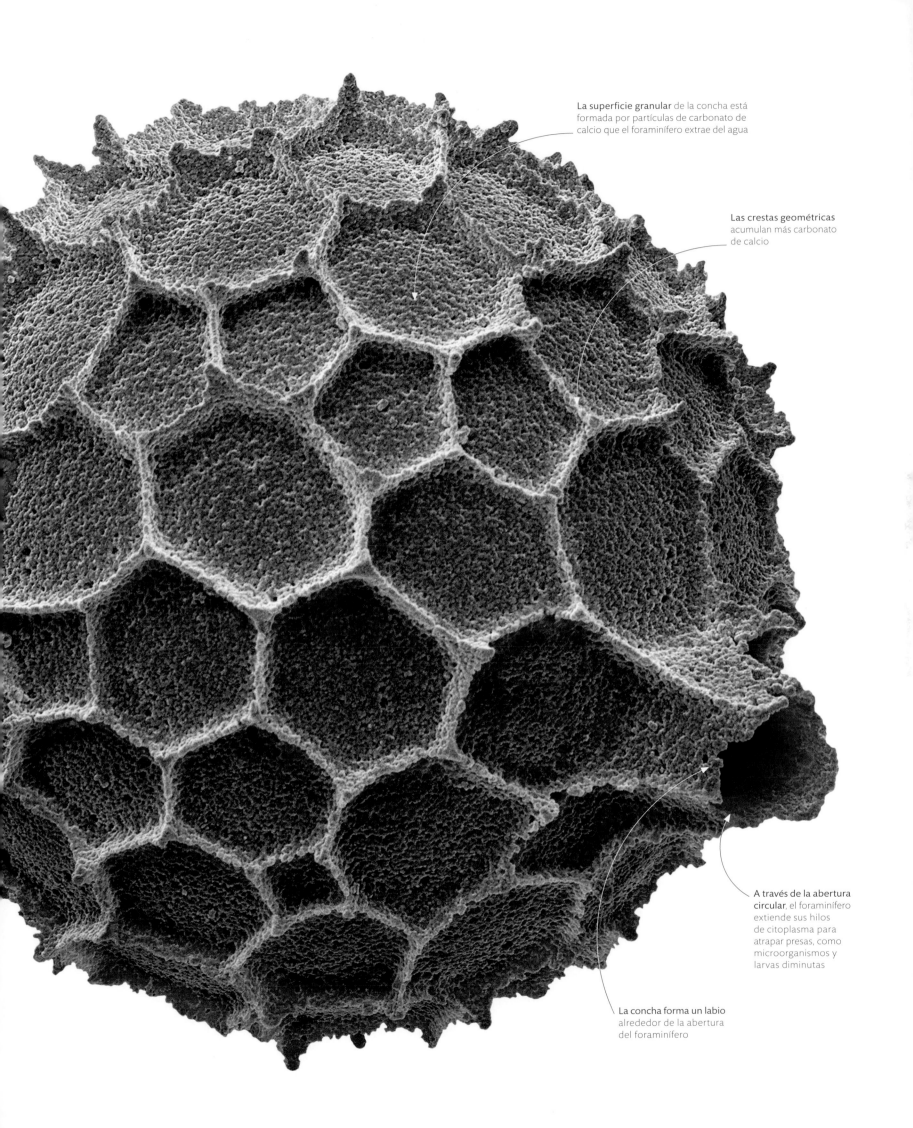

La superficie granular de la concha está formada por partículas de carbonato de calcio que el foraminífero extrae del agua

Las crestas geométricas acumulan más carbonato de calcio

A través de la abertura circular, el foraminífero extiende sus hilos de citoplasma para atrapar presas, como microorganismos y larvas diminutas

La concha forma un labio alrededor de la abertura del foraminífero

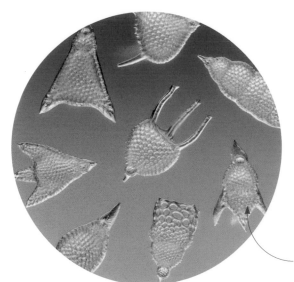

Plancton prehistórico
Se han encontrado fósiles de conchas de muchos tipos de radiolarios, como los que se ven en esta microfotografía óptica. Los más antiguos datan de hace 500 millones de años, cuando la primera vida animal compleja evolucionaba en los mares.

Las diferentes formas de las **conchas** de los radiolarios fósiles sirven para identificar especies

ESTRUCTURA DE LOS RADIOLARIOS

Además de tener un esqueleto mineral que le da forma, un radiolario se sostiene mediante proteínas y aceite. Las proteínas forman una cápsula interna que encierra las estructuras vitales, como el núcleo. Las gotitas de aceite de baja densidad de las vacuolas de la periferia de la célula forman una capa que proporciona flotabilidad. Si hay turbulencia, las vacuolas pierden su contenido oleoso, y el radiolario se hunde hasta zonas profundas más seguras.

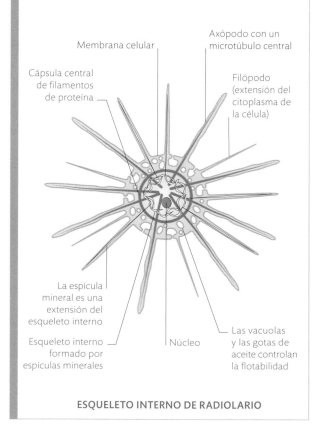

Membrana celular

Axópodo con un microtúbulo central

Cápsula central de filamentos de proteína

Filópodo (extensión del citoplasma de la célula)

La espícula mineral es una extensión del esqueleto interno

Esqueleto interno formado por espículas minerales

Núcleo

Las vacuolas y las gotas de aceite controlan la flotabilidad

ESQUELETO INTERNO DE RADIOLARIO

esqueletos de sílice

El plancton marino está repleto de organismos unicelulares. Aunque no son más que una célula, muchos de ellos, como los radiolarios, no son simples. Del delicado esqueleto interno de estos diminutos organismos con forma de estrella salen unas espículas de sílice u otros minerales obtenidos del agua de mar. Estas espículas se encuentran ancladas a una cápsula en el centro de la célula. Entre ellas, unos hilos viscosos, llamados axópodos, atrapan organismos aún más pequeños. En las aguas tropicales cálidas, las espículas también ayudan al organismo a flotar cerca de la superficie.

Diversidad de microesqueletos
Las conchas calcáreas (pp. 180–181) de muchos organismos se degradan en el mar, que se vuelve ácido al disolverse el dióxido de carbono en el agua. Los esqueletos silíceos son más resistentes, y por eso se acumulan en abundancia —en ocasiones exquisitamente conservados— en el sedimento marino. Hay más de mil especies de radiolarios vivos, cuyas formas están representadas en este grabado que ilustra *Die Radiolarien*, de Ernst Haeckel (1862). De muchas otras solo se conocen fósiles.

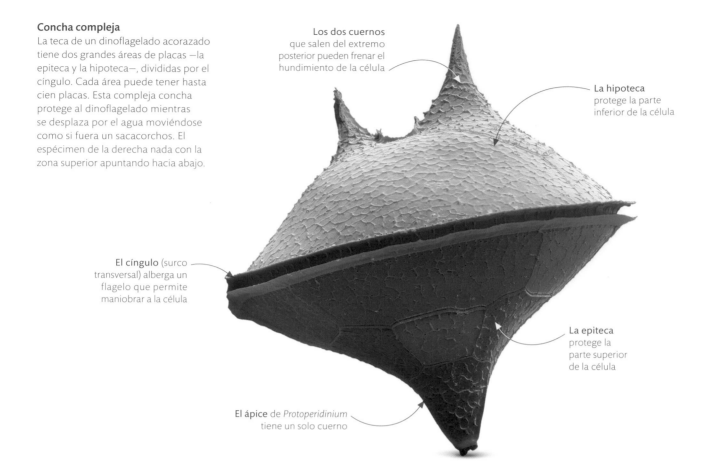

Concha compleja

La teca de un dinoflagelado acorazado tiene dos grandes áreas de placas —la epiteca y la hipoteca—, divididas por el cíngulo. Cada área puede tener hasta cien placas. Esta compleja concha protege al dinoflagelado mientras se desplaza por el agua moviéndose como si fuera un sacacorchos. El espécimen de la derecha nada con la zona superior apuntando hacia abajo.

Los dos cuernos que salen del extremo posterior pueden frenar el hundimiento de la célula

La hipoteca protege la parte inferior de la célula

El cíngulo (surco transversal) alberga un flagelo que permite maniobrar a la célula

La epiteca protege la parte superior de la célula

El ápice de *Protoperidinium* tiene un solo cuerno

armadura de celulosa

Los dinoflagelados son organismos planctónicos unicelulares cuyas poblaciones pueden proliferar y teñir el agua, un fenómeno llamado marea roja. Tienen dos flagelos, uno longitudinal y otro transversal, que impulsan el cuerpo a través del agua con un característico movimiento de remolino. La forma de los dinoflagelados se mantiene gracias al periplasto, una capa firme que se encuentra debajo de la membrana celular formada por sacos aplanados muy compactados y llenos de líquido. En muchos dinoflagelados, estos sacos contienen celulosa, la misma fibra de las paredes celulares de las plantas, que endurece esa capa y la convierte en una armadura.

ESTRUCTURAS DE LOS DINOFLAGELADOS

El periplasto, exterior y rígido, divide al dinoflagelado en dos partes: episoma (la superior) e hiposoma (la inferior). Este último lleva el flagelo longitudinal, mientras que el flagelo transversal va en el cíngulo, un surco que hay entre las dos partes. En los dinoflagelados acorazados (tecados), las dos partes se apoyan en placas: la epiteca y la hipoteca.

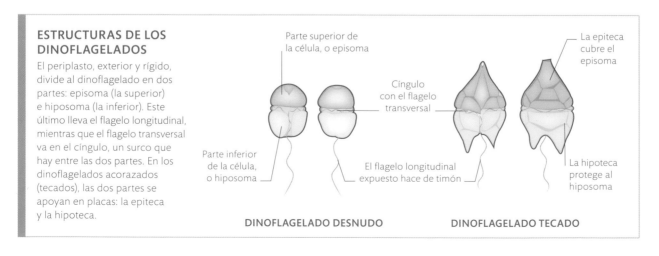

Parte superior de la célula, o episoma

Cíngulo con el flagelo transversal

La epiteca cubre el episoma

Parte inferior de la célula, o hiposoma

El flagelo longitudinal expuesto hace de timón

La hipoteca protege al hiposoma

DINOFLAGELADO DESNUDO   **DINOFLAGELADO TECADO**

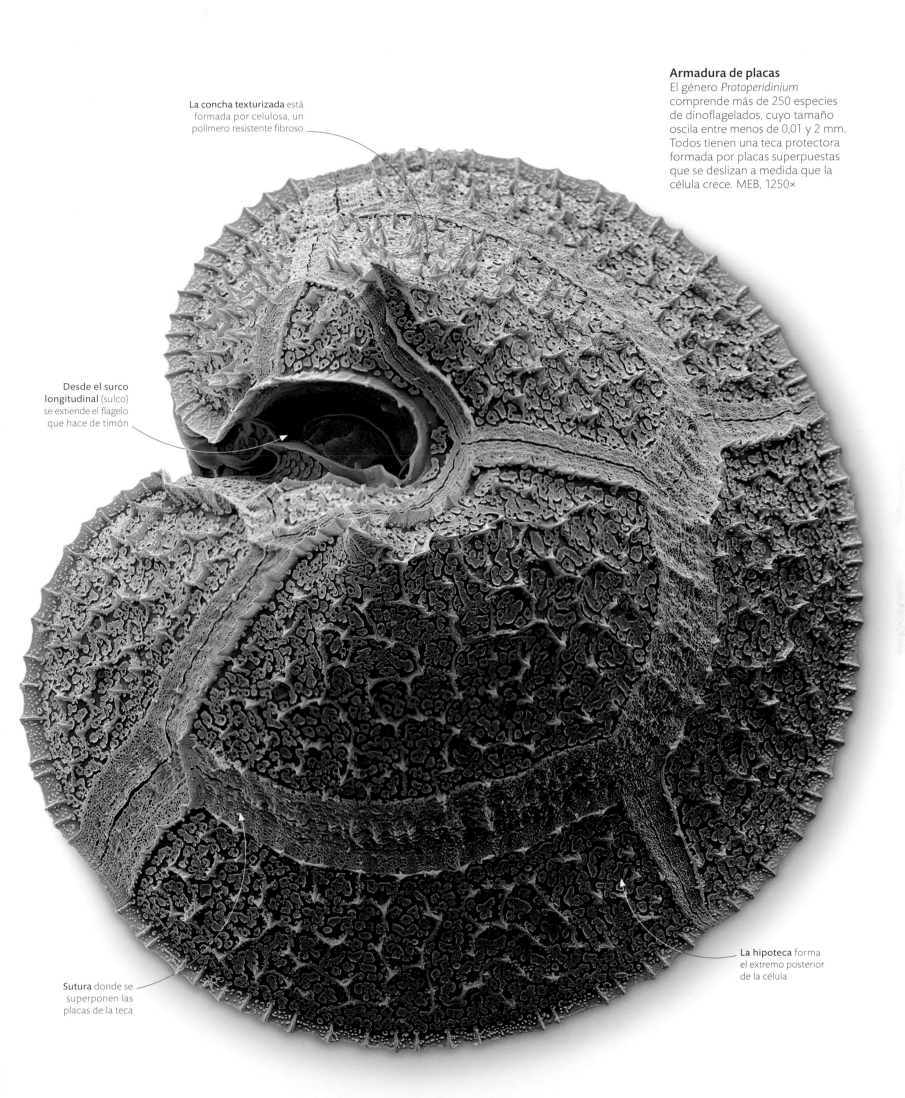

La concha texturizada está formada por celulosa, un polímero resistente fibroso

Desde el surco longitudinal (sulco) se extiende el flagelo que hace de timón

Sutura donde se superponen las placas de la teca

Armadura de placas
El género *Protoperidinium* comprende más de 250 especies de dinoflagelados, cuyo tamaño oscila entre menos de 0,01 y 2 mm. Todos tienen una teca protectora formada por placas superpuestas que se deslizan a medida que la célula crece. MEB, 1250×

La hipoteca forma el extremo posterior de la célula

Megascleras

Las espículas más grandes, o megascleras, son las principales unidades estructurales del esqueleto de una esponja. Suelen estar formadas por elementos puntiagudos de entre 60 micras y 2 mm. Se clasifican por el número de ejes en que se ramifican desde su centro, más que por el número de puntas. Las espículas monoaxonas son simples cilindros con un solo eje, mientras que las triaxonas y tetraxonas tienen tres y cuatro ejes, respectivamente. Estas espículas forman la estructura más grande del esqueleto.

La espícula de un solo eje tiene una punta y un extremo romo

MONOAXONA

La espícula con puntas ramificadas se divide a lo largo de cuatro ejes

El cuarto eje es corto

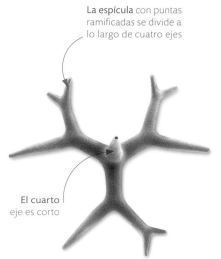

TETRAXONA

Las espinas están cubiertas de puntas más pequeñas

El tercer eje está reducido

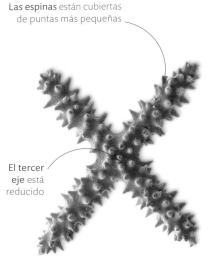

TRIAXONA

Microscleras

Las espículas más pequeñas son las microscleras, que miden menos de 60 micras y suelen ser romas. Como las megascleras, se clasifican por el número de ejes. Aunque dan a la esponja muy poco soporte estructural, pueden actuar como una armadura. Las microscleras se mezclan con las megascleras, que se hallan en la mesoglea, una capa llena de gel entre los tejidos interior y exterior de la esponja. Las megascleras también pueden estar curvadas, sobre todo si las espículas monaxonas se han doblado.

Las microscleras de tipo sigma pueden curvarse en círculo, en forma de «C» o de «S»

SIGMA

La pequeña espícula en forma de estrella tiene espinas cortas y romas

OXYÁSTER

Las microscleras forman un arco curvado

TOXA

Formas complejas

Además de las dos formas básicas, puntiagudas y romas, las espículas de las esponjas presentan una amplia gama de formas complejas. Estas espículas tienen detalles secundarios, como las puntas en forma de pala y las acortadas. Megascleras y microscleras pueden tener las puntas a su vez divididas. Otras espículas se ensanchan en la punta en forma de cuchilla o de pomo redondeado.

Puntas en forma de pala

QUELA

Unas pequeñas espinas salen de las puntas y a lo largo del eje

SANIDÁSTER

La punta de las espinas está muy dividida

ESTELADA

espículas de esponja

Las esponjas son los animales pluricelulares más sencillos. Están formadas por unos pocos tipos de células, que construyen un cuerpo regular o irregular, desde el de tipo chimenea hasta una incrustación plana. Ese cuerpo atrae una corriente de agua que pasa por dentro, donde se filtra el alimento. La esponja suele estar sostenida por un esqueleto interno rígido formado por depósitos duros de carbonato de calcio o de sílice, que forman diminutas espículas. Estas presentan distintas formas, utilizadas para identificar las diversas especies.

Microsclera en forma de estrella con muchas puntas que salen de un pequeño centro

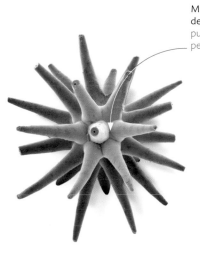

EUÁSTER

Las espículas están tejidas en una fina malla

Solo un extremo tiene forma de cuchilla o de pala

ANISOQUELA

Los huecos entre las espículas dejan entrar y salir el agua

Cesta de flores de Venus
La esponja de cristal *Euplectella aspergillum*, conocida como cesta de flores de Venus, tiene un intrincado esqueleto construido con un entramado de espículas de seis puntas. Son de sílice, que la esponja obtiene del agua que la rodea.

achicar agua

Un microhábitat humedecido por la lluvia puede ser peligroso para un animal diminuto. A escala microscópica, el agua se adhiere como la miel y puede ser una trampa mortal. Los colémbolos, unos diminutos parientes no voladores de los insectos, necesitan humedad para que su cuerpo no se seque, pero respiran aire a través de la piel, por lo que pueden ahogarse en una sola gota. La mayoría de los insectos canaliza el aire hacia los tejidos mediante tráqueas (pp. 84-85), pero los colémbolos son tan pequeños que el oxígeno puede llegar a las células filtrándose a través de la superficie de su cuerpo. Una cutícula superficial adaptada mantiene esta superficie aireada y seca.

Los colémbolos, que viven entre la hojarasca, están cubiertos por quetas

Piel con bultos
Las papilas son pequeñas protuberancias que aumentan la superficie de la cutícula. Están recubiertas de nódulos microscópicos que ayudan a repeler el agua.

Cada papila está cubierta por decenas de nódulos

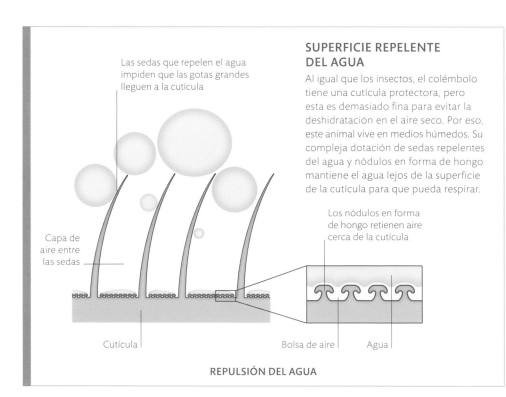

La epidermis segrega, una fina cutícula protectora, formada por una mezcla endurecida de aceite y proteínas

Las sedas que repelen el agua impiden que las gotas grandes lleguen a la cutícula

SUPERFICIE REPELENTE DEL AGUA

Al igual que los insectos, el colémbolo tiene una cutícula protectora, pero esta es demasiado fina para evitar la deshidratación en el aire seco. Por eso, este animal vive en medios húmedos. Su compleja dotación de sedas repelentes del agua y nódulos en forma de hongo mantiene el agua lejos de la superficie de la cutícula para que pueda respirar.

Los nódulos en forma de hongo retienen aire cerca de la cutícula

Capa de aire entre las sedas

Cutícula

Bolsa de aire   Agua

REPULSIÓN DEL AGUA

Piel respiratoria
Esta especie de colémbolo (Bilobella) se arrastra más que salta (pp. 160–161) y tiene que permanecer seco entre la hojarasca húmeda. Las sedas y los nódulos impiden que el agua forme una película continua y asfixiante sobre la piel. MEB, 560×

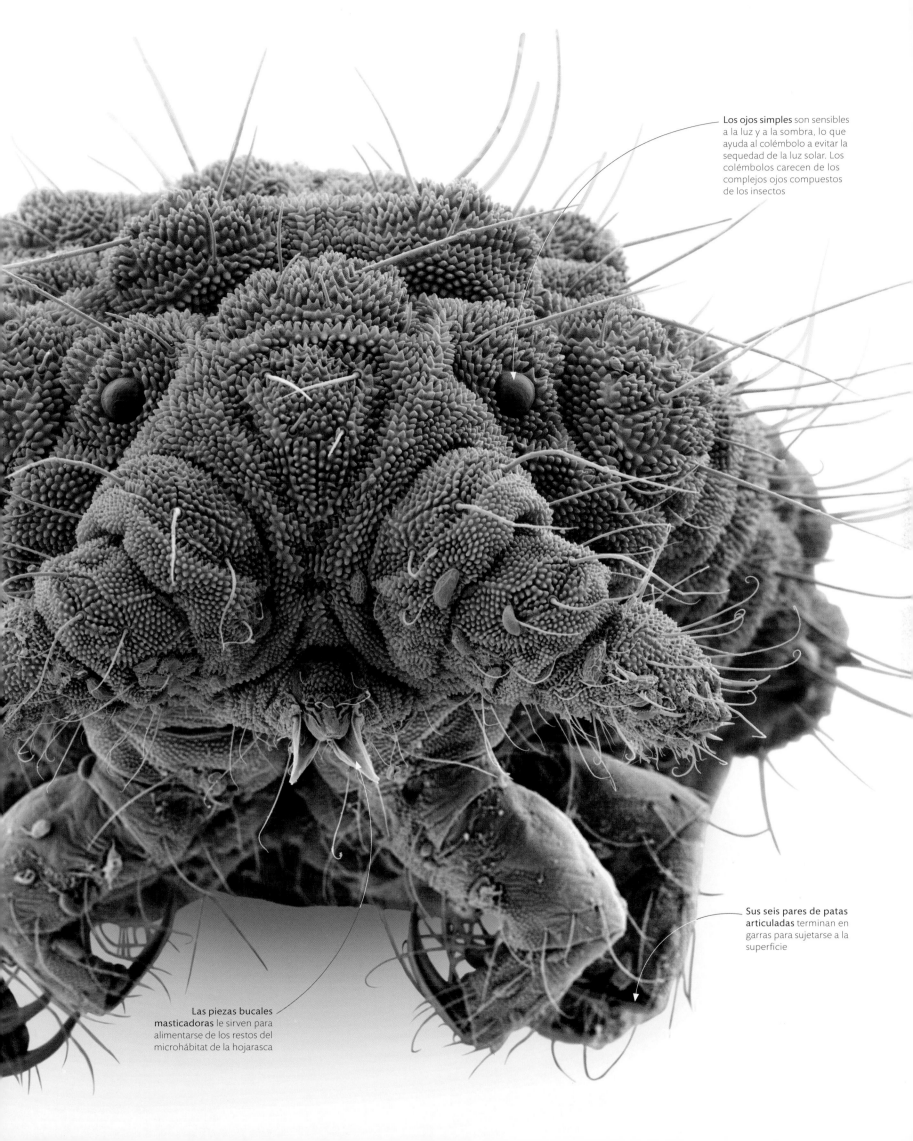

Los ojos simples son sensibles a la luz y a la sombra, lo que ayuda al colémbolo a evitar la sequedad de la luz solar. Los colémbolos carecen de los complejos ojos compuestos de los insectos

Sus seis pares de patas articuladas terminan en garras para sujetarse a la superficie

Las piezas bucales masticadoras le sirven para alimentarse de los restos del microhábitat de la hojarasca

NANOESTRUCTURAS QUE REPELEN EL AGUA

Al secarse, la secreción de cera proteínica de algunos ácaros y chicharritas forma unas partículas de polvo: los brocosomas. Estas estructuras eliminan el agua y mantienen la circulación del aire cerca de la cutícula.

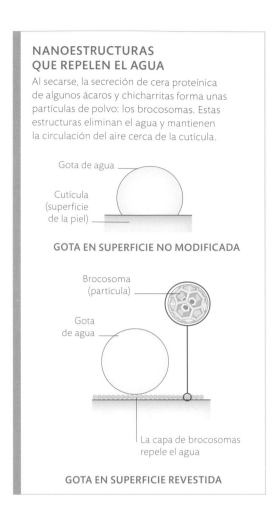

Gota de agua

Cutícula (superficie de la piel)

GOTA EN SUPERFICIE NO MODIFICADA

Brocosoma (partícula)

Gota de agua

La capa de brocosomas repele el agua

GOTA EN SUPERFICIE REVESTIDA

VENENO DE SEGUNDA MANO

Los animales que carecen de toxinas pueden volverse venenosos a través de su alimentación. Las ranas venenosas tropicales obtienen su veneno de una dieta de ácaros y hormigas.

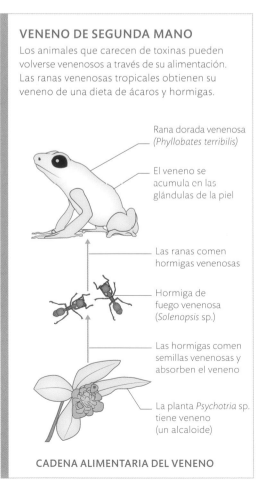

Rana dorada venenosa (*Phyllobates terribilis*)

El veneno se acumula en las glándulas de la piel

Las ranas comen hormigas venenosas

Hormiga de fuego venenosa (*Solenopsis* sp.)

Las hormigas comen semillas venenosas y absorben el veneno

La planta *Psychotria* sp. tiene veneno (un alcaloide)

CADENA ALIMENTARIA DEL VENENO

Protección integral

Los depósitos cerosos de la cutícula del ácaro *Eobrachychthonius* sp. son una barrera para el agua: no solo mantienen la humedad dentro de su diminuto cuerpo, propenso a la desecación, sino que repelen las gotas de agua para que la superficie de la cutícula esté seca y el ácaro pueda respirar. MEB, 1000×

La cutícula, en forma de placas duras, articuladas y espinosas, protege al ácaro de los depredadores

El oxígeno fluye por la superficie y es absorbido por la cutícula

Las patas son articuladas; como todos los arácnidos, los ácaros tienen cuatro pares de patas

defensas químicas

El cuerpo de todos los seres vivos consiste en un cóctel de sustancias. Algunas de ellas tienen propiedades protectoras, y pueden ser producto del metabolismo o adquirirse indirectamente. Los diminutos ácaros oribátidos, que abundan en la hojarasca de todo el mundo, son vulnerables a los animales más grandes y, además, podrían ahogarse en una gota de agua. Sin embargo, en su cutícula se seca una secreción superficial de cera y proteínas que forma nanoestructuras , llamadas brocosomas (como los de las chicharritas), que repelen la humedad. Las toxinas (alcaloides) del interior repelen a los depredadores. Los alcaloides se producen en las plantas, por lo que los ácaros deben de obtenerlos a través de la cadena alimentaria.

Los pelos especializados (sedas) forman un órgano sensorial similar a una antena que detecta la vibración del aire

La secreción cerosa (verde) se endurece y forma una capa superficial protectora (cerotegumento), que mantiene la cutícula seca

Brocosomas en la superficie de una chicharrita

Recubrimiento antiobstrucción
Como los ácaros, muchos insectos chupadores de savia segregan un repelente de agua superficial. Excretan mucho azúcar en forma de melaza, y el recubrimiento impide que se obstruyan los orificios de respiración.

Las garras lo ayudan a sujetarse al suelo y a la hojarasca

Las excrecencias de la cutícula se convierten en escamas erectas en la parte posterior del cuerpo que camuflan al gorgojo

Las articulaciones flexibles de la cutícula fina no endurecida permiten que las diferentes partes del exoesqueleto se muevan unas respecto a otras

Armadura definitiva

Algunos invertebrados, como las arañas y los cangrejos, crecen a través de mudas sucesivas hasta alcanzar la etapa adulta, pero muchos insectos, como este picudo de la semilla del mango *(Sternochetus mangiferae)*, viven como larvas mucho tiempo hasta la muda final a pupa; luego pasan a ser adultos y no crecen más.

Protección integral

El exoesqueleto de un gorgojo lo protege por encima y por debajo; por lo tanto, no tiene el vientre blando. Su cuerpo está cubierto de placas llamadas escleritos; una cápsula en forma de casco envuelve la cabeza, y unos segmentos tubulares sostienen las patas articuladas.

Las alas delanteras de los gorgojos, como las de otros escarabajos, son élitros, es decir, están endurecidas

Los escleritos (placas acorazadas) de la parte inferior se llaman esternitos; los de la parte superior son los tergitos

esqueleto externo

Muchos animales, como los insectos, las arañas y los crustáceos, llevan el esqueleto por fuera, como una armadura. Se trata de un exoesqueleto y está formado por placas duras unidas por articulaciones flexibles. Los músculos que hay debajo tiran de las placas y permiten el movimiento. La armadura se elabora con sustancias segregadas por una capa de células subyacente. La quitina, un compuesto fibroso similar a la celulosa, es la base de su dureza, y está recubierta de cera para repeler la humedad. La superficie se completa con una mezcla de proteínas y aceite que se endurece como un cemento biológico. El exoesqueleto es una protección eficaz, pero no es flexible; por eso, para crecer, los animales que lo tienen se desprenden de él mediante la muda.

ESQUELETO MULTICAPA

El exoesqueleto de un insecto es una cutícula formada por tres capas: la epicutícula, dura e impermeable; la exocutícula, dura, y la endocutícula, más blanda. Debajo de ellas hay una capa de células vivas: la epidermis, con glándulas asociadas y células tricógenas. Estas producen sedas sensoriales, que se proyectan desde la superficie de la cutícula.

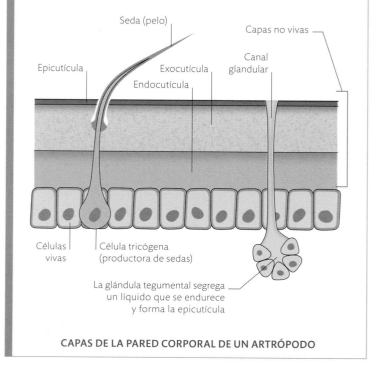

Seda (pelo)

Capas no vivas

Epicutícula

Exocutícula

Canal glandular

Endocutícula

Células vivas

Célula tricógena (productora de sedas)

La glándula tegumental segrega un líquido que se endurece y forma la epicutícula

CAPAS DE LA PARED CORPORAL DE UN ARTRÓPODO

La araña puede cambiar de amarilla a blanca para ser del mismo color que la flor en la que se instala para esperar a los insectos que van allí a alimentarse

ARAÑA CANGREJO
Misumena vatia

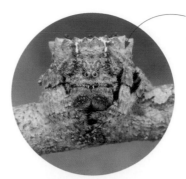

La araña **permanece quieta** durante el día, camuflada de nudo en una rama; al caer la noche se moverá para tejer su tela

ARAÑA DE CORTEZA
Caerostris sp.

Depredadores y presas crípticos
El camuflaje puede consistir en adoptar el color y la textura del fondo, como hacen las arañas de corteza y las arañas cangrejo. Otros animales imitan una hoja o enmascaran su cuerpo con materia de su hábitat. Una mantis que imita a las orquídeas no solo puede esconderse en una flor para tender una emboscada a los polinizadores, sino también atraerlos imitando el olor de la flor.

Los **exoesqueletos de hormigas** devoradas por ella enmascaran la identidad de la chinche ante las arañas saltadoras, que la cazarían al reconocerla

CHINCHE ASESINA DE MALASIA
Acanthaspis sp.

La mantis aparenta ser una orquídea para atraer insectos polinizadores, de los cuales se alimenta

MANTIS ORQUÍDEA
Hymanopus coronatus

Las finas crestas del ala del insecto imitan las venas de una hoja

Muchas especies de saltamontes imitan el aspecto de las hojas; todos son de la misma familia

SALTAMONTES HOJA
Aegimia elongata

Las **alas delanteras** camufladas se confunden con el entorno

Cuando le falla el camuflaje, la polilla saca su imagen deimática (amenazadora): las alas se abren y dejan ver los ocelos

POLILLA IO
Automeris io

Abdomen curvado y con forma de rama

permanecer oculto

Los animales han desarrollado medios sofisticados para no ser detectados y así acechar a sus presas o evitar depredadores. Esa capacidad de pasar desapercibido se llama cripsis y consiste en vivir de noche o escondido, o en camuflarse, o en las tres cosas. Algunos animales se confunden con el entorno. Otros, como las chinches asesinas y los cangrejos decoradores, se hacen su camuflaje con objetos. Una estrategia relacionada con la cripsis es el mimetismo, mediante el cual ciertos animales evitan ser detectados como tales pareciéndose a otro ser vivo o a un objeto. Algunos animales indefensos han evolucionado hasta parecer peligrosos, y otros que son peligrosos han evolucionado hasta parecer inofensivos.

El tórax en forma de hoja se funde con el ala y la pata trasera aplanada

Igual que una hoja
Son muchos los animales que se parecen a una hoja: anfibios, peces, reptiles e insectos. El saltamontes *Chorotypus* pertenece a una familia asiática con muchas especies que viven en el bosque e imitan hojas, que son también su principal fuente de alimento. Su apariencia de hoja los ayuda a ocultarse de los depredadores con buena agudeza visual, como las aves insectívoras.

El dibujo y el color de la pata del saltamontes se confunden con el color de la rama en la que se apoya

El color del entorno ha impulsado la evolución de un color coincidente en el insecto

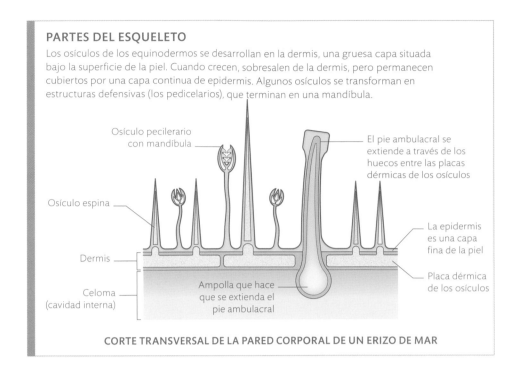

PARTES DEL ESQUELETO

Los osículos de los equinodermos se desarrollan en la dermis, una gruesa capa situada bajo la superficie de la piel. Cuando crecen, sobresalen de la dermis, pero permanecen cubiertos por una capa continua de epidermis. Algunos osículos se transforman en estructuras defensivas (los pedicelarios), que terminan en una mandíbula.

Osículo pecilerario con mandíbula

El pie ambulacral se extiende a través de los huecos entre las placas dérmicas de los osículos

Osículo espina

La epidermis es una capa fina de la piel

Dermis

Placa dérmica de los osículos

Celoma (cavidad interna)

Ampolla que hace que se extienda el pie ambulacral

CORTE TRANSVERSAL DE LA PARED CORPORAL DE UN ERIZO DE MAR

Espinas protectoras

El aspecto abultado de la estrella sol (*Crossaster papposus*), a la derecha, se debe a los osículos subyacentes de tamaño desigual: las paxilas. Cada paxila tiene forma de columna y está coronada por espinas finas. Unas extensiones romas de la fina pared de la cavidad corporal, llamadas pápulas, rellenan el espacio intermedio y actúan como branquias: expulsan desechos y absorben oxígeno. MO, 14×

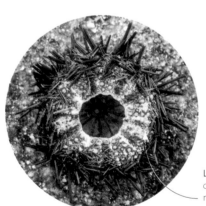

La testa del erizo de mar tiene osículos fusionados y planos, con muchas espinas largas adheridas

Esqueletos en la costa

El esqueleto de los equinodermos se desintegra rápidamente tras morir el animal y deja numerosas placas microscópicas de calcita. Se suelen ver espinas y placas en la orilla del mar, a veces todavía unidas a una testa intacta, pero fácil de romper.

esqueleto de equinodermo

Los equinodermos (erizos, pepinos y estrellas de mar) tienen endoesqueleto, o esqueleto interno. El endoesqueleto se desarrolla en la gruesa capa de la dermis de la piel, y está formado por osículos, pequeños elementos duros hechos de microcristales de calcita. Los osículos adoptan diversas formas, como placas, espinas y otras estructuras especializadas. En los erizos de mar, las placas se fusionan y forman una testa protectora rígida, mientras que en las estrellas de mar son móviles y están menos apretadas, lo que les da flexibilidad.

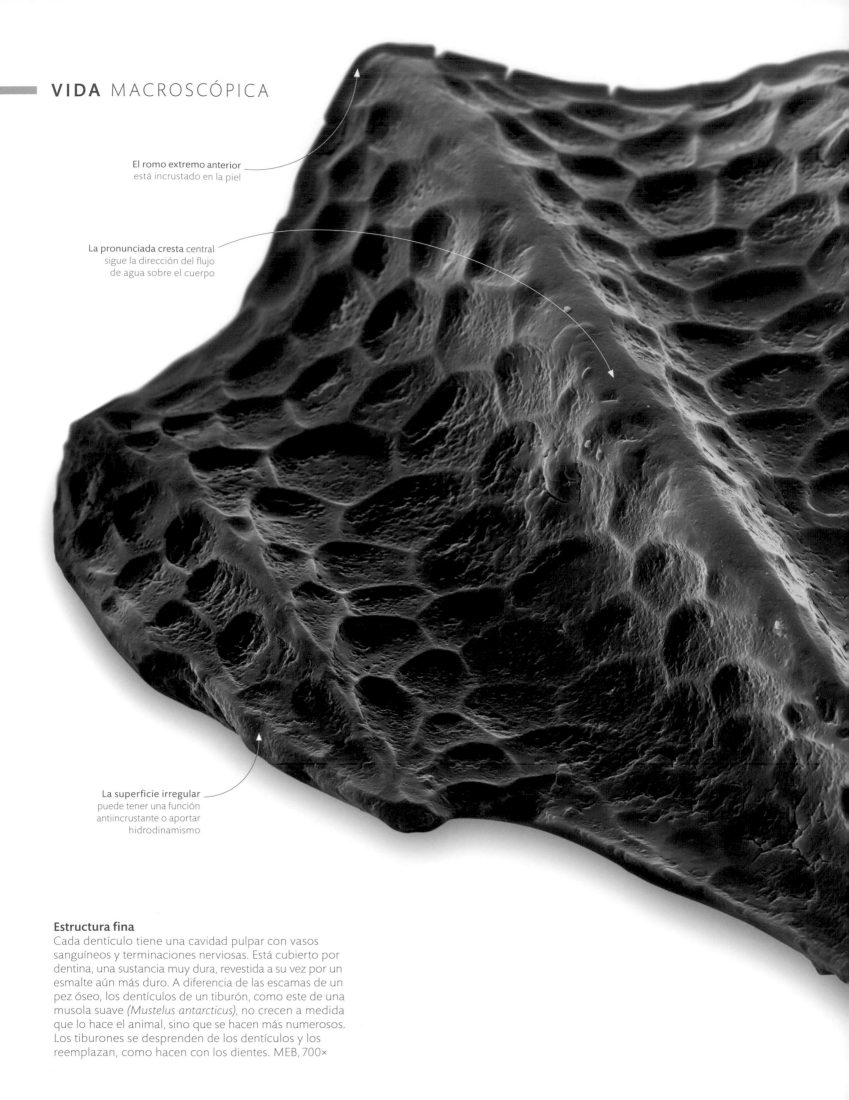

El romo extremo anterior
está incrustado en la piel

La pronunciada cresta central
sigue la dirección del flujo
de agua sobre el cuerpo

La superficie irregular
puede tener una función
antiincrustante o aportar
hidrodinamismo

Estructura fina

Cada dentículo tiene una cavidad pulpar con vasos
sanguíneos y terminaciones nerviosas. Está cubierto por
dentina, una sustancia muy dura, revestida a su vez por un
esmalte aún más duro. A diferencia de las escamas de un
pez óseo, los dentículos de un tiburón, como este de una
musola suave *(Mustelus antarcticus)*, no crecen a medida
que lo hace el animal, sino que se hacen más numerosos.
Los tiburones se desprenden de los dentículos y los
reemplazan, como hacen con los dientes. MEB, 700×

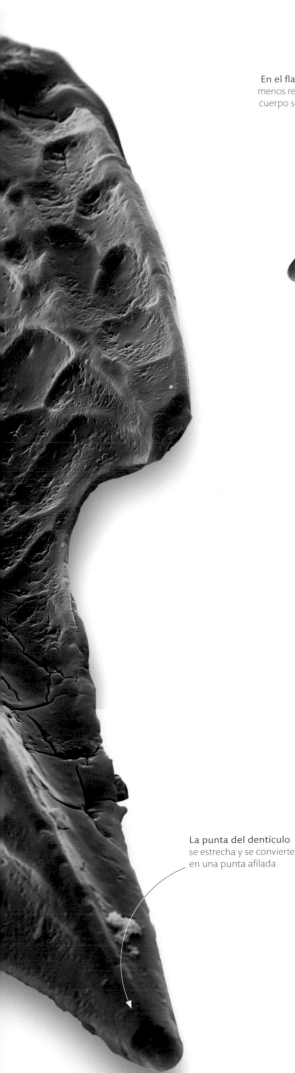

En el flanco es donde hay menos resistencia, ya que el cuerpo se flexiona al nadar

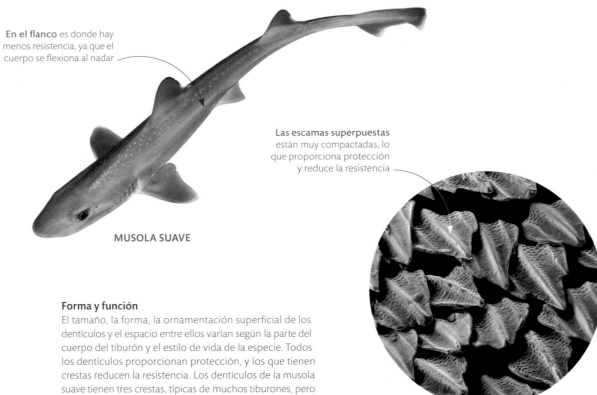

Las escamas superpuestas están muy compactadas, lo que proporciona protección y reduce la resistencia

MUSOLA SUAVE

Forma y función

El tamaño, la forma, la ornamentación superficial de los dentículos y el espacio entre ellos varían según la parte del cuerpo del tiburón y el estilo de vida de la especie. Todos los dentículos proporcionan protección, y los que tienen crestas reducen la resistencia. Los dentículos de la musola suave tienen tres crestas, típicas de muchos tiburones, pero los de los más rápidos pueden llegar a tener siete. MEB, 40×

la piel del tiburón

Los dentículos del tiburón son escamitas incrustadas en la piel. Los defensivos con pico disuaden a los depredadores y evitan que se incrusten organismos, que disminuirían la eficacia natatoria. Los gruesos dentículos de los tiburones que viven cerca del fondo protegen el cuerpo de las rocas. Los estriados de todas las especies ayudan a controlar el flujo del agua, con lo que reducen la resistencia y aumentan la eficacia hidrodinámica. Algunos tiburones de aguas profundas tienen dentículos cóncavos que concentran la luz generada por los órganos bioluminiscentes.

La punta del dentículo se estrecha y se convierte en una punta afilada

DENTÍCULOS ERIZADOS

Los dentículos de algunos tiburones que nadan rápido se levantan hasta un ángulo de 50 grados o más, lo que aumenta la turbulencia. Eso ayuda al tiburón a reducir la resistencia fluidodinámica asociada al flujo laminar (flujo de un líquido en capas planas). Los dentículos levantados mantienen junto a la piel una fina capa de agua arremolinada; eso reduce la resistencia y facilita el deslizamiento del pez por el agua.

Flujo laminar del agua por encima del tiburón

El flujo se reduce a cero cuando el agua encuentra la resistencia del tiburón

Junto al tiburón, el agua puede fluir en la misma dirección que él a causa del rozamiento con la piel

Los dentículos mantienen el flujo turbulento junto a la piel

El agua levanta los dentículos como si fueran aletas

REDUCCIÓN DE LA RESISTENCIA

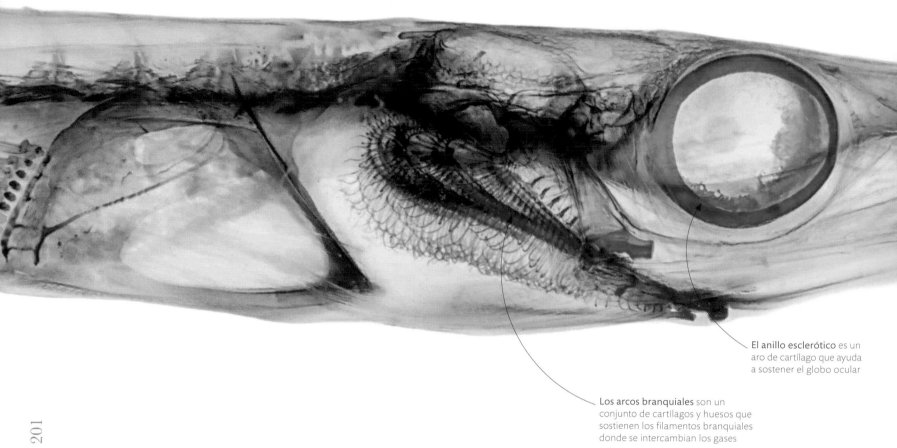

El anillo esclerótico es un aro de cartílago que ayuda a sostener el globo ocular

Los arcos branquiales son un conjunto de cartílagos y huesos que sostienen los filamentos branquiales donde se intercambian los gases

esqueletos de vertebrados

El esqueleto de un animal vertebrado se desarrolla en el interior del cuerpo y crece con el resto de los tejidos, a diferencia del exoesqueleto de los insectos y otros artrópodos, que deben mudarlo. Se compone de cartílago rígido y elástico y de huesos duros que se conectan mediante articulaciones movidas por los músculos. El esqueleto de los primeros peces era cartilaginoso, como el de algunos actuales, como los tiburones. Sin embargo, el de la mayoría de los vertebrados vivos es óseo. Al ser más duro, el hueso mantiene mejor la forma y es un soporte más sólido para vivir en tierra.

Los componentes del cráneo se reúnen en un hocico estrecho con una boquita en la punta

Esqueleto en dos partes
La mayoría de los huesos se desarrollan a partir de cartílago formado en el embrión. Sin embargo, incluso un vertebrado adulto, como el trompudo sargacero (*Aulorhynchus flavidus*) conserva cartílago. El hueso, aquí teñido de púrpura y rojo, refuerza la estructura principal del cuerpo del pez, sobre todo la columna vertebral. El cartílago, teñido de azul, es elástico y más flexible que el hueso.

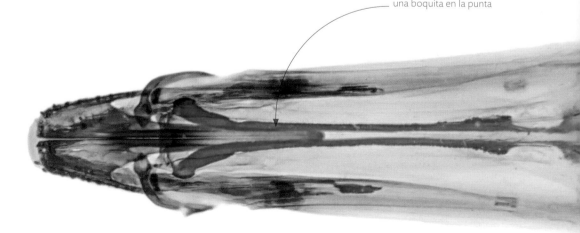

En las mandíbulas se alinean unos dientecillos con forma de aguja que se usan para cazar peces y crustáceos más pequeños

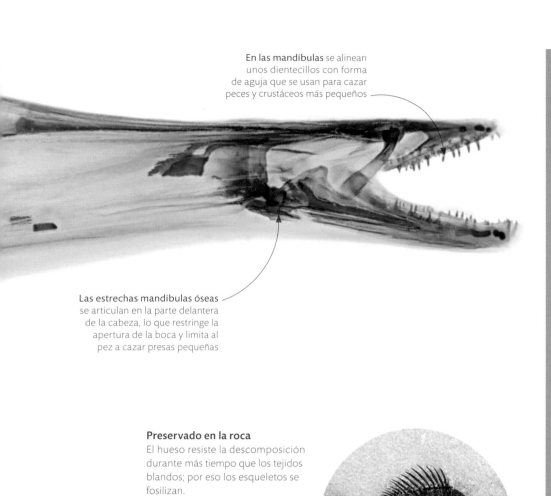

Las estrechas mandíbulas óseas se articulan en la parte delantera de la cabeza, lo que restringe la apertura de la boca y limita al pez a cazar presas pequeñas

Preservado en la roca
El hueso resiste la descomposición durante más tiempo que los tejidos blandos; por eso los esqueletos se fosilizan.

Esqueleto fosilizado formado con el tiempo tras morir el pez y quedar enterrado en el sedimento

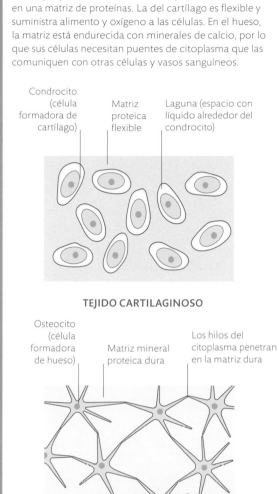

EL CARTÍLAGO Y EL HUESO
Cartílagos y huesos están formados por células inmersas en una matriz de proteínas. La del cartílago es flexible y suministra alimento y oxígeno a las células. En el hueso, la matriz está endurecida con minerales de calcio, por lo que sus células necesitan puentes de citoplasma que las comuniquen con otras células y vasos sanguíneos.

Condrocito (célula formadora de cartílago)

Matriz proteica flexible

Laguna (espacio con líquido alrededor del condrocito)

TEJIDO CARTILAGINOSO

Osteocito (célula formadora de hueso)

Matriz mineral proteica dura

Los hilos del citoplasma penetran en la matriz dura

TEJIDO ÓSEO

Los huesos del cráneo forman un casco protector alrededor del cerebro

La columna vertebral es una cadena de huesos conectados, denominados vértebras, que encierran la médula espinal y proporcionan el principal soporte óseo al largo cuerpo

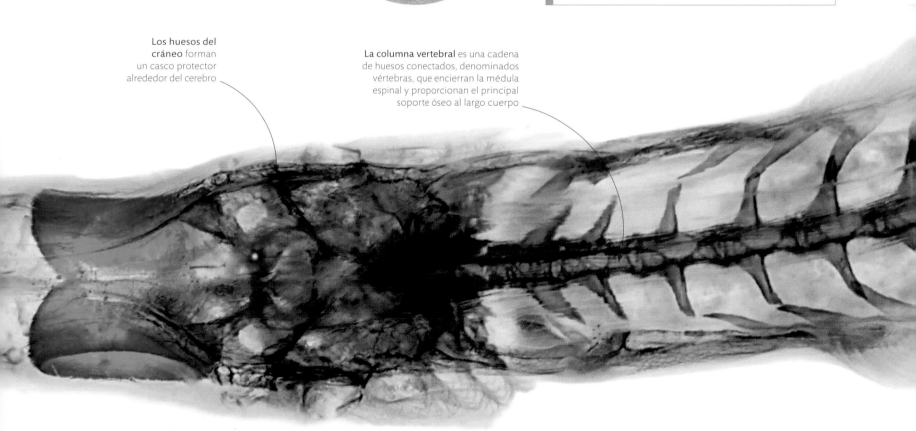

el pelo de los mamíferos

El pelo, característico de los mamíferos, es de queratina, la misma proteína que forma las uñas, endurece las plumas de las aves e impermeabiliza las escamas de los reptiles. Los distintos tipos de pelos tienen distintas funciones: los bigotes son sensores táctiles; las espinas y las púas, armas defensivas, y los pelos nasales, filtros de aire. El pelo también puede hacer ostensible la presencia de un mamífero, o bien camuflarlo sutilmente, pero su función esencial es el aislamiento: una capa de pelos cortos atrapa el aire cercano a la piel y reduce la pérdida de calor. El pelo mojado pierde eficacia aislante, por lo que los pelos de guarda más largos y aceitados que cubren los pelos aislantes proporcionan cierto grado de impermeabilidad.

ANATOMÍA DEL PELO

Debajo de la cutícula (capa exterior) está la corteza, un entramado de células muertas compuesta sobre todo por queratina, una proteína. Los filamentos microscópicos de queratina se imbrican entre ellos y forman hebras de microfibrillas. que a su vez se agrupan y forman macrofibrillas, la estructura principal de las células de la corteza.

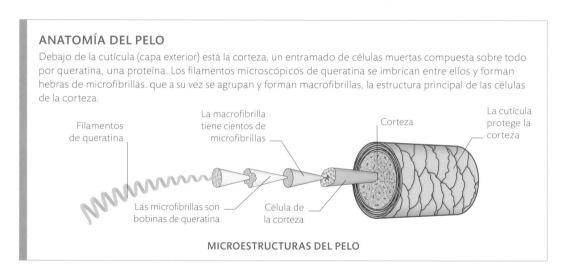

Filamentos de queratina

La macrofibrilla tiene cientos de microfibrillas

Corteza

La cutícula protege la corteza

Las microfibrillas son bobinas de queratina

Célula de la corteza

MICROESTRUCTURAS DEL PELO

Las células de la cutícula se superponen como tejas y protegen la corteza que hay debajo

LA TERMORREGULACIÓN EN EL SER HUMANO

Incluso en mamíferos casi lampiños, como los humanos, el vello corporal mantiene la temperatura corporal. Si la piel está caliente, los músculos unidos a los pelos se relajan, y los pelos se doblan sobre ella, lo que permite que se enfríe con el sudor. Si hace frío, los músculos tiran del pelo hacia arriba y atrapan una capa de aire más gruesa cerca del cuerpo En los humanos, esto no es muy eficaz.

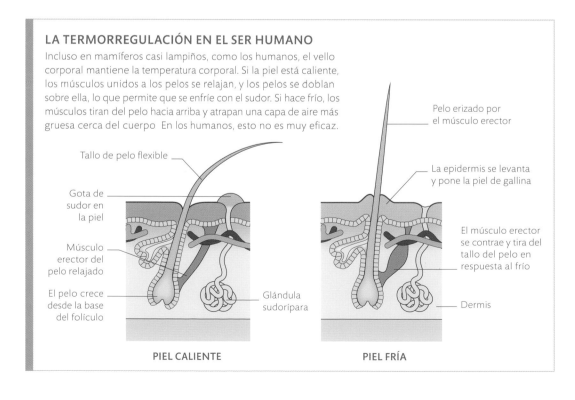

Tallo de pelo flexible

Gota de sudor en la piel

Músculo erector del pelo relajado

El pelo crece desde la base del folículo

Glándula sudorípara

Pelo erizado por el músculo erector

La epidermis se levanta y pone la piel de gallina

El músculo erector se contrae y tira del tallo del pelo en respuesta al frío

Dermis

PIEL CALIENTE

PIEL FRÍA

Tallos pilosos humanos

Las células pilosas se desarrollan en unas fositas de la epidermis llamadas folículos que se extienden hacia la capa de la dermis que está debajo. A medida que las células pilosas se dividen y se multiplican, se llenan de queratina y mueren. Este proceso construye gradualmente el tallo del pelo. Solo las células pilosas de los folículos están vivas. MEB, 470×

Las capas superiores de la epidermis están formadas por células muertas, como el tallo del pelo

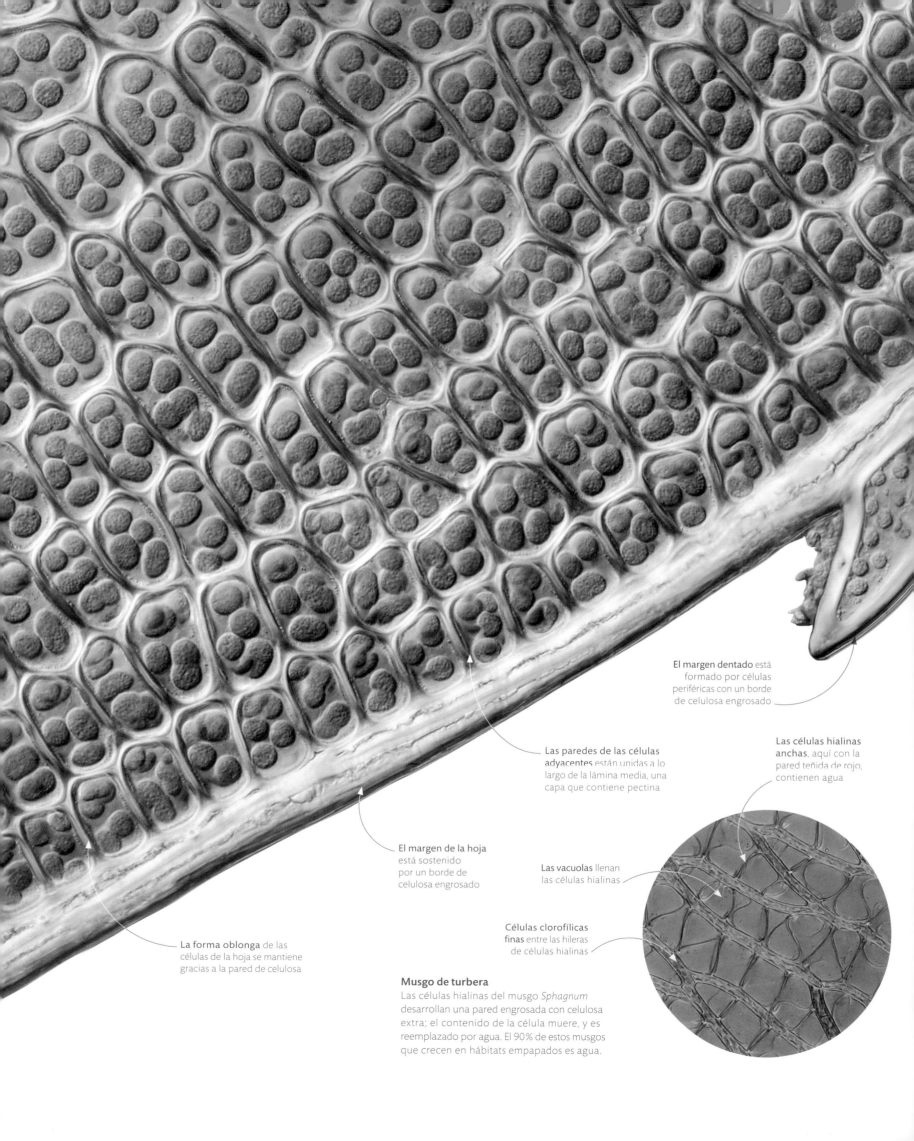

El margen dentado está formado por células periféricas con un borde de celulosa engrosado

Las células hialinas anchas, aquí con la pared teñida de rojo, contienen agua

Las paredes de las células adyacentes están unidas a lo largo de la lámina media, una capa que contiene pectina

Las vacuolas llenan las células hialinas

El margen de la hoja está sostenido por un borde de celulosa engrosado

Células clorofílicas finas entre las hileras de células hialinas

La forma oblonga de las células de la hoja se mantiene gracias a la pared de celulosa

Musgo de turbera

Las células hialinas del musgo *Sphagnum* desarrollan una pared engrosada con celulosa extra; el contenido de la célula muere, y es reemplazado por agua. El 90% de estos musgos que crecen en hábitats empapados es agua.

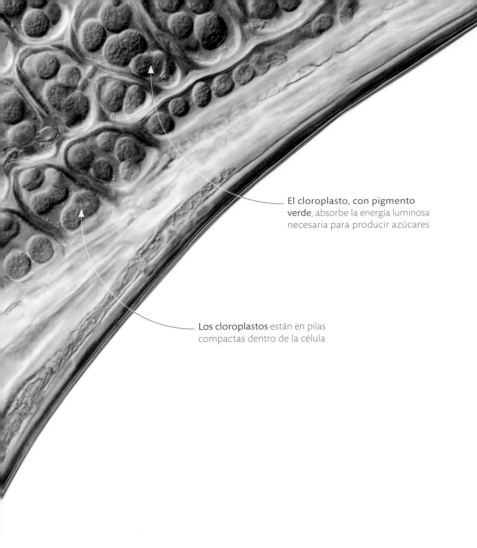

El cloroplasto, con pigmento **verde**, absorbe la energía luminosa necesaria para producir azúcares

Los **cloroplastos** están en pilas compactas dentro de la célula

SOSTÉN DE LAS PLANTAS NO LEÑOSAS

La celulosa de la pared celular de las plantas no leñosas no es lo bastante fuerte para sostener una planta. La mayoría de las células tiene una vacuola de savia que se mantiene llena siempre que las raíces absorban agua por ósmosis (difusión de moléculas de agua de una solución diluida a otra más concentrada). El agua absorbida ejerce presión sobre la pared celular y sostiene la planta. Si por las hojas se evapora más agua de la que las raíces pueden reponer, se pierde agua (plasmólisis), desaparece la turgencia y la planta se marchita.

El agua se absorbe en las células por ósmosis

El agua se acumula en la vacuola de savia, que se hincha

La pared celular externa está tensa y firme

La membrana celular empuja la pared celular externa

CÉLULA TURGENTE EN UNA PLANTA HIDRATADA

La membrana celular se desprende de la pared celular externa

La pared celular externa ya no está bajo tensión

Se pierde agua de la vacuola, que se encoge

CÉLULA PLASMOLIZADA EN UNA PLANTA MARCHITA

Pared celular del musgo

La hoja de musgo es muy fina (por lo general, solo tiene una célula de grosor) y carece de la cutícula cerosa de otras plantas. Cada célula, repleta de cloroplastos verdes que realizan la fotosíntesis, está pegada a sus vecinas por pectina (el material que cuaja la mermelada). Las células pueden intercambiar sustancias vitales con su entorno a través de la pared permeable de celulosa. MO, 1000×

pared celular

Las células vegetales tienen una pared bien definida, lo que las hace muy reconocibles. La pared celular vegetal es de celulosa, el material que constituye la mayor parte de la fibra de las plantas. La pared de algunas células vegetales, como las del tejido leñoso, está reforzada con lignina, una sustancia dura que las sella tan bien que su contenido muere. El armazón muerto que queda proporciona una estructura microscópica que puede sostener las plantas vivas más grandes y pesadas: los árboles. Las células de las plantas no leñosas tienen la pared mucho más fina que las de los árboles, pero contienen vacuolas llenas de agua a alta presión que las mantienen turgentes, lo cual sostiene en pie la planta.

tallos de soporte

Ya se arrastren por el suelo o se eleven en el aire, el tallo y las ramas proporcionan a las plantas el soporte para exponer las hojas a la luz solar con la que realizan la fotosíntesis. Los tallos más altos pueden tapar a plantas competidoras, razón por la cual los árboles invierten tanta energía en ganar altura. La fortaleza se la dan los vasos del xilema, los conductos que transportan el agua desde el suelo y cuyas paredes están reforzadas con celulosa y lignina, un material leñoso. Estos vasos, junto con los del floema, que transportan la savia rica en nutrientes, se disponen en haces vasculares desde las raíces hasta las hojas.

Las células **epidérmicas** forman una única capa exterior y reducen la pérdida de agua

La **corteza interna** (marrón) forma una capa estructural

Ganar altura
Aunque la clemátide puede desarrollar un robusto tallo leñoso, es una trepadora. Se apoya en un árbol para alcanzar la luz del sol en un hábitat boscoso sin invertir en su propio tronco.

Los **tallos** trepan por la superficie en busca de sostén mientras crecen

Los **tallos huecos** permiten al bambú crecer más alto que otras herbáceas

TEJIDO VASCULAR

El xilema y el floema (los dos tejidos vasculares que transportan los líquidos en una planta) están formados por vasos interconectados. El xilema, que transporta agua y minerales desde la raíz hasta las hojas, tiene vasos grandes formados por células muertas sin pared terminal. En el floema, que lleva los nutrientes por toda la planta, los vasos son estrechos y están formados por células vivas con pared final perforada como un colador.

Hierba gigante
El tallo de las herbáceas no se engrosa fabricando más vasos xilemáticos (como hace la clemátide). El bambú, que es una herbácea, consigue un efecto similar construyendo fibras leñosas entre sus haces vasculares.

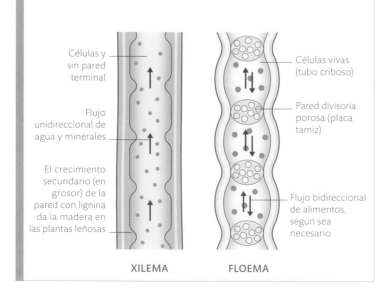

Células y sin pared terminal

Flujo unidireccional de agua y minerales

El crecimiento secundario (en grosor) de la pared con lignina da la madera en las plantas leñosas

Células vivas (tubo criboso)

Pared divisoria porosa (placa tamiz)

Flujo bidireccional de alimentos, según sea necesario

XILEMA   **FLOEMA**

Haces vasculares

Los haces del xilema (azul) y del floema (amarillo) se disponen en anillo, como en este corte de un tallo de clemátide (*Clematis* sp.). Al crecer, la planta añade más vasos de xilema, lo que engrosa y fortalece el tallo, de modo que podrá sostener más hojas.

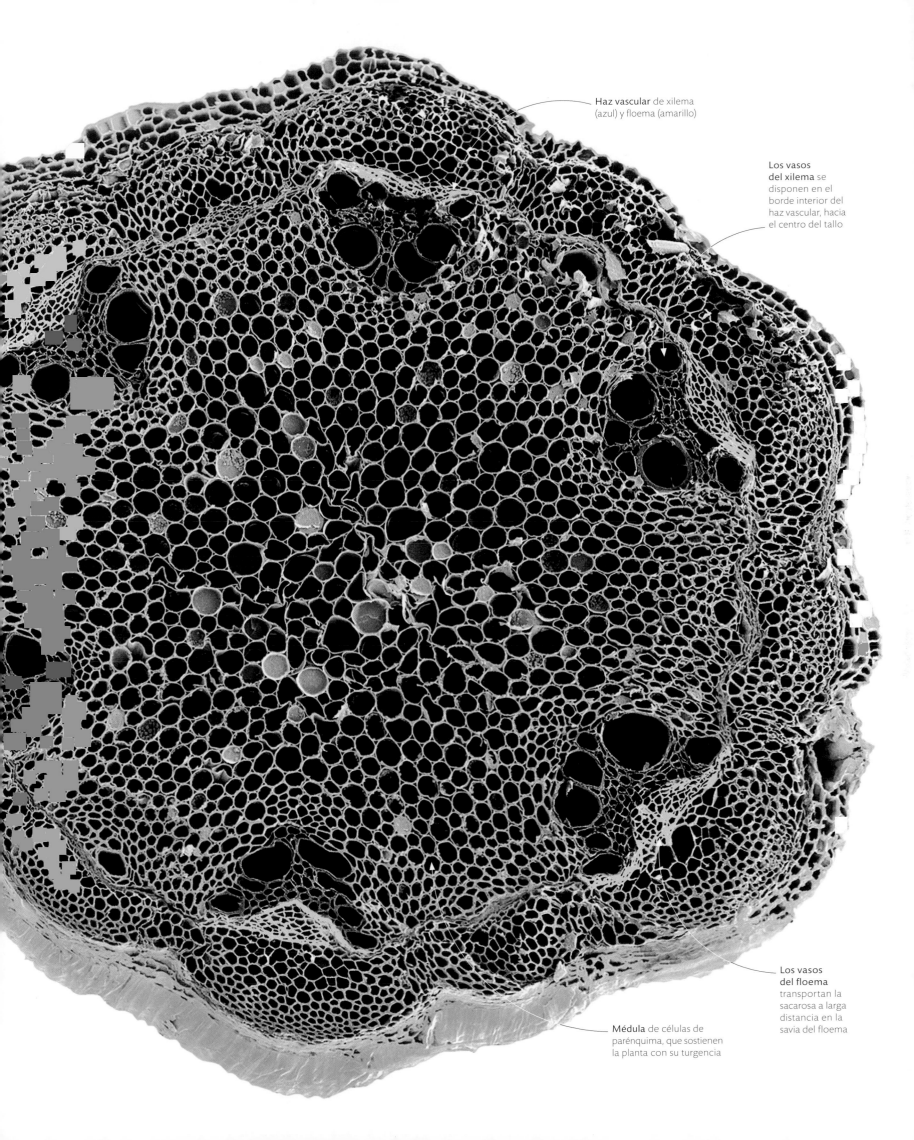

Haz vascular de xilema (azul) y floema (amarillo)

Los vasos del xilema se disponen en el borde interior del haz vascular, hacia el centro del tallo

Los vasos del floema transportan la sacarosa a larga distancia en la savia del floema

Médula de células de parénquima, que sostienen la planta con su turgencia

Indumento

El indumento de una hoja es el conjunto de tricomas (pelos) y otras estructuras que la recubren y que pueden ser de varios tipos. Crecen de la epidermis superior (como en otras partes de la planta). Hay unos diez tipos de indumentos foliares, definidos de forma imprecisa y con diversas funciones, desde ayudar a la planta a retener la humedad hasta evitar que sea infectada por plagas.

Los tricomas peltados dan a la hoja un aspecto escamoso

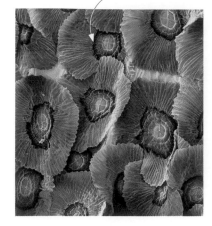

ESCAMOSO
Clavel del aire
Tillandsia sp.

Las glándulas exudan un mucílago que hace que la hoja sea pegajosa

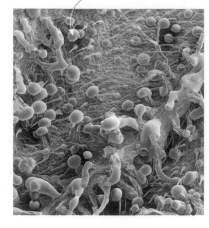

MUCILAGINOSO
Cannabis
Cannabis sativa

Las papilas cortas dan a la hoja un aspecto rugoso

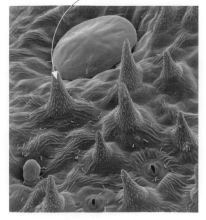

ESCABROSO
Mejorana
Origanum majorana

Pelos de la hoja

Los tricomas de una hoja tienen diferentes formas y funciones, y muchas hojas poseen más de un tipo. En algunos casos están formados por una sola célula, y otros son pluricelulares. Pueden ser espinas defensivas que disuaden a los depredadores, o bien glándulas secretoras que liberan aceites amargos o geles pegajosos. Algunos funcionan como los pelos de los animales, cubriendo la superficie de la hoja para protegerla del frío y prevenir los daños de las heladas. Otros recogen pequeñas gotas de rocío como una valiosa fuente de agua.

Pelos largos y no ramificados formados por paquetes de células ciliadas epidérmicas

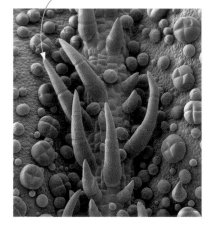

PLURICELULAR
Albahaca
Ocimum basilicum

Estructura laminar formada por una sola célula epidérmica

UNICELULAR
Geranio
Pelargonium crispum

Los pelos sin pedúnculo parten de un solo punto

SÉSIL
Avellano de bruja
Hamamelis virginiana

El bulbo secretor se forma en la punta del pelo

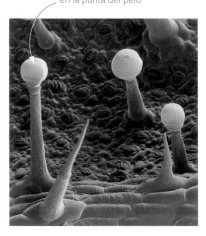

GLANDULAR PILADO
Melisa
Melissa officinalis

Las estructuras en forma de hongo reducen la pérdida de agua

PELTADO
Olivo
Olea europaea

La glándula oleosa domina la estructura del tricoma

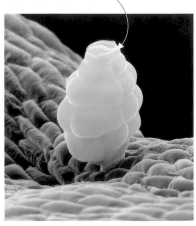

GLANDULAR CAPITADO
Hibisco
Hibiscus sp.

superficie de la hoja

La hoja es la placa solar de una planta: captura la luz y aprovecha su energía mediante la fotosíntesis. Muchas hojas parecen planas, con una superficie amplia y lisa. Sin embargo, vista al microscopio, la superficie, o epidermis, de las hojas presenta diversas estructuras, a menudo muy diferentes en el haz y el envés. Hay dos tipos de células epidérmicas: las planas crean la estructura de la hoja y suelen estar cubiertas por una cutícula cerosa que reduce la pérdida de agua, mientras que los pelos, o tricomas, forman el indumento.

Los tricomas largos y rectos apuntan en la misma dirección

ESTRIGOSO
Soja
Glycine max

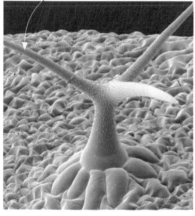

Los pelos estrellados se desarrollan a partir de un pedúnculo

PEDUNCULADO
Oruga
Arabidopsis thaliana

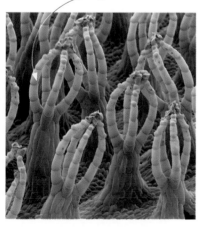

Las ramas en forma de árbol surgen de una base común

DENDRÍTICO
Helecho de agua
Salvinia natans

Espinas protectoras
Esta microfotografía electrónica de barrido de las primeras hojas (p. 265) de una plántula de cannabis *(Cannabis sativa)* muestra los tricomas con forma de garra que cubren la superficie. Las hojas también desarrollan tricomas glandulares, que segregan aceites de sabor desagradable.

Los tricomas disuaden a parásitos y depredadores, ya que hacen la hoja menos apetecible

COMPARACIÓN DE LOS AGUIJONES

El veneno de avispas, abejas y hormigas sale de sistemas similares: una glándula que produce el veneno, un saco que lo almacena, una lanceta que lo administra y la glándula de Dufour, que produce otras sustancias, como las feromonas. Las abejas mueren cuando le clavan el aguijón a un mamífero porque no lo pueden sacar y se desgarran. En cambio, si se lo clavan a un artrópodo (un objetivo más común), el aguijón entra y sale suavemente, sin dañar a la abeja.

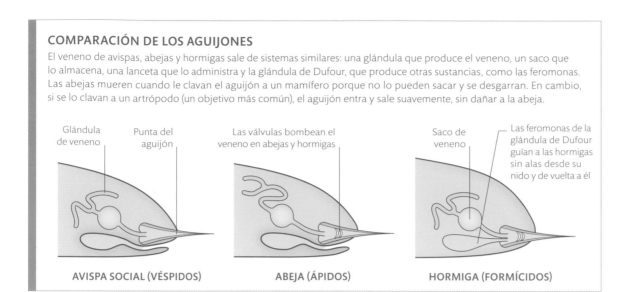

Glándula de veneno / Punta del aguijón

Las válvulas bombean el veneno en abejas y hormigas

Saco de veneno / Las feromonas de la glándula de Dufour guían a las hormigas sin alas desde su nido y de vuelta a él

AVISPA SOCIAL (VÉSPIDOS) ABEJA (ÁPIDOS) HORMIGA (FORMÍCIDOS)

Aguijón de hormiga
La parte visible del aparato urticante de una hormiga es una lanceta curva, lo bastante dura para penetrar en una cutícula gruesa, e incluso en la piel humana. El veneno se produce en una glándula de la parte posterior del abdomen, detrás de la base de la lanceta.

insectos picadores

Una picadura dolorosa —e incluso mortal— es eficaz para repeler enemigos o incapacitar presas. Entre los insectos que pican destacan los himenópteros sociales, grupo al que pertenecen las hormigas, las abejas y las avispas. Su picadura inyecta veneno a través de una lanceta afilada. Como esta es un tubo para poner huevos (oviscapto) modificado, las que pican son las hembras. Esos insectos viven en sociedades complejas, por lo general formadas por obreras que pican y defienden el nido, machos reproductores sin aguijón y una reina reproductora que pone huevos por una abertura en la base de su aguijón.

Las sedas sensibles al tacto ayudan a guiar el abdomen al dirigir el aguijón

Armas de doble acción
Especialista en la caza de colémbolos, la hormiga *Acanthognathus teledectus* agarra la presa con sus largas mandíbulas y luego la mata con el aguijón.

La lanceta curvada está endurecida con quitina, el mismo material del exoesqueleto de la hormiga

El abdomen se enrolla bajo el tórax para que la hormiga pueda clavar el aguijón

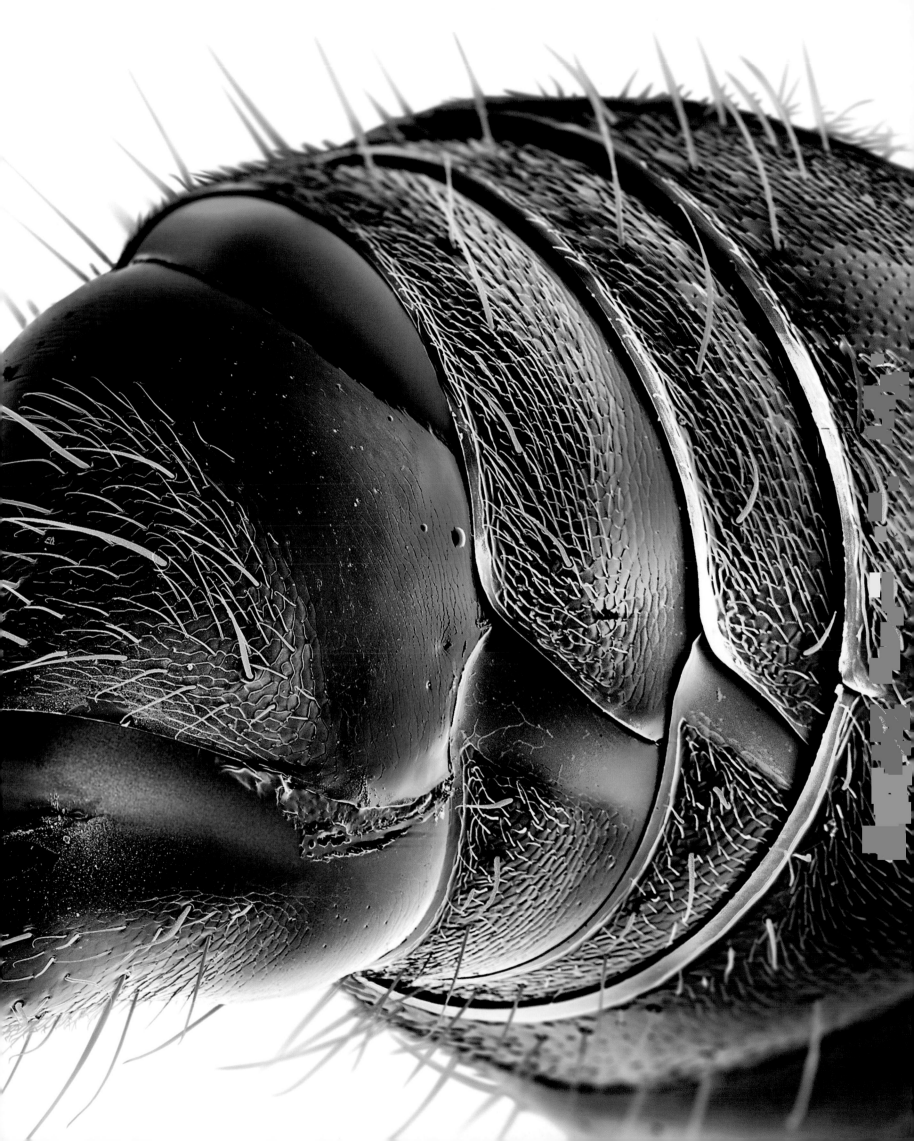

pelos irritantes

Los animales vulnerables pueden usar originales mecanismos de defensa para ahuyentar a los depredadores. Algunas tarántulas y orugas tienen sedas, unas estructuras sensoriales (pp. 154–155) con punta de aguja o con barbas microscópicas. Se trata de pelos urticantes que se incrustan en la piel, los ojos o las vías respiratorias. La irritación que causan es suficiente para repeler a los grandes depredadores, e incluso matar a los más pequeños. Entre las tarántulas, solo las especies americanas (en torno al 90 % del total) tienen pelos urticantes. Muchas se frotan el cuerpo con las patas para lanzar una nube de pelos al enemigo.

La base del pelo, o seda, se desprende de un corto pedúnculo

Las barbas hacia atrás ayudan a que el pelo se mantenga fijo cuando se incrusta en la piel

Las patas frotan el abdomen para arrojar pelos a los posibles depredadores

Peluda de colores
La tarántula de rodillas rojas (*Brachypelma smithi*) es una de las muchas tarántulas tropicales que se defienden con pelos urticantes.

Los pelos vistos de cerca
Los pelos urticantes de una tarántula se parten por la zona débil cercana a su base. Sus espinas orientadas hacia delante o hacia atrás se enganchan en el depredador, de manera que a este le resulta difícil quitárselos. Estos pelos suelen producirse en distintas partes del cuerpo de la tarántula, especialmente en los lados y la parte posterior del abdomen. MEB, 2300×

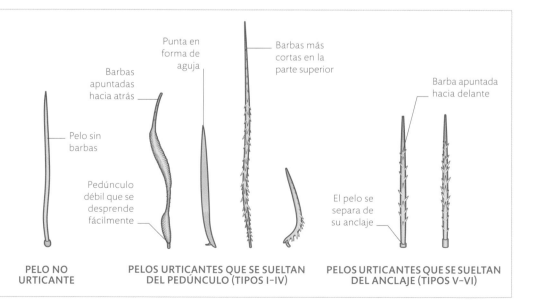

TIPOS DE PELOS DE LAS TARÁNTULAS
Los pelos no urticantes no se sueltan del cuerpo. Las tarántulas producen al menos seis tipos de pelos urticantes que se desprenden; se cree que cada uno ha evolucionado para un tipo de defensa diferente, aunque no se conocen los detalles. Así, los pelos del tipo I están incorporados a los sacos de huevos y repelen moscas parásitas y hormigas merodeadoras; los del tipo III, con barbas más largas, son más eficaces contra vertebrados de mayor tamaño.

Pelo sin barbas

Barbas apuntadas hacia atrás

Pedúnculo débil que se desprende fácilmente

Punta en forma de aguja

Barbas más cortas en la parte superior

Barba apuntada hacia delante

El pelo se separa de su anclaje

PELO NO URTICANTE

PELOS URTICANTES QUE SE SUELTAN DEL PEDÚNCULO (TIPOS I–IV)

PELOS URTICANTES QUE SE SUELTAN DEL ANCLAJE (TIPOS V–VI)

La estructura dura y estriada del pelo está reforzada con quitina, el mismo material que forma el esqueleto de los artrópodos

La punta afilada del pelo puede penetrar profundamente en la piel

pelos punzantes

Las larvas de insecto y las orugas de mariposas son un blanco fácil para los depredadores, pero muchas han desarrollado maneras de evitar el peligro mediante una guerra química. En ellas, los pelos y las espinas que constituyen la defensa física de otros insectos están modificados para descargar veneno. A diferencia del aguijón de una avispa o un escorpión, que tiene músculos que bombean el veneno (p. 210), las orugas lo administran sin hacer nada: la frágil punta de sus pelos se rompe al tocarla y descarga su contenido en la piel del depredador. Según la especie, el efecto varía desde un molesto escozor hasta un dolor intenso. Las orugas venenosas suelen tener colores o dibujos llamativos; así, los depredadores, una vez picados, aprenden pronto a dejarlas en paz.

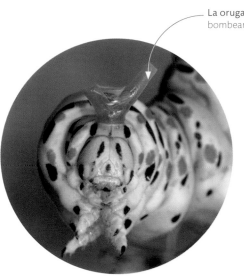

La oruga infla el osmeterio bombeando sangre hacia él

Defensa fétida

La oruga de la mariposa macaón (*Papilio machaon*) se basa en el olor para defenderse del peligro. Proyecta un órgano carnoso bifurcado, el osmeterio, que libera un olor parecido al de la piña que repele a enemigos como arañas y hormigas.

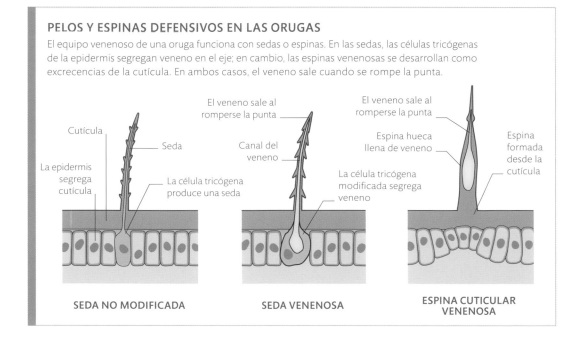

Las sedas están ramificadas, lo que maximiza el número de puntas liberadoras de veneno

PELOS Y ESPINAS DEFENSIVOS EN LAS ORUGAS

El equipo venenoso de una oruga funciona con sedas o espinas. En las sedas, las células tricógenas de la epidermis segregan veneno en el eje; en cambio, las espinas venenosas se desarrollan como excrecencias de la cutícula. En ambos casos, el veneno sale cuando se rompe la punta.

Cutícula

Seda

La epidermis segrega cutícula

La célula tricógena produce una seda

El veneno sale al romperse la punta

Canal del veneno

La célula tricógena modificada segrega veneno

El veneno sale al romperse la punta

Espina hueca llena de veneno

Espina formada desde la cutícula

SEDA NO MODIFICADA

SEDA VENENOSA

ESPINA CUTICULAR VENENOSA

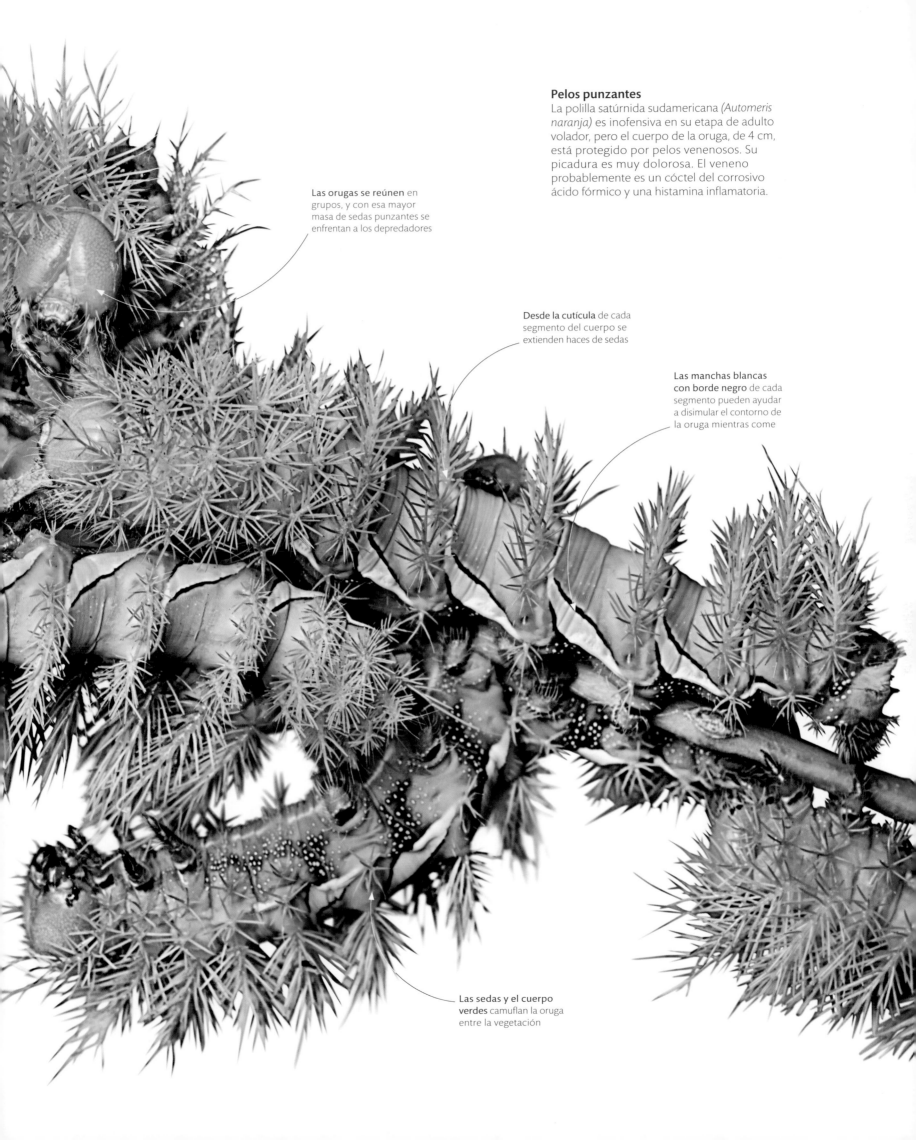

Pelos punzantes
La polilla satúrnida sudamericana *(Automeris naranja)* es inofensiva en su etapa de adulto volador, pero el cuerpo de la oruga, de 4 cm, está protegido por pelos venenosos. Su picadura es muy dolorosa. El veneno probablemente es un cóctel del corrosivo ácido fórmico y una histamina inflamatoria.

Las orugas se reúnen en grupos, y con esa mayor masa de sedas punzantes se enfrentan a los depredadores

Desde la cutícula de cada segmento del cuerpo se extienden haces de sedas

Las manchas blancas con borde negro de cada segmento pueden ayudar a disimular el contorno de la oruga mientras come

Las sedas y el cuerpo verdes camuflan la oruga entre la vegetación

Los **macrófagos y los neutrófilos**, una vez unidos, comienzan a destruir el hongo por fagocitosis

Defensas depredadoras
Los neutrófilos pueden digerir parásitos animales enteros, como este gusano microfilaria, envolviéndolos con los seudópodos (filamentos celulares) y liberando enzimas digestivas de los lisosomas. Este proceso es la fagocitosis (pp. 38–39).

El **gusano nematodo parásito** *Wuchereria bancrofti* puede contagiarse entre humanos a través de la picadura de mosquito

Los **macrófagos** (células defensivas más grandes) residen permanentemente en los pulmones y también atacan al hongo *Aspergillus*

Ataque al hongo
Los filamentos del hongo infeccioso *Aspergillus* pueden crecer dentro de los pulmones tras germinar a partir de esporas inhaladas. Los neutrófilos y los macrófagos (células de defensa del sistema inmunitario) se unen a la pared extraña del hongo y lo destruyen con sus enzimas digestivas. MEB, 2000×

ASÍ SE GENERA INMUNIDAD

Las células de defensa digestivas (fagocíticas), como los neutrófilos, actúan de forma indiscriminada, pero los linfocitos son más específicos. La primera exposición a un antígeno estimula los linfocitos, que liberan un anticuerpo específico contra el antígeno y se convierten en linfocitos de memoria, que recuerdan ese antígeno. Una segunda exposición al mismo antígeno desencadena una mayor liberación del anticuerpo, que detiene la infección.

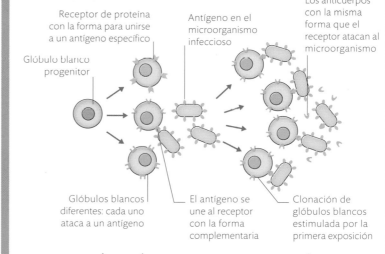

Receptor de proteína con la forma para unirse a un antígeno específico

Antígeno en el microorganismo infeccioso

Los **anticuerpos** con la misma forma que el receptor atacan al microorganismo

Glóbulo blanco progenitor

Glóbulos blancos diferentes: cada uno ataca a un antígeno

El **antígeno** se une al receptor con la forma complementaria

Clonación de glóbulos blancos estimulada por la primera exposición

ACTIVACIÓN DE CÉLULAS DE DEFENSA POR LOS ANTÍGENOS

defensa interna

Todos los seres vivos son una fuente de alimento potencial para los parásitos y, por lo tanto, son objetivo de los organismos infecciosos. Si se saltan las defensas externas de un organismo, este puede luchar contra el intruso para evitar la infección mediante el sistema inmunitario, que reconoce todo lo que no sea un componente natural del cuerpo. Así, detecta los antígenos, es decir, las moléculas que porta un intruso, y dirige un contraataque. La mayoría de los animales tiene células devoradoras de microorganismos que asfixian al enemigo y lo digieren, pero los vertebrados también pueden inundar su sangre de sustancias químicas preventivas de enfermedades: los anticuerpos.

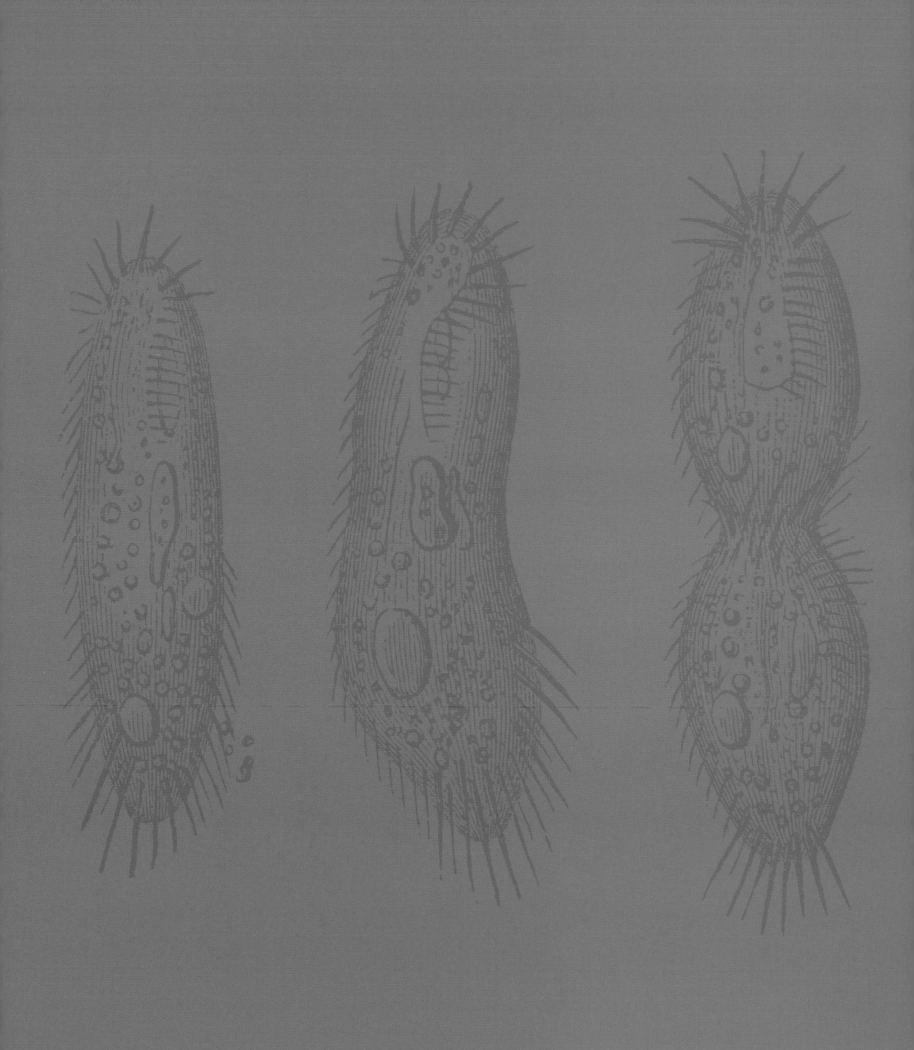

reproducción

Las formas de vida actuales son las que han prevalecido a lo largo de 4000 millones de años de evolución por haber logrado dejar descendencia. Para ello se han replicado a sí mismas o han mezclado su ADN con el de otras especies, de manera que han producido nuevas combinaciones de genes, algunas de las cuales se impondrán en futuras batallas por la supervivencia.

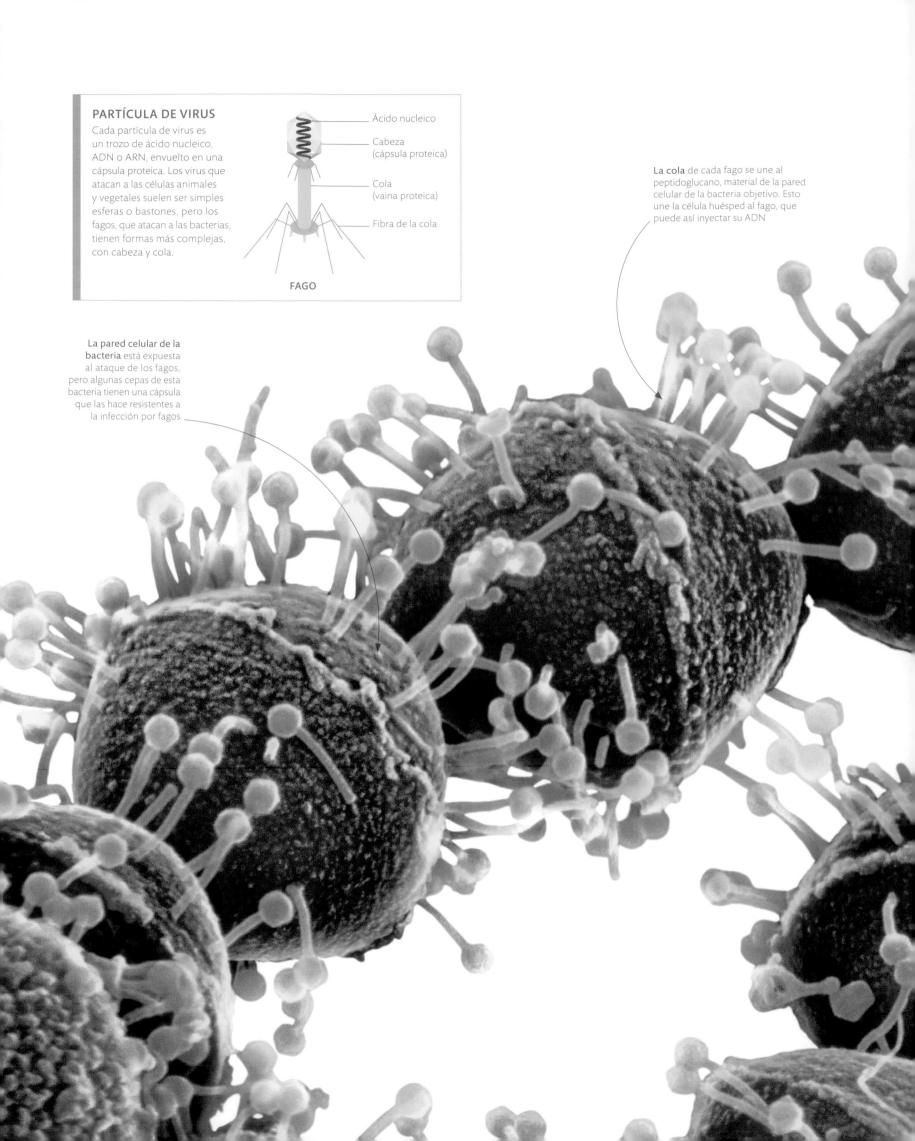

PARTÍCULA DE VIRUS

Cada partícula de virus es un trozo de ácido nucleico, ADN o ARN, envuelto en una cápsula proteica. Los virus que atacan a las células animales y vegetales suelen ser simples esferas o bastones, pero los fagos, que atacan a las bacterias, tienen formas más complejas, con cabeza y cola.

Ácido nucleico

Cabeza (cápsula proteica)

Cola (vaina proteica)

Fibra de la cola

FAGO

La cola de cada fago se une al peptidoglucano, material de la pared celular de la bacteria objetivo. Esto une la célula huésped al fago, que puede así inyectar su ADN

La pared celular de la bacteria está expuesta al ataque de los fagos, pero algunas cepas de esta bacteria tienen una cápsula que las hace resistentes a la infección por fagos

sabotear las células

Los virus son los agentes infecciosos por excelencia. Carentes de las estructuras mínimas para invadir y replicarse, son poco más que partículas químicas que se autocopian, mucho más pequeñas que la bacteria más pequeña. A diferencia de los seres vivos, no tienen células complejas y tampoco las enzimas y otros ingredientes críticos de la vida necesarios para replicarse. Por eso dependen por completo de infectar células vivas para replicarse. Al hacerlo y producir millones de virus infecciosos más, pueden acabar destruyendo la célula huésped.

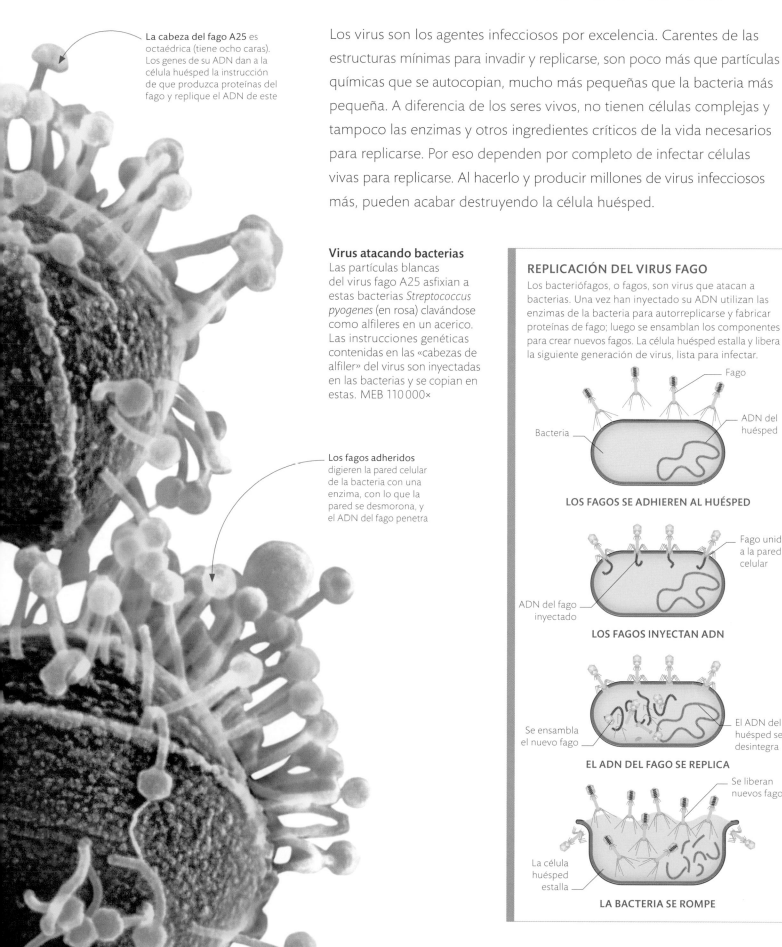

La cabeza del fago A25 es octaédrica (tiene ocho caras). Los genes de su ADN dan a la célula huésped la instrucción de que produzca proteínas del fago y replique el ADN de este

Los fagos adheridos digieren la pared celular de la bacteria con una enzima, con lo que la pared se desmorona, y el ADN del fago penetra

Virus atacando bacterias
Las partículas blancas del virus fago A25 asfixian a estas bacterias *Streptococcus pyogenes* (en rosa) clavándose como alfileres en un acerico. Las instrucciones genéticas contenidas en las «cabezas de alfiler» del virus son inyectadas en las bacterias y se copian en estas. MEB 110 000×

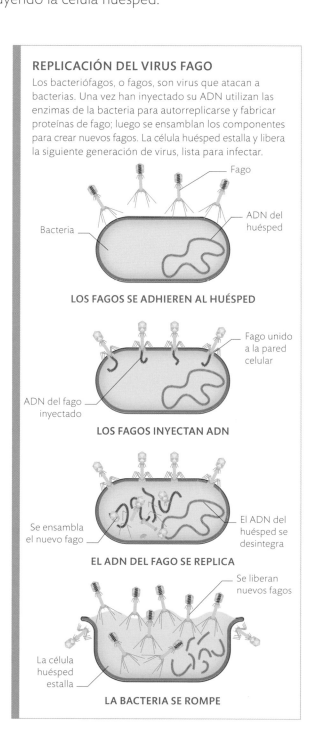

REPLICACIÓN DEL VIRUS FAGO
Los bacteriófagos, o fagos, son virus que atacan a bacterias. Una vez han inyectado su ADN utilizan las enzimas de la bacteria para autorreplicarse y fabricar proteínas de fago; luego se ensamblan los componentes para crear nuevos fagos. La célula huésped estalla y libera la siguiente generación de virus, lista para infectar.

Fago

ADN del huésped

Bacteria

LOS FAGOS SE ADHIEREN AL HUÉSPED

Fago unido a la pared celular

ADN del fago inyectado

LOS FAGOS INYECTAN ADN

El ADN del huésped se desintegra

Se ensambla el nuevo fago

EL ADN DEL FAGO SE REPLICA

Se liberan nuevos fagos

La célula huésped estalla

LA BACTERIA SE ROMPE

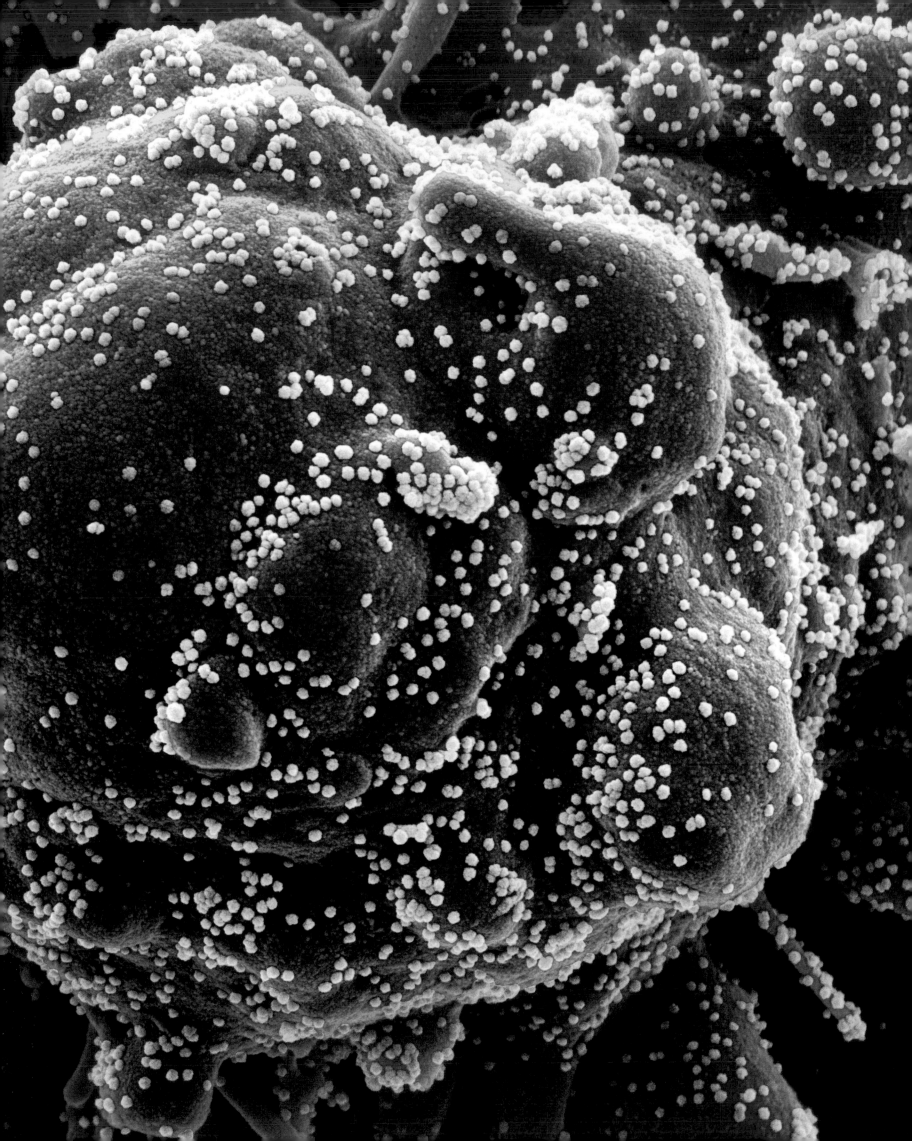

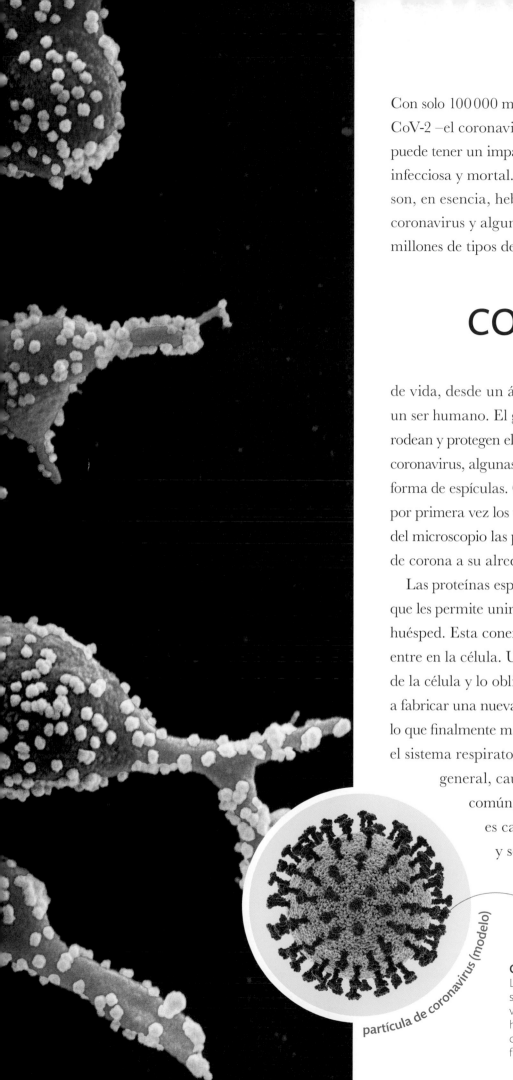

Con solo 100 000 millonésimas de metro de diámetro, el SARS-CoV-2 –el coronavirus causante de la pandemia de covid-19–, puede tener un impacto enorme y causar una enfermedad muy infecciosa y mortal. Eso es lo que pueden hacer los virus, que son, en esencia, hebras de ADN parásito o, en el caso de los coronavirus y algunos otros, hebras de ARN. Cada uno de los millones de tipos de virus que existen infecta una o más formas

coronavirus destacado

de vida, desde un árbol o una colonia de hormigas hasta un ser humano. El genoma vírico codifica las proteínas que rodean y protegen el ADN o ARN parasitario. En el caso de los coronavirus, algunas partes de esta cubierta proteica sobresalen en forma de espículas. Cuando en la década de 1960 se describieron por primera vez los virus de este tipo, los virólogos vieron a través del microscopio las proteínas espiculares como un halo con forma de corona a su alrededor, por lo que los llamaron coronavirus.

Las proteínas espiculares de un coronavirus tienen una forma que les permite unirse a estructuras de la superficie de una célula huésped. Esta conexión abre una ruta para que el ARN vírico entre en la célula. Una vez dentro, secuestra el aparato genético de la célula y lo obliga a producir miles de copias de sí mismo y a fabricar una nueva cubierta de proteínas para cada nuevo virus, lo que finalmente mata a la célula. Los coronavirus suelen infectar el sistema respiratorio de mamíferos y aves. Aunque, por lo general, causan infecciones leves, como el resfriado común, el SARS-CoV-2, que apareció en 2019, es capaz de atacar otros sistemas orgánicos y se ha visto que es mucho más peligroso.

partícula de coronavirus (modelo)

Proteína espicular en la cubierta proteica de la partícula del virus

Carga pesada
La célula de esta microfotografía electrónica de barrido se está muriendo. El ataque de miles de partículas del virus SARS-CoV-2 (en amarillo) adheridas a la superficie ha destruido su maquinaria. Su membrana externa se va colapsando gradualmente y deja protuberancias que se fragmentarán. MEB 30 000×

enjambre de bacterias

A pesar de tener características químicas imposibles en plantas y animales —como usar nitrógeno gaseoso o generar metano—, las bacterias son unicelulares. Carecen de las señales y los receptores necesarios para unir células y formar tejidos, órganos y cuerpos pluricelulares, pero un grupo de bacterias se acerca a ello: las mixobacterias viven en el suelo, donde se deslizan hacia la materia muerta y de desecho, que es su alimento. Cuando se les agota, las células liberan señales químicas que atraen a otras células para agrupar sus enzimas digestivas. Si el alimento se acaba, se agrupan más y forman estructuras reproductoras similares a las de los hongos, que estallan y dispersan esporas.

El **cuerpo fructífero similar al de un hongo** contiene esporas para su dispersión

Las colonias se forman con características bacterianas

Paquete bacteriano
Las células deslizantes de las mixobacterias se estimulan entre sí cuando se juntan. Eso hace que se compacten y cooperen en la fabricación de cuerpos fructíferos muy complejos.

Dispersión en grupo
A este grupo de esporas de paredes duras lo arrastrará el viento hacia nuevas fuentes de alimento, donde cada una dará una nueva bacteria. Las células de la mixobacteria *Myxococcus xanthus* cooperan así cuando sufren estrés por el hacinamiento y la escasez de recursos. Unas 100 000 de ellas se han reunido para formar este cuerpo fructífero que libera esporas. MEB 2300×

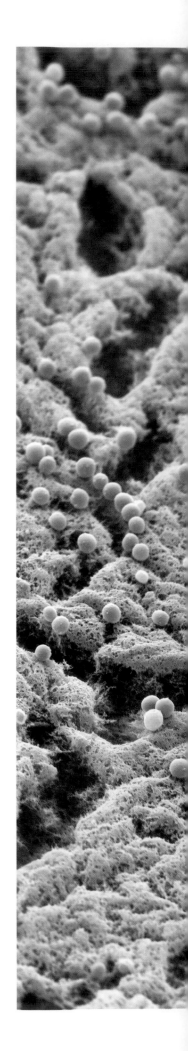

CÓMO HACER FRENTE A LA ADVERSIDAD

Muchos organismos, como los mohos mucilaginosos (p. 244), los hongos (p. 230) y los pulgones (p. 243), ante la disminución de alimento, producen rápidamente muchos descendientes que se dispersan. En las mixobacterias, un cuerpo fructífero produce células que se encapsulan en una pared dura que soporta condiciones de sequedad, lo que permite a sus esporas dispersarse con el viento.

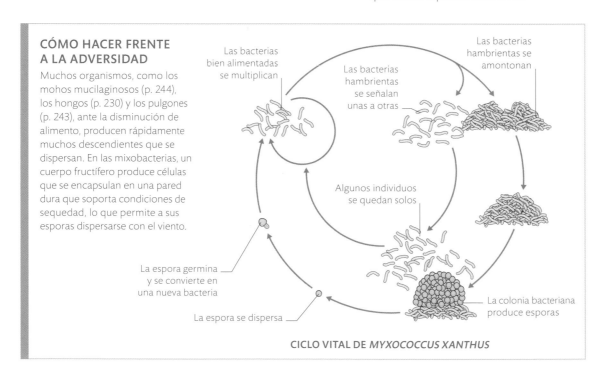

Las bacterias bien alimentadas se multiplican

Las bacterias hambrientas se señalan unas a otras

Las bacterias hambrientas se amontonan

Algunos individuos se quedan solos

La espora germina y se convierte en una nueva bacteria

La espora se dispersa

La colonia bacteriana produce esporas

CICLO VITAL DE *MYXOCOCCUS XANTHUS*

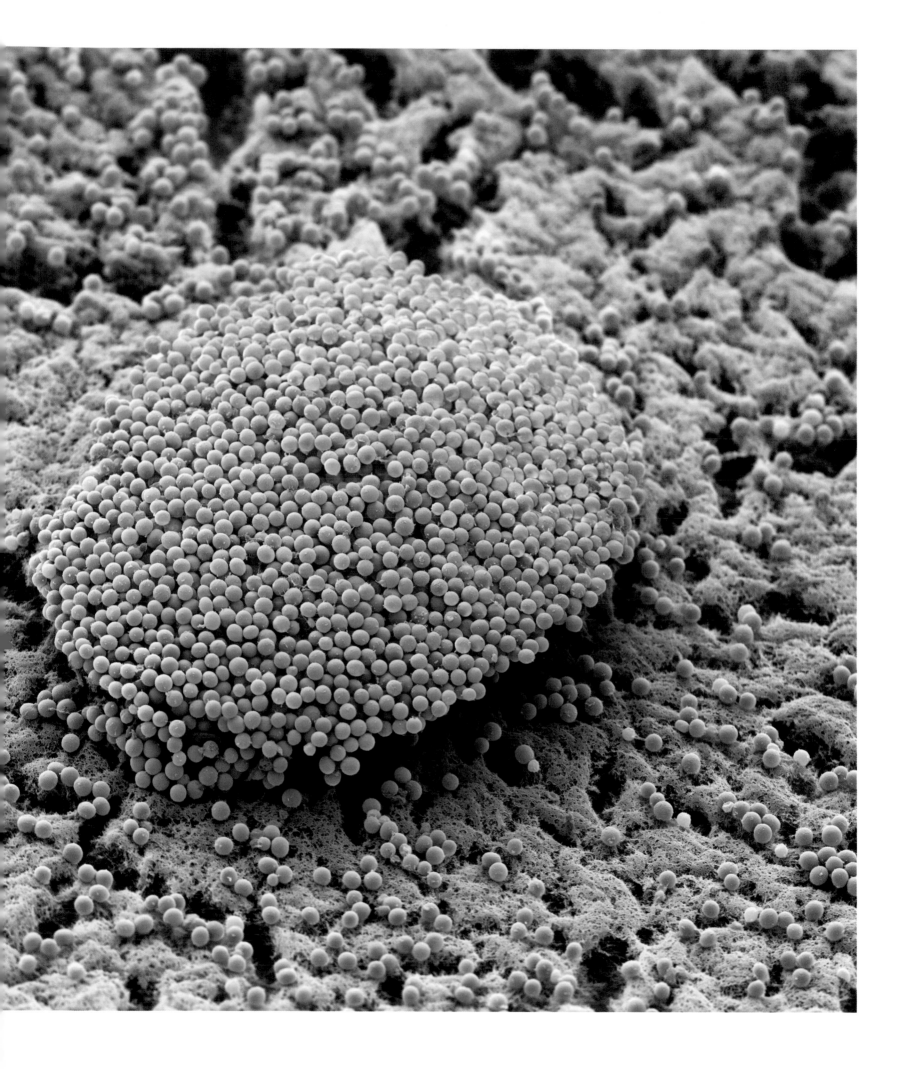

Células dobles

La célula del alga de agua dulce *Micrasterias thomasiana* consta de dos mitades iguales y opuestas, con un núcleo en el centro. Durante la reproducción asexual, el núcleo se copia y da dos núcleos genéticamente idénticos. Luego, cada mitad produce una nueva yema, que crece para restaurar la simetría de la célula. MO 450×

Las mitades semicirculares de la célula madre se separan

El puente, o istmo, conecta la nueva yema con la célula madre

El núcleo de la célula madre contiene dos copias idénticas de ADN, portador de información

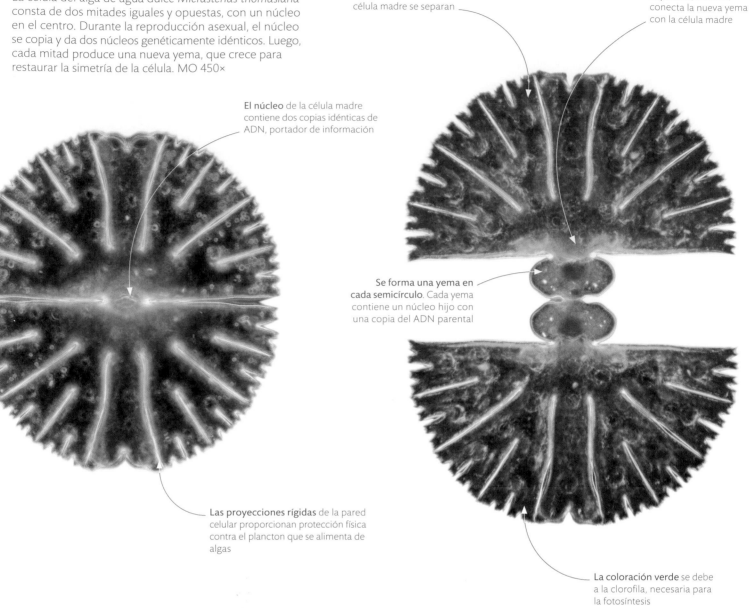

Se forma una yema en cada semicírculo. Cada yema contiene un núcleo hijo con una copia del ADN parental

Las proyecciones rígidas de la pared celular proporcionan protección física contra el plancton que se alimenta de algas

La coloración verde se debe a la clorofila, necesaria para la fotosíntesis

La yema se desprende cuando está completamente formada

reproducción asexual

Los organismos unicelulares, como las algas, producen muchos descendientes en poco tiempo por división, un ciclo asexual que produce clones genéticamente idénticos. Aunque las algas pueden tener una fase sexual, durante la cual las células mezclan sus genes, la reproducción asexual es más eficiente para aprovechar un aumento de nutrientes u otros recursos. Muchas algas y plantas pluricelulares pueden dividirse asexualmente: cada fragmento desarrolla un brote. Pero el cuerpo de la mayoría de los animales (excepto los invertebrados simples, como las hidras) es demasiado complejo para reproducirse de esta manera.

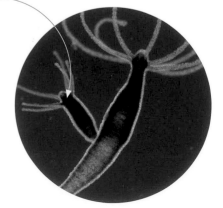

Animal con yemas
La simple estructura corporal de la hidra, pariente de agua dulce de las anémonas de mar y las medusas, puede hacer crecer una yema, que es un clon genético.

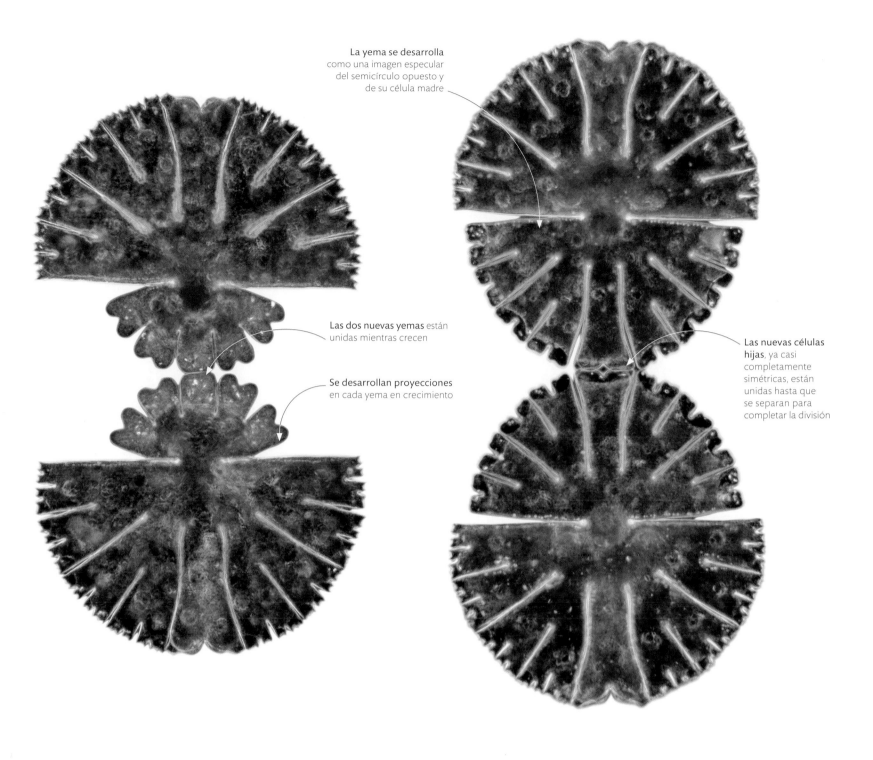

La yema se desarrolla como una imagen especular del semicírculo opuesto y de su célula madre

Las dos nuevas yemas están unidas mientras crecen

Se desarrollan proyecciones en cada yema en crecimiento

Las nuevas células hijas, ya casi completamente simétricas, están unidas hasta que se separan para completar la división

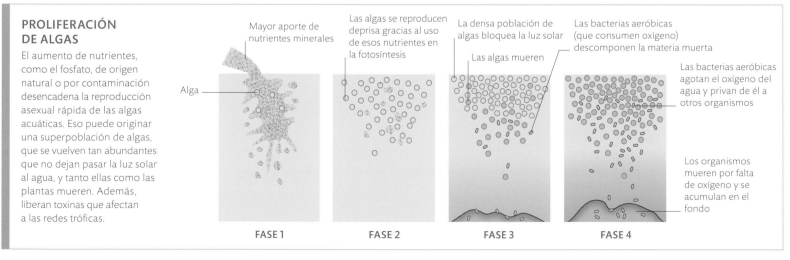

PROLIFERACIÓN DE ALGAS

El aumento de nutrientes, como el fosfato, de origen natural o por contaminación desencadena la reproducción asexual rápida de las algas acuáticas. Eso puede originar una superpoblación de algas, que se vuelven tan abundantes que no dejan pasar la luz solar al agua, y tanto ellas como las plantas mueren. Además, liberan toxinas que afectan a las redes tróficas.

Mayor aporte de nutrientes minerales

Alga

Las algas se reproducen deprisa gracias al uso de esos nutrientes en la fotosíntesis

La densa población de algas bloquea la luz solar

Las algas mueren

Las bacterias aeróbicas (que consumen oxígeno) descomponen la materia muerta

Las bacterias aeróbicas agotan el oxígeno del agua y privan de él a otros organismos

Los organismos mueren por falta de oxígeno y se acumulan en el fondo

FASE 1

FASE 2

FASE 3

FASE 4

ÓVULO Y ESPERMATOZOIDE

Un óvulo tiene casi todo el material celular necesario para que crezca un embrión: solo le falta el juego de genes del progenitor masculino necesarios para iniciar el proceso. En cambio, el espermatozoide está adaptado para nadar y contiene lo mínimo. Incluso su núcleo es reducido, pese a que lleva el mismo número de genes que el óvulo.

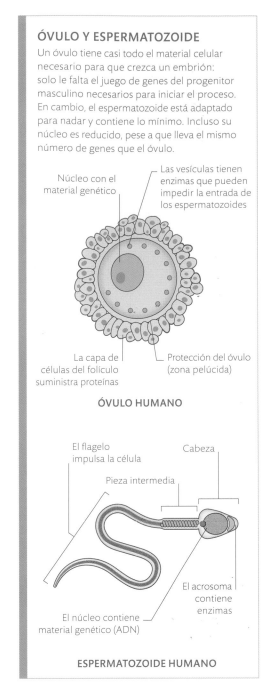

Núcleo con el material genético

Las vesículas tienen enzimas que pueden impedir la entrada de los espermatozoides

La capa de células del folículo suministra proteínas

Protección del óvulo (zona pelúcida)

ÓVULO HUMANO

El flagelo impulsa la célula

Cabeza

Pieza intermedia

El acrosoma contiene enzimas

El núcleo contiene material genético (ADN)

ESPERMATOZOIDE HUMANO

FASES DE LA FECUNDACIÓN

Cuando un espermatozoide llega a su objetivo, atraviesa el folículo que ha nutrido al óvulo en el ovario y llega a la capa viscosa del óvulo. Entonces avanza gracias a las enzimas digestivas. Cuando inyecta su núcleo con su ADN, las vesículas del óvulo liberan enzimas que endurecen la cubierta e impiden que entren otros espermatozoides.

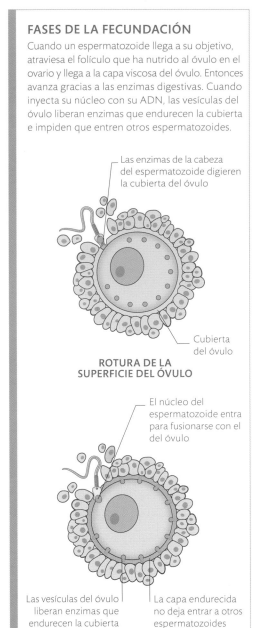

Las enzimas de la cabeza del espermatozoide digieren la cubierta del óvulo

Cubierta del óvulo

ROTURA DE LA SUPERFICIE DEL ÓVULO

El núcleo del espermatozoide entra para fusionarse con el del óvulo

Las vesículas del óvulo liberan enzimas que endurecen la cubierta

La capa endurecida no deja entrar a otros espermatozoides

EL NÚCLEO DEL ESPERMATOZOIDE ENTRA EN EL ÓVULO

Las enzimas disuelven la capa externa y el espermatozoide puede excavar

Atravesar el óvulo
El acrosoma, un saco de enzimas de la punta del espermatozoide, se abre y digiere la capa exterior del óvulo.

fecundación de un óvulo

La fecundación no es solo el comienzo de una nueva vida, sino una unión de linajes. Cuando un espermatozoide se une a un óvulo, mezcla el ADN de un progenitor masculino con el de uno femenino. Así se produce una combinación de genes que nunca antes había existido: esta es la ventaja de la reproducción sexual sobre la replicación. El nuevo organismo es genéticamente único. Para que esto suceda se necesitan la oportunidad y el azar: uno de los espermatozoides nadadores tiene que llegar a un óvulo receptivo y atravesar la cubierta de este para introducir los genes de su núcleo. Cuando este se ha fusionado con el núcleo del óvulo (que tiene el ADN del progenitor femenino), comienza la división celular que dará el embrión (pp. 256–257).

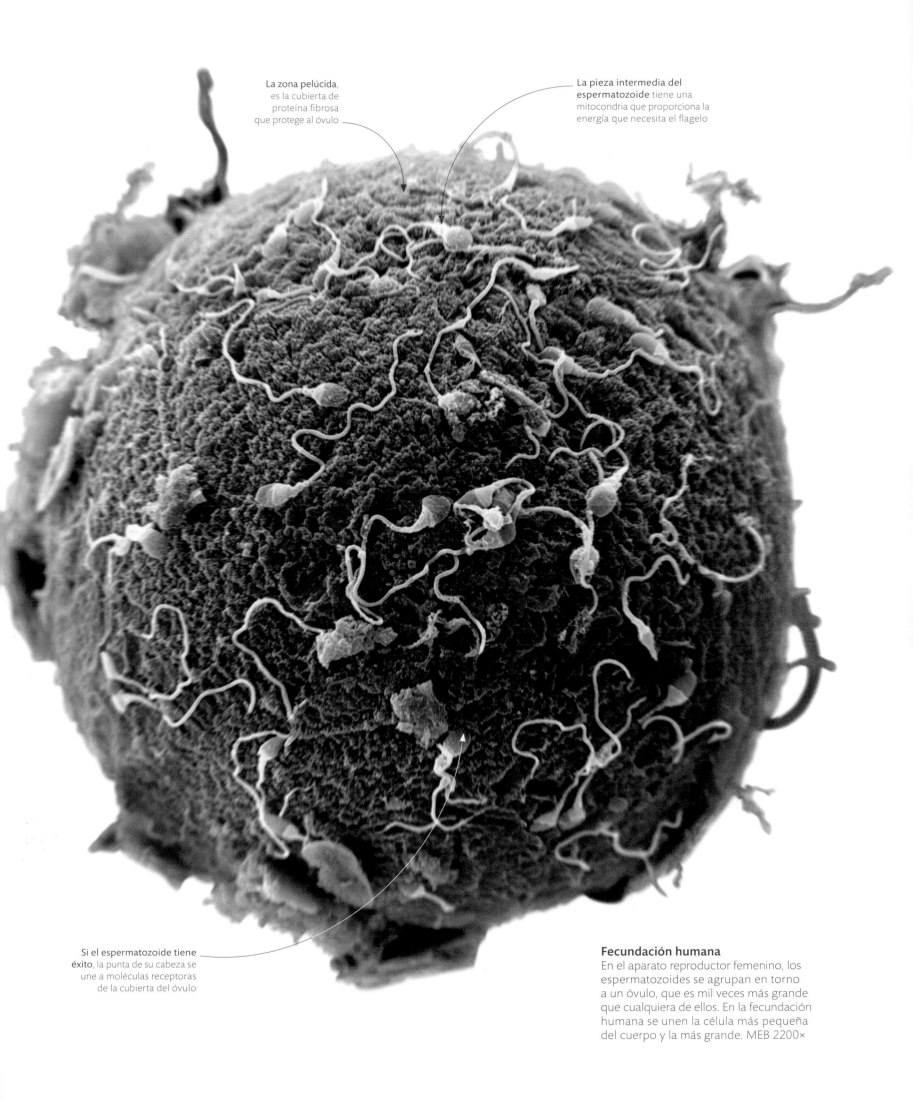

La zona pelúcida, es la cubierta de proteína fibrosa que protege al óvulo

La pieza intermedia del espermatozoide tiene una mitocondria que proporciona la energía que necesita el flagelo

Si el espermatozoide tiene éxito, la punta de su cabeza se une a moléculas receptoras de la cubierta del óvulo

Fecundación humana
En el aparato reproductor femenino, los espermatozoides se agrupan en torno a un óvulo, que es mil veces más grande que cualquiera de ellos. En la fecundación humana se unen la célula más pequeña del cuerpo y la más grande. MEB 2200×

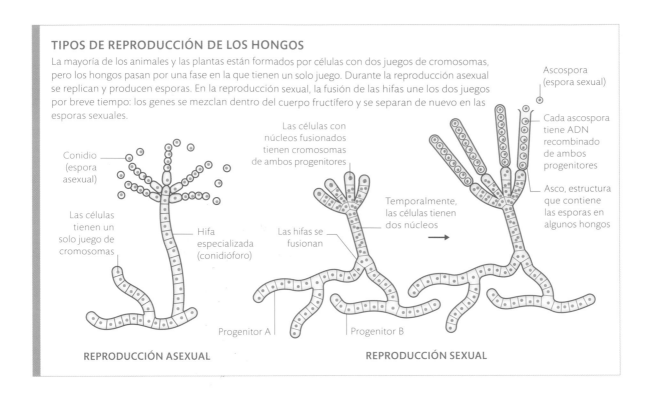

TIPOS DE REPRODUCCIÓN DE LOS HONGOS

La mayoría de los animales y las plantas están formados por células con dos juegos de cromosomas, pero los hongos pasan por una fase en la que tienen un solo juego. Durante la reproducción asexual se replican y producen esporas. En la reproducción sexual, la fusión de las hifas une los dos juegos por breve tiempo: los genes se mezclan dentro del cuerpo fructífero y se separan de nuevo en las esporas sexuales.

Ascospora (espora sexual)

Cada ascospora tiene ADN recombinado de ambos progenitores

Las células con núcleos fusionados tienen cromosomas de ambos progenitores

Conidio (espora asexual)

Asco, estructura que contiene las esporas en algunos hongos

Temporalmente, las células tienen dos núcleos

Las células tienen un solo juego de cromosomas

Hifa especializada (conidióforo)

Las hifas se fusionan

Progenitor A

Progenitor B

REPRODUCCIÓN ASEXUAL

REPRODUCCIÓN SEXUAL

Las láminas liberan esporas, que caen y son dispersadas por el viento

Esporas de setas
Las setas, como la enoki (*Flammulina velutipes*), son grandes cuerpos fructíferos que producen esporas sexuales resultantes de la fusión de células de distinto tipo de apareamiento.

Los conidios (esporas), que parecen bolas con pinchos, se producen asexualmente en gran cantidad

Las fiálides son células con forma de frasco que producen conidios por gemación del citoplasma

reproducción de los hongos

Los hongos se reproducen sexualmente por conjugación; es decir, en vez de que un espermatozoide nadador fecunde un óvulo (pp. 228–229), las hifas (filamentos corporales) se fusionan. Carecen de sexos diferenciados, pero las hifas que se unen pueden pertenecer a tipos de apareamiento genéticamente distintos. Las hifas fusionadas se convierten en un cuerpo productor de esporas, como una seta. Las esporas también pueden producirse asexualmente. Todas las esporas se dispersan en el aire, germinan y dan nuevas hifas.

Producción de esporas
Aspergillus niger es un moho negro que deteriora frutas y verduras. Como otros hongos, de su red de hifas microscópicas brotan ocasionalmente estructuras reproductoras que producen esporas. Las de esta imagen se han producido asexualmente a partir de hifas individuales, por lo que las esporas que liberan germinarán y darán clones genéticos. MEB 1400×

La punta hinchada del conidióforo porta fiálides y los conidios en desarrollo

Las fiálides producen cadenas de conidios, que se desprenden y se dispersan por el aire

El conidióforo es una hifa especializada en la que se producen conidios

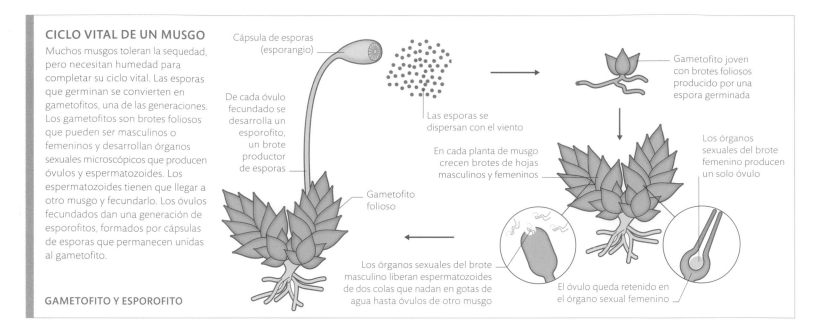

CICLO VITAL DE UN MUSGO

Muchos musgos toleran la sequedad, pero necesitan humedad para completar su ciclo vital. Las esporas que germinan se convierten en gametofitos, una de las generaciones. Los gametofitos son brotes foliosos que pueden ser masculinos o femeninos y desarrollan órganos sexuales microscópicos que producen óvulos y espermatozoides. Los espermatozoides tienen que llegar a otro musgo y fecundarlo. Los óvulos fecundados dan una generación de esporofitos, formados por cápsulas de esporas que permanecen unidas al gametofito.

GAMETOFITO Y ESPOROFITO

Cápsula de esporas (esporangio)

De cada óvulo fecundado se desarrolla un esporofito, un brote productor de esporas

Gametofito folioso

Las esporas se dispersan con el viento

En cada planta de musgo crecen brotes de hojas masculinos y femeninos

Los órganos sexuales del brote masculino liberan espermatozoides de dos colas que nadan en gotas de agua hasta óvulos de otro musgo

Gametofito joven con brotes foliosos producido por una espora germinada

Los órganos sexuales del brote femenino producen un solo óvulo

El óvulo queda retenido en el órgano sexual femenino

Planta de dos alturas
Las cápsulas de esporas del musgo se alzan sobre los brotes foliosos, que buscan humedad y quedan pegados al suelo. La altura da a las esporas la oportunidad de que las disemine el viento.

El pedúnculo de las cápsulas del musgo alcanza unos 8 cm de altura

alternancia de generaciones

La reproducción puede realizarse de dos maneras: mediante esporas o mediante gametos (espermatozoides y óvulos). Los musgos viven en lugares húmedos en parte porque sus propágulos son gametos: espermatozoides nadadores que llegan al óvulo de otro individuo en gotas de agua. La generación resultante tiene cápsulas que esparcen al viento esporas resistentes a la sequedad y que germinarán en un suelo húmedo. Esta alternancia entre la generación que produce esporas y la que produce gametos es común a todas las plantas, pero en la mayoría de ellas la fecundación tiene lugar en un cono o en una flor, de donde salen las semillas.

Esporofitos de musgo
El esporofito, que produce las esporas de un musgo, consta de un pedúnculo y una cápsula. Cuando madura, se vuelve verde por la clorofila y empieza a realizar la fotosíntesis.

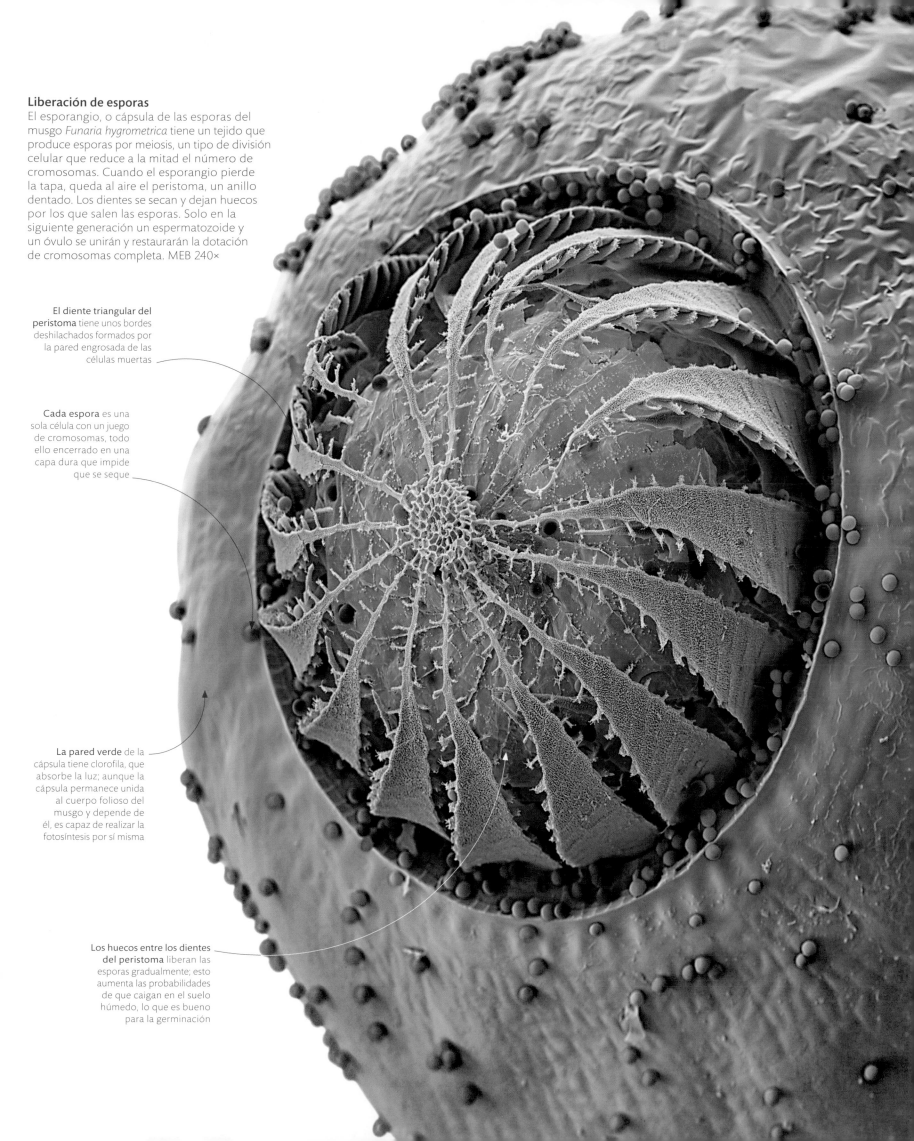

Liberación de esporas

El esporangio, o cápsula de las esporas del musgo *Funaria hygrometrica* tiene un tejido que produce esporas por meiosis, un tipo de división celular que reduce a la mitad el número de cromosomas. Cuando el esporangio pierde la tapa, queda al aire el peristoma, un anillo dentado. Los dientes se secan y dejan huecos por los que salen las esporas. Solo en la siguiente generación un espermatozoide y un óvulo se unirán y restaurarán la dotación de cromosomas completa. MEB 240×

El diente triangular del peristoma tiene unos bordes deshilachados formados por la pared engrosada de las células muertas

Cada espora es una sola célula con un juego de cromosomas, todo ello encerrado en una capa dura que impide que se seque

La pared verde de la cápsula tiene clorofila, que absorbe la luz; aunque la cápsula permanece unida al cuerpo folioso del musgo y depende de él, es capaz de realizar la fotosíntesis por sí misma

Los huecos entre los dientes del peristoma liberan las esporas gradualmente; esto aumenta las probabilidades de que caigan en el suelo húmedo, lo que es bueno para la germinación

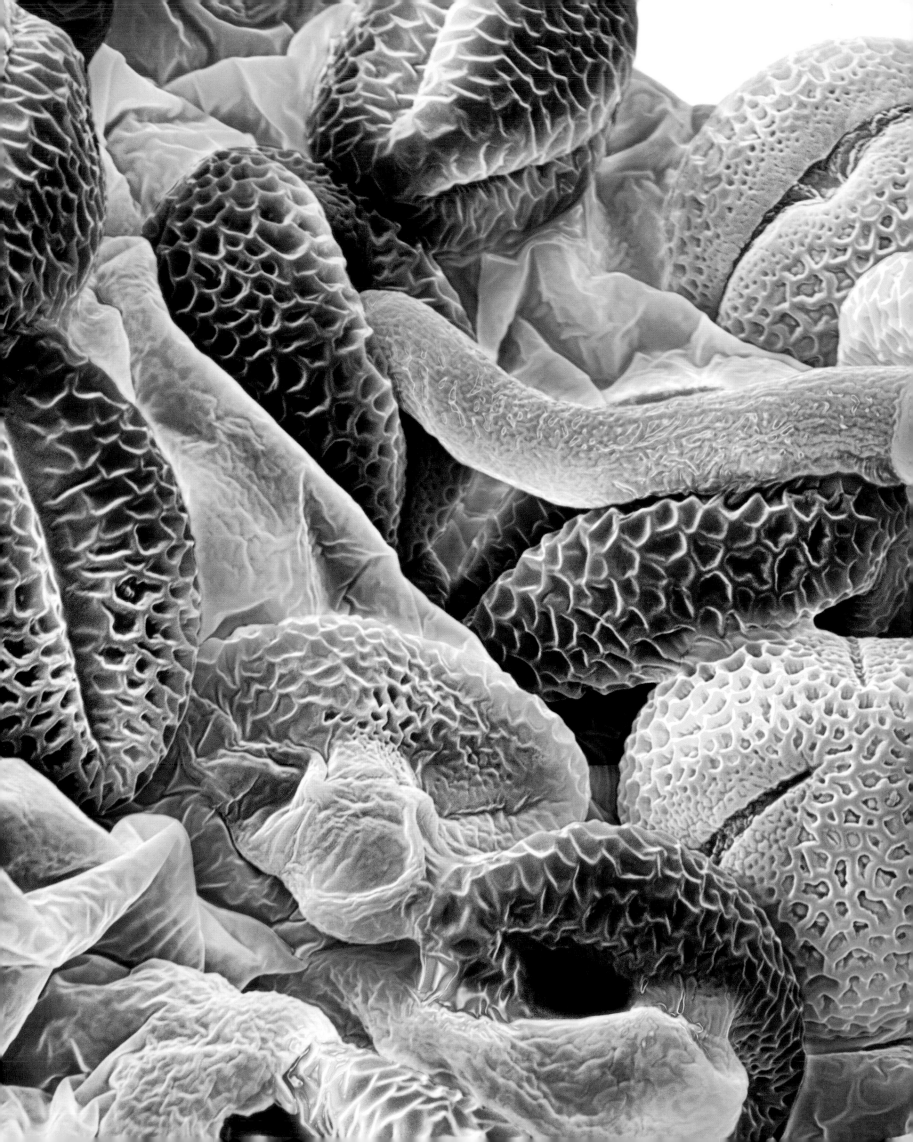

La exina, la superficie dura y con textura del grano de polen, adhiere a este al estigma de otra flor o a un insecto polinizador

El tubo polínico contiene el núcleo, que controla el crecimiento hacia el óvulo; por ese tubo van los gametos masculinos hacia el óvulo

el sexo en las plantas con flores

Los gametos masculinos de las plantas con flores no son espermatozoides, sino núcleos espermáticos con ADN que van dentro de los granos de polen desde las anteras de una planta hasta la flor femenina de otra planta. Allí, la fecundación mezcla los genes de ambos progenitores, lo que asegura la variabilidad que facilita la supervivencia de la descendencia. Algunas plantas pueden autofecundarse, pero esto reduce la diversidad genética. El polen se dispersa en gran cantidad con el viento o es transportado por animales polinizadores que solo visitan ciertas flores.

Los frutos (drupas) de color negro azulado contienen semillas que se dispersarán

Atraer insectos
Las abejas, las mariposas y otros insectos se sienten atraídos por los capítulos abiertos de este arbusto, el durillo (*Viburnum tinus*), y transfieren el polen entre sus flores.

El grano de polen de una planta de otra especie (amarilla) es incompatible, por lo que los inhibidores químicos del estigma impiden que crezca el tubo polínico

Respuesta al polen
En esta imagen, los insectos han llevado polen a un estigma en el centro de una flor de durillo. Cuando el polen de otra flor de la misma especie (gris) se deposita en una flor, empieza a hincharse. Un grano de polen ha empezado a absorber la humedad de la planta y hace que el tubo polínico emerja a través del poro germinal, una abertura en la exina, la capa externa dura del grano. Los granos de polen que germinan en un estigma compatible crecen hasta el óvulo (derecha) guiados por señales químicas. MEB 6000×

DOBLE FECUNDACIÓN

El grano de polen posado sobre el estigma emite un tubo que crece a través del estilo hasta el ovario. Los núcleos espermáticos (gametos masculinos) bajan por el tubo: uno se fusiona con el óvulo y formará una semilla; el otro se fusiona con dos núcleos polares y formará el endospermo (reserva de nutrientes).

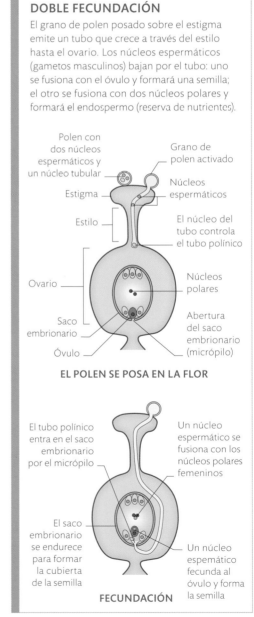

Polen con dos núcleos espermáticos y un núcleo tubular

Grano de polen activado

Estigma

Núcleos espermáticos

Estilo

El núcleo del tubo controla el tubo polínico

Ovario

Núcleos polares

Saco embrionario

Abertura del saco embrionario (micrópilo)

Óvulo

EL POLEN SE POSA EN LA FLOR

El tubo polínico entra en el saco embrionario por el micrópilo

Un núcleo espermático se fusiona con los núcleos polares femeninos

El saco embrionario se endurece para formar la cubierta de la semilla

Un núcleo espemático fecunda al óvulo y forma la semilla

FECUNDACIÓN

Superficie

La superficie externa de un grano de polen es la exina. Uno de los principales criterios para clasificar el polen es la fina estructura de esa superficie vista al microscopio. La exina está formada por esporopolenina, un material resistente más o menos impermeable al ataque químico, por lo que el interior del grano está protegido. Los granos que hay en un sedimento son útiles para la investigación forense que requiere identificar especies.

Pequeñas y distintivas **perforaciones** salpican la superficie del grano

Los agujeros grandes dan a la exina aspecto de red

Las crestas que van en la misma dirección cubren la exina

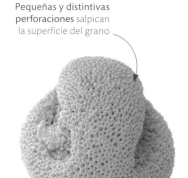

FOVEOLADO
Navajita azul
Bouteloua gracilis

RETICULADO
Pasionaria
Passiflora caerulea

ESTRIADO
Borrachero
Brugmansia sp.

Poros

Los granos de polen suelen tener aberturas o, al menos, zonas donde la exina se adelgaza. Esto permite que el grano se hinche o se encoja cuando gana o pierde humedad sin que la capa protectora se agriete. También es por donde se extiende el tubo polínico durante la germinación. Los granos de polen de algunas especies tienen poros, cuyo número es un criterio de clasificación del polen.

Las partes elevadas rodean los poros en la exina

Los poros se reparten uniformemente por toda la superficie

Tres poros dispuestos simétricamente

FENESTRADO
Achicoria
Cichorium intybus

PANTOPORADO
Clavel
Dianthus sp.

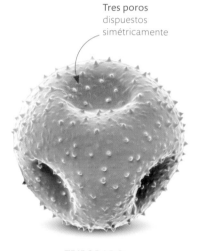

TRIPORADO
Cactus de Navidad
Schlumbergera sp.

Colpos

Algunos pólenes tienen una abertura en forma de ranura que recorre la mayor parte del grano, denominada colpo. Generalmente los colpos se encuentran en los granos de polen no esféricos. Los pólenes colpados se clasifican por el número y la ubicación de los colpos. Algunos granos de polen son colporados, es decir, tienen una mezcla de colpos y poros.

Una sola abertura en forma de surco recorre el grano ovalado

Surcos regularmente espaciados alrededor del borde y del eje central

Tres colpos dispuestos alrededor del grano

MONOCOLPADO
Lirio
Liliáceas

ZONOCOLPADO
Amapola de California
Eschscholzia californica

TRICOLPADO
Roble común
Quercus robur

Nódulos con forma de porra que sobresalen de la superficie

CLAVADO
Geranio
Geranium sp.

Poro único en la superficie de un grano simple

MONOPORADO
Hierba
Poáceas

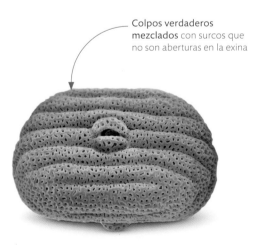

Colpos verdaderos mezclados con surcos que no son aberturas en la exina

HETEROCOLPADO
Mimulopsis sp.

Las espinas miden más de 1 micra (millonésima de metro). Los granos con espinas de menos de 1 micra son escábridos

Polen de malva real
Los granos de polen de la malva real (*Alcea* sp.) son equinados, es decir, están cubiertos de espinas. Esas espinas dificultan que las abejas recojan los granos en sus cestas de polen. Las malvas reales suelen ser polinizadas por abejas solitarias, que recogen y transportan el polen con los tupidos pelos de sus patas traseras. MEB 2400×

granos de polen

Las plantas con flores y las coníferas producen polen, cuyos granos intervienen en la reproducción sexual. Estos granos son transportados por el viento, el agua o animales, como las abejas, hasta otro individuo de su especie. Los que disemina el viento son más suaves y pequeños (menos de 0,01 mm de diámetro). Los producen flores pequeñas y, a veces, forman nubes que flotan en el aire durante la primavera y el verano. En cambio, los granos del polen diseminado por animales son más grandes (a veces más de 0,1 mm de diámetro) y suelen tener la superficie espinosa, puntiaguda, ganchuda o pegajosa para adherirse al animal que visita las flores.

Las abejas melíferas se crían desde tiempos remotos. Su sociedad consta de una reina que pone huevos y una colmena de obreras; los zánganos (los machos), mueren poco después de fecundar a la reina. Las obreras cuidan de los huevos y las larvas, mantienen los panales y recogen el polen y el néctar de las flores y los convierten en miel para sustentar a la numerosa colonia.

abejas destacado

Pero las abejas melíferas son solo una de las 20000 especies de abejas, que forman el clado de los antófilos, nombre que significa «amantes de las flores», perteneciente al orden de los himenópteros, que abarca a las avispas y las hormigas. Todas las abejas tienen una característica cintura estrecha entre el tórax y el abdomen, aunque suele quedar oculta por las numerosas sedas.

Casi todas las especies de abejas son solitarias y pocas fabrican miel, pero todos los miembros de los antófilos se alimentan de una mezcla de polen y néctar, y acumulan comida para las larvas. El color y el olor de las flores atrae a las abejas, que a cambio de aprovisionarse de alimento, transportan a otras flores el polen atrapado en las sedas de su cuerpo, un requisito esencial para la reproducción y la producción de semillas (pp. 234–235). Se calcula que las abejas, uno de los polinizadores más eficaces, polinizan dos tercios de las plantas cultivadas de todo el mundo. Pero este eslabón crucial está gravemente amenazado por la alarmante disminución del número de abejas a causa de la pérdida de hábitat, el envenenamiento por plaguicidas y el cambio climático.

Polen pegajoso atrapado en las densas sedas de las patas

carga de polen

Recolectora de polen
La abeja melífera sorbe el néctar y lo lleva a la colmena en una bolsa de la garganta: el buche de miel. Las abejas transportan el polen en unas estructuras con forma de cesta (corbículas) de las patas traseras, pero una gran cantidad de polen queda atrapada en las sedas erizadas de la abeja e irá a parar a una flor.

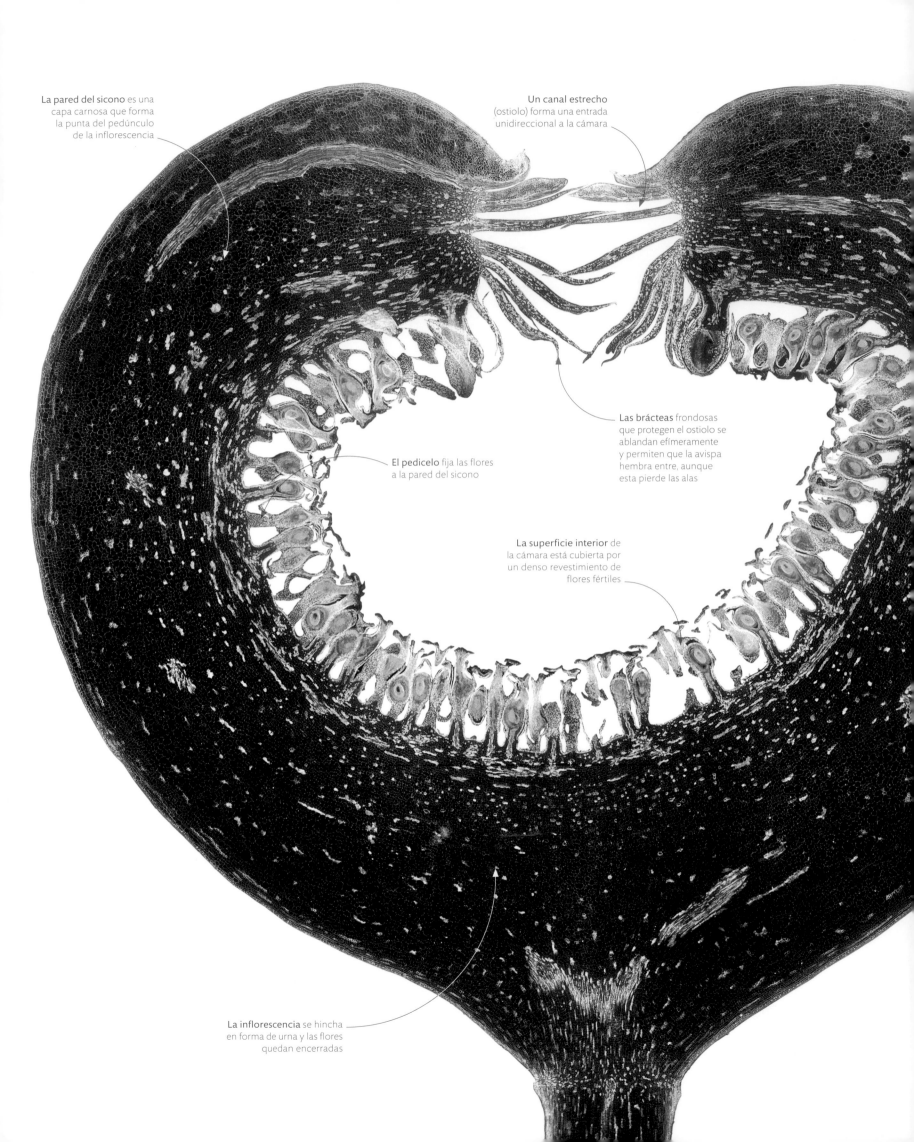

La pared del sicono es una capa carnosa que forma la punta del pedúnculo de la inflorescencia

Un canal estrecho (ostiolo) forma una entrada unidireccional a la cámara

Las brácteas frondosas que protegen el ostiolo se ablandan efímeramente y permiten que la avispa hembra entre, aunque esta pierde las alas

El pedicelo fija las flores a la pared del sicono

La superficie interior de la cámara está cubierta por un denso revestimiento de flores fértiles

La inflorescencia se hincha en forma de urna y las flores quedan encerradas

Flores ocultas

Las flores de las higueras (*Ficus* sp.), como puede verse en este corte vertical de un higo, están ocultas dentro de una cámara hueca formada por la base hinchada de la inflorescencia. Antes de madurar, el higo debe ser invadido por una avispa del higo hembra, que pone sus huevos en algunas flores y poliniza otras.

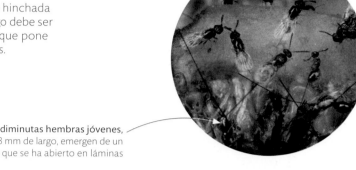

Unas diminutas hembras jóvenes, de 2–3 mm de largo, emergen de un higo que se ha abierto en láminas

Hembras prospectoras

La avispa del higo (*Blastophaga psenes*) solo pone huevos en el higo común (*Ficus carica*). Las hembras transportan el polen hasta 10 km en busca de un higo en el que entrar.

polinización oculta

Muchas plantas dependen de insectos para polinizar sus flores, pero la asociación entre la higuera y la avispa del higo es particularmente estrecha, ya que no pueden vivir la una sin la otra. La avispa obtiene un lugar donde criar a su descendencia, y mientras lo hace, poliniza las flores dentro del higo inmaduro. Casi todas las higueras dependen de una especie concreta de avispa: en los trópicos hay unos 850 tipos de higos y 900 especies de avispas del higo. Aunque las avispas mueren tras polinizar el higo, este no queda lleno de avispas muertas, ya que segrega una enzima que las digiere, lo que contribuye a nutrir el fruto que está madurando.

CICLO VITAL DE UNA AVISPA DEL HIGO

Una avispa hembra entra en un higo inmaduro a través del ostiolo, que se cierra de golpe y le arranca las alas. Dentro del higo pone huevos en cientos de flores; estas se convierten en agallas (pp. 300–301) que protegen a las larvas. El polen almacenado en los sacos bajo las patas se espolvorea en las flores ilesas, y la avispa muere. Los machos sin alas son los primeros en salir de los huevos y se aparean con las hembras que están dentro de las agallas. Entonces emergen las hembras jóvenes, que recogen el polen y salen del higo volando, listas para comenzar el ciclo de nuevo en otro higo.

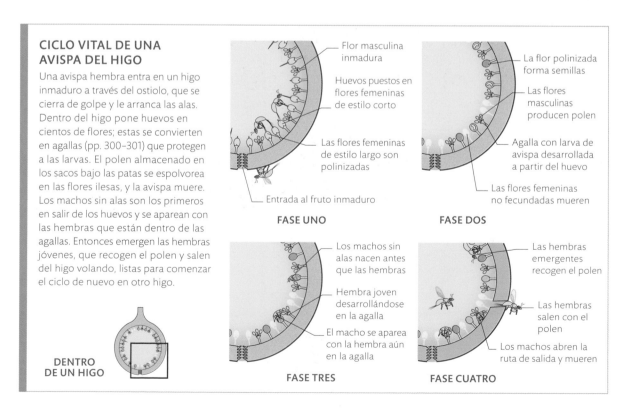

DENTRO DE UN HIGO

FASE UNO
- Flor masculina inmadura
- Huevos puestos en flores femeninas de estilo corto
- Las flores femeninas de estilo largo son polinizadas
- Entrada al fruto inmaduro

FASE DOS
- La flor polinizada forma semillas
- Las flores masculinas producen polen
- Agalla con larva de avispa desarrollada a partir del huevo
- Las flores femeninas no fecundadas mueren

FASE TRES
- Los machos sin alas nacen antes que las hembras
- Hembra joven desarrollándose en la agalla
- El macho se aparea con la hembra aún en la agalla

FASE CUATRO
- Las hembras emergentes recogen el polen
- Las hembras salen con el polen
- Los machos abren la ruta de salida y mueren

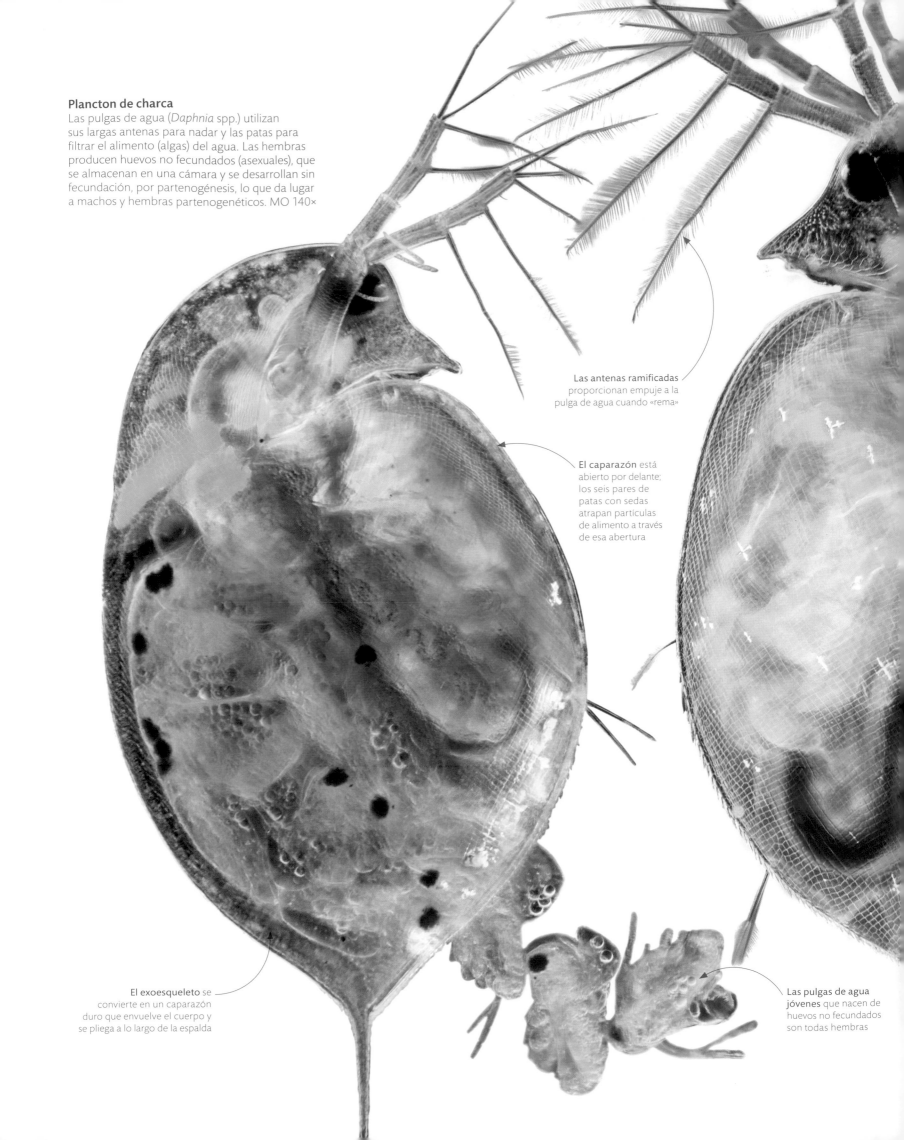

Plancton de charca
Las pulgas de agua (*Daphnia* spp.) utilizan
sus largas antenas para nadar y las patas para
filtrar el alimento (algas) del agua. Las hembras
producen huevos no fecundados (asexuales), que
se almacenan en una cámara y se desarrollan sin
fecundación, por partenogénesis, lo que da lugar
a machos y hembras partenogenéticos. MO 140×

Las antenas ramificadas
proporcionan empuje a la
pulga de agua cuando «rema»

El caparazón está
abierto por delante;
los seis pares de
patas con sedas
atrapan partículas
de alimento a través
de esa abertura

El exoesqueleto se
convierte en un caparazón
duro que envuelve el cuerpo y
se pliega a lo largo de la espalda

**Las pulgas de agua
jóvenes** que nacen de
huevos no fecundados
son todas hembras

auge y declive

Donde y cuando los recursos son efímeros, muchos animales maduran y se reproducen deprisa. Los pulgones invaden las nuevas plantas en primavera y verano, y las pulgas de agua proliferan en charcas que se secarán a final del verano. La renuncia al sexo es clave: los pulgones y las pulgas de agua pueden reproducirse sin fecundación, lo que acelera el proceso. Tras el auge viene el declive, ya que el alimento escasea. Los pulgones desarrollan alas y vuelan a otro lugar. Las pulgas de agua se quedan y se reproducen sexualmente: ponen huevos que eclosionan cuando las condiciones mejoran al año siguiente.

La hembra emergente ya tiene la siguiente generación asexual formándose dentro de su cuerpo

Nacimiento virginal
Al igual que las pulgas de agua, las hembras de los pulgones, como este *Uroleucon* sp., tienen crías sin aparearse y por ello se multiplican rápidamente. Una sola hembra puede producir tres o cuatro hembras cada día.

La cámara incubadora, bajo el caparazón transparente, alberga huevos asexuales, que se desarrollan sin fecundación

A temperatura de verano, los huevos no fecundados eclosionan al cabo de un día; las crías tardan 10 días en alcanzar la madurez para producir huevos

CICLO VITAL DE LA PULGA DE AGUA

En la pulga de agua, el paso de reproducción asexual a sexual se desencadena por la escasez de recursos en el agua tras la proliferación ocurrida en verano. Se producen machos y, tras el apareamiento, las hembras ponen huevos sexuales (fecundados). De estos huevos, protegidos por una dura envoltura durante el invierno, nacen nuevas hembras en la primavera siguiente.

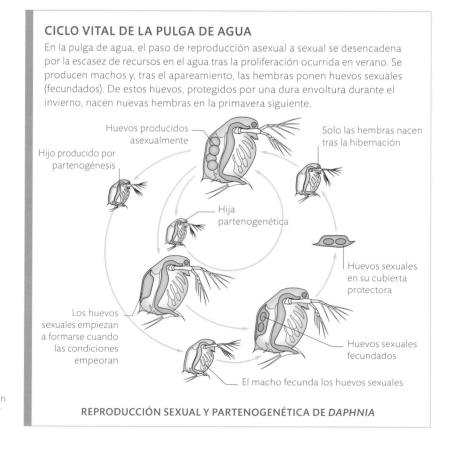

Huevos producidos asexualmente

Solo las hembras nacen tras la hibernación

Hijo producido por partenogénesis

Hija partenogenética

Huevos sexuales en su cubierta protectora

Los huevos sexuales empiezan a formarse cuando las condiciones empeoran

Huevos sexuales fecundados

El macho fecunda los huevos sexuales

REPRODUCCIÓN SEXUAL Y PARTENOGENÉTICA DE *DAPHNIA*

escapar de la inanición

Los mohos mucilaginosos son organismos peculiares. Viven como células individuales, pero también se unen y forman agregados y estructuras reproductoras, como hacen las bacterias (p. 224). No son animales ni hongos, pero tienen características de ambos. Algunos son cercanos a las amebas (pp. 132–133). Se alimentan de bacterias y hongos que se encuentran, por ejemplo, en la madera muerta y la hojarasca. Cuando se agota el alimento, pueden desencadenar una nueva etapa del ciclo vital que aumenta sus posibilidades de sobrevivir.

Los esporangios (cuerpos fructíferos) estallan y liberan el capilicio, una masa de «pelos» enredados

Las esporas de los esporangios reventados cubren la superficie de un esporangio intacto

Dispersión de esporas

Estos cuerpos fructíferos brotan de una masa viva, o plasmodio, del moho mucilaginoso *Trichia decipiens*. Algunos han reventado, y las diminutas esporas serán dispersadas por el viento hacia nuevas fuentes de alimento, donde madurarán hasta convertirse en nuevas células similares a las amebas. MEB 140×

SUPERVIVENCIA DE UN MOHO MUCILAGINOSO

Los mohos mucilaginosos pasan la mayor parte de su vida como mixamebas (unicelulares). Cuando el alimento escasea, liberan una señal química que atrae a otros, con los que se fusionan y forman el plasmodio. Los esporangios, al estallar, sueltan las esporas que el viento llevará a otro lugar donde haya alimento.

Estallido de esporangios

Esporas transportadas por el viento

ESPORANGIOS MADUROS

ESPORA MADURA

ESPORANGIOS EN DESARROLLO

Red de tubos

MIXAMEBA EN GERMINACIÓN

Célula ameboide

PLASMODIO MADURO

MIXAMEBA

El plasmodio no es pluricelular, pero tiene muchos núcleos celulares

PLASMODIO JOVEN

CICLO VITAL DE UN MOHO MUCILAGINOSO

La masa de pelos se retuerce al absorber o perder agua y catapulta las esporas al viento

Moho mucilaginoso de múltiples cabezas
El llamativo plasmodio amarillo del moho mucilaginoso *Physarum polycephalum* forma una masa que se extiende sobre la madera en descomposición. A diferencia de los hongos, no descompone la madera, sino que se come los organismos descomponedores, incluso las bacterias y las levaduras.

El plasmodio adulto forma una red de tubos

El esporangio con forma de seta crece sobre un pedúnculo que emerge del plasmodio, el cuerpo principal del organismo

El plasmodio se extiende cuando las mixamebas se fusionan

La antena está cerca del ojo, no en el centro de la cabeza como es habitual en las moscas

Envergadura extrema

Los ojos pedunculados de las moscas de ojos saltones (*Diasemopsis meigenii* y otras) pueden haber evolucionado porque mejoran la visión periférica y amplían el campo de visión, lo que facilita detectar depredadores o competidores. Pero el hecho de que los pedúnculos de los machos sean más largos que los de las hembras sugiere que también interviene la selección sexual: los machos con los pedúnculos más largos atraen más a las hembras. En algunas especies, los pedúnculos del macho son tan largos que parecen ser una carga, pero esto se ve compensado por la mejora del rendimiento reproductivo.

El ojo compuesto tiene un amplio campo de visión

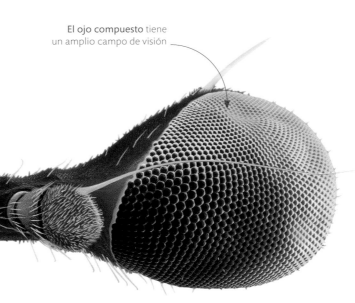

competir por la pareja

Muchos animales presentan adaptaciones de conducta o de la anatomía relativas a la elección de pareja (selección sexual), en vez de con la supervivencia (selección natural). Cuando el éxito reproductivo se basa en la competencia entre machos o hembras, que los individuos de un sexo exhiban un rasgo, como el color o la cornamenta, hace que los del sexo opuesto elijan aparearse con ellos en lugar de con un competidor. Esta elección puede estar relacionada con la producción de descendencia sana, que tendrá más probabilidades de llegar a la edad adulta; otras veces, la ventaja es, simplemente, producir una descendencia atractiva que tendrá más probabilidades de ser elegida por la siguiente generación en busca de pareja. Un ejemplo de rasgo reproductivo son los ojos extremadamente distanciados de los machos de las moscas de ojos saltones.

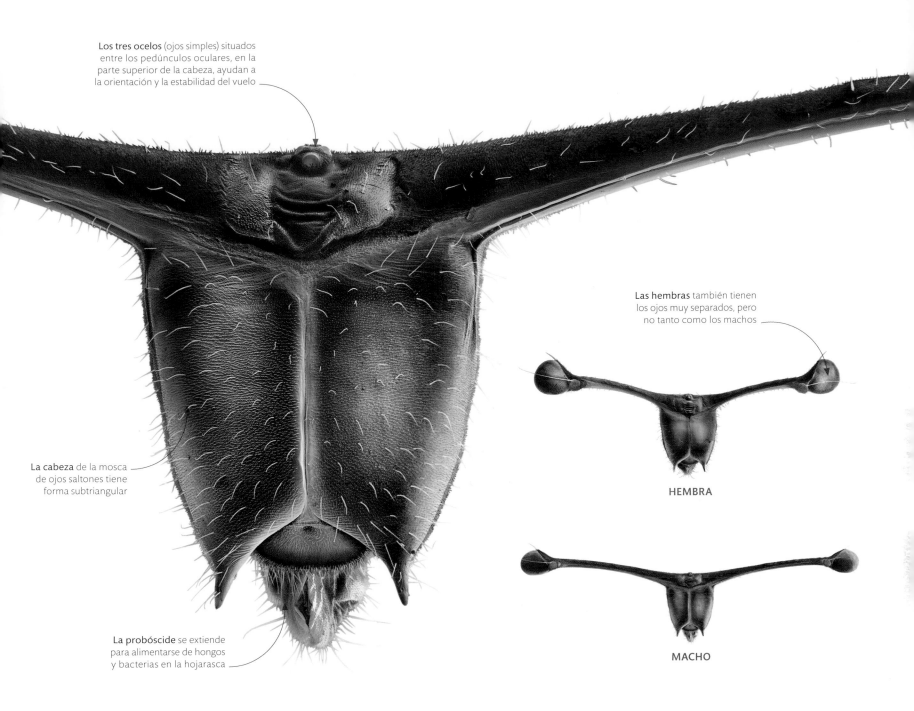

Los tres ocelos (ojos simples) situados entre los pedúnculos oculares, en la parte superior de la cabeza, ayudan a la orientación y la estabilidad del vuelo

Las hembras también tienen los ojos muy separados, pero no tanto como los machos

HEMBRA

La cabeza de la mosca de ojos saltones tiene forma subtriangular

MACHO

La probóscide se extiende para alimentarse de hongos y bacterias en la hojarasca

Las parejas de machos de moscas de ojos saltones compiten cara a cara por el derecho a aparearse

Medirse uno a otro

Los machos de las mosca de ojos saltones compiten en un ritual de cortejo, llamado lek, en el que se enfrentan y comparan la envergadura de los ojos. Las hembras parecen preferir los machos con mayor envergadura. Quizá la envergadura extrema indique a la hembra que el macho es más fértil o tiene mejor genética.

SELECCIÓN SEXUAL

Los rasgos reproductivos ayudan a los animales a encontrar parejas que mejoren su capacidad de dejar descendencia. Esta selección sexual ha originado el dimorfismo sexual: machos y hembras tienen diferente aspecto. Así el macho del ave del paraíso (Cicinnurus magnificus) tiene un vistoso plumaje, pero la hembra no.

AVES DEL PARAÍSO MACHOS COMPITIENDO POR UNA HEMBRA

La avispa construye el nido con barro húmedo, que se endurece al secarse

Pone un solo huevo, directamente en el nido

La avispa paraliza a la presa con su aguijón y la mete en el nido

CONSTRUCCIÓN DEL NIDO

PUESTA DEL HUEVO

ENTREGA DE LA PRESA

Guardería y despensa

La avispa alfarera *Delta latreillei* proporciona a sus larvas refugio, además de alimento. Recoge barro y construye con él un nido con forma de olla. Dentro pone un huevo. Luego paraliza orugas y otros insectos, y los mete en el nido para que se alimente la larva carnívora.

Las hembras de esta especie de araña miden entre 8,5 y 15 mm de longitud

cuidado parental

Todos los seres vivos optimizan la transmisión de genes a la descendencia. Para algunas especies, esto implica producir muchas esporas, semillas, huevos o crías, de modo que unos pocos de estos, al azar, escaparán de los depredadores y otros peligros, y sobrevivirán. Algunos animales aumentan las probabilidades siendo buenos padres. En el mundo microscópico hay ejemplos notables de ello: arañas que transportan consigo sus huevos, tijeretas que cuidan y mantienen limpias a sus crías o avispas que alimentan a sus larvas. En la economía de la naturaleza, los padres que invierten tiempo y energía de esta manera lo compensan produciendo menos crías, pero las que producen tienen más probabilidades de sobrevivir.

La araña sujeta el saco de huevos con los quelíceros

El saco de huevos está hecho de seda de araña y contiene más de 100 huevos, aunque menos de la mitad están fecundados

Los pedipalpos (similares a órganos del tacto), están inclinados hacia abajo para ayudar a la araña a sostener el saco de huevos contra la parte inferior del cuerpo

De depredadora a madre solícita

Durante tres semanas, la hembra de la araña ladrona *(Pisaura mirabilis)* no se alimenta y lleva su saco de huevos en los quelíceros. Días antes de que produzca huevos, el macho le ofrece una mosca envuelta en seda como regalo nupcial, lo que la distrae el tiempo suficiente para que él se aparee. Cuando los huevos están listos para eclosionar, la hembra teje una telaraña con forma de tienda para proteger a sus crías antes de que estas se dispersen.

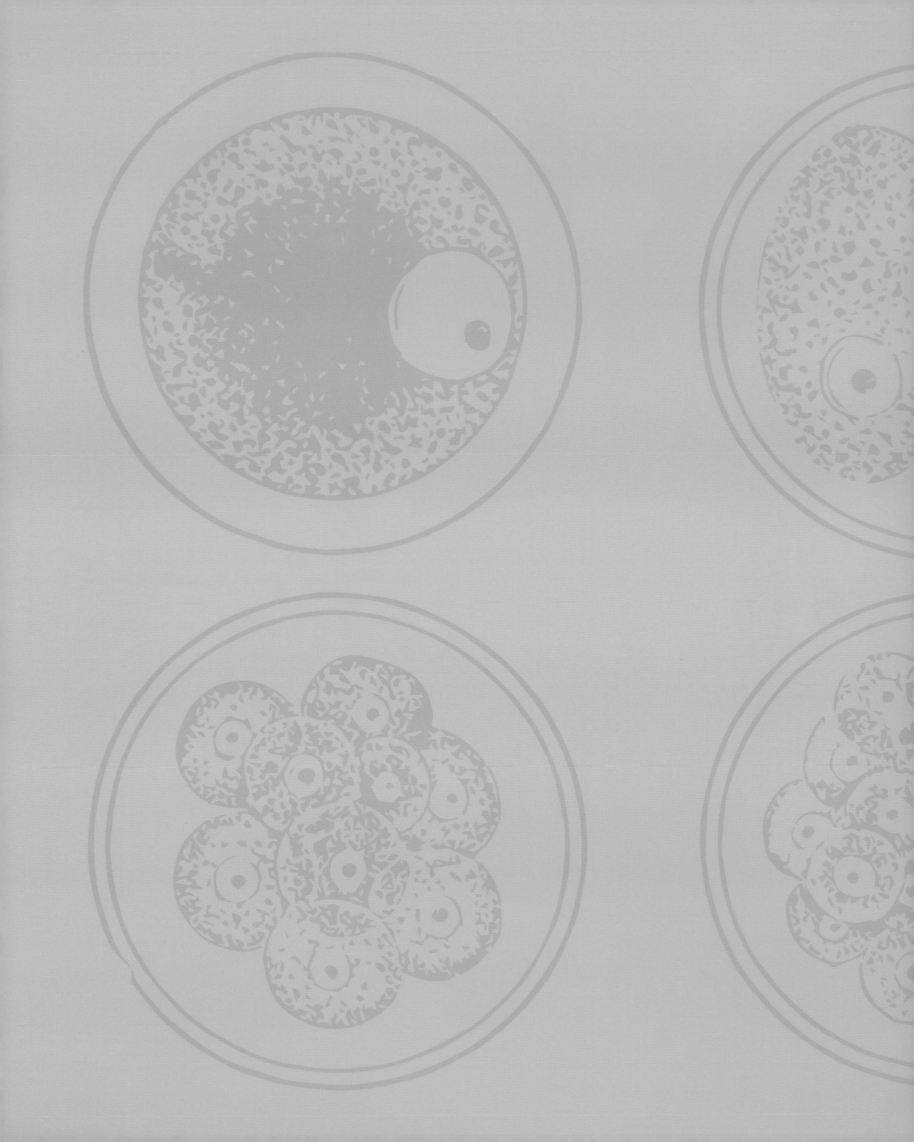

crecimiento y cambio

Los seres vivos crecen, y el crecimiento es un atributo clave que define la vida, pero la vida pluricelular crece de una manera compleja y organizada que implica división, divergencia y especialización celular. El inicio de la vida de un individuo también puede ser el comienzo de un ciclo vital de varias etapas con fases dedicadas al crecimiento, la reproducción o la dispersión.

Alga unicelular

Las células del alga *Chlamydomonas* sp. son similares a las de *Volvox*, pues ambas tienen dos flagelos, un cloroplasto y una mancha ocular. Sin embargo, esta especie nunca forma colonias y siempre es unicelular.

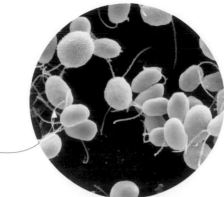

Los flagelos impulsan a *Chlamydomonas* a través del agua

Células que trabajan juntas

Cada célula de una colonia de *Volvox* sp. tiene un cloroplasto, que absorbe la energía de la luz para la fotosíntesis, y dos flagelos, que la impulsan; algunas desarrollan manchas oculares más grandes que otras. La colonia se acerca a la luz detectada por las manchas oculares, mientras que de las células reproductoras brotan nuevas colonias en el interior. MO, 500×

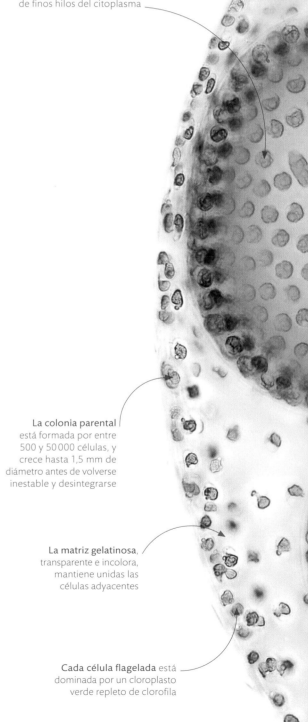

Las células de las colonias embrionarias, que se forman dentro de la colonia parental, están más compactas y juntas que las de la progenitora. Todas las células se comunican con sus vecinas a través de finos hilos del citoplasma

colonias de células

Si bien hay muchos microorganismos unicelulares, los animales y las plantas están formados por innumerables células, que trabajan juntas y están especializadas en tareas concretas. Sin embargo, algunos seres vivos parecen un puente entre los dos niveles de organización. *Volvox*, una diminuta alga de agua dulce apenas visible a simple vista, es una bola hueca hecha de células unidas mediante una fina capa de gelatina alrededor de un interior acuoso. Aunque es una colonia, tiene partes diferenciadas: algunas células son más eficientes en detectar la luz, y otras, en la reproducción.

La colonia parental está formada por entre 500 y 50 000 células, y crece hasta 1,5 mm de diámetro antes de volverse inestable y desintegrarse

La matriz gelatinosa, transparente e incolora, mantiene unidas las células adyacentes

Cada célula flagelada está dominada por un cloroplasto verde repleto de clorofila

---

REPRODUCCIÓN ASEXUAL DE NUEVAS COLONIAS DE *VOLVOX*

El desarrollo de colonias de *Volvox* requiere intrincados movimientos de las células. Las células de la superficie pierden los flagelos y se dividen; así producen una copa, que se vuelve del revés y así garantiza que las nuevas colonias desarrollen los flagelos en el exterior.

La mancha ocular de las células de un lado de la colonia es más grande

Una sola capa de células incrustadas en la capa gelatinosa

Hueco acuoso

1 La célula parental pierde el flagelo y empieza a dividirse

2 Se forma la copa (los lados de las células que forman flagelos miran hacia el interior)

3 La copa se vuelve del revés

4 Las células que producen los flagelos quedan hacia fuera

5 Las células de la nueva colonia producen flagelos y manchas oculares

Los flagelos batientes impulsan la colonia hacia la luz

COLONIA PARENTAL

FORMACIÓN DE UNA NUEVA COLONIA

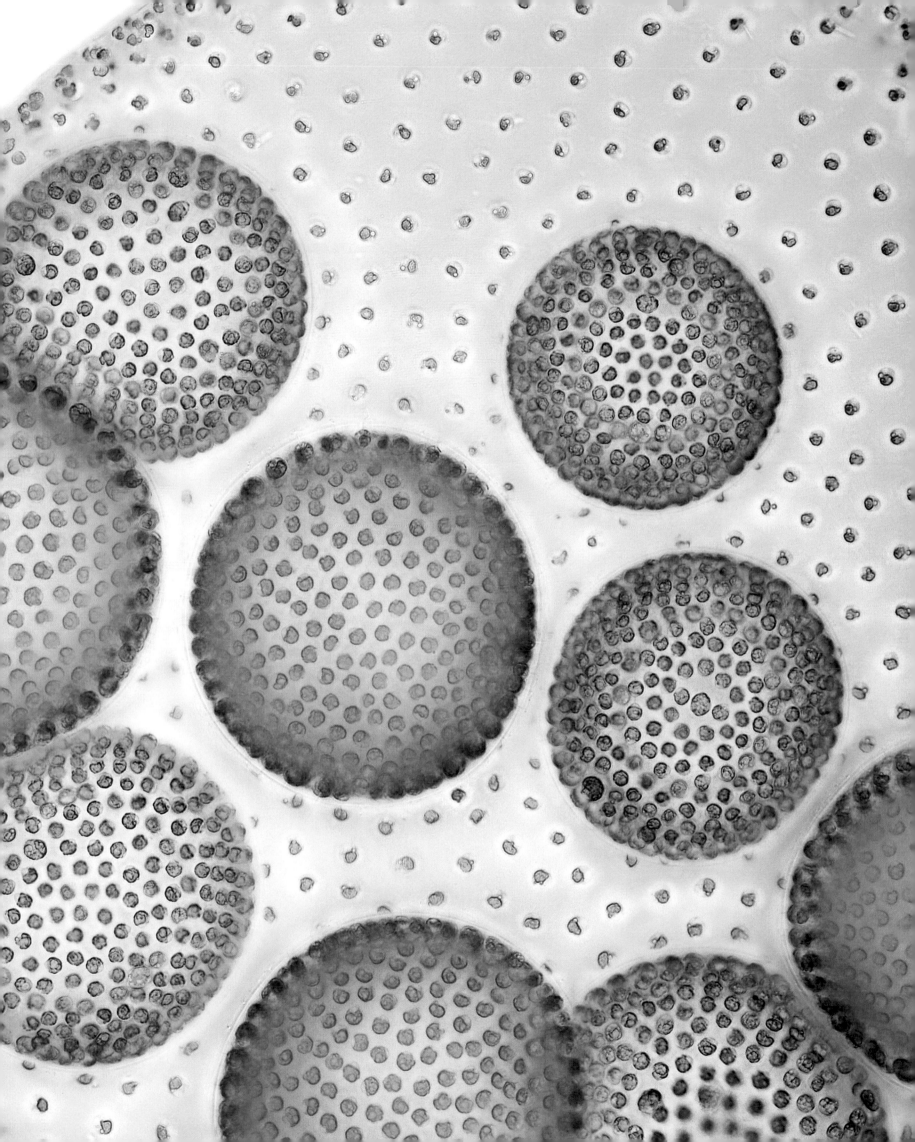

división celular

Los seres vivos están hechos de células. El cuerpo en crecimiento de un animal o una planta tiene billones de ellas y aumenta de tamaño mediante la construcción de proteínas y otras moléculas, y también mediante la división de sus células. Este ciclo repetido es el responsable del crecimiento, de la reparación de daños y del desarrollo del organismo. Cada célula lleva una copia de los genes del único óvulo fecundado, y los genes se activan o desactivan en diferentes partes del cuerpo, que así se desarrollan de diferentes maneras.

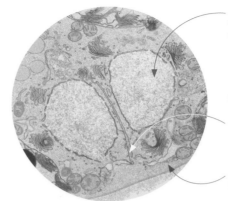

El núcleo hijo es producto de la división mitótica

El saco largo contiene glucosa beta, unida para formar una nueva pared rígida de celulosa

La pared celular de la célula madre sigue rodeando ambos núcleos

Células vegetales en división
Las células de las plantas y las algas están rodeadas por una pared celular rígida, por lo que carecen de flexibilidad para separarse por estrangulamiento del citoplasma. En su lugar, las células hijas adyacentes forman una pared entre ellas.

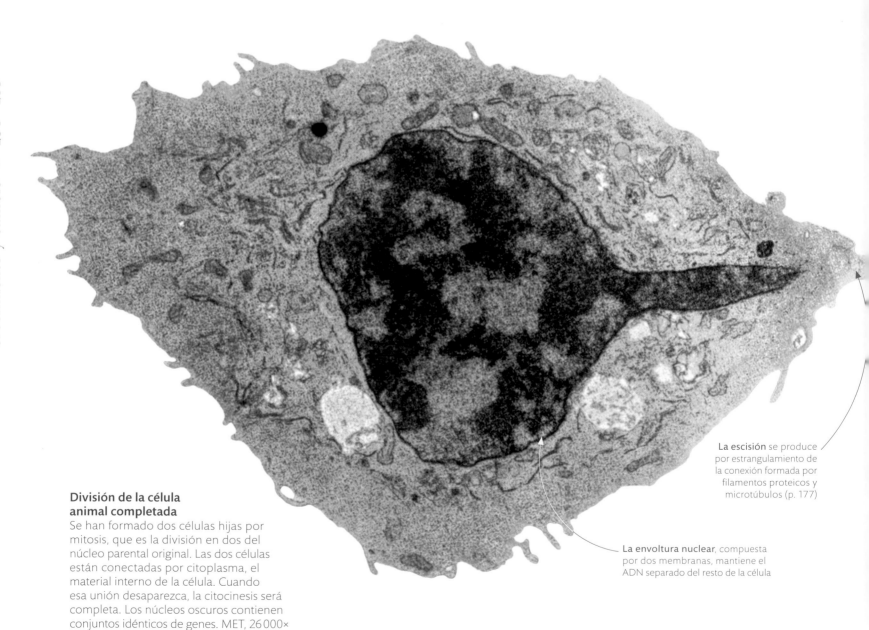

La escisión se produce por estrangulamiento de la conexión formada por filamentos proteicos y microtúbulos (p. 177)

La envoltura nuclear, compuesta por dos membranas, mantiene el ADN separado del resto de la célula

División de la célula animal completada
Se han formado dos células hijas por mitosis, que es la división en dos del núcleo parental original. Las dos células están conectadas por citoplasma, el material interno de la célula. Cuando esa unión desaparezca, la citocinesis será completa. Los núcleos oscuros contienen conjuntos idénticos de genes. MET, 26 000×

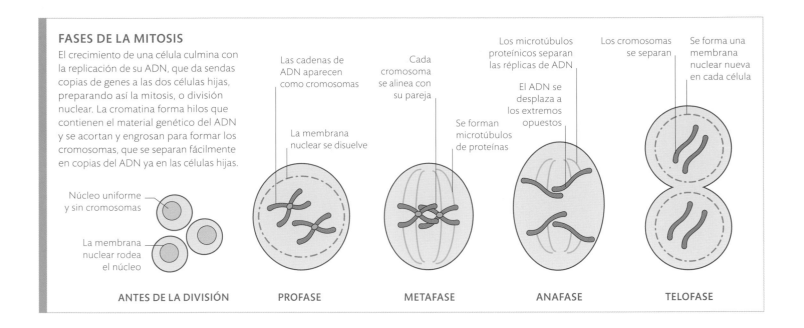

FASES DE LA MITOSIS

El crecimiento de una célula culmina con la replicación de su ADN, que da sendas copias de genes a las dos células hijas, preparando así la mitosis, o división nuclear. La cromatina forma hilos que contienen el material genético del ADN y se acortan y engrosan para formar los cromosomas, que se separan fácilmente en copias del ADN ya en las células hijas.

Núcleo uniforme y sin cromosomas

La membrana nuclear rodea el núcleo

Las cadenas de ADN aparecen como cromosomas

La membrana nuclear se disuelve

Cada cromosoma se alinea con su pareja

Se forman microtúbulos de proteínas

Los microtúbulos proteínicos separan las réplicas de ADN

El ADN se desplaza a los extremos opuestos

Los cromosomas se separan

Se forma una membrana nuclear nueva en cada célula

ANTES DE LA DIVISIÓN PROFASE METAFASE ANAFASE TELOFASE

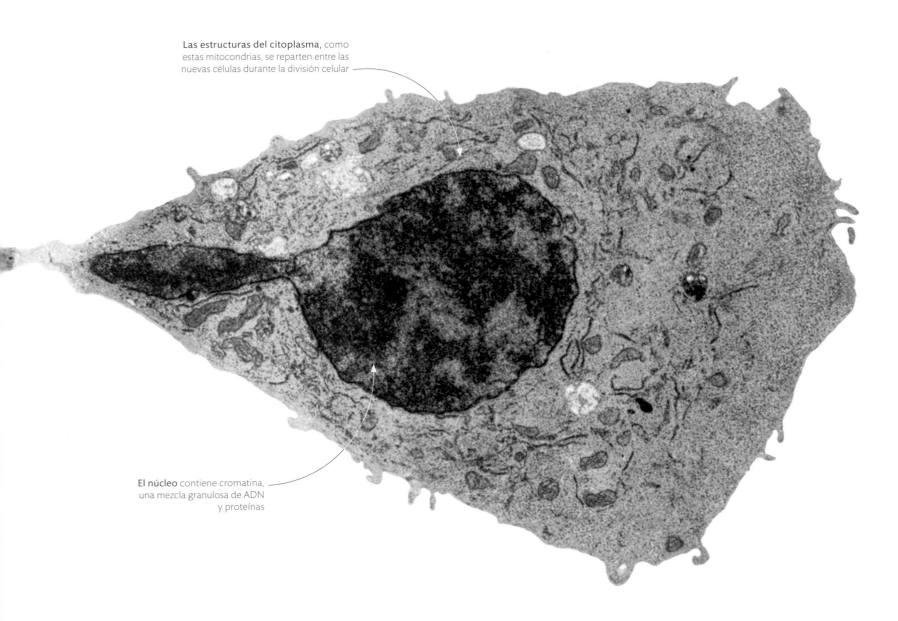

Las estructuras del citoplasma, como estas mitocondrias, se reparten entre las nuevas células durante la división celular

El núcleo contiene cromatina, una mezcla granulosa de ADN y proteínas

embrión en desarrollo

A menos que se desarrolle de manera asexual (pp. 226–227), la vida vegetal y animal comienza como un óvulo fecundado que contiene el material genético necesario para que se forme un cuerpo adulto, compuesto por billones de células. Justo después de la fecundación, las células empiezan a dividirse y a tomar la posición que sellará su destino, pues se convertirán en los distintos tejidos y órganos del adulto. Aunque las células del óvulo fecundado comienzan siendo clones genéticos, acabarán realizando distintas tareas, y los genes que portan se activarán o desactivarán para originar las diferentes partes del cuerpo.

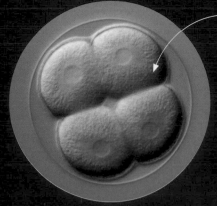

Blástula formada por cuatro células de igual tamaño creadas por dos divisiones celulares

Bola de células
El óvulo fecundado de un erizo de mar *(Paracentrotus lividus)* comienza la división celular. El embrión de todos los animales comienza su vida así, como una bola de células llamada blástula.

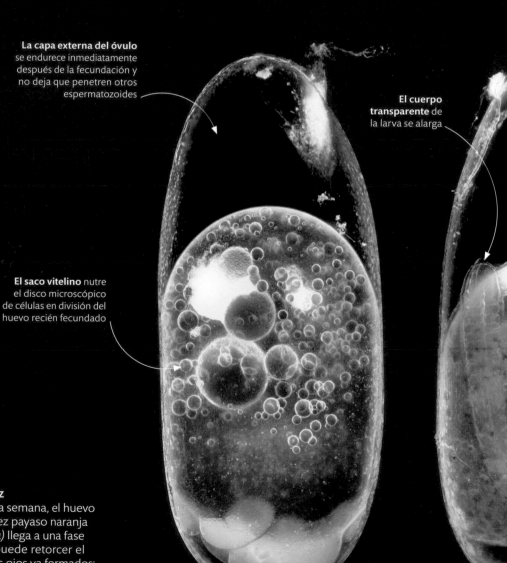

La reserva de vitelo se agota gradualmente

La capa externa del óvulo se endurece inmediatamente después de la fecundación y no deja que penetren otros espermatozoides

El cuerpo transparente de la larva se alarga

El saco vitelino nutre el disco microscópico de células en división del huevo recién fecundado

Convertirse en pez
En poco más de una semana, el huevo fecundado de un pez payaso naranja *(Amphiprion percula)* llega a una fase en la que la larva puede retorcer el cuerpo y ver con los ojos ya formados: la eclosión es inminente. El gran saco vitelino del huevo suministra alimento al embrión durante su desarrollo, motivo por el cual se reduce a medida que el pez crece. MO, 150×

DÍA UNO: FECUNDACIÓN

DÍA TRES (POR LA MAÑANA)

COMPARACIÓN DEL DESARROLLO EMBRIONARIO

Algunos huevos, como los de los peces, tienen reservas (el vitelo), que nutren al embrión mientras se desarrolla en su interior. En cambio, los huevos de los mamíferos se nutren de la madre, por lo que tienen muy poco vitelo, y su embrión crece unido a un revestimiento de células que se convertirá en la placenta cuando la masa celular se haya implantado en el útero.

Núcleo del huevo

Gran reserva nutricia del vitelo

Bola de células en la masa vitelina

Un grupo de células (blastodermo) se sitúa sobre el vitelo y se convierte en larva

La masa vitelina encerrada en el revestimiento de células nutre al embrión

EMBRIÓN DE PEZ O DE ANFIBIO

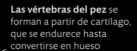

Núcleo del huevo

Vitelo pequeño

Bola de células resultante de la división celular

La masa celular interna (blastodermo) se convierte en el feto

El revestimiento de células (trofoblasto) se convierte en parte de la placenta

EMBRIÓN DE MAMÍFERO PLACENTARIO

Los cromatóforos (células pigmentadas oscuras) cubren el saco vitelino

La larva se desarrolla rápidamente, pero sigue siendo transparente

Las vértebras del pez se forman a partir de cartílago, que se endurece hasta convertirse en hueso

El pez totalmente formado está listo para salir

Los ojos son visibles, pero aún no funcionan

Los ojos pueden detectar la luz y el movimiento

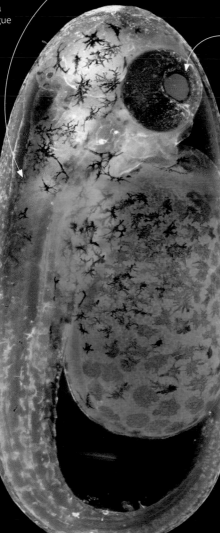

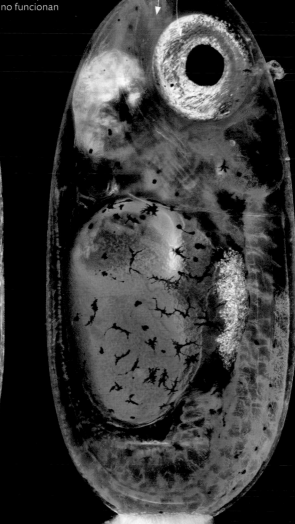

DÍA TRES (POR LA TARDE)

DÍA CINCO

DÍA NUEVE

CÁPSULAS DE HUEVOS

Algunos tipos de insectos ponen masas de huevos dentro de una cubierta protectora llamada ooteca. La ooteca de las cucarachas tiene una característica forma de bolsa y se deposita en el suelo. Muchos saltamontes producen una ooteca tubular y la entierran bajo la superficie. Las mantis religiosas adhieren su ooteca a un tallo. El número de huevos por ooteca varía de unos pocos a varios cientos, según la especie de insecto.

La cubierta dura evita la pérdida de agua, la depredación y la infección por parásitos

Una sola ooteca de mantis puede tener hasta 200 huevos

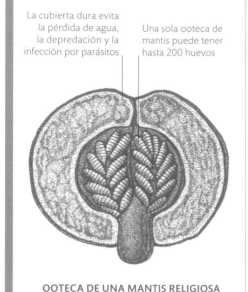

OOTECA DE UNA MANTIS RELIGIOSA

Para reproducirse en tierra, los animales se aparean para que los espermatozoides naden hasta el óvulo dentro del cuerpo de la hembra, y algunos expulsan los óvulos fecundados, o huevos, con una cubierta o cáscara que impide que se sequen. Los insectos llevan haciendo esto desde hace más de 300 millones de años, pues son unos de los primeros animales que vivieron en tierra firme. Una envoltura proteínica, el corion, que rodea el huevo, se endurece y forma una capa protectora que retiene el agua en su interior, pero es lo bastante porosa como para permitir respirar, y el vitelo proporciona alimento: las condiciones perfectas para que el embrión se desarrolle hasta nacer convertido en ninfa (una versión joven del adulto) o en larva.

Huevo esculpido

El huevo de una mariposa cebra (*Heliconius charithonia*) tiene unas crestas interconectadas. Las formas geométricas (comunes en los huevos de muchos insectos) se deben a que las células secretoras de los ovarios de la mariposa tienen una forma similar a un panal que se imprime en la cáscara del huevo en formación. En las crestas se concentran diminutos poros que ayudan a que el oxígeno llegue al embrión. MEB, 300×

Un lugar para nacer

Los insectos que producen secreciones adherentes pueden pegar los huevos en un sitio ventajoso para las larvas. Las chinches ponen los huevos en plantas que pueden nutrir a las larvas. Por su parte, los huevos que cuelgan de un hilo están protegidos de los depredadores que se arrastran por las hojas.

Los huevos se depositan en hojas, que serán alimento para las larvas

Los huevos suspendidos pueden reducir el canibalismo entre las crías depredadoras

Las larvas nacen de huevos puestos en cadenas en el envés de la hoja

CHINCHES

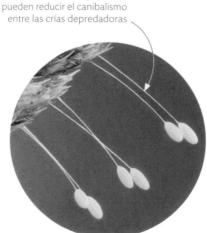

CRISOPA

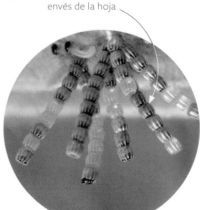

MARIPOSA *ARASCHNIA LEVANA*

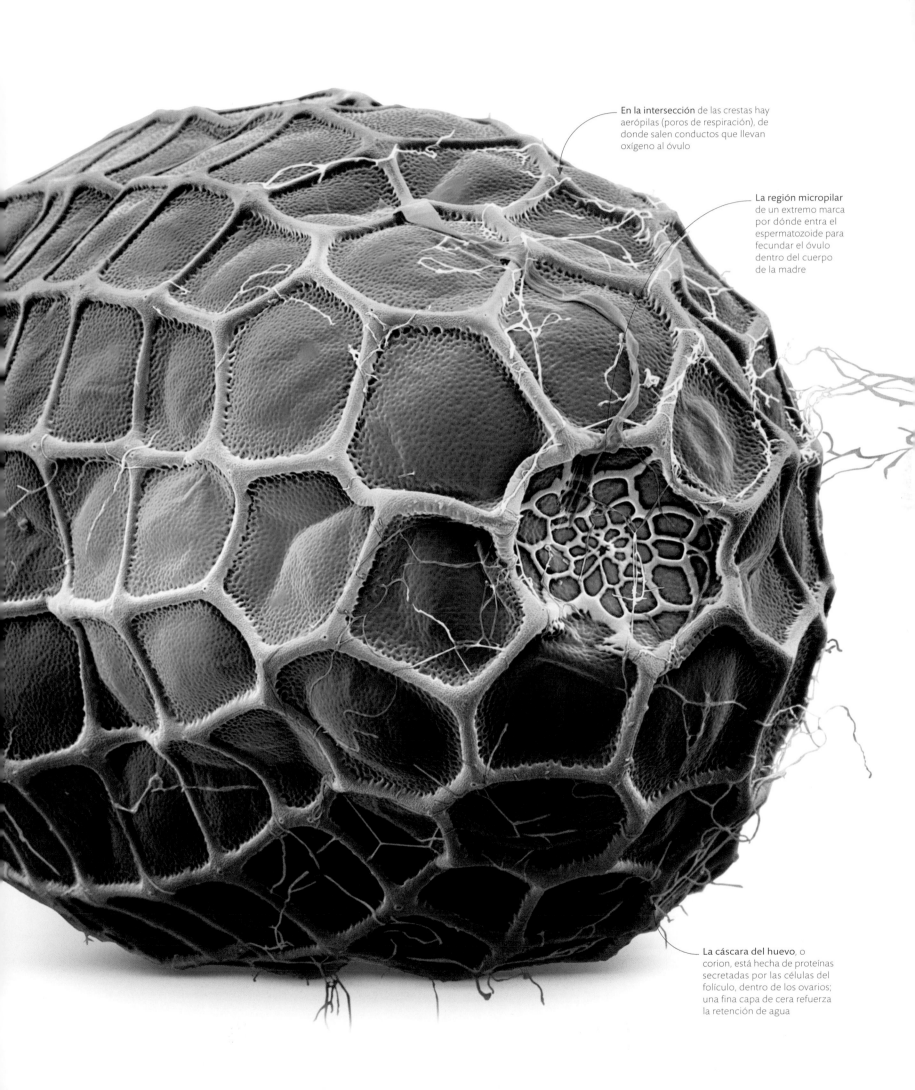

En la intersección de las crestas hay aerópilas (poros de respiración), de donde salen conductos que llevan oxígeno al óvulo

La región micropilar de un extremo marca por dónde entra el espermatozoide para fecundar el óvulo dentro del cuerpo de la madre

La cáscara del huevo, o corion, está hecha de proteínas secretadas por las células del folículo, dentro de los ovarios; una fina capa de cera refuerza la retención de agua

así crecen los helechos

Las plantas y los animales crecen de una célula (óvulo fecundado o espora) con la información genética necesaria para desarrollar un adulto. El óvulo fecundado es producto de dos progenitores, masculino y femenino (pp. 228–229), pero las esporas provienen de uno solo (pp. 232–233). Los helechos producen esporas en cápsulas, en el envés de las frondas. Las cápsulas se secan, se abren y dispersan las esporas, que germinan si caen en un lugar con la humedad y la luz adecuadas. Tras una etapa sin hojas, que produce óvulos y espermatozoides, crecerá el helecho con hojas a partir de un óvulo fecundado.

Las **frondas** de la mayoría de los helechos están divididas en folíolos llamados pinnas

FRONDA

Fronda fértil

Las esporas de los helechos están bajo las frondas en soros (grupos de cápsulas de esporas). En la mayoría de las especies, como el helecho macho (*Dryopteris filix-mas*), cada soro está bajo una escama, o indusio, que se desprende cuando las esporas están listas para ser liberadas.

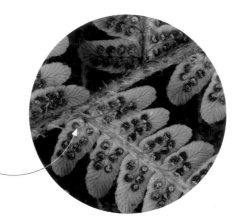

Los soros están en hileras a lo largo de cada folíolo; aquí, el indusio se ha desprendido y deja al descubierto las esporas que hay debajo

Cada cápsula contiene esporas en desarrollo y está unida a la hoja del helecho por un corto pedúnculo

crecimiento y cambio

CRECIMIENTO EN DOS ETAPAS

Como en los musgos (pp. 232–233), las dos generaciones del ciclo vital de un helecho comienzan con una célula. La espora es una célula haploide (con un juego de cromosomas) y se convierte en un prótalo, que produce espermatozoides y óvulos. Una vez fecundado, el óvulo se convierte en un helecho más grande y frondoso. Este es diploide (sus células tienen dos juegos de cromosomas). Las dotaciones diploides se dan en muchos animales y plantas: el juego «de reserva» puede compensar genes que funcionan mal.

Órgano sexual femenino con óvulo

Los órganos sexuales masculinos producen espermatozoides, que fecundan otros prótalos

ENVÉS DEL PRÓTALO

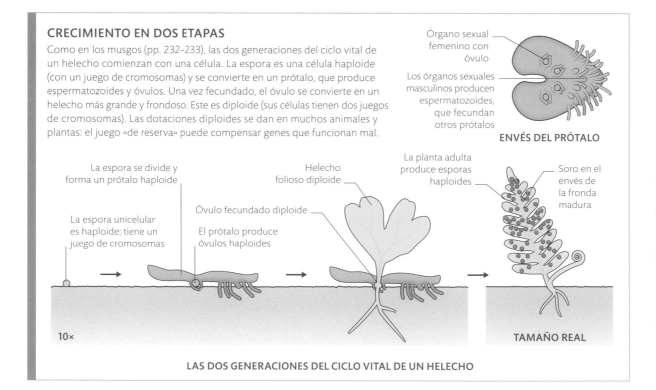

La espora se divide y forma un prótalo haploide

La espora unicelular es haploide: tiene un juego de cromosomas

El prótalo produce óvulos haploides

Óvulo fecundado diploide

Helecho folioso diploide

La planta adulta produce esporas haploides

Soro en el envés de la fronda madura

10×

TAMAÑO REAL

LAS DOS GENERACIONES DEL CICLO VITAL DE UN HELECHO

Cápsulas de esporas

Estos esporangios (cápsulas de esporas) de un helecho espada (*Nephrolepis* sp.) están maduras para liberar su contenido. Cada una tiene un borde estriado, o anillo, compuesto por células de pared fina que pierden fácilmente el agua. Cuando el anillo se seca, se marchita y se separa del resto del esporangio; este se abre y deja salir las esporas, que se dispersan. MO, 700×

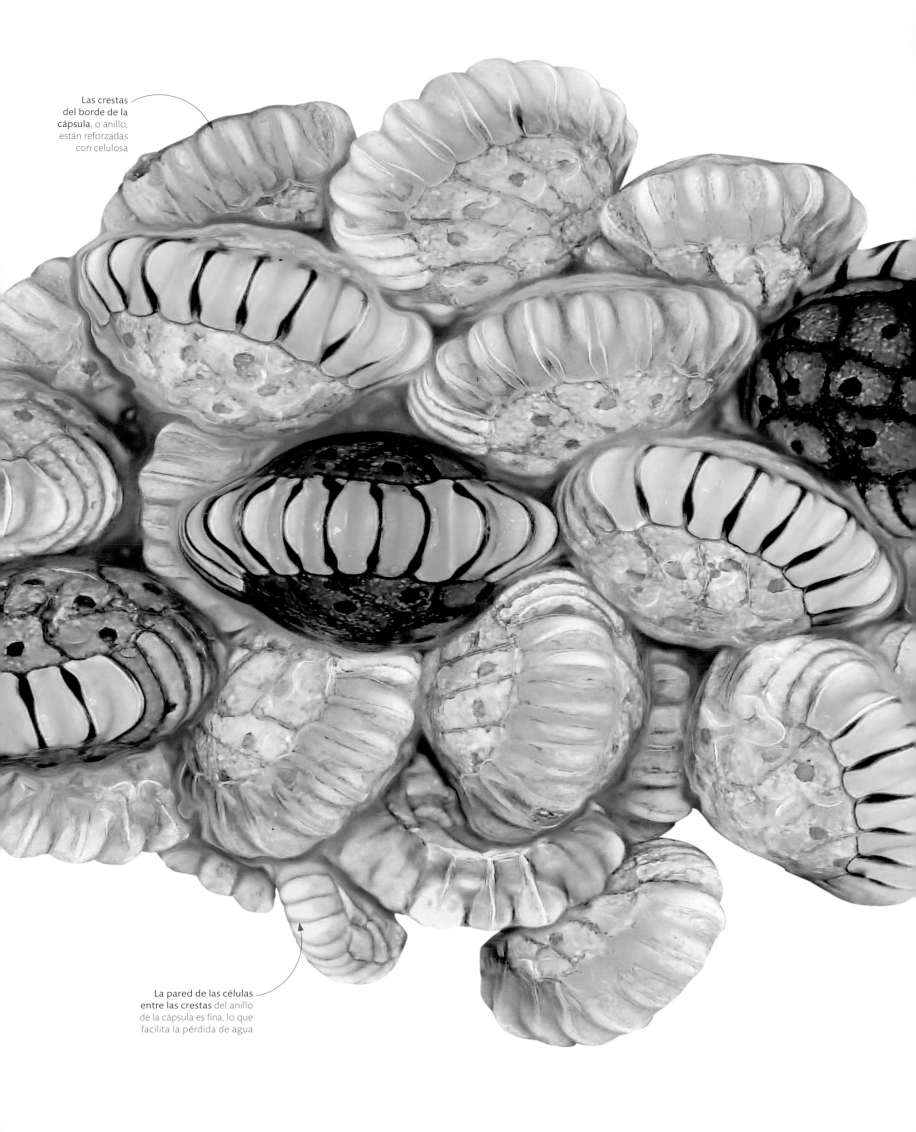

Las crestas del borde de la cápsula, o anillo, están reforzadas con celulosa

La pared de las células entre las crestas del anillo de la cápsula es fina, lo que facilita la pérdida de agua

Gimnospermas

Las coníferas y sus parientes son plantas sin flores llamadas gimnospermas, nombre que significa «semillas desnudas», porque sus semillas carecen de la envoltura frutal que tienen las de las plantas con flores, o angiospermas. Las semillas de las gimnospermas crecen en conos femeninos (los masculinos producen polen) y se dispersan por el aire. En el caso de las piñas, las semillas tienen alas que las ayudan a dispersarse cuando caen al suelo al secarse el cono.

Las semillas relativamente **grandes**, de hasta 4 cm, son el alimento favorito de las zarigüeyas

ARAUCARIA AUSTRALIANA
Araucaria bidwillii

La semilla parecida a una nuez de unos 2 cm se desarrolla dentro de una cubierta carnosa (no aparece en la foto) de olor rancio

GINKGO
Ginkgo biloba

La cubierta húmeda de color naranja se tiene que secar para que brote la semilla

SAGÚ
Cycas revoluta

Monocotiledóneas

Una quinta parte de las plantas con flores son monocotiledóneas. Sus semillas tienen un único cotiledón, u hoja embrionaria. Son monocotiledóneas, por ejemplo, las gramíneas o poáceas, los juncos, las palmeras y también la familia de las amarilidáceas. Las semillas suelen tener un almacén de almidón: el endospermo. En los cereales, como el trigo y el arroz, el endospermo constituye la mayor parte de la semilla.

La semilla con **forma de lágrima**, de unos 12 mm de largo, de esta gramínea asiática tiene el endospermo grande

LÁGRIMAS DE JOB
Coix lacryma-jobi

La brillante semilla negra es casi triangular vista en un corte transversal

CEBOLLA
Allium cepa

El saco (periginio) que envuelve el fruto con la semilla está formado por una hoja especializada o bráctea

JUNCIA
Carex buekii

Eudicotiledóneas

Las eudicotiledóneas son plantas con dos hojas embrionarias en las semillas. A diferencia de las monocotiledóneas, su endospermo es reducido. Son los cotiledones lo que nutre la semilla para que germine, o bien se abren poco después de la germinación y realizan la fotosíntesis. La mayoría de las plantas con flores —unas 200 000 especies— son eudicotiledóneas.

La semilla está rodeada por el esquizocarpo, una envoltura dura y acanalada

HINOJO
Foeniculum vulgare

Varias semillas ovaladas y aplanadas están dispersas en una cápsula

SÉSAMO
Sesamum indicum

La semilla, ligera y con la superficie picoteada, es transportada por el viento

AMAPOLA
Papaver rhoeas

semillas

Una semilla es el producto de la fusión de un gameto masculino de un grano de polen con un gameto femenino dentro de una flor o un cono. La célula fecundada se convierte en un embrión, que se acompaña de nutrientes y queda sellado por una envoltura protectora. Las semillas están adaptadas a la dispersión. Las que se diseminan por el aire son pequeñas y ligeras, mientras que las que se propagan por el agua tienen poca densidad; por eso flotan. Las semillas ocultas en el interior de frutos dulces se las comen los animales, que luego las excretan en otro lugar.

La cáscara dura contiene una rica reserva de grasas, proteínas y azúcares en esta semilla de 2 cm

PINO PIÑONERO
Pinus pinea

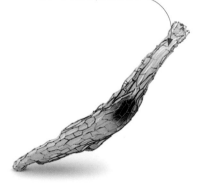

Semilla diminuta, de hasta 0,9 mm de largo, sin endospermo; depende de los nutrientes de los hongos del suelo para crecer

ORQUÍDEA
Neottia ovata

Las crestas de la superficie de la semilla se adhieren al pelo de los animales, lo que facilita su dispersión

ZANAHORIA
Daucus carota

Cabezuela de semillas de juncia
La cabezuela de semillas de una juncia (*Carex* sp.) se desarrolla a partir de una inflorescencia, o grupo de flores en un solo tallo. La cabezuela se seca gradualmente y, cuando está lista, se abre: basta un ligero golpe o un soplo de viento para que las semillas se esparzan por el suelo.

Cada saco tubular, o periginio, alberga un aquenio (el fruto), que, a su vez, contiene una semilla

La cabezuela de semillas está formada por decenas de pequeñas flores, cada una de las cuales produce una sola semilla

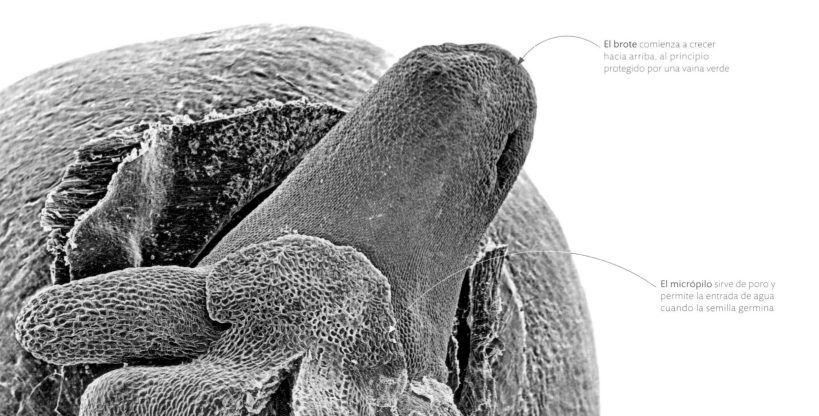

Grandes reservas de alimento

Las semillas del trigo *(Triticum aestivum)* tienen un almacén de alimentos muy grande, como se ve en estas microfotografías electrónicas de barrido de un grano en proceso de germinación. La germinación es desencadenada por el calor, la humedad y la luz, y el almidón de la semilla proporciona energía a la plántula. El trigo es monocotiledóneo, ya que su semilla solo tiene una hoja de reserva de nutrientes. MEB, 30×

El micrópilo es la parte debilitada de la cubierta de la semilla, de la que emerge la radícula

La raíz primaria, o radícula, crece hacia abajo, y ancla la plántula al suelo

La cubierta de la semilla forma una capa externa protectora alrededor del gran almacén de almidón de la semilla

Los pelos de la radícula aumentan la capacidad de la raíz para absorber agua y minerales del suelo

El brote comienza a crecer hacia arriba, al principio protegido por una vaina verde

El micrópilo sirve de poro y permite la entrada de agua cuando la semilla germina

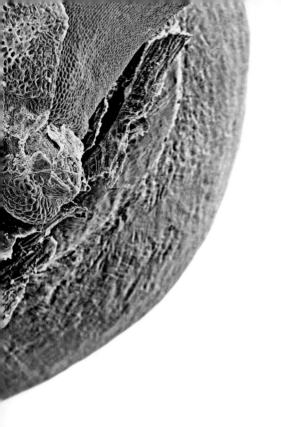

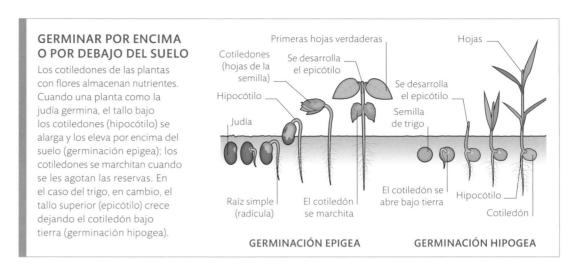

Los cotiledones de las plantas con flores almacenan nutrientes. Cuando una planta como la judía germina, el tallo bajo los cotiledones (hipocótilo) se alarga y los eleva por encima del suelo (germinación epigea); los cotiledones se marchitan cuando se les agotan las reservas. En el caso del trigo, en cambio, el tallo superior (epicótilo) crece dejando el cotiledón bajo tierra (germinación hipogea).

Primeras hojas verdaderas

Cotiledones (hojas de la semilla)

Se desarrolla el epicótilo

Hojas

Hipocótilo

Se desarrolla el epicótilo

Judía

Semilla de trigo

Raíz simple (radícula)

El cotiledón se marchita

El cotiledón se abre bajo tierra

Hipocótilo

Cotiledón

GERMINACIÓN EPIGEA

GERMINACIÓN HIPOGEA

germinación de las semillas

Las semillas de la mayoría de las plantas están dentro de un fruto carnoso o papiráceo, que favorece su dispersión por los animales o el viento. Cada semilla tiene un embrión (que dará la planta), además de almidón y proteínas que nutren a la plántula. Las semillas dispersadas por el viento deben ser pequeñas y ligeras, pero si tienen una gran reserva nutricia para el embrión, son grandes y pesadas. Las semillas de trigo (*Triticum* sp.) eran ligeras en estado natural, pero hoy tienen mucho almidón debido a la domesticación de la planta por el ser humano. Estas semillas no pueden ser dispersadas por el viento, por lo que el trigo cultivado se dispersa con la ayuda humana.

Para llegar al pan
Las pequeñas semillas de la escanda silvestre se dispersan con el viento. Esta planta se cruzó de manera natural con un rompesacos (*Aegilops*) y dio un híbrido más gordo, el farro, que fue una de las primeras plantas cultivadas. El farro se cruzó con otro rompesacos y dio un híbrido aún mayor, el trigo harinero o panificable, cuyas semillas son tan gruesas que dependen del ser humano para dispersarse.

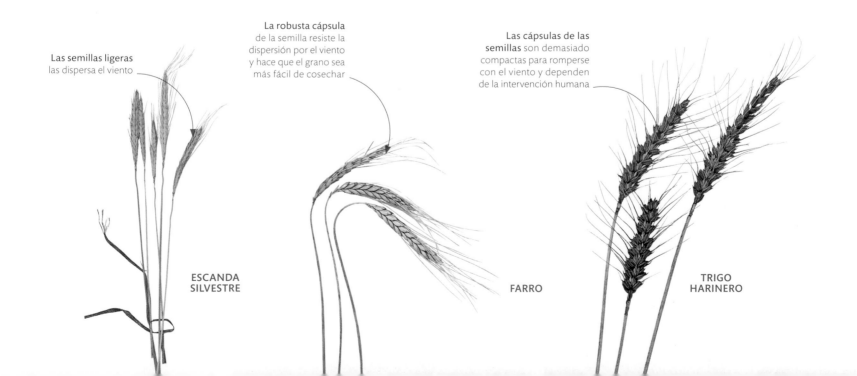

Las semillas ligeras las dispersa el viento

La robusta cápsula de la semilla resiste la dispersión por el viento y hace que el grano sea más fácil de cosechar

Las cápsulas de las semillas son demasiado compactas para romperse con el viento y dependen de la intervención humana

ESCANDA SILVESTRE

FARRO

TRIGO HARINERO

plantas simples

Las plantas grandes desarrollan tallos resistentes que sostienen las hojas en el aire y raíces que penetran profundamente en el suelo: todo ello las ayuda a absorber la luz y el dióxido de carbono, desde arriba, y el agua y los minerales, desde abajo. Pero las plantas más sencillas, que fueron las primeras en colonizar la Tierra hace unos 500 millones de años, se aferran al suelo. Las hepáticas y los musgos carecen de los complejos tejidos que producen grandes hojas y raíces. Sus hojas y raíces, llamadas filidios y rizoides, solo tienen una célula de grosor, y sin el soporte rígido de las plantas complejas, no pueden crecer mucho.

Cara inferior de una hepática foliosa
Muchas hepáticas (como esta *Lepidozia reptans*) y la mayoría de los musgos desarrollan diminutos filidios parecidos a hojas, pero muy finos y sin nervios. Sus simples tejidos se secan con rapidez, pero también son muy absorbentes, por lo que la mayoría de las hepáticas y los musgos prefiere los hábitats húmedos. MO, 530×

Propagar la descendencia
Una hepática común (*Marchantia* sp.) no tiene ni siquiera filidios: solo es una lámina plana, sin talo. Las únicas estructuras erguidas son los cuerpos reproductores, que tienen tanto órganos asexuales como sexuales. Está sujeta al suelo por rizoides, unos finos hilos en forma de raíz.

El **talo plano** es el cuerpo principal de la planta

Los **anteridióforos con forma de parasol** producen células masculinas para la reproducción

La copa, al golpearla las gotas de lluvia, dispersa yemas (propágulos), unos discos asexuales que forman nuevas plantas idénticas

Colores generados por una mancha que se vuelve fluorescente a la luz ultravioleta y revela la estructura celular de la hepática

HOJAS SIMPLES Y COMPLEJAS

Los musgos y las hepáticas tienen filidios, de una sola capa celular, que realizan la fotosíntesis e intercambian gases. Algunos musgos tienen un nervio medio con finos vasos de transporte. Los helechos y otras plantas vasculares (pp. 206–207) tienen hojas más gruesas, con vasos reforzados y tejidos especializados en la fotosíntesis y en el intercambio gaseoso, así como una cutícula cerosa que reduce la deshidratación.

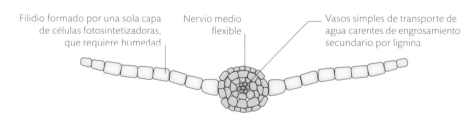

Filidio formado por una sola capa de células fotosintetizadoras, que requiere humedad

Nervio medio flexible

Vasos simples de transporte de agua carentes de engrosamiento secundario por lignina

SECCIÓN TRANSVERSAL DEL FILIDIO («HOJA» NO VASCULAR) DE UN MUSGO

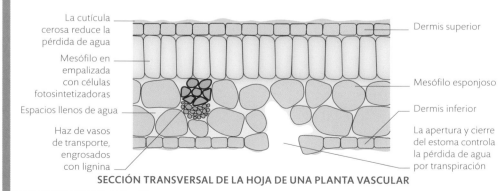

La cutícula cerosa reduce la pérdida de agua

Mesófilo en empalizada con células fotosintetizadoras

Espacios llenos de agua

Haz de vasos de transporte, engrosados con lignina

Dermis superior

Mesófilo esponjoso

Dermis inferior

La apertura y cierre del estoma controla la pérdida de agua por transpiración

SECCIÓN TRANSVERSAL DE LA HOJA DE UNA PLANTA VASCULAR

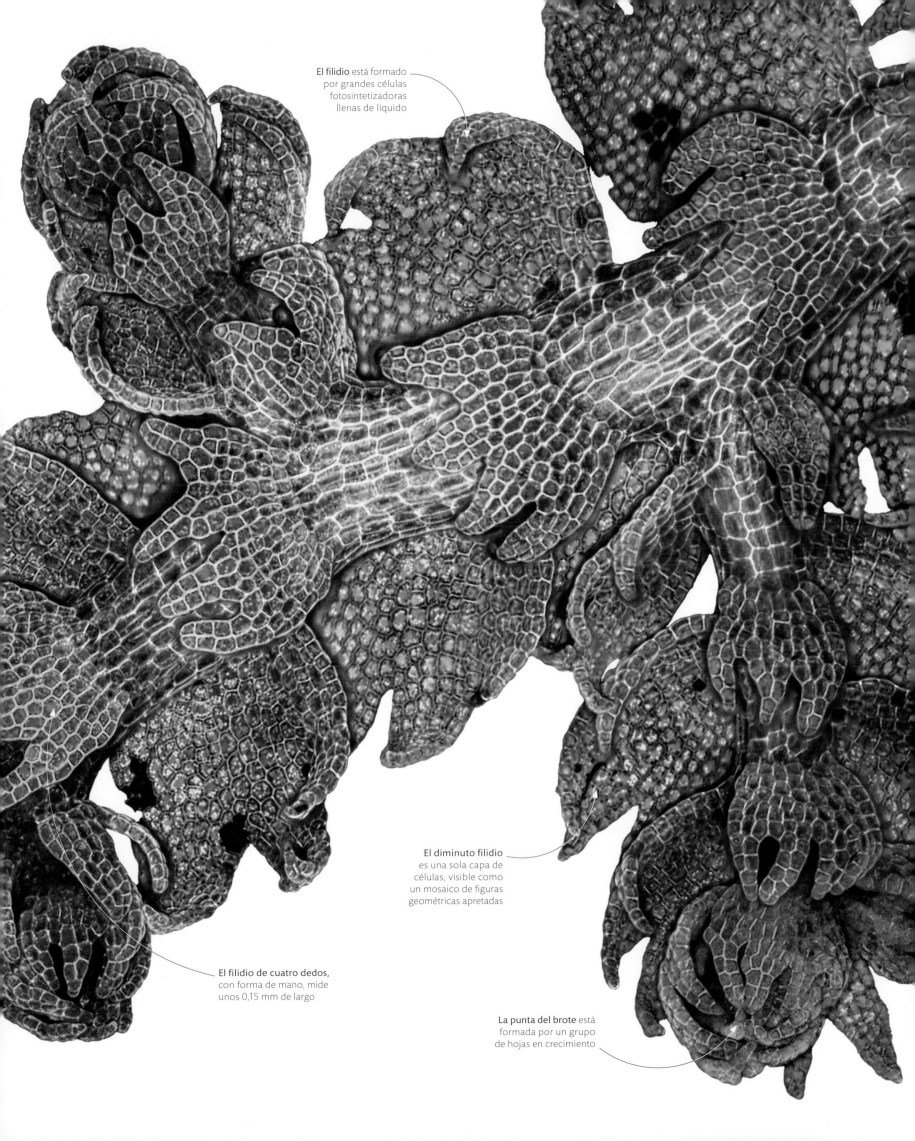

El filidio está formado por grandes células fotosintetizadoras llenas de líquido

El diminuto filidio es una sola capa de células, visible como un mosaico de figuras geométricas apretadas

El filidio de cuatro dedos, con forma de mano, mide unos 0,15 mm de largo

La punta del brote está formada por un grupo de hojas en crecimiento

crecer en el plancton

Muchos animales marinos comienzan su vida siendo larvas a la deriva entre el plancton (pp. 286–287), pero luego descienden al fondo: son erizos de mar, cangrejos, caracoles y otros invertebrados. A merced de los depredadores y las corrientes, las larvas suelen tener espinas o caparazón como protección y diminutos cilios que las propulsan para nadar y atrapar el alimento. Con el tiempo, a veces tras múltiples cambios de forma, se metamorfosean en adultos sexualmente maduros capaces de producir huevos y larvas.

Larva a la deriva
Una larva de cinco días de edad de un erizo corazón (*Echinocardium cordatum*) se denomina equinoplúteo. Ocho largos brazos con varillas rígidas calcáreas constituyen su esqueleto. Los brazos y el resto del cuerpo llevan cilios batientes. MO, 400×

LARVAS EN EL PLANCTON
Las larvas planctónicas de crustáceos como gambas, langostas y cangrejos presentan una enorme variedad de formas. Los estudios de su desarrollo, en los que se sigue la evolución de cada forma, han permitido a los zoólogos relacionar las larvas con sus respectivas formas adultas.

LARVAS PLANCTÓNICAS DE CRUSTÁCEOS, GRABADO DE ERNST HAECKEL (1904)

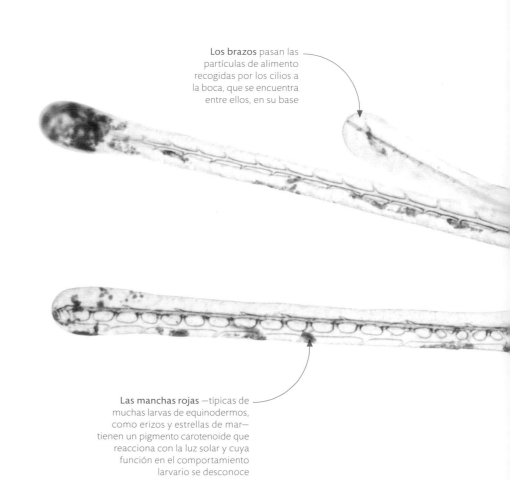

Los brazos con forma de espina protegen contra los pequeños depredadores planctónicos y en ellos se fijan los músculos; se pierden durante la metamorfosis, y al adulto le crecen nuevos

Los brazos pasan las partículas de alimento recogidas por los cilios a la boca, que se encuentra entre ellos, en su base

Las manchas rojas —típicas de muchas larvas de equinodermos, como erizos y estrellas de mar— tienen un pigmento carotenoide que reacciona con la luz solar y cuya función en el comportamiento larvario se desconoce

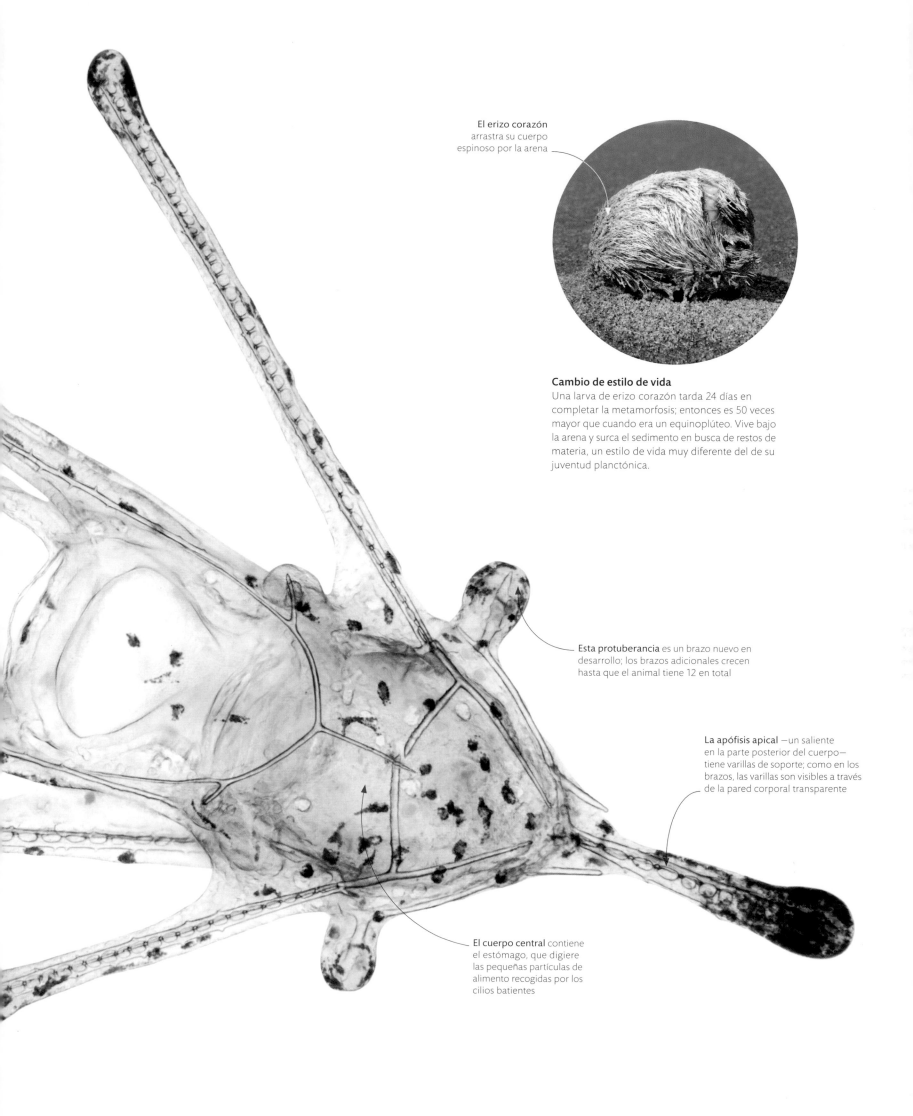

El erizo corazón arrastra su cuerpo espinoso por la arena

Cambio de estilo de vida

Una larva de erizo corazón tarda 24 días en completar la metamorfosis; entonces es 50 veces mayor que cuando era un equinoplúteo. Vive bajo la arena y surca el sedimento en busca de restos de materia, un estilo de vida muy diferente del de su juventud planctónica.

Esta protuberancia es un brazo nuevo en desarrollo; los brazos adicionales crecen hasta que el animal tiene 12 en total

La apófisis apical —un saliente en la parte posterior del cuerpo— tiene varillas de soporte; como en los brazos, las varillas son visibles a través de la pared corporal transparente

El cuerpo central contiene el estómago, que digiere las pequeñas partículas de alimento recogidas por los cilios batientes

crecer por etapas

La cutícula, o exoesqueleto, de un insecto u otro artrópodo es una capa externa resistente, pero, como no está hecha de células vivas, no puede crecer. Por lo tanto, un insecto debe desprenderse varias veces de ella y fabricar una nueva para hacerse más grande. Los tejidos internos forman una nueva cutícula, aún blanda, debajo de la antigua, y desencadenan la acción de un par de glándulas situadas en la parte delantera del cuerpo que segregan una hormona que inicia la muda. La cutícula vieja se afloja y se rompe, y el insecto se libera. La nueva cutícula se expande antes de endurecerse en torno a su dueño crecido.

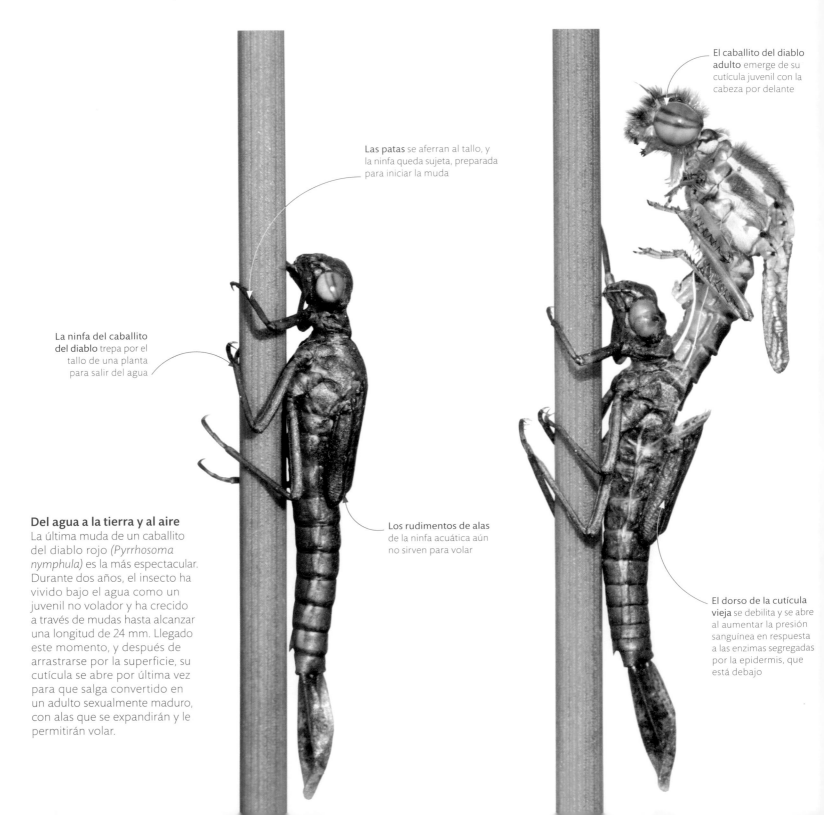

El caballito del diablo adulto emerge de su cutícula juvenil con la cabeza por delante

Las patas se aferran al tallo, y la ninfa queda sujeta, preparada para iniciar la muda

La ninfa del caballito del diablo trepa por el tallo de una planta para salir del agua

Los rudimentos de alas de la ninfa acuática aún no sirven para volar

El dorso de la cutícula vieja se debilita y se abre al aumentar la presión sanguínea en respuesta a las enzimas segregadas por la epidermis, que está debajo

Del agua a la tierra y al aire
La última muda de un caballito del diablo rojo (Pyrrhosoma nymphula) es la más espectacular. Durante dos años, el insecto ha vivido bajo el agua como un juvenil no volador y ha crecido a través de mudas hasta alcanzar una longitud de 24 mm. Llegado este momento, y después de arrastrarse por la superficie, su cutícula se abre por última vez para que salga convertido en un adulto sexualmente maduro, con alas que se expandirán y le permitirán volar.

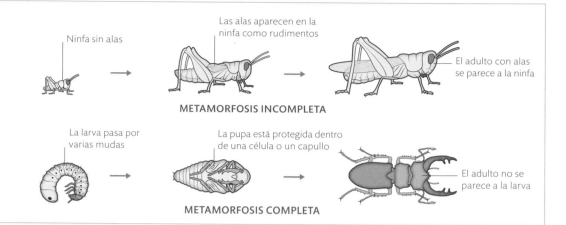

CRECER MEDIANTE METAMORFOSIS

Muchos insectos, entre ellos los saltamontes, tienen metamorfosis incompleta, como la de los caballitos del diablo: mientras crecen son una versión en miniatura del adulto, pero sin alas completamente formadas. Otros, como los escarabajos, pasan por una metamorfosis más completa: la larva es muy diferente del adulto y pasa por una fase de pupa, durante la cual su estructura corporal se reorganiza drásticamente.

Ninfa sin alas

Las alas aparecen en la ninfa como rudimentos

El adulto con alas se parece a la ninfa

METAMORFOSIS INCOMPLETA

La larva pasa por varias mudas

La pupa está protegida dentro de una célula o un capullo

El adulto no se parece a la larva

METAMORFOSIS COMPLETA

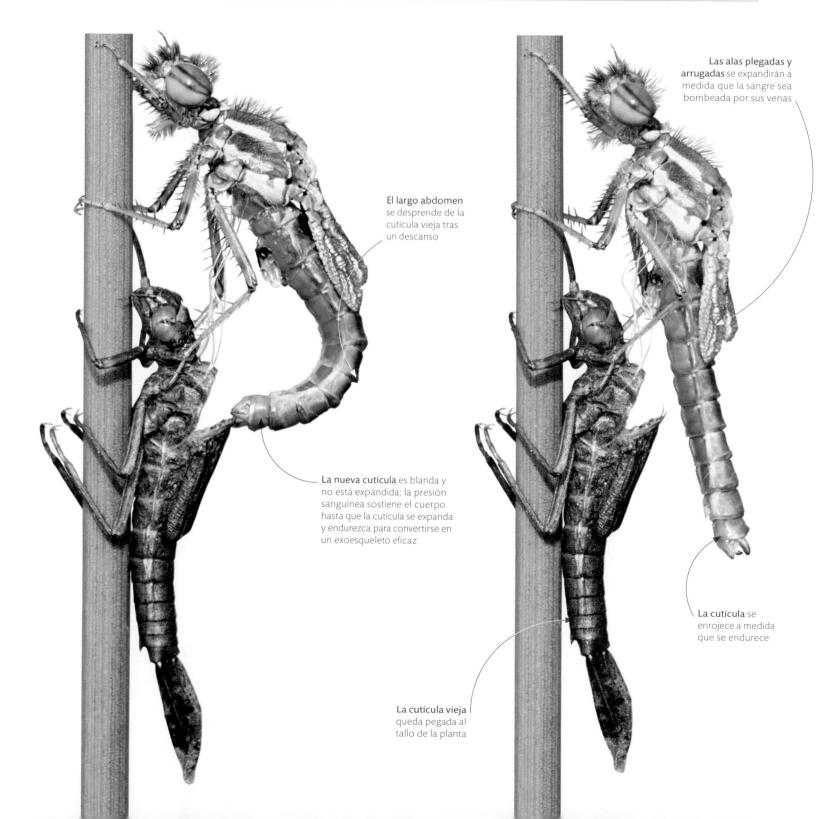

El largo abdomen se desprende de la cutícula vieja tras un descanso

La nueva cutícula es blanda y no está expandida; la presión sanguínea sostiene el cuerpo hasta que la cutícula se expanda y endurezca para convertirse en un exoesqueleto eficaz

Las alas plegadas y arrugadas se expandirán a medida que la sangre sea bombeada por sus venas

La cutícula se enrojece a medida que se endurece

La cutícula vieja queda pegada al tallo de la planta

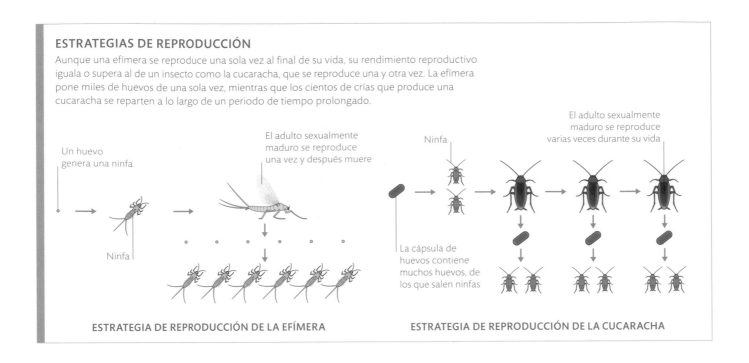

ESTRATEGIAS DE REPRODUCCIÓN

Aunque una efímera se reproduce una sola vez al final de su vida, su rendimiento reproductivo iguala o supera al de un insecto como la cucaracha, que se reproduce una y otra vez. La efímera pone miles de huevos de una sola vez, mientras que los cientos de crías que produce una cucaracha se reparten a lo largo de un periodo de tiempo prolongado.

Un huevo genera una ninfa

El adulto sexualmente maduro se reproduce una vez y después muere

Ninfa

Ninfa

El adulto sexualmente maduro se reproduce varias veces durante su vida

La cápsula de huevos contiene muchos huevos, de los que salen ninfas

ESTRATEGIA DE REPRODUCCIÓN DE LA EFÍMERA

ESTRATEGIA DE REPRODUCCIÓN DE LA CUCARACHA

vida larga, vida corta

En el mundo microscópico, la vida puede ser muy corta o sorprendentemente larga. Algunos animales, como los rotíferos, solo viven unos días; otros, como los tardígrados, sobreviven años en estado latente. Durante una vida larga, un animal puede producir muchas crías si es un adulto sexualmente maduro la mayor parte del tiempo; otros organismos maduran tarde y se reproducen solo una vez, aunque prolíficamente, al final de su vida. Las efímeras viven durante años siendo ninfas (formas juveniles acuáticas). Su metamorfosis en adultos voladores es el principio del fin: a las pocas horas de formar un enjambre para aparearse y esparcir los huevos, todas han perecido.

Adulto de corta vida
Tras haber vivido como una ninfa acuática sin alas, la efímera adulta recién emergida tiene un único objetivo: reproducirse. En la etapa inmadura, sus piezas bucales son masticadoras, por lo que puede alimentarse y crecer, pero la boca del adulto solo absorbe agua, de modo que este apenas tiene energía para volar y aparearse.

Los dos largos cercos pueden tener funciones sensoriales similares a las de las antenas

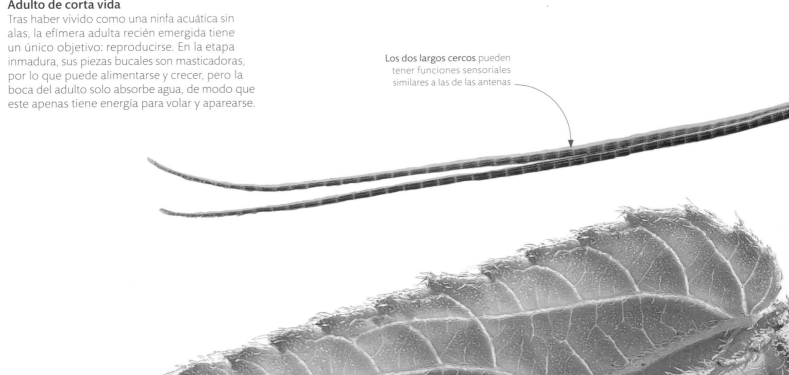

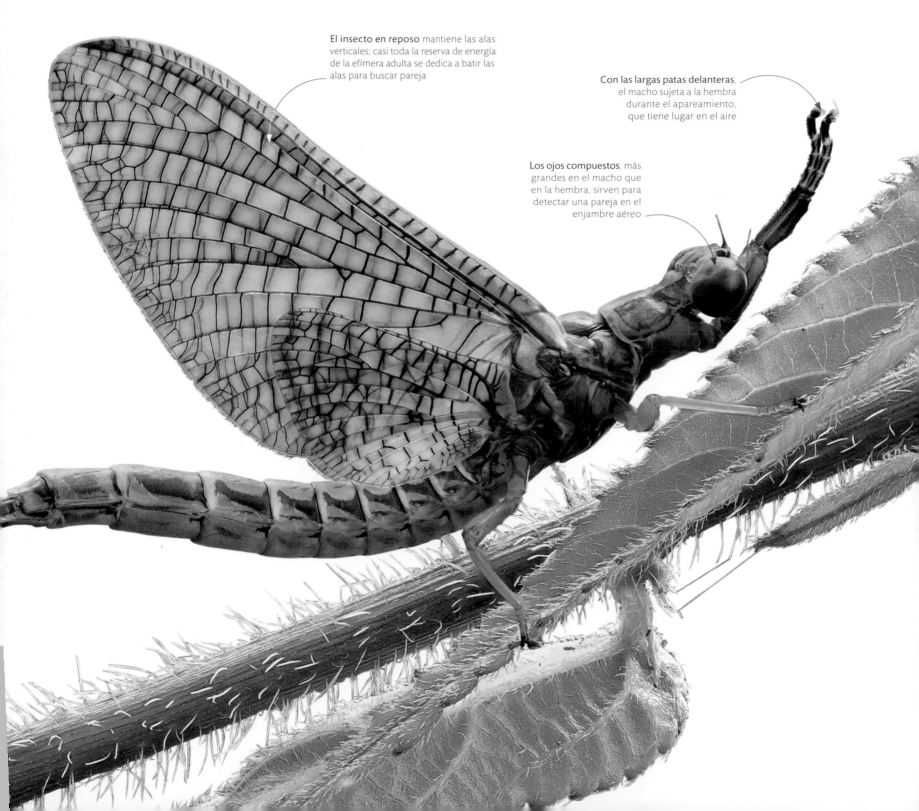

Juventud acuática
Durante casi toda su vida, las efímeras viven bajo el agua en la etapa inmadura de ninfa. La mayoría de las ninfas acumula energía para sus pocas horas de adulto volador alimentándose de algas, diatomeas y restos de materia; unas pocas especies son depredadoras.

Las branquias con forma de hoja, situadas en el abdomen de la ninfa, baten; así absorben mucho oxígeno del agua

El insecto en reposo mantiene las alas verticales; casi toda la reserva de energía de la efímera adulta se dedica a batir las alas para buscar pareja

Con las largas patas delanteras, el macho sujeta a la hembra durante el apareamiento, que tiene lugar en el aire

Los ojos compuestos, más grandes en el macho que en la hembra, sirven para detectar una pareja en el enjambre aéreo

hábitats y estilos de vida

Hay vida microscópica en todos los hábitats imaginables, incluso en los que parecen letalmente inhóspitos. Las aguas superficiales del mar están repletas de nubes de plancton, y el sedimento de las profundidades marinas rezuma microorganismos. Entre las partículas del suelo pululan animales diminutos, y en la piel, los intestinos, la sangre, e incluso el cerebro de organismos más grandes, habitan parásitos invisibles.

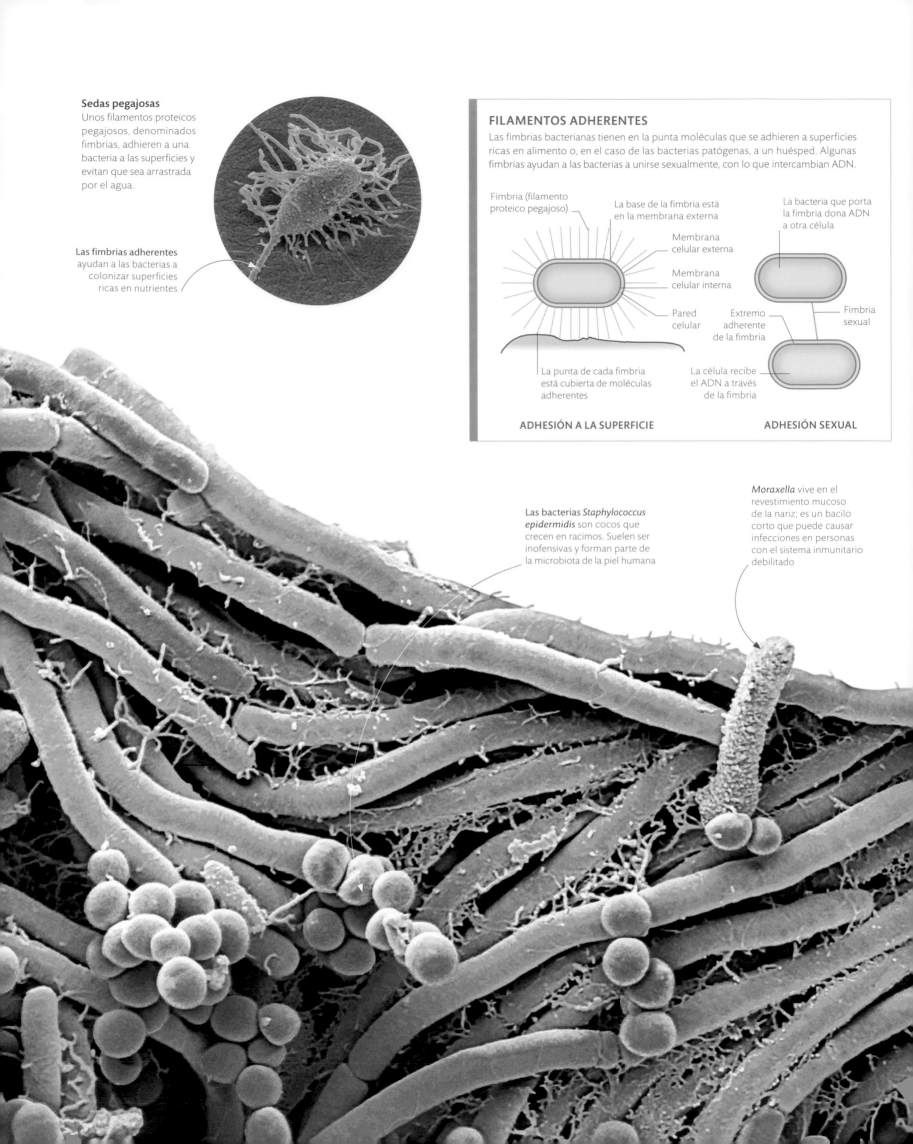

Sedas pegajosas
Unos filamentos proteicos pegajosos, denominados fimbrias, adhieren a una bacteria a las superficies y evitan que sea arrastrada por el agua.

Las fimbrias adherentes ayudan a las bacterias a colonizar superficies ricas en nutrientes

FILAMENTOS ADHERENTES

Las fimbrias bacterianas tienen en la punta moléculas que se adhieren a superficies ricas en alimento o, en el caso de las bacterias patógenas, a un huésped. Algunas fimbrias ayudan a las bacterias a unirse sexualmente, con lo que intercambian ADN.

Fimbria (filamento proteico pegajoso)

La base de la fimbria está en la membrana externa

La bacteria que porta la fimbria dona ADN a otra célula

Membrana celular externa

Membrana celular interna

Pared celular

Extremo adherente de la fimbria

Fimbria sexual

La punta de cada fimbria está cubierta de moléculas adherentes

La célula recibe el ADN a través de la fimbria

ADHESIÓN A LA SUPERFICIE

ADHESIÓN SEXUAL

Las bacterias *Staphylococcus epidermidis* son cocos que crecen en racimos. Suelen ser inofensivas y forman parte de la microbiota de la piel humana

Moraxella vive en el revestimiento mucoso de la nariz; es un bacilo corto que puede causar infecciones en personas con el sistema inmunitario debilitado

bacterias omnipresentes

Las bacterias viven en el suelo, en las superficies y en forma de esporas en el aire. Un puñado de tierra puede contener muchas más bacterias que habitantes ha habido en el planeta en toda la historia. También viven en el cuerpo humano, por dentro y por fuera, donde igualan, o incluso superan, el número de células. Por su tamaño, las bacterias son los colonos perfectos: una bacteria de menos de una décima parte del tamaño de una célula de la piel puede alojarse —con espacio para otras— en un poro microscópico, y la mayoría de ellas tiene fibras proteicas adherentes que hacen de pegamento. A las bacterias que se alimentan de nutrientes orgánicos, los contaminantes invisibles de la grasa, el sudor y otras secreciones les proporcionan el alimento que necesitan para multiplicarse.

Microorganismos en la pantalla
Esta masa enmarañada de bacterias es una muestra procedente de la pantalla táctil de un teléfono móvil. Hay varias especies, tanto bacilos (con forma de bastón) como cocos (esféricos). Se ha comprobado que un móvil medio tiene 18 veces más bacterias potencialmente nocivas que el pulsador de la cisterna de un inodoro. MEB, 21 000×

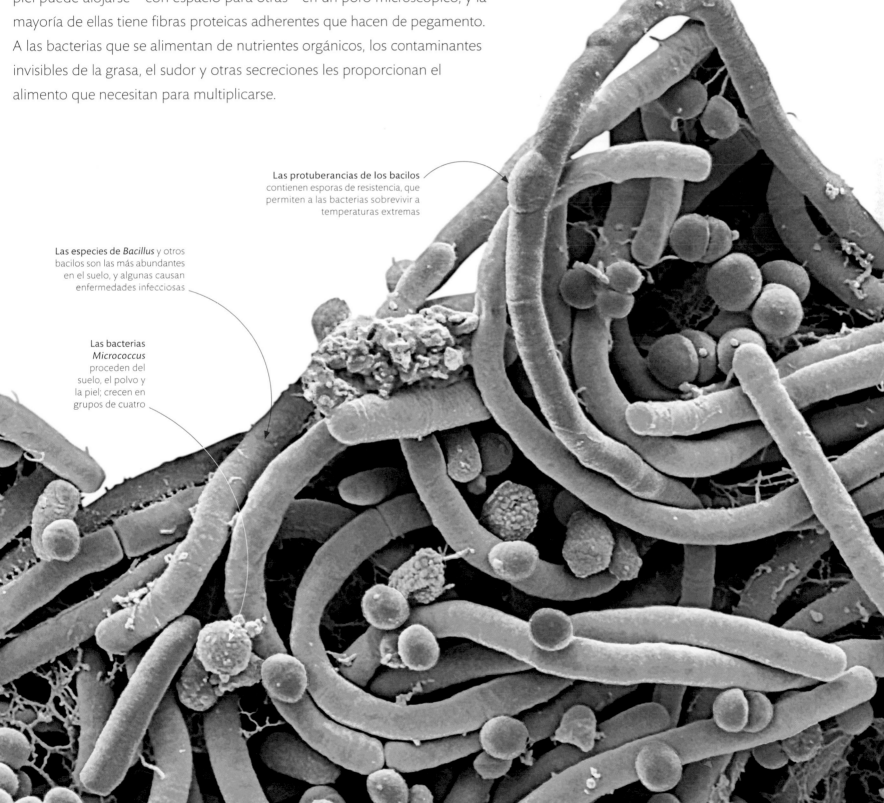

Las protuberancias de los bacilos contienen esporas de resistencia, que permiten a las bacterias sobrevivir a temperaturas extremas

Las especies de *Bacillus* y otros bacilos son las más abundantes en el suelo, y algunas causan enfermedades infecciosas

Las bacterias *Micrococcus* proceden del suelo, el polvo y la piel; crecen en grupos de cuatro

sobrevivir en hábitats extremos

Ciertos hábitats que son extremos para los humanos, resultan el medio idóneo para las formas de vida extremófilas. Casi todas estas son microorganismos unicelulares del grupo de las arqueas, pero algunas bacterias e incluso unos pocos organismos pluricelulares también son extremófilos. Los hay termófilos, o amantes del calor, mientras que los psicrófilos, o criófilos, prosperan en el frío extremo. Los acidófilos viven en condiciones extremadamente ácidas, y los halófilos, en condiciones de alta salinidad. Un organismo adaptado a varias condiciones extremas se denomina poliextremófilo. Muchas arqueas obtienen la energía de compuestos inorgánicos, como el azufre o el amoniaco, que abundan en su entorno extremo particular.

Los arquelos, o filamentos de las arqueas, al igual que los flagelos bacterianos, impulsan la célula a gran velocidad y la fijan a superficies

HIPERTERMÓFILO

La especie *Pyrococcus furiosus* es hipertermófila. Vive a temperaturas incluso superiores a las de los termófilos. Como arquea, tiene similitudes con las bacterias, aparte de sus propias características.

Célula redondeada de 0,8–1,5 micras de diámetro

De un extremo de la célula sobresalen hasta 50 arquelos

PYROCOCCUS FURIOSUS

La vida en una chimenea hidrotermal

Pyrococcus furiosus vive entre el fluido que sale de las chimeneas hidrotermales del fondo marino y el agua fría que rodea a dichas chimeneas. Prospera a 100 °C y muere por debajo de 70 °C. A esas temperaturas se destruyen las proteínas de la mayoría de los organismos, pero las arqueas hipertermófilas, como *Pyrococcus*, tienen enzimas resistentes al calor, y su ADN está protegido por proteínas también resistentes. MEB, 24 000×

¿DÓNDE VIVEN LOS EXTREMÓFILOS?

Los extremófilos prosperan en lugares inhóspitos, tanto en la tierra como en el mar: fuentes termales, volcanes, desiertos, casquetes glaciares y permafrost. Otros viven en chimeneas hidrotermales, fosas marinas profundas y lagos anóxicos (sin oxígeno disuelto). Incluso crecen en lugares contaminados con sustancias orgánicas, metales pesados, compuestos ácidos de minas y residuos nucleares.

Las células forman una capa viva, o biopelícula, y se comunican a través de una red de arquelos

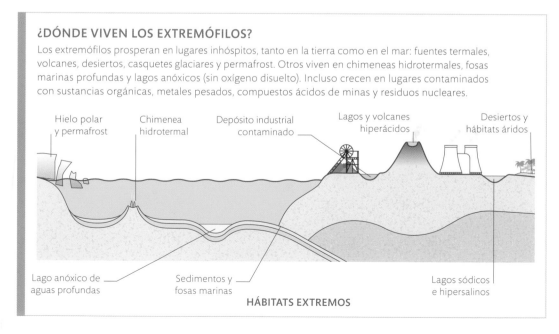

Hielo polar y permafrost

Chimenea hidrotermal

Depósito industrial contaminado

Lagos y volcanes hiperácidos

Desiertos y hábitats áridos

Lago anóxico de aguas profundas

Sedimentos y fosas marinas

Lagos sódicos e hipersalinos

HÁBITATS EXTREMOS

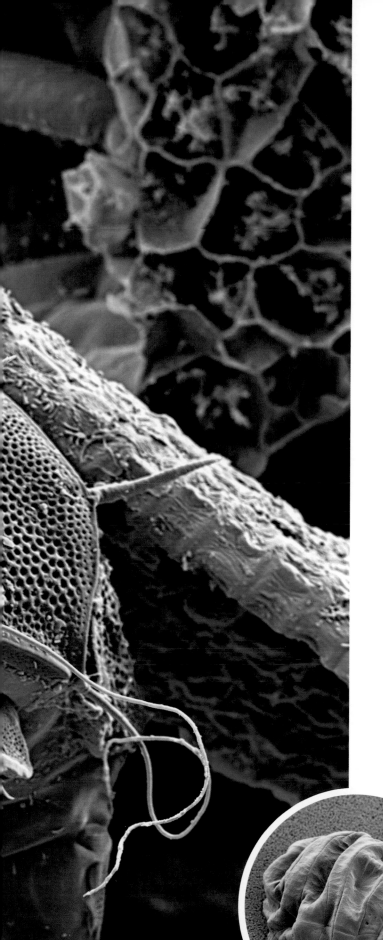

Los tardígrados son unos animales microscópicos con una resistencia asombrosa. Deben estar rodeados de agua para crecer y mantenerse activos, pero ya sea entre marañas de desechos o entre granos de arena, proliferan en gran número. En condiciones extremas, estos animales interrumpen casi todas las funciones corporales vitales a fin de sobrevivir.

tardígrados destacado

Ante las condiciones difíciles, un tardígrado tiene una respuesta extraordinaria: retrae las patas, pierde agua y segrega una cubierta resistente; así se convierte en una bola inactiva con forma de tonel (abajo se muestra la de *Paramacrobiotus kenianus*). Su metabolismo se detiene por completo, y los signos externos de vida desaparecen. Los científicos que estudian ese estado de latencia, o criptobiosis, han sumergido tardígrados en helio líquido, los han sometido a radiación ionizante e incluso los han enviado al espacio. A todo han sobrevivido.

No se sabe muy bien por qué estos animales son tan resistentes. Además, en estado latente se dispersan como el polvo en el viento, lo que permite a muchas especies una amplia distribución mundial. Esa capacidad de resistencia permite a algunos tardígrados tolerar hábitats demasiado extremos para la mayoría de las formas de vida, como son el casquete glaciar de Groenlandia o las profundidades marinas. Un extraño cóctel de genes explicaría tales adaptaciones: casi una quinta parte del ADN de los tardígrados parece ser ajeno, obtenido de otros microorganismos, algunos de los cuales viven y prosperan en condiciones extremas.

La cabeza y las patas se retraen al mismo tiempo que el animal se deshidrata; así sobrevive a condiciones de extrema sequedad

estado de latencia

Armadura en miniatura
Los tardígrados son casi incoloros, pero las duras placas de la cutícula de *Echiniscus granulatus* son marrones. Las espinas y los filamentos le proporcionan cierta protección adicional contra pequeños depredadores y las cuatro uñas de cada pata le sirven para aferrarse a la vegetación. MEB, 1500×

sobrevivir al frío

Los líquenes son una asociación entre un hongo y un alga o una cianobacteria. El hongo proporciona la estructura y almacena agua, mientras que el alga realiza la fotosíntesis y produce alimento para ambos (pp. 316–317). Juntos sobreviven a condiciones mucho más duras que las que resistirían por separado. Los líquenes pueden realizar la fotosíntesis a –20 °C, ya que tienen un anticongelante natural en las células. Se estima que hay líquenes en el 80 % de la superficie terrestre. Además, son las especies dominantes en la tundra polar, y se han registrado ocho especies en un radio de 670 km en el Polo Sur.

Liquen visto de cerca
El liquen de los renos (*Cladonia rangiferina*) crece en la tundra ártica. Es un liquen fruticoso (por su estructura ramificada), de color gris pálido. MEB, 250×

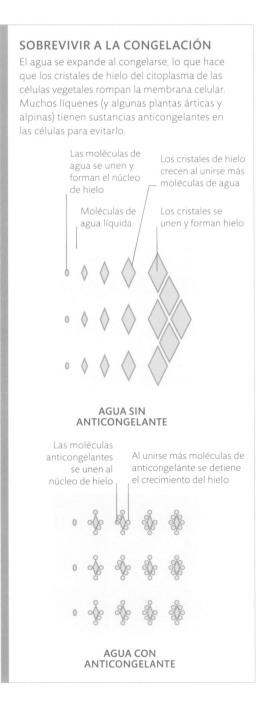

SOBREVIVIR A LA CONGELACIÓN
El agua se expande al congelarse, lo que hace que los cristales de hielo del citoplasma de las células vegetales rompan la membrana celular. Muchos líquenes (y algunas plantas árticas y alpinas) tienen sustancias anticongelantes en las células para evitarlo.

Las moléculas de agua se unen y forman el núcleo de hielo

Los cristales de hielo crecen al unirse más moléculas de agua

Moléculas de agua líquida

Los cristales se unen y forman hielo

AGUA SIN ANTICONGELANTE

Las moléculas anticongelantes se unen al núcleo de hielo

Al unirse más moléculas de anticongelante se detiene el crecimiento del hielo

AGUA CON ANTICONGELANTE

Alimento de renos
Los líquenes tienen poco valor nutritivo, pero son fáciles de conseguir en las regiones árticas. En invierno constituyen entre el 60 y el 70 % de la dieta de los renos, que hurgan bajo de la nieve para encontrarlos.

Los renos comen hasta 2 kg de líquenes al día

El alga se esconde dentro de la estructura del liquen

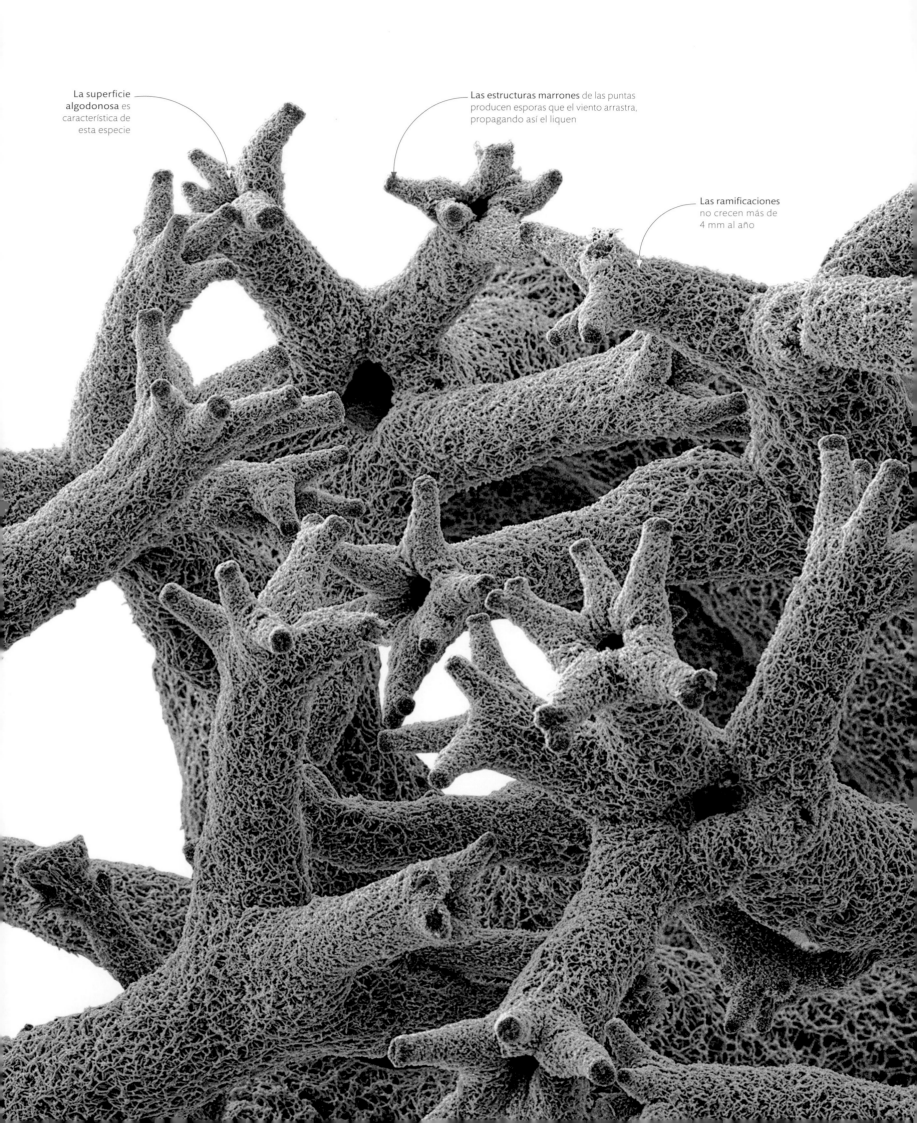

La superficie **algodonosa** es característica de esta especie

Las estructuras marrones de las puntas producen esporas que el viento arrastra, propagando así el liquen

Las ramificaciones no crecen más de 4 mm al año

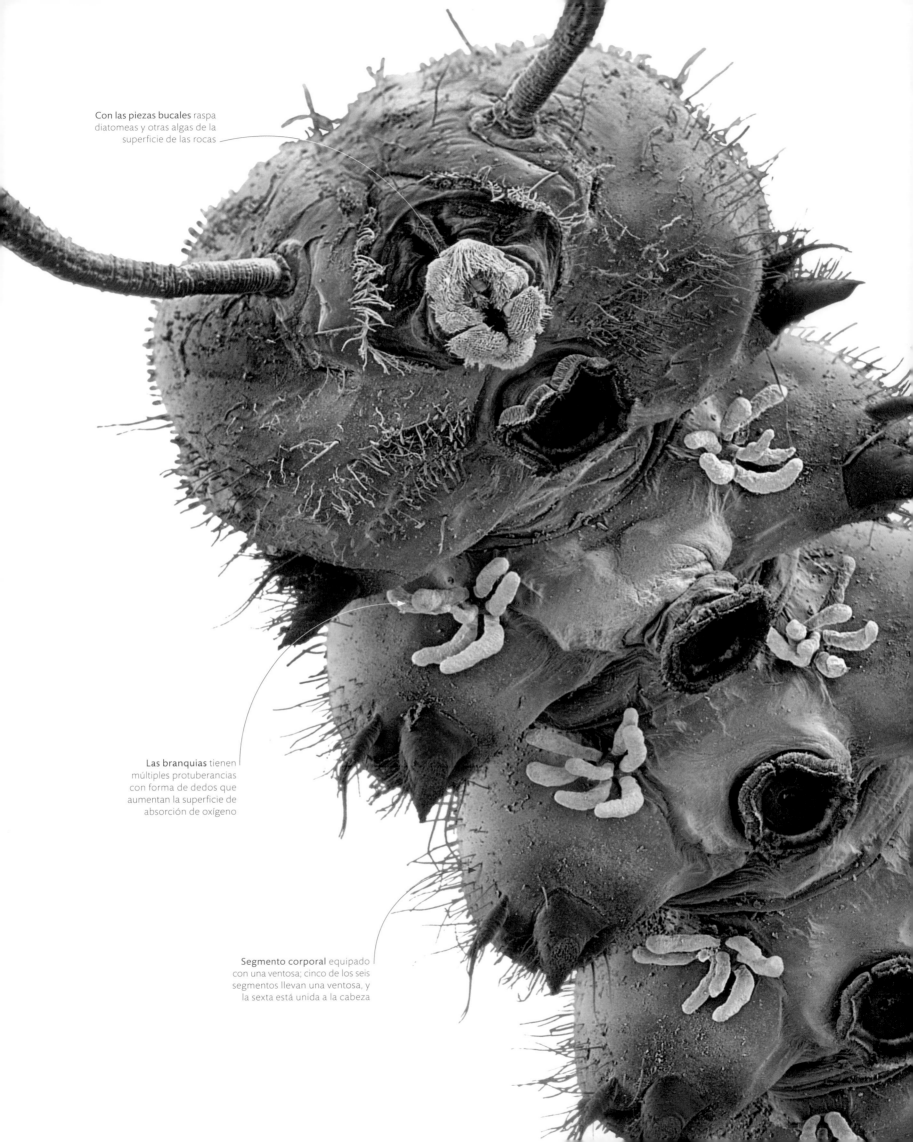

Con las piezas bucales raspa diatomeas y otras algas de la superficie de las rocas

Las branquias tienen múltiples protuberancias con forma de dedos que aumentan la superficie de absorción de oxígeno

Segmento corporal equipado con una ventosa; cinco de los seis segmentos llevan una ventosa, y la sexta está unida a la cabeza

Microventosas

La parte delantera de una larva del insecto *Liponeura cinerascens* muestra que este es un reofílico magníficamente adaptado, un animal que prospera en aguas rápidas. Las garras y las ventosas le sirven para agarrarse, mientras que las branquias blancas captan mucho oxígeno del agua aireada. El oxígeno impulsa los músculos, que trabajan para mantener el cuerpo pegado al lecho del río. MEB, 40×

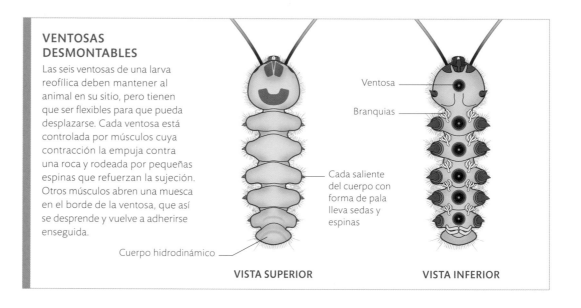

VENTOSAS DESMONTABLES

Las seis ventosas de una larva reofílica deben mantener al animal en su sitio, pero tienen que ser flexibles para que pueda desplazarse. Cada ventosa está controlada por músculos cuya contracción la empuja contra una roca y rodeada por pequeñas espinas que refuerzan la sujeción. Otros músculos abren una muesca en el borde de la ventosa, que así se desprende y vuelve a adherirse enseguida.

Ventosa

Branquias

Cada saliente del cuerpo con forma de pala lleva sedas y espinas

Cuerpo hidrodinámico

VISTA SUPERIOR

VISTA INFERIOR

Con las gruesas garras, formadas por la cutícula endurecida, la larva se agarra a superficies irregulares

agarradas a las piedras

En un arroyo de corriente rápida hay mucho oxígeno, pero los pequeños invertebrados corren el riesgo de que los arrastre al agua. Tienen que ser capaces de aferrarse con fuerza a las rocas y las plantas. Muchos tienen garras y forma aplanada e hidrodinámica. Los blefaricéridos, que viven en ríos de alta montaña, son insectos voladores de aspecto frágil cuyas larvas resisten las aguas torrenciales: se aferran con sus seis ventosas a las piedras del lecho del río, pero se sueltan y se enganchan rápidamente cuando se desplazan raspando diatomeas (algas microscópicas). En ese violento hábitat, las diminutas larvas se arrastran hacia delante, hacia atrás e incluso hacia los lados contra la corriente.

Insectos alpinos

Los blefaricéridos adultos ponen los huevos en arroyos de las tierras altas durante el verano. La larva que sale de un huevo se metamorfosea primero en pupa acuática y luego en adulto volador.

Las alas de los blefaricéridos parecen una red de finos pliegues

COMPONENTES DEL PLANCTON MARINO

Las especies planctónicas se agrupan según su tamaño, desde los grandes sargazos que flotan libremente y los hidrozoos similares a las medusas hasta las diminutas cianobacterias. Los organismos más grandes —mega, macro y mesoplancton— integran en su mayoría el zooplancton, si bien hay también algunas macroalgas flotantes y fotosintetizadoras. El picoplancton reúne los organismos fotosintetizadores más pequeños y abundantes de la Tierra.

Megaplancton 20–200 cm

Macroplancton 2–20 cm

Mesoplancton 0,2–20 mm

Microplancton 20–200 micras

Nanoplancton 2–20 micras

Picoplancton 0,2–2 micras

Sargazo
Hidrozoo colonial
Medusa
Pequeño ctenóforo
Kril
Gusano flecha
Anfípodo *Hyperia*
Dinoflagelado *Noctiluca*
Copépodo
Dinoflagelado
Radiolario
Diatomea
Cocolitófora
Criptófita
Cianobacterias y otras bacterias

CLASES DE PLANCTON POR TAMAÑO

plancton marino

El plancton marino consiste en organismos diminutos que son claves en la red alimentaria marina y en el ciclo global del carbono. Sus organismos se desplazan con las corrientes marinas y dependen de ellas para dispersarse, incluso las especies que pueden nadar. El fitoplancton fabrica sus nutrientes mediante fotosíntesis y vive en las aguas superficiales, iluminadas por el sol. El zooplancton se compone de pequeños animales y microorganismos, como los radiolarios y los foraminíferos; algunos se alimentan de fitoplancton, y otros, de zooplancton más pequeño.

Multitud de formas

Los rasgos de algunas larvas planctónicas (meroplancton) dan pistas sobre su forma adulta, como muestra este grabado de principios del siglo xx. Abajo a la izquierda se ve un erizo de mar; arriba a la derecha, una larva de ofiura; debajo, una larva zoea de cangrejo, y abajo a la derecha, una larva de ostra. Hay otros rasgos propios del plancton, como los brazos espinosos o aplanados, que protegen de los depredadores y sirven de estabilizadores en la corriente.

Estilos de vida planctónicos

El fitoplancton comprende organismos de numerosos grupos, como los dinoflagelados, las diatomeas y las cianobacterias. La forma ovalada y aplanada de muchos de ellos maximiza su exposición a la luz solar. El zooplancton se divide en holoplancton, cuyos miembros pasan toda su vida en el plancton, y meroplancton, cuyos integrantes son planctónicos solo mientras son larvas o inmaduros, pero al llegar a adultos pueden vivir en el fondo del mar o convertirse en potentes nadadores.

Esta alga unicelular tiene frústulos (paredes celulares silíceas con dibujos)

Este caracol planctónico nada agitando los parapodios con forma de ala

Los peces jóvenes flotan en las corrientes y se trasladan a aguas profundas en su forma adulta

FITOPLANCTON
Diatomea
Navicula febigerii

HOLOPLANCTON
Opistobranquio
Limacina helicina

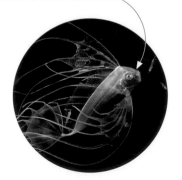

MEROPLANCTON
Cintilla
Trachipterus trachypterus

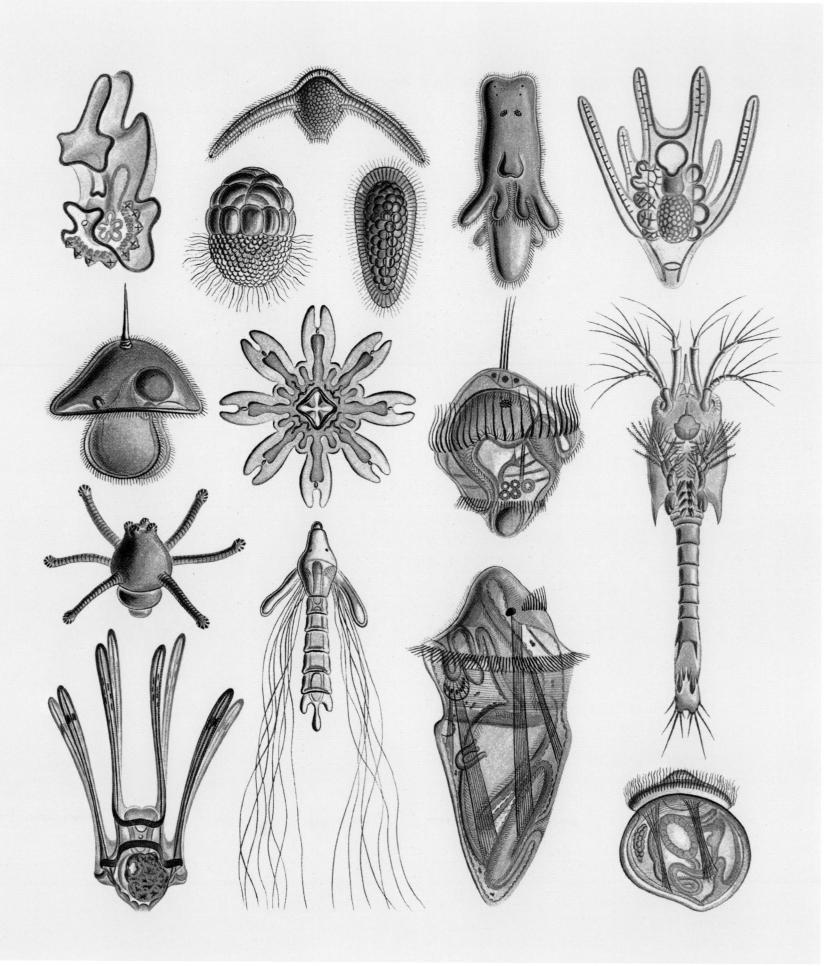

En los hábitats acuáticos, desde charcas hasta las profundidades oceánicas, abundan unos crustáceos microscópicos llamados copépodos («pies de remo») por la manera en que muchos agitan sus apéndices plumosos en la columna de agua. De las aproximadamente 12 000 especies que existen, unas 9000 son de agua salada. Además de ser planctónicos, están ampliamente representados en el sedimento oceánico, en el mantillo húmedo

destacado copépodos

e incluso en los charquitos de las hojas de plantas que crecen en árboles de la selva tropical.

Los copépodos suelen medir menos de 2 mm de diámetro y tener el cuerpo con forma de lágrima, cubierto por un exoesqueleto fino y transparente a través del cual absorben el oxígeno del agua. Casi todas las especies poseen un solo ojo compuesto rojo en la parte superior de la cabeza (de ahí el nombre del género de agua dulce *Cyclops*), un par de grandes antenas y otro más pequeño y discreto. En la parte inferior tienen entre cuatro y cinco pares de apéndices con forma de extremidades, además de otro par que sirve de aparato bucal y filtra el alimento del agua. Se alimentan de elementos microscópicos, sobre todo fitoplancton o restos orgánicos. Algunos son parásitos y se adhieren a peces, ballenas y otros animales marinos.

Durante el apareamiento, el macho sujeta a la hembra por las antenas y le transfiere el esperma con las extremidades. De cada huevo sale un nauplio, una forma larvaria cuyo cuerpo se reduce a la cabeza, los apéndices y una cola simple, y que desarrolla el tórax y el abdomen de la forma adulta tras sucesivas mudas.

La hembra libera los huevos de los sacos adheridos al abdomen

copépodos del género Cyclops

Diversidad de los copépodos
Muchos copépodos van a la deriva en el plancton, como este calanoide (arriba, izda.; MO, 150×) y la larva nauplio (arriba, dcha.; MO, 600×). Otros, como este harpacticoide (abajo; MO, 300×), viven en el sedimento del fondo.

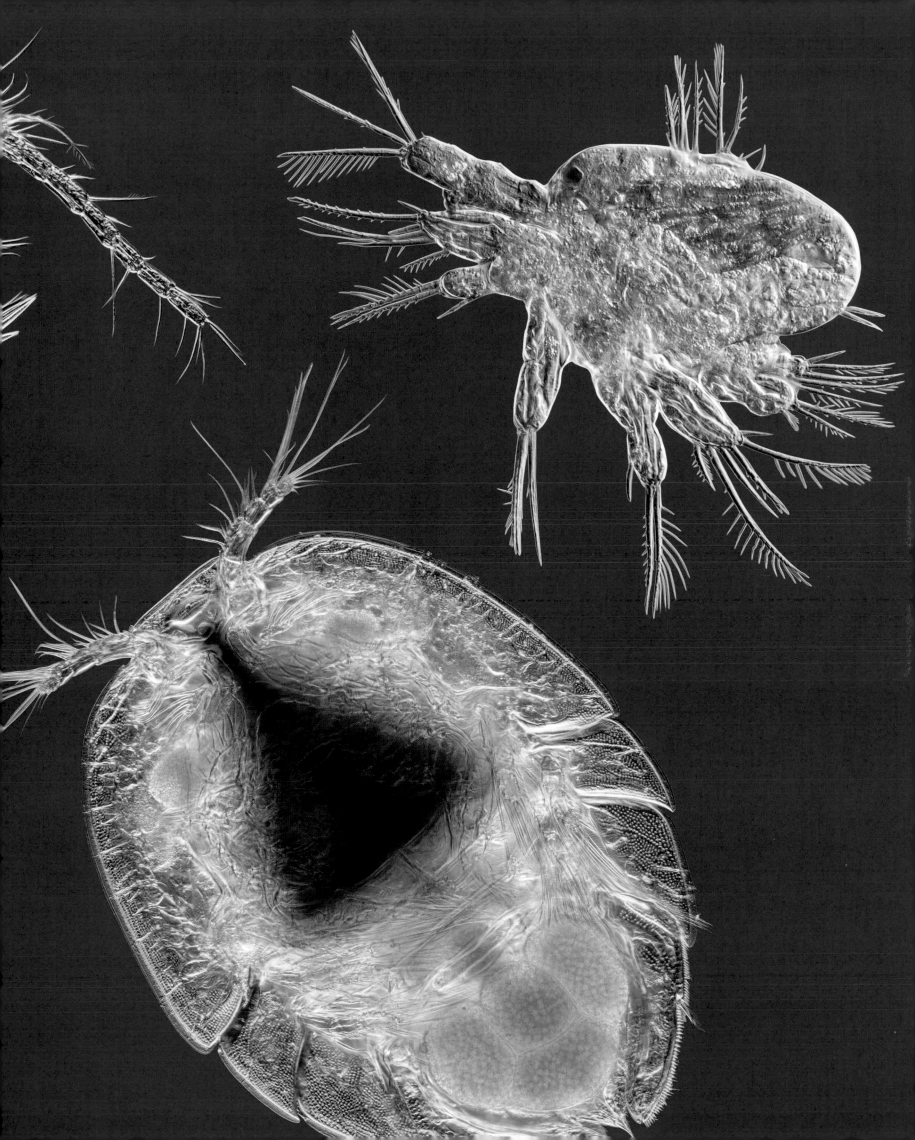

Algas

Como las plantas, las algas tienen pigmentos verdes (clorofilas), que absorben la luz durante la fotosíntesis y producen glúcidos y otras moléculas orgánicas, pero carecen de estructura de hojas y raíces. Muchas son unicelulares o tienen células que se agrupan en colonias con forma de filamento o de esfera. La célula de las pequeñas y sencillas cianobacterias, como la de las bacterias, carece de núcleo; es decir, es procariota; en realidad, las cianobacterias no son algas, sino bacterias. Las algas verdaderas tienen células complejas (eucariotas), con el ADN dentro del núcleo y la clorofila dentro de cloroplastos.

Las células rojas redondeadas pueden hacer que el agua poco profunda parezca rosa

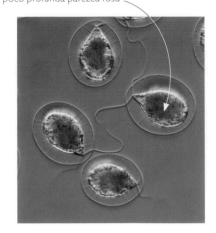

CLORÓFITA
Haematococcus pluvialis

Las diatomeas doradas con forma de cuña comparten un pedúnculo fijado al fondo de la charca

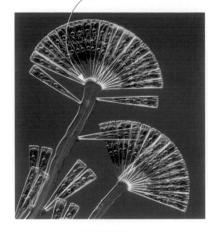

DIATOMEA
Licmophora flabellata

La célula con forma de estrella está formada por dos semicélulas simétricas

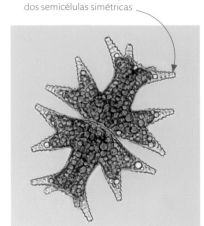

DESMIDIAL
Micrasterias sp.

Esta alga verde forma una colonia con forma de disco cuando se dividen las células

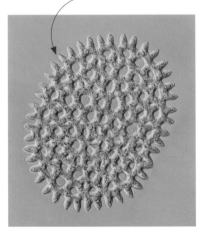

CLORÓFITA
Pediastrum duplex

Los cloroplastos forman una espiral dentro de la cadena de células transparentes

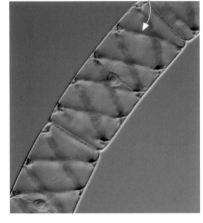

CARÓFITA
Spirogyra sp.

En las colonias llamadas cenobios las células se interconectan en una disposición fija

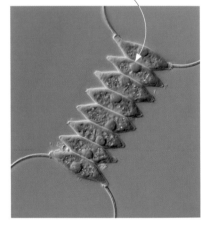

CLORÓFITA
Scenedesmus sp.

Protozoos

Unicelulares o coloniales, los protozoos tienen células eucariotas, es decir, con núcleo y otras estructuras. Consumen alimentos orgánicos, a veces como depredadores o parásitos. Necesitan buscar fuentes de alimento, así que suelen ser más móviles que la mayoría de las algas. Algunos tienen cilios o flagelos con los que se propulsan o generan corrientes para capturar alimento; otros se arrastran sobre seudópodos, que son prolongaciones del citoplasma.

El parásito con forma de disco se adhiere al huésped y se lleva el alimento a la boca con los cilios

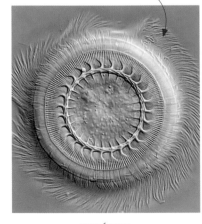

PARÁSITO
Trichodina pediculus

Las proyecciones tubulares le sirven para flotar y capturar alimento

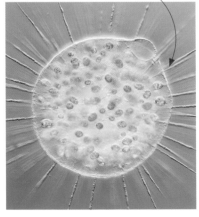

DEPREDADOR
Actinosphaerium eichhorni

La célula está envuelta en motas de polvo mineral pegadas al caparazón

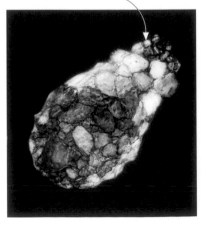

DEPREDADOR
Difflugia sp.

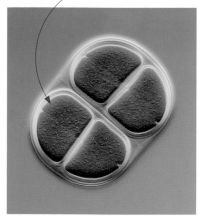

CIANOBACTERIA
Chroococcus turgidus

La célula redondeada está dividida en dos semicélulas con un núcleo común en el centro

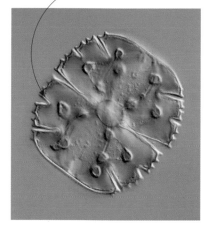

DESMIDIAL
Micrasterias truncata

Colonia con forma de flor de células ciliadas unidas a un solo pedúnculo

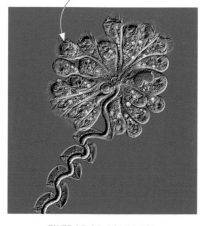

FILTRADOR COLONIAL
Apocarchesium sp.

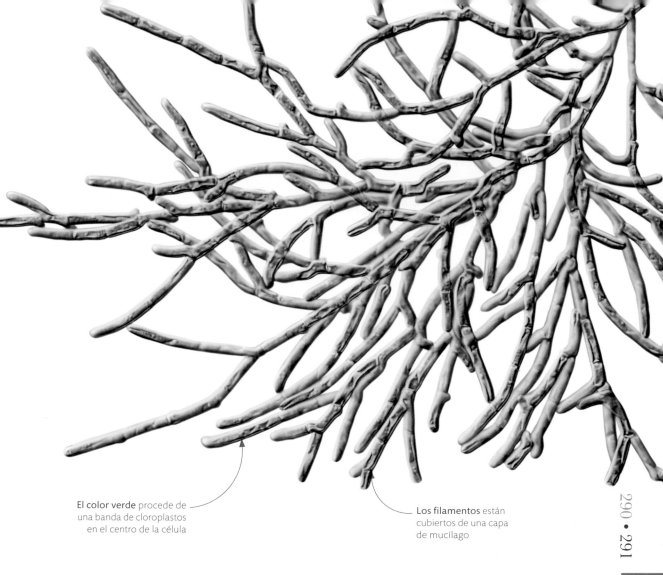

El color verde procede de una banda de cloroplastos en el centro de la célula

Los filamentos están cubiertos de una capa de mucílago

Algas ramificadas
Esta alga verde ramificada, *Microthamnion* sp., se encuentra en aguas dulces frías y claras. Su estructura es aparentemente sencilla. Cada una de las frondas ramificadas es una cadena de filamentos de células.

microorganismos de charca

La vida microscópica de las charcas es rica. Las algas, unicelulares y pluricelulares, realizan la fotosíntesis gracias a la luz solar. Los protozoos cazan presas o se alimentan de vegetación y restos de materia orgánica. Muchos organismos de esta compleja comunidad son planctónicos, y otros viven en el fondo, donde se acumula materia orgánica muerta. Los microorganismos son cruciales: la fotosíntesis hace de las algas las productoras de alimento para toda la red trófica, mientras que muchos de los protozoos ramoneadores descomponen los residuos.

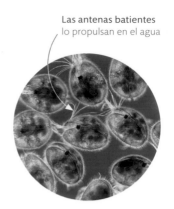

Las antenas batientes
lo propulsan en el agua

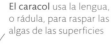
El caracol usa la lengua,
o rádula, para raspar las
algas de las superficies

La larva agarra peces u otras
presas grandes con las largas
y puntiagudas mandíbulas

RAMONEADOR PLANCTÓNICO
Ostrácodo
Cypris sp.

RAMONEADOR DEL FONDO
Caracol diablo
Planorbis planorbis

MESODEPREDADOR
Escarabajo buceador
Dytiscus sp.

La comunidad
Los invertebrados dominan los ecosistemas de las charcas. Los crustáceos nadadores, como los ostrácodos, atrapan plancton en aguas abiertas. Los herbívoros ramoneadores, como los caracoles, raspan algas de las superficies, y las larvas de escarabajos depredadores cazan en el fondo.

comunidades de agua dulce

Todos los seres vivos dependen de otros: plantas que absorben minerales reciclados por los descomponedores, depredadores que cazan presas y parásitos que viven en un huésped. En una charca de agua dulce, los seres más diminutos se interrelacionan en microhábitats. Las charcas dependen de la rica diversidad de vida microscópica (lombrices, crustáceos y ácaros) que transmite la energía y los nutrientes de las algas fotosintetizadoras a los herbívoros y los carnívoros.

Depredador diminuto
A pesar de ser casi invisibles, los ácaros de agua dulce son por lo general depredadores y capturan presas, como larvas de insectos, mucho más grandes que ellos. Esta imagen revela la extraordinaria anatomía de la parte inferior de *Frontipoda*. Las patas están delante de los ojos, que aquí se ven como manchas rojas, y fusionadas en la base. MEB, 350×

RED TRÓFICA DE UNA CHARCA

La vegetación da sombra, por lo que las plantas acuáticas de la orilla solo crecen en zonas soleadas. Gran parte de la energía procede de las hojas caídas, que se comen los animales cuyo alimento consiste en restos de materia. Las algas unicelulares del plancton de las aguas medias realizan gran parte de la fotosíntesis de la charca y producen alimento junto con las plantas. La energía de ese alimento y de la materia orgánica se transfiere a organismos sucesivamente superiores de la cadena alimentaria.

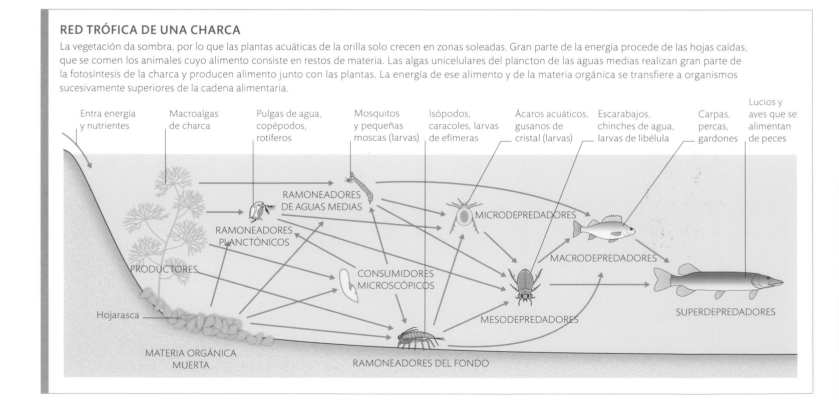

Entra energía y nutrientes

Macroalgas de charca

Pulgas de agua, copépodos, rotíferos

Mosquitos y pequeñas moscas (larvas)

Isópodos, caracoles, larvas de efímeras

Ácaros acuáticos, gusanos de cristal (larvas)

Escarabajos, chinches de agua, larvas de libélula

Carpas, percas, gardones

Lucios y aves que se alimentan de peces

RAMONEADORES DE AGUAS MEDIAS

RAMONEADORES PLANCTÓNICOS

MICRODEPREDADORES

PRODUCTORES

CONSUMIDORES MICROSCÓPICOS

MACRODEPREDADORES

Hojarasca

MESODEPREDADORES

SUPERDEPREDADORES

MATERIA ORGÁNICA MUERTA

RAMONEADORES DEL FONDO

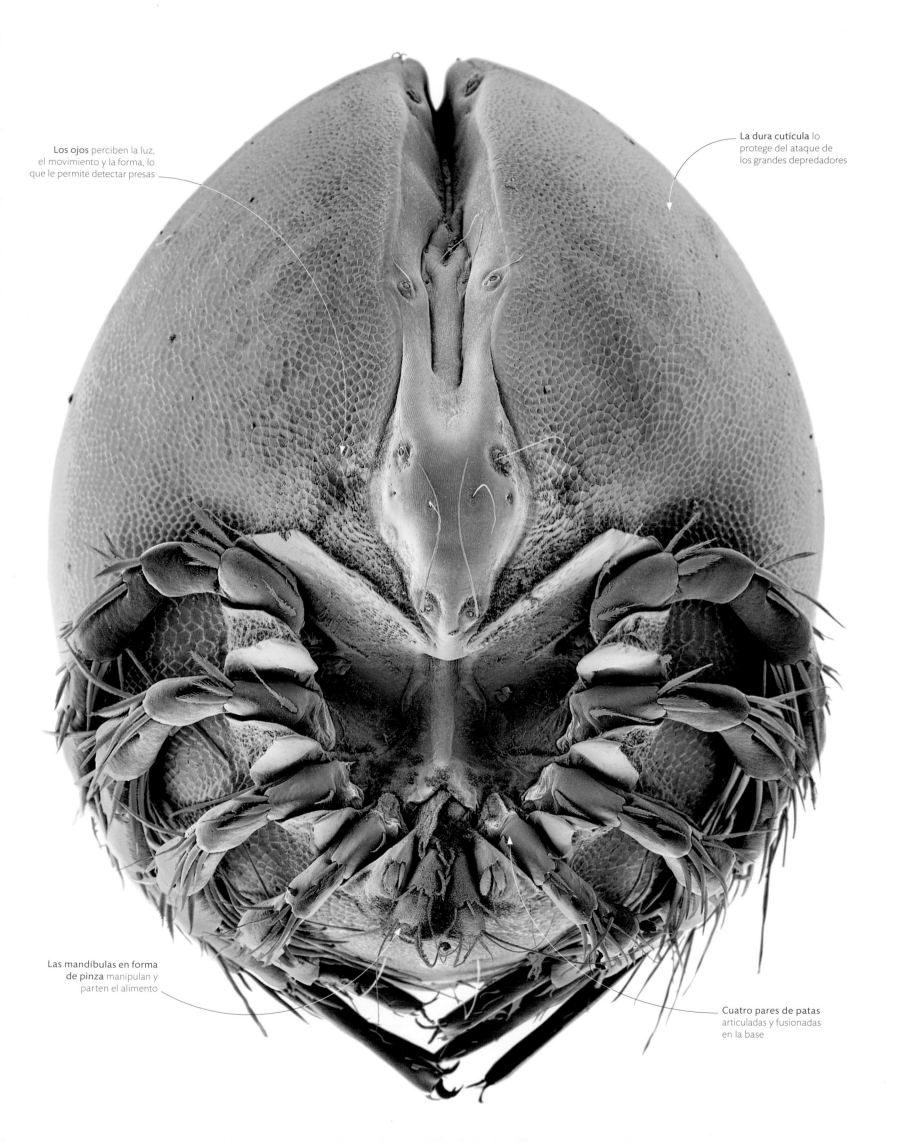

Los ojos perciben la luz, el movimiento y la forma, lo que le permite detectar presas

La dura cutícula lo protege del ataque de los grandes depredadores

Las mandíbulas en forma de pinza manipulan y parten el alimento

Cuatro pares de patas articuladas y fusionadas en la base

Los nematodos, cuyo nombre significa «con forma de hilo», están por todas partes. En la Tierra suman más individuos que todos los demás animales juntos. Se calcula que hay en torno a un millón de especies de nematodos y unos 60 000 millones de estos gusanos por cada ser humano vivo hoy día. Se dice que, si los minerales y las rocas del planeta desaparecieran, la superficie de la Tierra se vería como un hervidero de nematodos. Se han

nematodos

encontrado en minas a 3 km bajo la superficie y sobreviven al calor de los desiertos y las aguas termales, al frío del desierto polar y a la presión del sedimento marino.

Se cree que los nematodos, o gusanos redondos o cilíndricos, representan algo parecido a la forma primitiva del grupo de animales que dio lugar a los insectos, las arañas y los crustáceos. La mayoría de ellos solo mide unas pocas micras (millonésimas de metro) de ancho y no crece más de 2,5 mm. Sin embargo, algunos nematodos parásitos pueden ser mucho más grandes, hasta alcanzar los 35 cm en los seres humanos y 8,4 m en los cachalotes. Los de vida libre son importantes detritívoros, es decir, se alimentan de materia orgánica muerta.

Muchos han adoptado formas de vida parasitarias y son transportados por otros animales o se alojan en ellos. Aunque muchas infecciones son en gran medida inofensivas y fáciles de tratar, otras causan problemas de salud a largo plazo —como la ceguera de los ríos y la elefantiasis—, e incluso pueden ser mortales.

Con los órganos sensoriales, los nematodos huelen, saborean, tocan y sienten la temperatura

órganos sensoriales en torno a la boca

Gusano del suelo
A diferencia del de otros gusanos, el cuerpo de los nematodos no está segmentado. Este *Caenorhabditis elegans* macho tiene una cutícula elástica con crestas que le sirven para agarrarse. Los músculos discurren a lo largo del cuerpo y lo hacen moverse mediante contracciones rítmicas. MEB, 650×

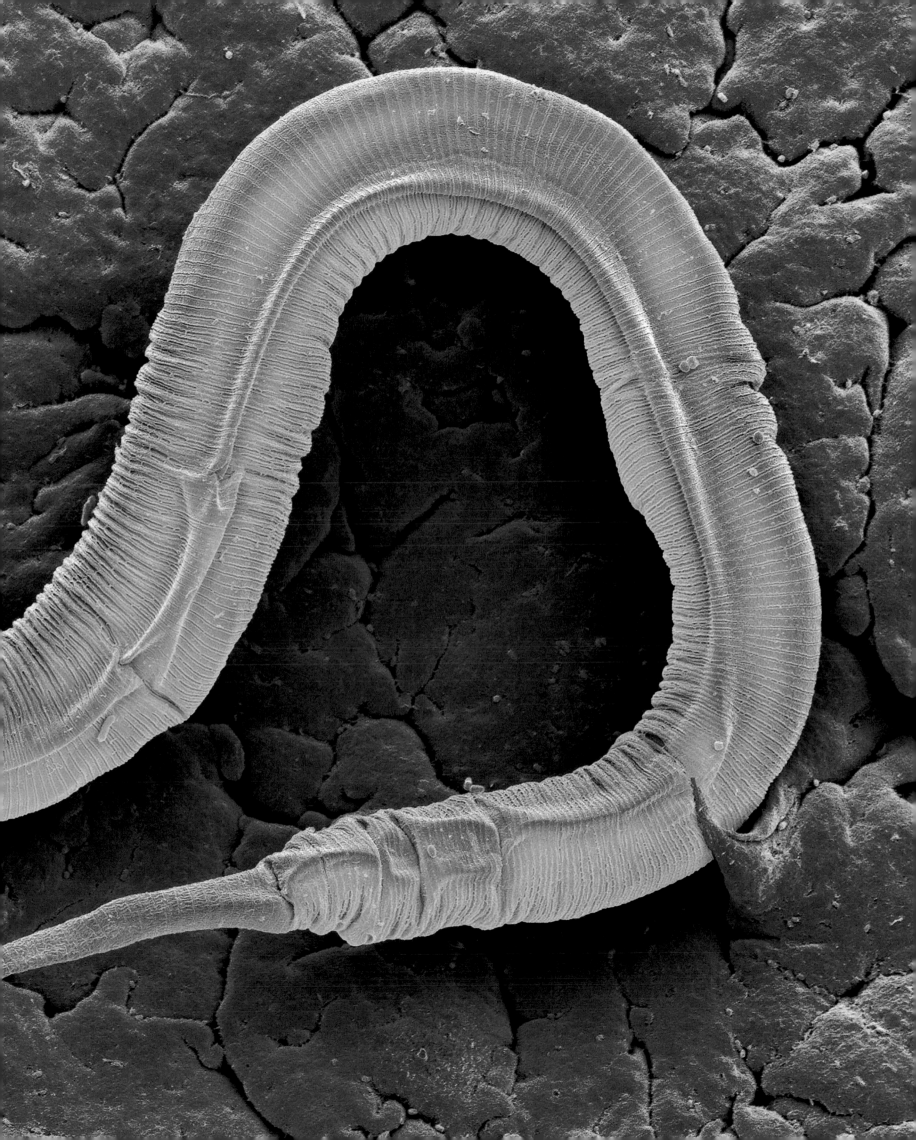

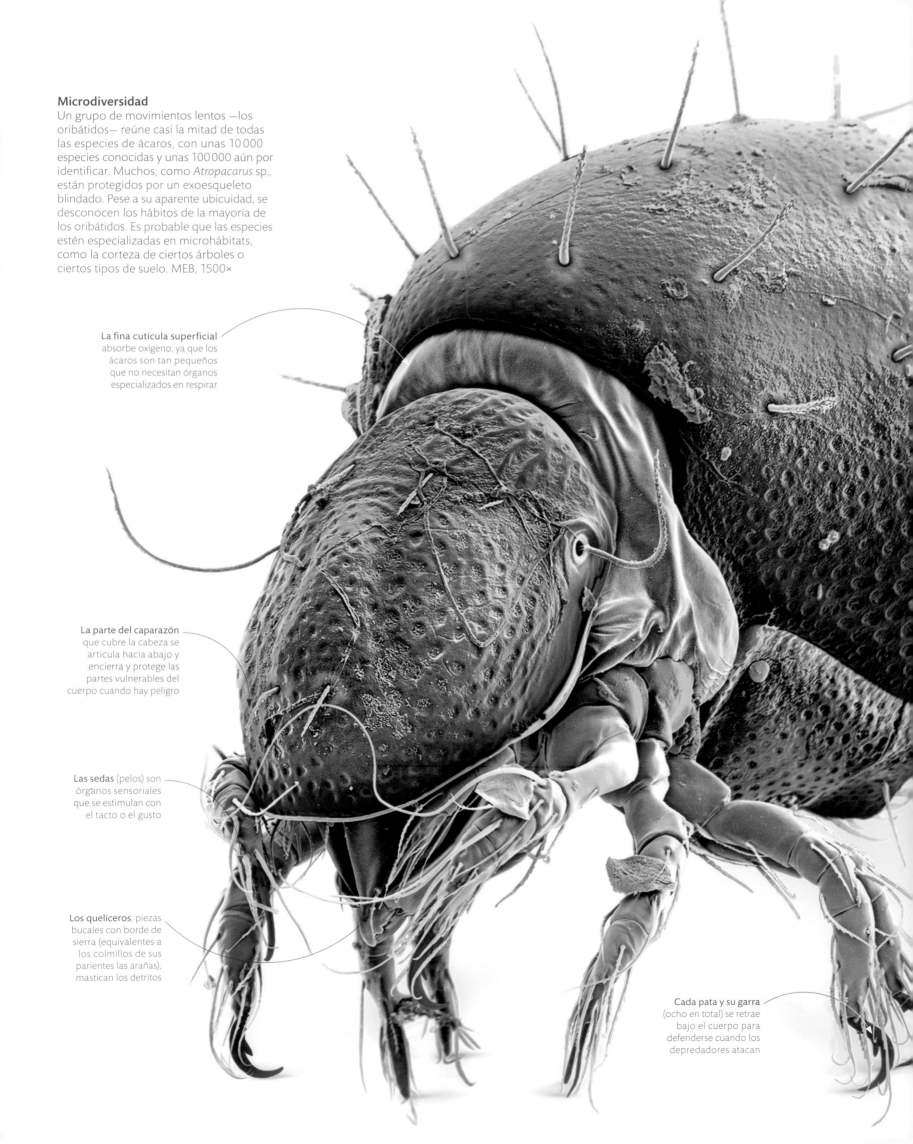

Microdiversidad

Un grupo de movimientos lentos —los oribátidos— reúne casi la mitad de todas las especies de ácaros, con unas 10000 especies conocidas y unas 100000 aún por identificar. Muchos, como *Atropacarus* sp., están protegidos por un exoesqueleto blindado. Pese a su aparente ubicuidad, se desconocen los hábitos de la mayoría de los oribátidos. Es probable que las especies estén especializadas en microhábitats, como la corteza de ciertos árboles o ciertos tipos de suelo. MEB, 1500×

La fina cutícula superficial absorbe oxígeno, ya que los ácaros son tan pequeños que no necesitan órganos especializados en respirar

La parte del caparazón que cubre la cabeza se articula hacia abajo y encierra y protege las partes vulnerables del cuerpo cuando hay peligro

Las sedas (pelos) son órganos sensoriales que se estimulan con el tacto o el gusto

Los quelíceros, piezas bucales con borde de sierra (equivalentes a los colmillos de sus parientes las arañas), mastican los detritos

Cada pata y su garra (ocho en total) se retrae bajo el cuerpo para defenderse cuando los depredadores atacan

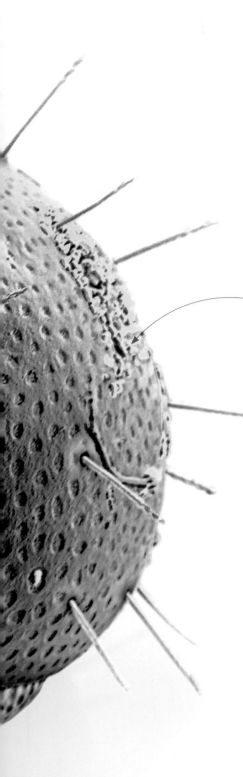

Comunidad de artrópodos
Los ácaros comparten su microhábitat del suelo entre la hojarasca con muchos otros artrópodos, desde colémbolos recicladores de residuos hasta sínfilos comedores de plantas, así como arañas depredadoras, ciempiés e insectos.

Los **sínfilos** tienen muchas patas articuladas, como los milpiés y los ciempiés

Las dos antenas son los principales órganos sensoriales para abrirse camino entre la hojarasca

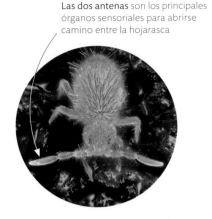

Las partículas de tierra o restos orgánicos que se adhieren al exoesqueleto camuflan al ácaro, protegiéndolo así de depredadores más grandes que localizan a sus presas por medio de la visión

SÍNFILO   **COLÉMBOLO (*SINELLA CURVISETA*)**

reciclaje de materia

El mundo natural depende de los animales que consumen materia muerta, la mayoría de los cuales son diminutos. Su acción, junto con la de los microbios y los hongos descomponedores, mantiene el ciclo de los nutrientes a través de los hábitats. Entre esos detritívoros invisibles están los ácaros (pequeños parientes de las arañas). En un solo metro cuadrado de hojarasca forestal puede haber medio millón de ácaros. Hay ácaros depredadores, parásitos o que chupan los jugos de las plantas, pero muchos se alimentan de restos microscópicos de materia orgánica o de los hongos que crecen en esos restos.

LOS ÁCAROS EN LA RED TRÓFICA

Por su variada alimentación, los ácaros y otros artrópodos (invertebrados de patas articuladas) desempeñan múltiples funciones en una red trófica compleja. En un hábitat forestal se encargan de canalizar la energía química tanto de las plantas fotosintetizadoras como de la materia orgánica muerta.

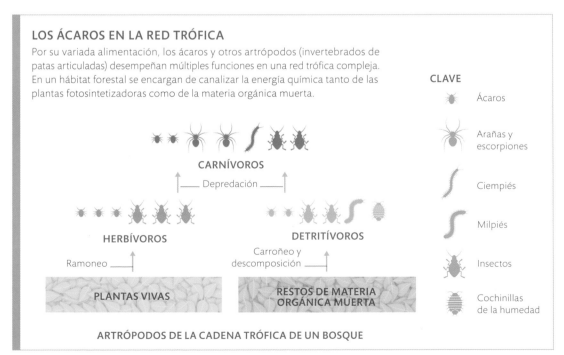

CARNÍVOROS

Depredación

HERBÍVOROS   DETRITÍVOROS

Ramoneo   Carroñeo y descomposición

PLANTAS VIVAS   RESTOS DE MATERIA ORGÁNICA MUERTA

ARTRÓPODOS DE LA CADENA TRÓFICA DE UN BOSQUE

CLAVE

Ácaros

Arañas y escorpiones

Ciempiés

Milpiés

Insectos

Cochinillas de la humedad

entre granos de arena

Muchos animales son tan pequeños que apenas se ven, y algunos son incluso menores que ciertos organismos unicelulares. Los que son lo bastante pequeños para vivir entre las partículas de arena y del suelo —entre 0,05 y 1 mm— constituyen la meiofauna, en la que hay gusanos y artrópodos minúsculos, así como animales peculiares de grupos menores, como rotíferos, quinorrincos y gastrotricos. Más pequeña aún es la microfauna —que comprende protozoarios, como las amebas—, mientras que los animales de más de 1 mm, como los colémbolos saltarines, son los elementos más visibles de la macrofauna.

Diversidad en el sedimento
A pesar de su pequeño tamaño, la biodiversidad de la fauna del suelo es enorme. Como muestran estas imágenes de MEB, muchos son artrópodos (con patas articuladas), como los crustáceos (copépodos y mistacocáridos) y los colémbolos (parientes no voladores de los insectos). El resto de los animales con forma de gusano, como los gastrotricos y los rotíferos, pertenecen a otros grupos taxonómicos no relacionados entre sí. Muchos de estos animales se alimentan de partículas de materia orgánica muerta, que pueden acumularse en grandes cantidades en la arena y el suelo.

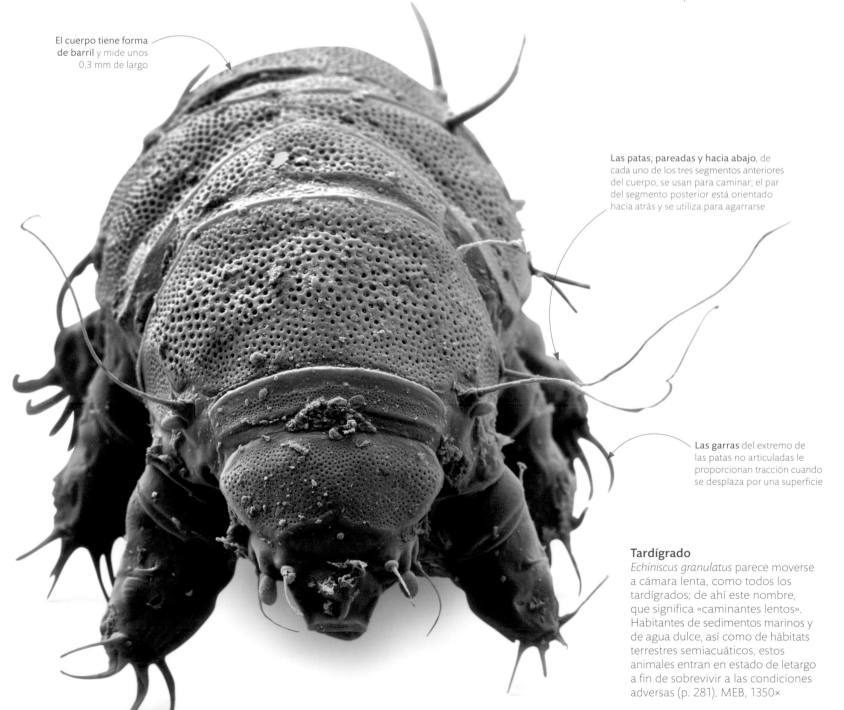

El cuerpo tiene forma de barril y mide unos 0,3 mm de largo

Las patas, pareadas y hacia abajo, de cada uno de los tres segmentos anteriores del cuerpo, se usan para caminar; el par del segmento posterior está orientado hacia atrás y se utiliza para agarrarse

Las garras del extremo de las patas no articuladas le proporcionan tracción cuando se desplaza por una superficie

Tardígrado
Echiniscus granulatus parece moverse a cámara lenta, como todos los tardígrados; de ahí este nombre, que significa «caminantes lentos». Habitantes de sedimentos marinos y de agua dulce, así como de hábitats terrestres semiacuáticos, estos animales entran en estado de letargo a fin de sobrevivir a las condiciones adversas (p. 281). MEB, 1350×

El manto de cilios, usado para desplazarse, hace que este animal reciba el nombre de «vientre peludo»

El rotífero adopta forma de tonel cuando escasea el agua y así sobrevive a la desecación

Sus largas patas lo ayudan a desplazarse por el fondo marino

GASTROTRICO

Gastrotricos

Sedimentos de agua dulce, 280×

ROTÍFERO

Bdeloideos

Sedimentos de agua dulce, 750×

COPÉPODO

Leptastacus macronyx

Sedimentos marinos, 390×

Los colémbolos no pertenecen a la meiofauna, pero su cuerpo delgado y segmentado les permite vivir entre las partículas del suelo

La boca traga arena, de la que extrae el alimento

Una dura capa de proteínas forma la cutícula que protege el cuerpo

La protuberancia en forma de nuez se forma cuando retrae el cuerpo

COLÉMBOLO

Folsomia candida

Suelo, 30×

SIPÚNCULO

Phascolion sp.

Sedimentos marinos, 80×

NEMATODO

Caenorhabditis elegans

Suelo, 100×

Corona de tentáculos plumosos usados para alimentarse por filtración y respirar

La cabeza se ancla con sus espinas para que el resto del cuerpo pueda tirar hacia delante

Largas mandíbulas filamentosas y antenas divididas en dos ramas

QUINORRINCO

Quinorrincos

Sedimentos marinos, 125×

POLIQUETO

Augeneriella dubia

Sedimentos marinos y mareales, 45×

MISTACOCÁRIDO

Derocheilocaris typica

Playas arenosas, 340×

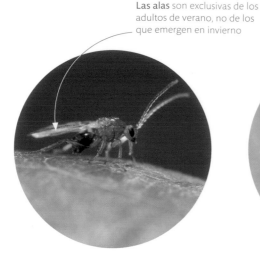

Las alas son exclusivas de los adultos de verano, no de los que emergen en invierno

La mosca adulta pone los huevos en tallos de cardo cundidor (*Cirsium arvense*)

El abdomen se curva hacia abajo para que el corto oviscapto pueda depositar los huevos

AVISPA DE LAS
AGALLAS DE ROBLE
(*BIORHIZA PALLIDA*)

MOSCA DE LAS AGALLAS
DE LOS CARDOS
(*UROPHORA CARDUI*)

MOSCA DE LAS AGALLAS
(FAMILIA: CECIDÓMIDOS)

Fabricantes de agallas
La mayoría de las agallas las hacen avispas, moscas, mosquitos, pulgones, cochinillas o ácaros. Las bacterias también pueden formar agallas. Los hongos causan enfermedades como el tizón y la roya.

formación de agallas

Las agallas, o cecidios, benefician sobre todo al organismo que las causa. Se forman cuando un insecto pone huevos en una yema, la punta de una hoja, una raíz, un tallo o, raras veces, una flor. Del huevo sale una larva, que comienza a comer la materia que la rodea, lo que estimula a la planta a producir tejido cicatricial. Este forma una protuberancia elaborada, la agalla, que proporciona a la larva alimento y un cobijo seguro; en cierta manera, la planta se beneficia de ello, ya que la larva no se comerá masivamente sus hojas.

Agallas de roble variadas
Este grabado antiguo muestra agallas causadas en el roble por insectos: (B) gallarita provocada por una avispa de la que se representa un adulto volando por encima; (I) agallas de la raíz causadas por la misma especie. Varias de las otras agallas, inducidas por los huevos de diferentes insectos, reciben el nombre de su forma distintiva: (A) cereza, (C) ampolla, (E) canica, (F) alcachofa y (H) grosella.

**CICLO VITAL DE LA AVISPA
DE LAS AGALLAS DE ROBLE**

La avispa *Biorhiza pallida* tiene dos generaciones que causan sendos tipos de agallas. En verano, una hembra apareada pone sus huevos en la raíz de un roble. Cuando salen las larvas, las agallas de la raíz se desarrollan alrededor de ellas. Las hembras partenogenéticas (que producen huevos sin aparearse) y sin alas emergen a mediados de invierno, trepan por el tronco y ponen huevos en las yemas de las hojas inactivas. Esos huevos se convierten en agallas, llamadas gallaritas, de las que emergen machos y hembras alados y reproductores mediado el verano.

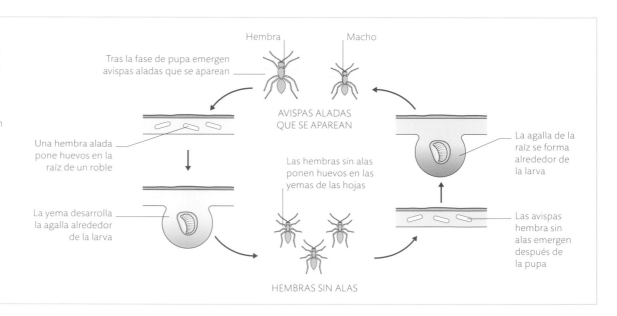

Tras la fase de pupa emergen avispas aladas que se aparean

Hembra

Macho

AVISPAS ALADAS
QUE SE APAREAN

Una hembra alada pone huevos en la raíz de un roble

Las hembras sin alas ponen huevos en las yemas de las hojas

La agalla de la raíz se forma alrededor de la larva

La yema desarrolla la agalla alrededor de la larva

Las avispas hembra sin alas emergen después de la pupa

HEMBRAS SIN ALAS

Los mosquitos –odiados por su picadura y porque transmiten enfermedades graves– necesitan chupar sangre para producir crías. Los líquidos dulces de las plantas, como el néctar y la savia, son la principal fuente de alimento para todos los mosquitos, pero la hembra debe beber sangre para poder producir huevos. En efecto, la mayoría de las especies necesita ingerir sangre para desencadenar la liberación de las hormonas que inician el desarrollo de los huevos.

mosquitos

Tras aparearse en un enjambre, la hembra del mosquito detecta un huésped adecuado mediante las antenas. Los largos palpos que flanquean su probóscide son sensibles al dióxido de carbono espirado, lo que la ayuda a localizar a la víctima. Tras perforar la piel del huésped con su probóscide en forma de jeringuilla, inyecta saliva. Los anticoagulantes de la saliva se mezclan con la sangre, y así esta fluye. A medida que chupa, el exceso de líquido es excretado para dejar más espacio en su intestino para los nutrientes sólidos; aun así, el atracón puede hacer que su abdomen se hinche hasta alcanzar varias veces su tamaño habitual. Una vez digerida la sangre y utilizada su proteína para producir huevos, realizar la puesta en el agua o cerca, o en forma de balsa flotante, según la especie.

Las larvas acuáticas cuelgan de la superficie del agua, respirando a través de un sifón, y se alimentan de bacterias, algas y otros organismos del plancton. No tienen patas, sino unas sedas con las que nadan hacia abajo cuando se las molesta. La pupa permanece en la superficie, y los adultos emergen entre unos días y varias semanas después de la puesta, según la especie y la temperatura.

La pupa, con forma de coma, no suele alejarse de la superficie, pero puede nadar mediante sacudidas del abdomen

pupa de mosquito

Portador de enfermedades
Hembra de mosquito *Anopheles* que parece a punto de picar a un humano con su probóscide en forma de aguja. La saliva del mosquito puede transmitir al huésped enfermedades parasitarias y víricas. Al alimentarse de sangre, algunas especies de *Anopheles* transmiten el protozoo *Plasmodium*, causante de la malaria. MEB, 40×

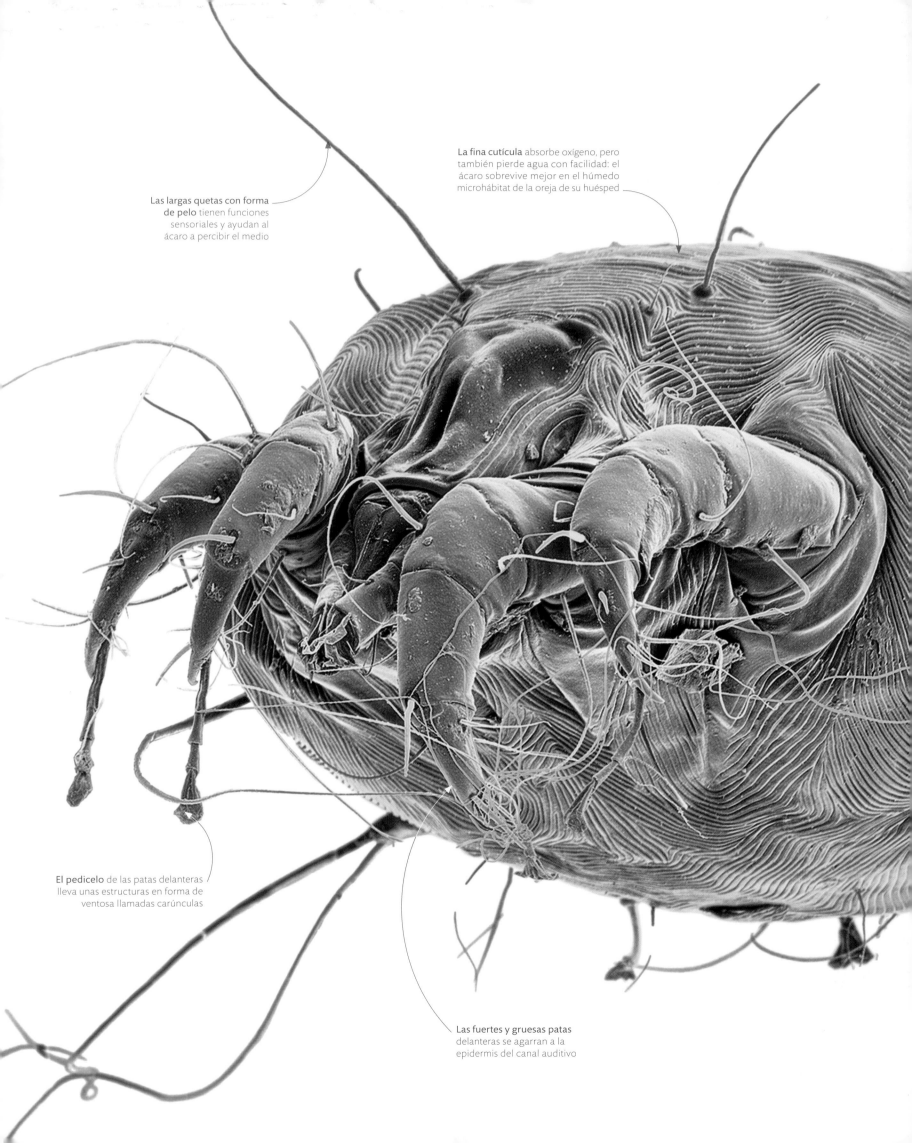

La fina cutícula absorbe oxígeno, pero también pierde agua con facilidad: el ácaro sobrevive mejor en el húmedo microhábitat de la oreja de su huésped

Las largas quetas con forma de pelo tienen funciones sensoriales y ayudan al ácaro a percibir el medio

El pedicelo de las patas delanteras lleva unas estructuras en forma de ventosa llamadas carúnculas

Las fuertes y gruesas patas delanteras se agarran a la epidermis del canal auditivo

vivir en la piel

La piel animal es un rico microhábitat para organismos diminutos. No solo la grasa que segrega y la propia piel les proporcionan alimento, sino que los surcos y los poros les ofrecen refugio. Algunas bacterias completan su ciclo vital en la piel, igual que los diminutos ácaros. Muchos de estos pasan desapercibidos para su huésped cuando rastrean la grasa y se esconden en los folículos pilosos. Sin embargo, los ácaros parásitos son más invasivos y dañinos. Algunos utilizan sus piezas bucales mordedoras para masticar la epidermis superficial; otros excavan más profundamente, lo que irrita la piel y puede provocar una infección.

El fino cuerpo permite que se agrupen muchos ácaros alrededor de la base de un solo pelo

Escondidos en los folículos
Los ácaros del folículo (*Demodex* spp.) viven en los pelos de la piel y se alimentan de grasa o de células epidérmicas. A veces desencadenan alergias, que provocan la caída del pelo o acné.

MICROHÁBITATS DE LA PIEL

Los ácaros de la piel ocupan su microhábitat de diversas maneras. Algunos viven en la epidermis expuesta o en los folículos pilosos. Los aradores de la sarna (*Sarcoptes* sp.) ablandan la piel con su saliva y pueden hundirse en ella; luego excavan con las patas una larga madriguera, donde ponen sus huevos.

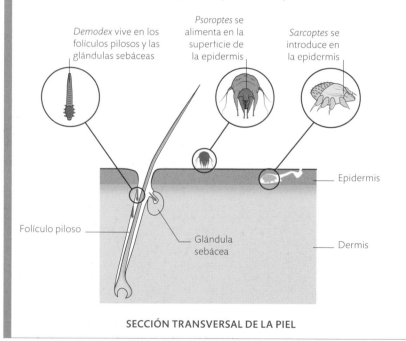

Demodex vive en los folículos pilosos y las glándulas sebáceas

Psoroptes se alimenta en la superficie de la epidermis

Sarcoptes se introduce en la epidermis

Epidermis

Folículo piloso

Glándula sebácea

Dermis

SECCIÓN TRANSVERSAL DE LA PIEL

Las patas traseras, largas y afiladas, se extienden muy atrás del cuerpo

Residente en el oído
El ácaro causante de la sarna del conejo (*Psoroptes cuniculi*) no penetra en la piel, sino que perfora la epidermis del conducto auditivo y se alimenta del líquido que se filtra. Cuando el conducto auditivo se inflama, el conejo se rasca y sale sangre, que es un alimento extra para el parásito. Las lesiones que produce el ácaro son propensas a infectarse. MEB, 400×

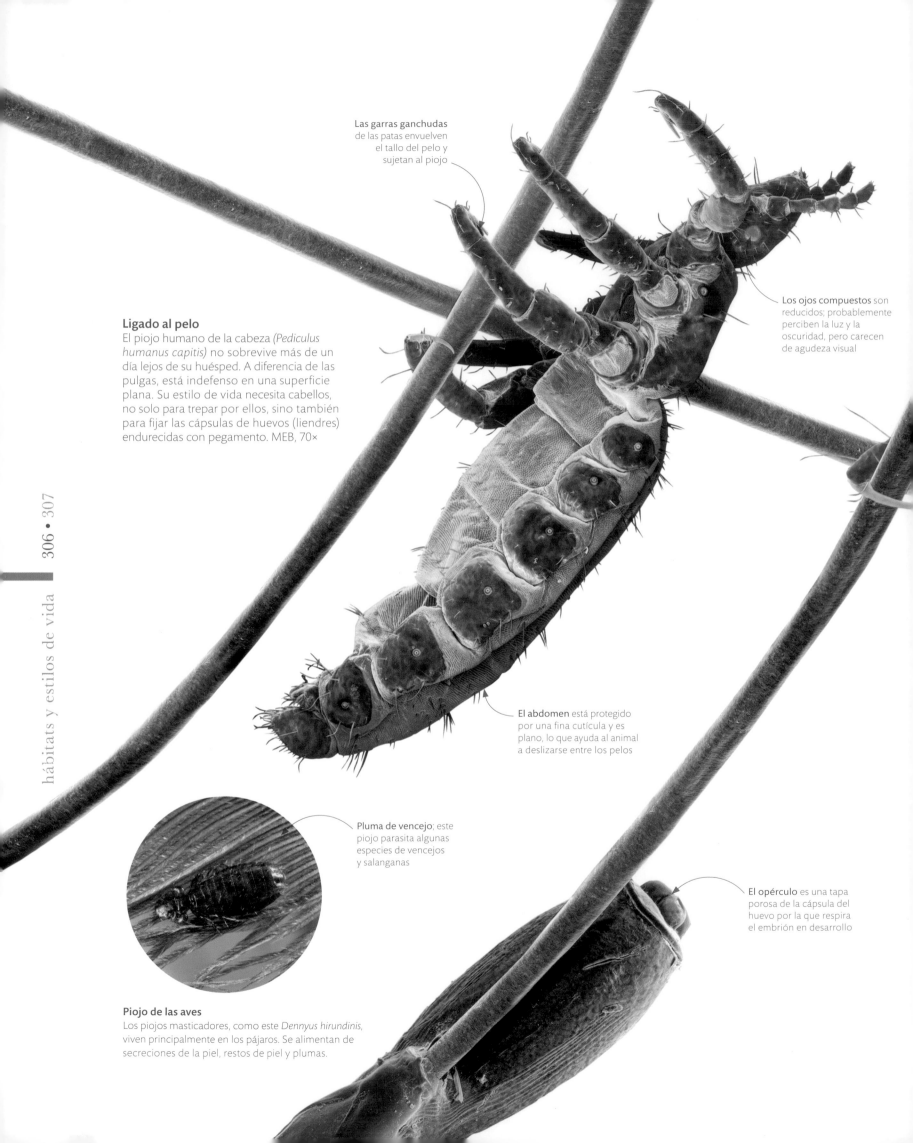

Las garras ganchudas
de las patas envuelven
el tallo del pelo y
sujetan al piojo

Ligado al pelo
El piojo humano de la cabeza *(Pediculus humanus capitis)* no sobrevive más de un día lejos de su huésped. A diferencia de las pulgas, está indefenso en una superficie plana. Su estilo de vida necesita cabellos, no solo para trepar por ellos, sino también para fijar las cápsulas de huevos (liendres) endurecidas con pegamento. MEB, 70×

Los ojos compuestos son
reducidos; probablemente
perciben la luz y la
oscuridad, pero carecen
de agudeza visual

El abdomen está protegido
por una fina cutícula y es
plano, lo que ayuda al animal
a deslizarse entre los pelos

Pluma de vencejo; este
piojo parasita algunas
especies de vencejos
y salanganas

El opérculo es una tapa
porosa de la cápsula del
huevo por la que respira
el embrión en desarrollo

Piojo de las aves
Los piojos masticadores, como este *Dennyus hirundinis*,
viven principalmente en los pájaros. Se alimentan de
secreciones de la piel, restos de piel y plumas.

vivir en el pelo

Los piojos son parásitos especializados en los microhábitats del pelo de los mamíferos y las plumas de las aves. Estos insectos planos y no voladores mastican la piel o chupan la sangre, y muchos adhieren los huevos en los pelos o las plumas. La mayoría de las especies solo vive en una especie y ha evolucionado con ella. Los piojos humanos de la cabeza y del cuerpo, estrechamente emparentados, comparten origen con los piojos de nuestro pariente vivo más cercano, el chimpancé. Cuando los humanos empezaron a vestirse con pieles de animal, hace 100 000 años, los piojos de la cabeza evolucionaron y pusieron huevos en la ropa. Ningún otro piojo pone huevos fuera de su huésped.

Las patas extendidas son lo bastante fuertes para llevar al piojo a través del pelo, pero no le sirven para andar

Las piezas bucales con forma de hocico están armadas con pequeñas cuchillas cortantes, con las que el piojo perfora la piel con el fin de alimentarse de sangre

La cápsula dura del huevo, formada por una secreción parecida al pegamento que sale del abdomen de la hembra, contiene un embrión; cuando emerge la ninfa (piojo joven), la vaina blanca vacía se hace visible y sigue adherida al pelo

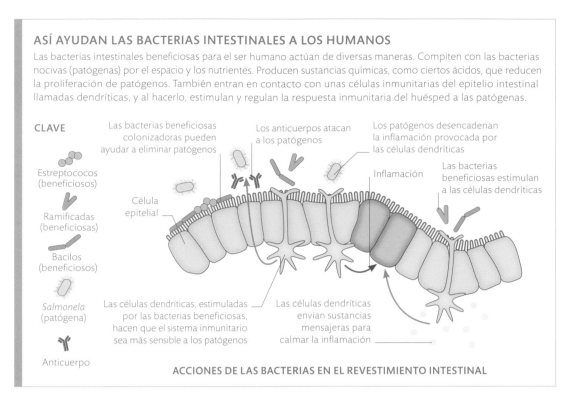

ASÍ AYUDAN LAS BACTERIAS INTESTINALES A LOS HUMANOS

Las bacterias intestinales beneficiosas para el ser humano actúan de diversas maneras. Compiten con las bacterias nocivas (patógenas) por el espacio y los nutrientes. Producen sustancias químicas, como ciertos ácidos, que reducen la proliferación de patógenos. También entran en contacto con unas células inmunitarias del epitelio intestinal llamadas dendríticas, y al hacerlo, estimulan y regulan la respuesta inmunitaria del huésped a las patógenas.

CLAVE

Estreptococos (beneficiosos)

Ramificadas (beneficiosas)

Bacilos (beneficiosos)

Salmonela (patógena)

Anticuerpo

Las bacterias beneficiosas colonizadoras pueden ayudar a eliminar patógenos

Los anticuerpos atacan a los patógenos

Los patógenos desencadenan la inflamación provocada por las células dendríticas

Inflamación

Las bacterias beneficiosas estimulan a las células dendríticas

Célula epitelial

Las células dendríticas, estimuladas por las bacterias beneficiosas, hacen que el sistema inmunitario sea más sensible a los patógenos

Las células dendríticas envían sustancias mensajeras para calmar la inflamación

ACCIONES DE LAS BACTERIAS EN EL REVESTIMIENTO INTESTINAL

Las bacterias filamentosas (rosa) resultan de bacilos que crecen sin dividirse

Microorganismos terapéuticos
Los probióticos son microorganismos beneficiosos para la salud humana si se ingieren en cantidad suficiente, como en el yogur. Se trata de bacterias y levaduras que deben tolerar la acidez del estómago para llegar al intestino y colonizarlo.

Lactobacillus (rosa y rojo) se toma para problemas digestivos y urogenitales

Saccharomyces boulardii (amarillo) es una levadura muy usada para tratar infecciones gastrointestinales

La biota del intestino humano
La mayoría de las bacterias del intestino no causa enfermedades, sino que participa en la digestión de los alimentos y en la lucha contra microorganismos patógenos. El cuerpo humano contiene tantas células bacterianas como células humanas. Cuando salen del intestino, como las de esta muestra, esas bacterias pueden suponer la mitad del peso seco de las heces humanas. MEB, 15 000×

Las bacterias intestinales recubren las heces humanas tras salir del tubo digestivo

Lactobacillus es un bacilo (con forma de bastón) que frena el crecimiento de microorganismos dañinos y genera nutrientes útiles

Las diferentes formas de las bacterias reflejan la variedad de especies que viven en el intestino

comunidades intestinales

Cientos de especies bacterianas viven en los intestinos ricos en nutrientes de los animales. En el colon humano se han registrado cerca de un billón (10^{12}) de células bacterianas por mililitro, una densidad enorme. No obstante, el intestino animal es un hábitat abundante en obstáculos, como el pH extremo, las potentes enzimas digestivas y el sistema inmunitario, propenso a destruir bacterias. Las bacterias beneficiosas han coevolucionado con su huésped, por lo que evaden la destrucción y ayudan a las termitas a digerir la madera, y a los bóvidos, la hierba.

Parásitos en la sangre humana

Cuando el parásito de la malaria ha entrado en los glóbulos rojos de un huésped, empieza un ciclo de crecimiento, reproducción y reinfección que se autoperpetúa y es cada vez más destructivo. Un merozoíto invasor se convierte en trofozoíto dentro del glóbulo rojo; luego madura y se convierte en el llamado esquizonte. Este se divide en muchos merozoítos nuevos, que rompen la célula y reinfectan otras células. Estas imágenes muestran células de sangre infectada. MEB, 10 000×

Glóbulo rojo deformado infectado por el parásito *Plasmodium*

Los signos de ruptura pueden indicar que los merozoítos están a punto de estallar

El parásito *Plasmodium* sigue multiplicándose dentro de estas células

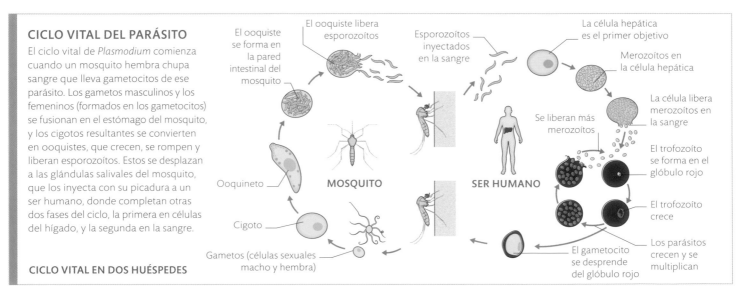

CICLO VITAL DEL PARÁSITO

El ciclo vital de *Plasmodium* comienza cuando un mosquito hembra chupa sangre que lleva gametocitos de ese parásito. Los gametos masculinos y los femeninos (formados en los gametocitos) se fusionan en el estómago del mosquito, y los cigotos resultantes se convierten en ooquistes, que crecen, se rompen y liberan esporozoítos. Estos se desplazan a las glándulas salivales del mosquito, que los inyecta con su picadura a un ser humano, donde completan otras dos fases del ciclo, la primera en células del hígado, y la segunda en la sangre.

CICLO VITAL EN DOS HUÉSPEDES

El ooquiste se forma en la pared intestinal del mosquito

El ooquiste libera esporozoítos

Esporozoítos inyectados en la sangre

La célula hepática es el primer objetivo

Merozoítos en la célula hepática

Ooquineto

MOSQUITO

SER HUMANO

Se liberan más merozoítos

La célula libera merozoítos en la sangre

El trofozoíto se forma en el glóbulo rojo

Cigoto

El trofozoíto crece

Gametos (células sexuales macho y hembra)

El gametocito se desprende del glóbulo rojo

Los parásitos crecen y se multiplican

infección de las células sanguíneas

Los organismos parásitos no solo viven en la piel (pp. 304–307) o en los intestinos (pp. 62–63) del huésped; algunos parásitos microscópicos son inyectados en los tejidos, superan las defensas, se multiplican y causan enfermedades. *Plasmodium* es un parásito unicelular que infecta a dos huéspedes: un mosquito hembra y un vertebrado, como el ser humano, al que causa la malaria, o paludismo. La transmisión se produce cuando el mosquito se alimenta: o bien inocula al ser humano los parásitos que viven en su glándula salival, o bien ingiere los que viven en la sangre humana. El ciclo vital del parásito es complejo, pero los síntomas de la enfermedad solo aparecen cuando sale de los glóbulos rojos.

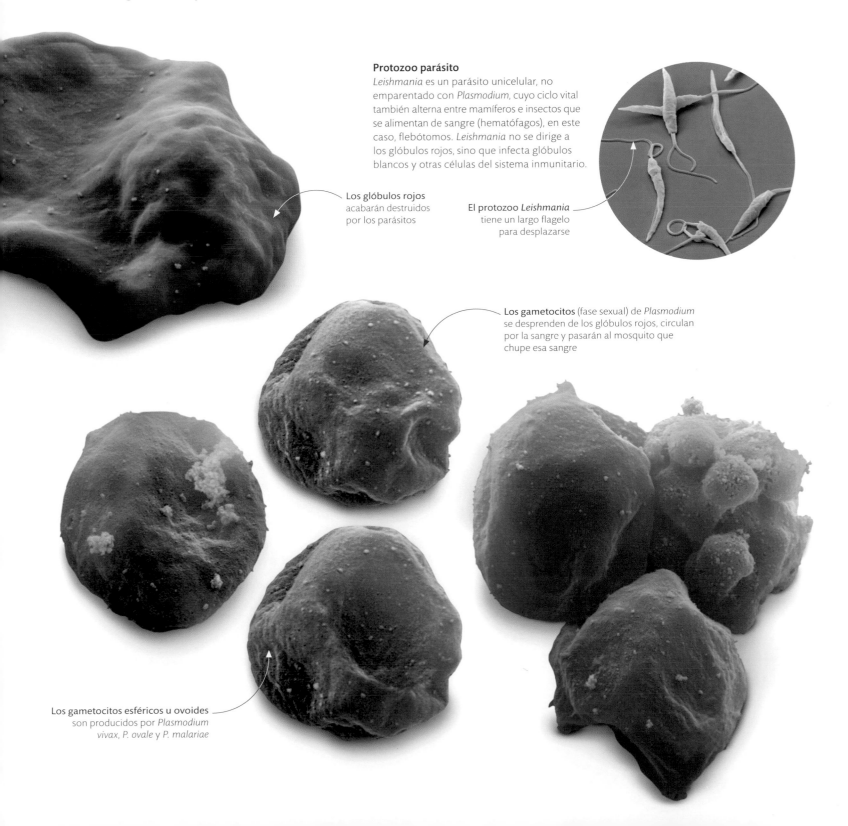

Protozoo parásito
Leishmania es un parásito unicelular, no emparentado con *Plasmodium*, cuyo ciclo vital también alterna entre mamíferos e insectos que se alimentan de sangre (hematófagos), en este caso, flebótomos. *Leishmania* no se dirige a los glóbulos rojos, sino que infecta glóbulos blancos y otras células del sistema inmunitario.

Los glóbulos rojos
acabarán destruidos
por los parásitos

El protozoo *Leishmania*
tiene un largo flagelo
para desplazarse

Los gametocitos (fase sexual) de *Plasmodium*
se desprenden de los glóbulos rojos, circulan
por la sangre y pasarán al mosquito que
chupe esa sangre

Los gametocitos esféricos u ovoides
son producidos por *Plasmodium
vivax, P. ovale* y *P. malariae*

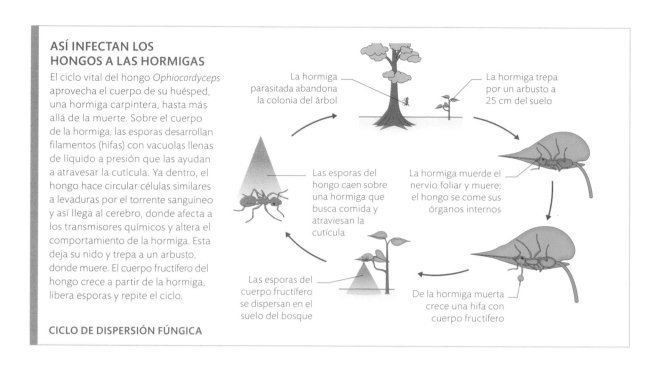

ASÍ INFECTAN LOS HONGOS A LAS HORMIGAS

El ciclo vital del hongo *Ophiocordyceps* aprovecha el cuerpo de su huésped, una hormiga carpintera, hasta más allá de la muerte. Sobre el cuerpo de la hormiga, las esporas desarrollan filamentos (hifas) con vacuolas llenas de líquido a presión que las ayudan a atravesar la cutícula. Ya dentro, el hongo hace circular células similares a levaduras por el torrente sanguíneo y así llega al cerebro, donde afecta a los transmisores químicos y altera el comportamiento de la hormiga. Esta deja su nido y trepa a un arbusto, donde muere. El cuerpo fructífero del hongo crece a partir de la hormiga, libera esporas y repite el ciclo.

CICLO DE DISPERSIÓN FÚNGICA

La hormiga parasitada abandona la colonia del árbol

La hormiga trepa por un arbusto a 25 cm del suelo

Las esporas del hongo caen sobre una hormiga que busca comida y atraviesan la cutícula

La hormiga muerde el nervio foliar y muere; el hongo se come sus órganos internos

Las esporas del cuerpo fructífero se dispersan en el suelo del bosque

De la hormiga muerta crece una hifa con cuerpo fructífero

parásitos cerebrales

Como todos los seres vivos, los hongos tienen dos objetivos: encontrar alimento para sobrevivir y crecer, y reproducirse para asegurar la replicación de sus genes. Por eso les resulta muy ventajoso que un alimento sea también vector de dispersión, lo que explica el éxito de los hongos entomopatógenos («que causan enfermedades a insectos»). Sus esporas se adhieren a un insecto, germinan, atraviesan la cutícula y se propagan por su cuerpo hasta el cerebro. Al hacerlo, el hongo libera sustancias que alteran el comportamiento del insecto, con lo que se asegura de que este se encuentre en las condiciones óptimas para la dispersión de las esporas.

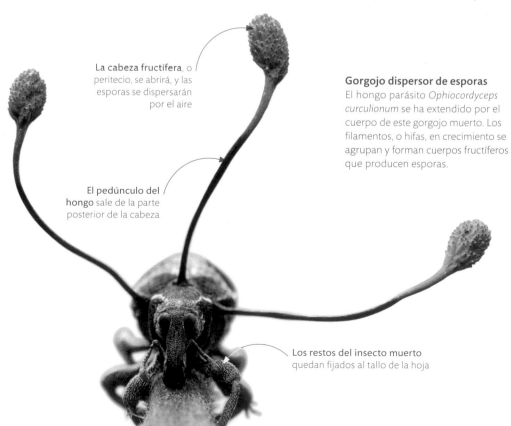

La cabeza fructífera, o peritecio, se abrirá, y las esporas se dispersarán por el aire

Gorgojo dispersor de esporas
El hongo parásito *Ophiocordyceps curculionum* se ha extendido por el cuerpo de este gorgojo muerto. Los filamentos, o hifas, en crecimiento se agrupan y forman cuerpos fructíferos que producen esporas.

El pedúnculo del hongo sale de la parte posterior de la cabeza

Los restos del insecto muerto quedan fijados al tallo de la hoja

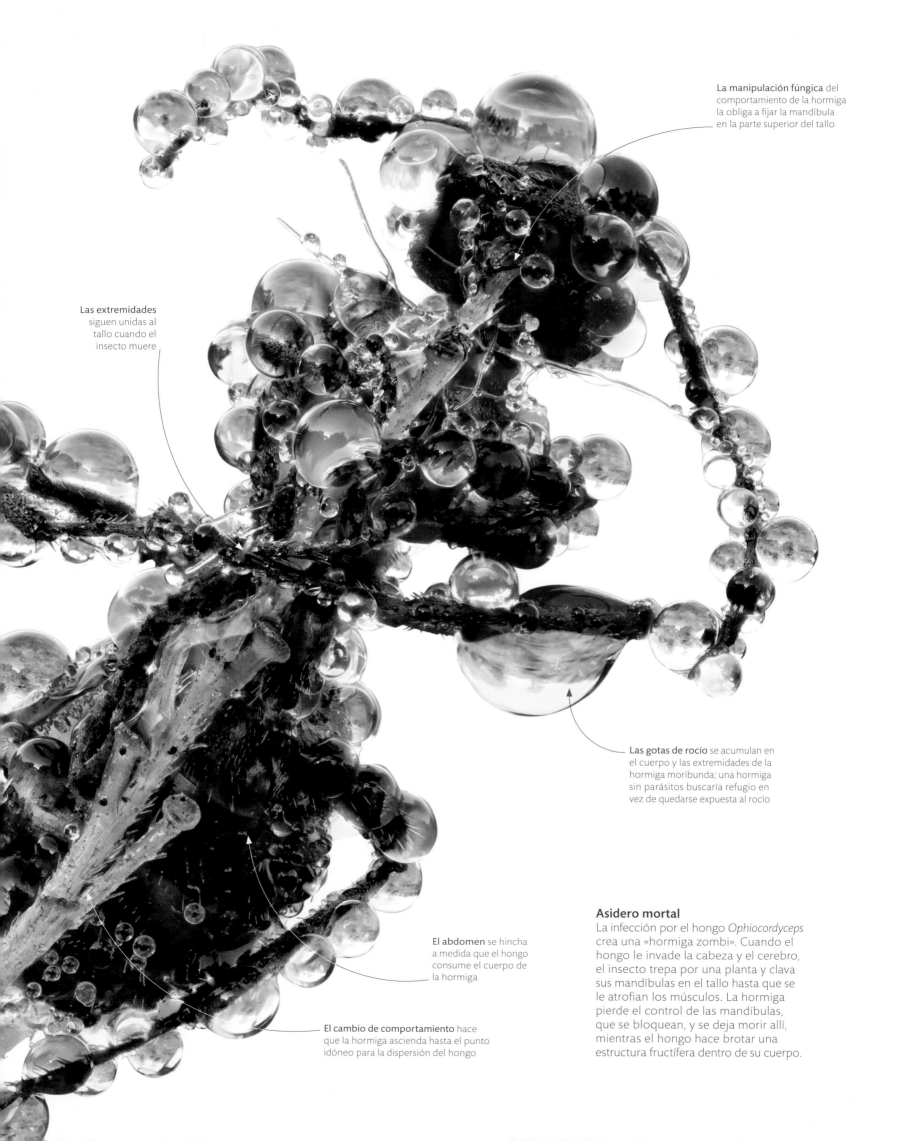

La manipulación fúngica del comportamiento de la hormiga la obliga a fijar la mandíbula en la parte superior del tallo

Las extremidades siguen unidas al tallo cuando el insecto muere

Las gotas de rocío se acumulan en el cuerpo y las extremidades de la hormiga moribunda; una hormiga sin parásitos buscaría refugio en vez de quedarse expuesta al rocío

El abdomen se hincha a medida que el hongo consume el cuerpo de la hormiga

El cambio de comportamiento hace que la hormiga ascienda hasta el punto idóneo para la dispersión del hongo

Asidero mortal

La infección por el hongo *Ophiocordyceps* crea una «hormiga zombi». Cuando el hongo le invade la cabeza y el cerebro, el insecto trepa por una planta y clava sus mandíbulas en el tallo hasta que se le atrofian los músculos. La hormiga pierde el control de las mandíbulas, que se bloquean, y se deja morir allí, mientras el hongo hace brotar una estructura fructífera dentro de su cuerpo.

asociación de hongos y plantas

Entre las plantas y los hongos se ha desarrollado una relación íntima y mutuamente beneficiosa que implica la absorción y el intercambio de nutrientes. Ambas formas de vida se apoyan en una red subterránea —de raíces en las plantas y de hifas en los hongos— para absorber nutrientes del suelo. Al extenderse sus hifas, ciertos hongos forman una asociación con raíces de plantas llamada micorriza: el hongo capta nitrógeno y fósforo de la materia orgánica en descomposición y los comparte con la planta; a cambio, la planta comparte con el hongo los glúcidos que produce mediante la fotosíntesis y así le suministra carbono.

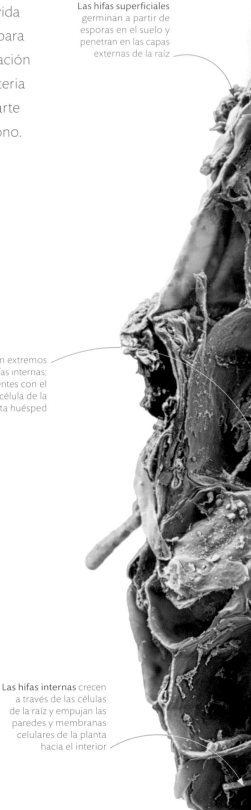

Las hifas superficiales germinan a partir de esporas en el suelo y penetran en las capas externas de la raíz

Raíz infectada por hongos
Muchas de las células con aspecto de cajas bien ordenadas de esta raíz de una herbácea contienen hifas blancas de hongos que forman micorrizas. Cada cepa de hongo se asocia con las raíces de una especie de planta. Además de complementar la absorción de nutrientes de la planta, el hongo mejora la resistencia de su huésped a los herbívoros y a los metales tóxicos. MEB, 1800×

El sombrerillo rojo vivo y las manchas blancas del velo son característicos de esta especie tóxica común

Los arbúsculos son extremos ramificados de las hifas internas; intercambian nutrientes con el citoplasma de la célula de la planta huésped

Hongo micorrícico
La falsa oronja (*Amanita muscaria*) suele crecer como micorriza en las raíces de los árboles. Sus cuerpos fructíferos brotan bajo el huésped, sobre todo el abedul.

TIPOS DE MICORRIZAS

La mayoría de las micorrizas son ectomicorrizas, cuyas hifas forman una lámina o manto en torno a la raíz y crecen entre sus células. Las hifas de las endomicorrizas son más invasivas y penetran en las células de la raíz con ramificaciones llamadas arbúsculos. Ambos tipos se dan en árboles y arbustos, pero las endomicorrizas son más comunes en plantas no leñosas.

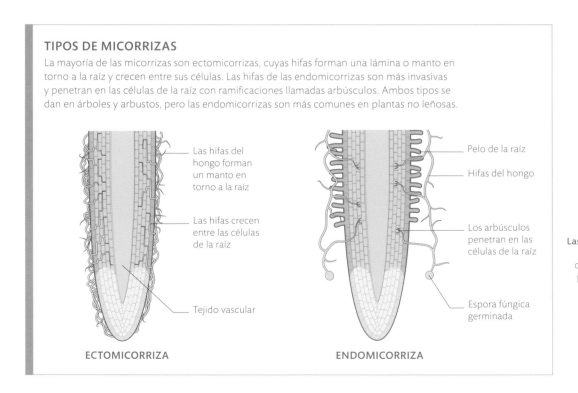

Las hifas del hongo forman un manto en torno a la raíz

Las hifas crecen entre las células de la raíz

Tejido vascular

ECTOMICORRIZA

Pelo de la raíz

Hifas del hongo

Los arbúsculos penetran en las células de la raíz

Espora fúngica germinada

ENDOMICORRIZA

Las hifas internas crecen a través de las células de la raíz y empujan las paredes y membranas celulares de la planta hacia el interior

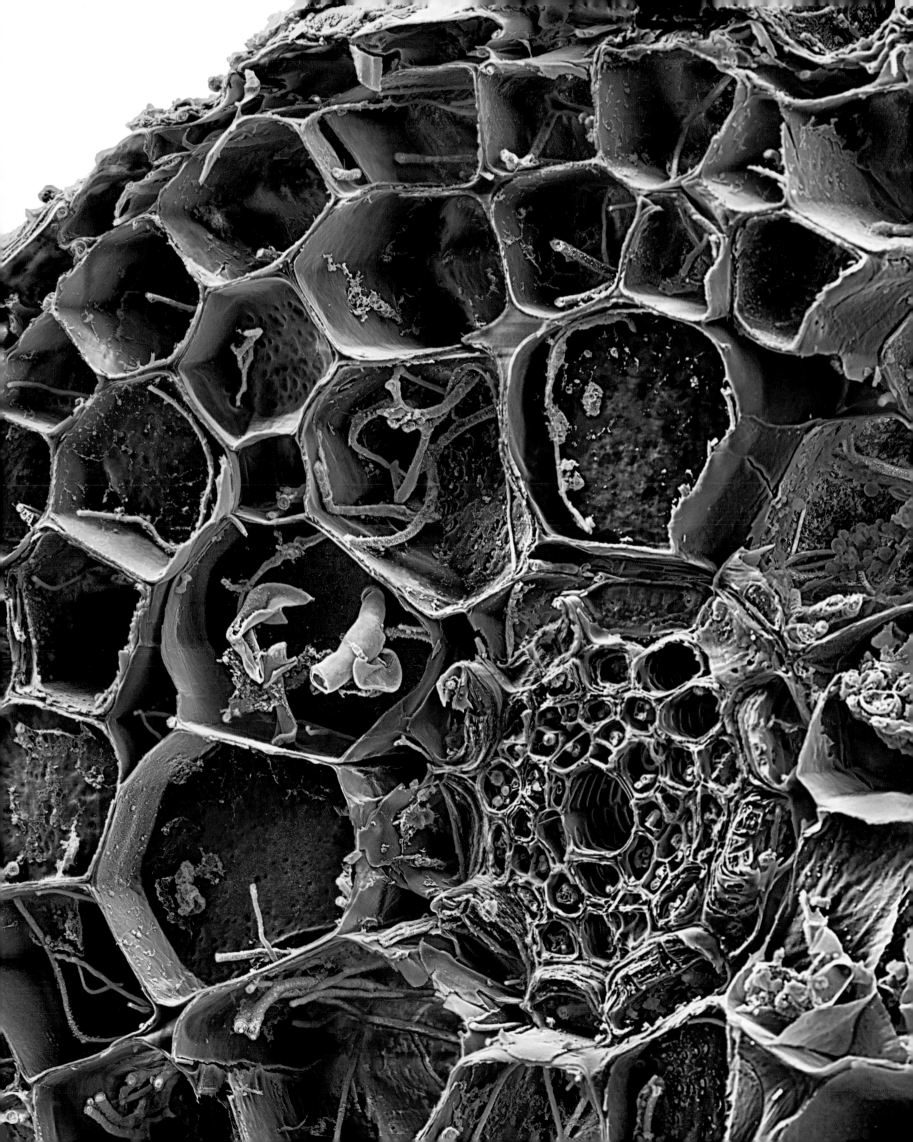

parte hongo, parte alga

Un quinto de las especies de hongos se asocian con algas y forman un liquen. Muchos de esos socios pueden sobrevivir y crecer por sí solos, pero cuando se juntan, el liquen resultante se desarrolla de otra manera. Algunos líquenes son aplanados y foliáceos; otros parecen pequeñas matas, y otros, manchas de color. En todas las variedades, el liquen está formado por filamentos fúngicos que absorben nutrientes y se adhieren a la roca, la corteza u otros lugares. Por su parte, el alga, bajo la superficie del hongo, absorbe la luz y transforma la energía en alimento mediante la fotosíntesis.

Cohabitación íntima
En un corte transversal se ven los dos integrantes que cohabitan en un talo del liquen *Parmelia sulcata*. Las fibras marrones son las hifas del hongo. Las esferas verdes del alga unicelular *Trebouxia* están llenas de clorofila que permite la fotosíntesis. Además de realizar la fotosíntesis, el alga extrae nitrógeno gaseoso de la atmósfera y lo convierte en un nutriente extra que comparte con el hongo, contribuyendo así a que la asociación prospere. MEB, 2590×

La capa superior está formada por hifas del hongo compactas y no absorbentes, que protegen al liquen de los efectos de la desecación por el sol

Las células del alga absorben la luz y fabrican glúcidos a partir de dióxido de carbono y agua. También convierten el nitrógeno del aire en compuestos que son la base de las proteínas

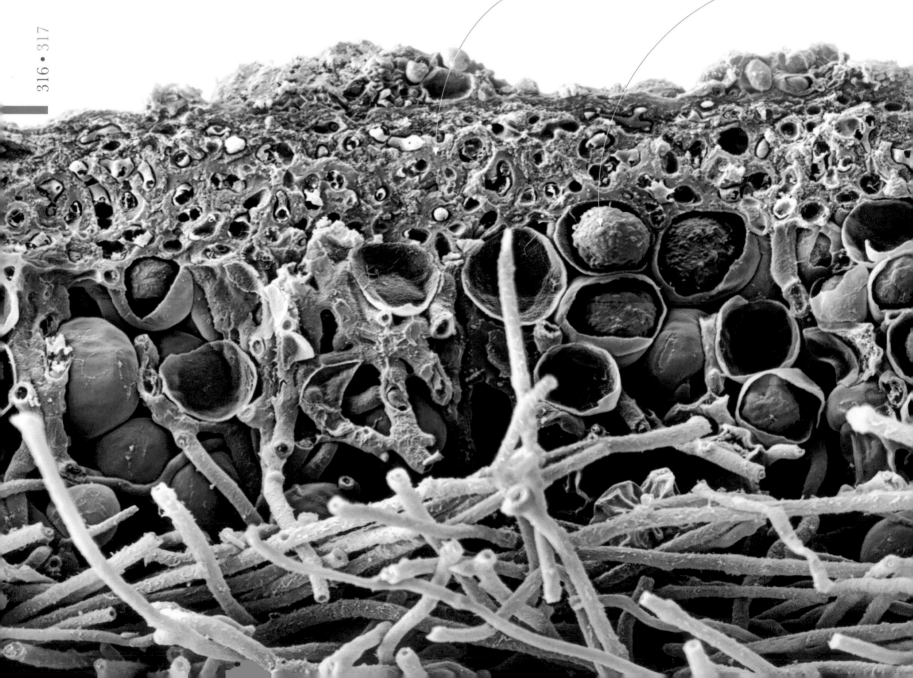

Un liquen
crustáceo está firmemente
fijado a la roca

Crecer en las rocas
El gris *Lecanora* y el amarillo *Caloplaca*,
que crecen en la roca desnuda, muestran
que los líquenes prosperan incluso en los
lugares menos acogedores.

PROSPERAR JUNTOS

Un liquen está formado por dos
organismos muy distintos: el hongo
absorbe el alimento, mientras que el
alga lo fabrica. Ambos tienen más éxito
juntos que por separado, por lo que su
relación es mutuamente beneficiosa.
En las capas superior e inferior del
liquen se encuentran principalmente
los filamentos fúngicos, mientras que
las células del alga se mezclan con
ellos en el centro. El hongo fija el
liquen y absorbe minerales y agua,
mientras que el alga produce glúcidos
por fotosíntesis. Es una organización
óptima.

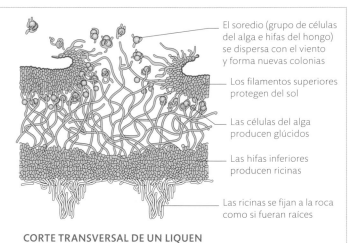

El soredio (grupo de células
del alga e hifas del hongo)
se dispersa con el viento
y forma nuevas colonias

Los filamentos superiores
protegen del sol

Las células del alga
producen glúcidos

Las hifas inferiores
producen ricinas

Las ricinas se fijan a la roca
como si fueran raíces

CORTE TRANSVERSAL DE UN LIQUEN

Los haustorios (conexiones entre
las hifas del hongo y las células del
alga) participan en el intercambio
de nutrientes para beneficio mutuo

Las hifas sueltas de la capa
inferior proporcionan una gran
superficie para absorber agua,
nutrientes orgánicos y minerales
de la lluvia que empapa el liquen

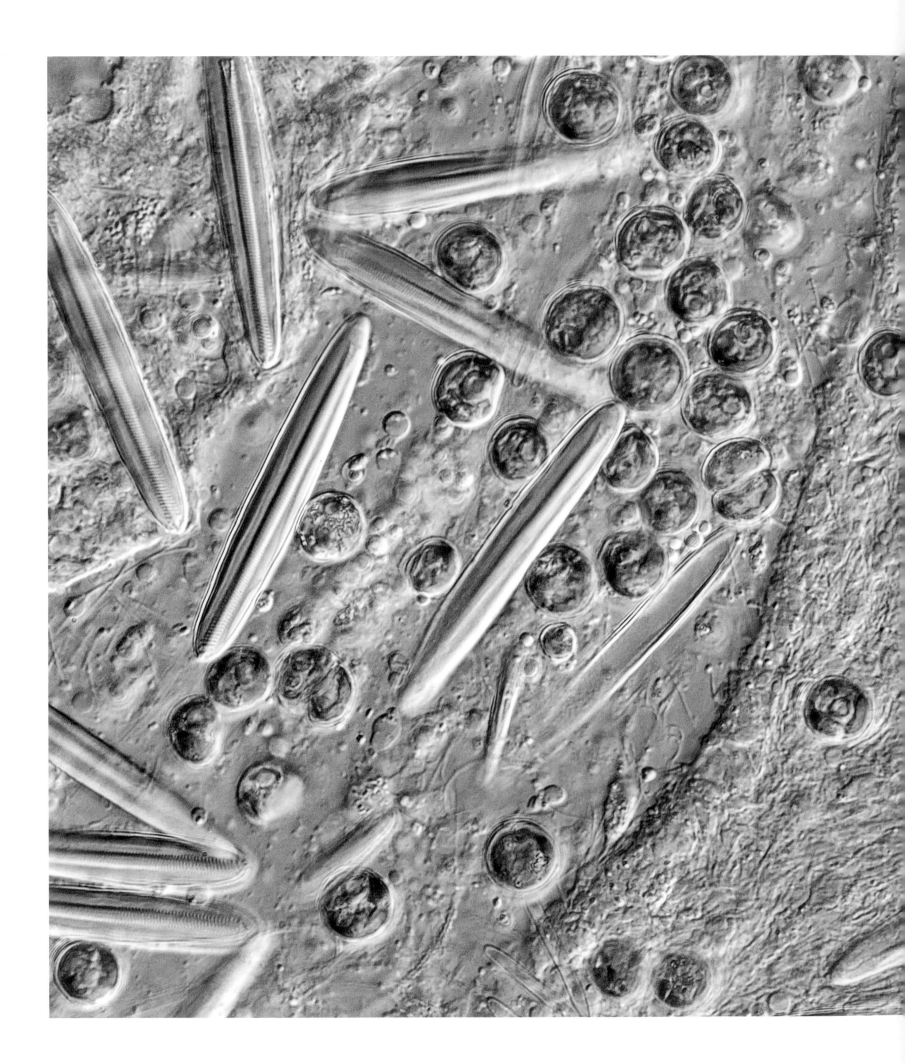

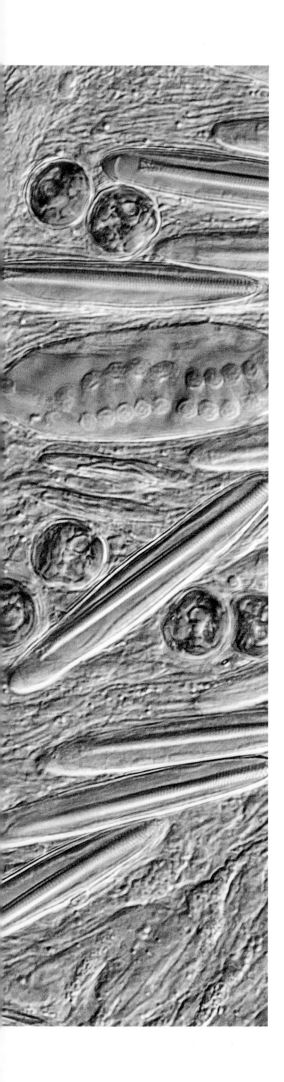

ayudantes
fotosintetizadores

Algunas algas unicelulares viven asociadas con corales de arrecife, varios corales blandos, anémonas de mar y almejas. Dentro de esos organismos realizan la fotosíntesis y les pasan glúcidos, oxígeno y otros nutrientes. Esto es crucial para los arrecifes de coral, ya que estimula la calcificación del esqueleto coralino y con ello asegura que el crecimiento del arrecife supere su erosión natural. A cambio, las algas (zooxantelas) tienen un refugio, además de recibir dióxido de carbono y nutrientes inorgánicos esenciales para la fotosíntesis.

Interior de una anémona de cristal
Dentro del tentáculo de una anémona *Aiptasia* (izda.) viven numerosas zooxantelas amarillas junto a células urticantes alargadas que sirven para alimentarse y defenderse. Tienen forma cocoide (esférica), sin flagelos, miden unas 10 micras de ancho y están coloreadas por los pigmentos fotosintetizadores de los cloroplastos. MO, 2000×

Los tentáculos alrededor de la boca casi ocultan la columna del pólipo

Soporte extra
Las anémonas de mar son depredadoras, pero también obtienen energía y oxígeno de las zooxantelas. Esto ayuda al animal, que vive en aguas poco profundas o con mareas, a sobrevivir cuando las presas son escasas.

FASES DE LA VIDA DE LAS ZOOXANTELAS DE LOS CORALES

El ciclo vital de las zooxantelas *Symbiodinium* se caracteriza por una forma de vida libre, en la que el alga (un dinoflagelado) tiene flagelos, y una fase cocoide dentro del huésped. Cuando las células flageladas entran en el pólipo de coral a través de la boca y pasan al interior del cuerpo, pierden los flagelos y se convierten en cocos, pero siguen realizando la fotosíntesis.

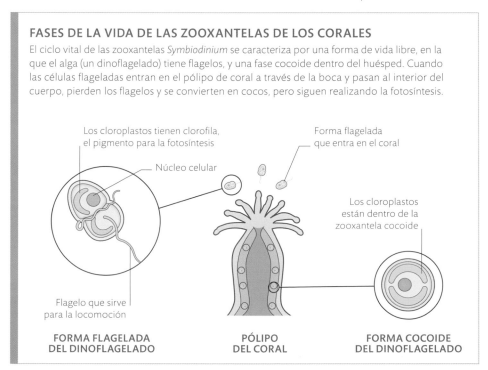

Los cloroplastos tienen clorofila, el pigmento para la fotosíntesis

Forma flagelada que entra en el coral

Núcleo celular

Los cloroplastos están dentro de la zooxantela cocoide

Flagelo que sirve para la locomoción

FORMA FLAGELADA DEL DINOFLAGELADO

PÓLIPO DEL CORAL

FORMA COCOIDE DEL DINOFLAGELADO

glosario

Los términos que aparecen en **negrita** remiten a otras entradas del glosario.

ABDOMEN Parte posterior del cuerpo de un animal, situada detrás de la cavidad torácica, o **tórax**, y que suele contener **órganos** de los sistemas digestivo y reproductor.

ACROSOMA Vesícula llena de líquido de la cabeza de un **espermatozoide** que contiene **enzimas** digestivas que rompen la cubierta del óvulo durante la **fecundación**.

ADN (ÁCIDO DESOXIRRIBONUCLEICO) Material genético que codifica las características hereditarias en todos los organismos celulares y en algunos **virus**.

AERÓBICO, CA Se dice de un proceso, como la **respiración**, que utiliza oxígeno, o de un entorno con una elevada concentración de oxígeno.

AEROBIO OBLIGADO Organismo que necesita respirar oxígeno para sobrevivir.

AGALLA (1) Protuberancia que se forma en ciertas plantas por la acción de insectos o microorganismos. (2) **Branquia**, sobre todo de los peces.

ALGA Organismo unicelular, como una **diatomea**, o pluricelular, que realiza la fotosíntesis, pero que no es una planta.

ALTERNANCIA DE GENERACIONES Ciclo de vida de las plantas que alternan entre una etapa que produce células sexuales (**espermatozoides** o **polen** y **óvulos**) y una etapa que produce **esporas**. Algunas plantas, como los musgos y los helechos, liberan sus esporas, pero en las plantas con semillas, las esporas son retenidas y se desarrollan en la etapa que genera células sexuales dentro de un cono o una flor.

ALVÉOLO (1) Saco microscópico lleno de aire de los pulmones de los mamíferos, el lugar donde se produce el intercambio gaseoso entre el aire y la sangre. (2) **Vesícula** llena de líquido que constituye una capa rígida, o **periplasto**, bajo la membrana celular de algunos microorganismos, como los **dinoflagelados**.

ANAERÓBICO, CA Se dice del proceso en el que no se utiliza oxígeno, como la **respiración** en determinados organismos, o de un entorno con escasa presencia de oxígeno.

ANAEROBIO FACULTATIVO Organismo que puede respirar de manera aeróbica o anaeróbica. *Véase también* **aeróbico, ca**; **anaeróbico, ca**.

ANTENA Órgano sensorial, por lo general alargado, de la cabeza de un animal invertebrado.

ANTERA Parte sexual masculina de la flor, que produce **polen**.

ANTIBIÓTICO Sustancia producida por un microorganismo, como una **bacteria** o un **hongo**, que suprime o mata a otro microorganismo. Muchos antibióticos, como la penicilina, se utilizan en medicina para tratar infecciones bacterianas.

ANTICUERPO Proteína segregada por los linfocitos (células del sistema inmunitario), que desactiva o destruye partículas extrañas dañinas, como los **patógenos**.

APARATO DE GOLGI Orgánulo celular formado por una pila de **vesículas** que separa y segrega sustancias. Así llamado por Camillo Golgi, científico que lo describió con detalle.

ARÁCNIDO Miembro de un grupo de artrópodos que suelen tener cuatro pares de patas articuladas y carecen de **antenas**, como las arañas, los escorpiones y los ácaros.

ARBÚSCULO Protuberancia producida por un filamento fúngico que se desarrolla en el interior de las células de las raíces de las plantas cuando forman **micorrizas**.

ARN (ÁCIDO RIBONUCLEICO) Material genético de los organismos celulares que traduce la información del **ADN** en **proteínas**. En algunos tipos de **virus** (como los coronavirus) es el único material genético.

ARQUEA Miembro de un grupo de organismos unicelulares que se parecen a las **bacterias** por carecer de **núcleo**, pero que se diferencian de ellas por su composición química. Muchas arqueas están adaptadas para vivir en condiciones extremas, como las altas temperaturas o una elevada salinidad.

ARTERIOLA Vaso sanguíneo diminuto que transporta la sangre de las arterias a los **capilares**.

ASCO Estructura con forma de saco productora de esporas, propia de algunos hongos, como *Aspergilllus* sp.

ASEXUAL Se dice de la reproducción en la que no se mezclan genes de diferentes células, por lo que la descendencia resultante es un **clon** genéticamente idéntico a los progenitores.

AUTÓTROFO, FA Se dice del organismo que elabora su propio alimento (como la **glucosa**) a partir de materiales inorgánicos simples, como el dióxido de carbono y el agua. Por ejemplo, son autótrofas las plantas.

AXÓPODO Seudópodo rígido, o extensión de una célula, usado para atrapar presas. Es propio de los **radiolarios**, que son organismos unicelulares.

BACILO Bacteria que tiene forma de bastoncillo.

BACTERIA Miembro de un grupo de organismos unicelulares que carecen de **núcleo** y de otros orgánulos internos como **mitocondrias** y **cloroplastos**. Por sus características químicas, las bacterias son diferentes de las **arqueas**, que pueden parecer similares.

BANDA MEMBRANELAR Banda de **cilios** que se encuentra en algunos tipos de organismos unicelulares, como los del género Stentor.

BASIDIO Estructura con forma de maza productora de **esporas**, típica de algunos hongos, como las setas más comunes.

BENTÓNICO, CA Se dice del organismo que vive en el fondo de los **hábitats** acuáticos, como el mar, las charcas y los ríos.

BIOPELÍCULA Capa fina de microorganismos adherida a una superficie, como una roca o el revestimiento interior del intestino de un animal.

BIOLUMINISCENCIA Producción de luz por un organismo. Se debe a una reacción química catalizada (potenciada) por una **enzima**.

BIORREMEDIACIÓN Uso humano de microorganismos capaces de metabolizar sustancias nocivas para otros organismos con el fin de reducir la concentración de contaminantes.

BRANQUIA Estructura, por lo general de aspecto plumoso, a través de la cual los animales acuáticos absorben oxígeno del agua.

BRIÓFITO Planta simple que carece de tejidos de soporte y de **tejidos vasculares** (**xilema** y **floema**) que sí tienen los helechos y las plantas con semillas. Son briófitos las hepáticas y los musgos.

CALCÁREO, A Se dice del mineral cuyo componente principal es el carbonato de calcio.

CALIZA Roca sedimentaria formada por la compactación de partículas **calcáreas** y que a menudo alberga conchas de **foraminíferos** o **algas** cocolitóforas.

CÁMBIUM Anillo de tejido de los tallos de las plantas compuesto por células que se dividen y que hace que aumente el grosor del tallo.

CAPARAZÓN Cubierta endurecida en la parte superior de un animal, como en muchos **crustáceos**.

CAPILAR Vaso sanguíneo microscópico, con una pared fina de solo una célula de grosor, en el que tiene lugar el intercambio de material entre la sangre y los tejidos circundantes.

HIDRATO DE CARBONO *Véase* **glúcido**.

CAROTENOIDE Pigmento del grupo de los amarillos, naranjas y rojos. Los carotenoides desempeñan varias funciones en distintos organismos, como filtrar la luz y contribuir a la absorción de la energía luminosa para la **fotosíntesis**.

CARPELO Parte sexual femenina de las plantas con flores que produce los **óvulos**. También se llama pistilo.

CARTÍLAGO Tipo de **tejido conjuntivo** duro y elástico, uno de los componentes del esqueleto de los vertebrados.

CELULOSA **Glúcido** duro y fibroso que constituye la **pared celular** de las plantas y de algunos otros tipos de organismos.

CERIÁNTIDO Anémona de mar que vive en el interior de un tubo formado por **mucosidad** y sedimentos acumulados.

CIANOBACTERIA Tipo de **bacteria** que realiza la fotosíntesis y elabora su propio alimento.

CILIO Estructura corta batiente, parecida a un pelo, unida a una célula y que interviene en la locomoción o genera corrientes. Los cilios suelen cubrir toda la célula o parte de ella.

CITOESQUELETO Estructura de soporte formada por **microtúbulos**, **filamentos de actina** y **filamentos intermedios** (todo ello de **proteínas**) en el interior de una célula.

CITOPLASMA Material gelatinoso del interior de las células en el que están inmersos los **orgánulos**, como el **núcleo**, las **mitocondrias** y los **cloroplastos**.

CITOSTOMA Cavidad en forma de boca de algunos tipos de organismos unicelulares, como *Paramecium* sp. y *Euglena* sp.

CLEISTOTECIO Cápsula de esporas de algunos tipos de hongos ascomicetos, como *Aspergillus*.

CLÍPEO Región de la parte delantera de la cabeza de un insecto, por encima del **lábrum**.

CLON Individuo genéticamente idéntico a otro.

CLOROFILA Pigmento verde de las plantas y otros organismos que realizan la **fotosíntesis**, que absorbe la energía de la luz para fabricar alimento.

CLOROPLASTO **Orgánulo** de una célula que contiene **clorofila** e interviene en la **fotosíntesis**.

CNIDO Célula especializada de los cnidarios (medusas, corales y afines)

que tiene una **vesícula** portadora de un filamento que lanza un aguijón para incapacitar a una presa o como defensa.

CNIDOCILO Disparador similar a un pelo que sirve para descargar un **cnido**.

COCO Cualquier **bacteria** con forma esférica.

COCOBACILO **Bacteria** corta con forma de varilla, intermedia entre un **coco** y un **bacilo**.

COLÁGENO **Proteína** fibrosa que sostiene y refuerza los tejidos de los animales.

COMPETENCIA Relación ecológica entre organismos que comparten un recurso, como el alimento, de manera que uno tendrá más acceso que el otro a este.

CONIDIO Tipo de espora **asexual** producida por un hongo.

CONIDIÓFORO Estructura reproductora que produce **conidios** en los hongos.

CONJUGACIÓN Proceso sexual de algunos organismos, como las **bacterias** y los hongos, en el que las células se fusionan y transfieren o intercambian **ADN**.

CONTRASTE DE FASE Técnica utilizada en microscopía que acentúa el contraste de una muestra transparente, lo que facilita la distinción de los detalles estructurales.

CORONA RADIATA Capa externa de células del **folículo** que rodea al **óvulo** no fecundado de algunos animales, incluidos los mamíferos.

COTILEDÓN Estructura similar a una hoja que sirve de reserva de nutrientes de una semilla mientras esta madura o se despliega poco después de la **germinación** para alimentarla mientras crece.

CRESTA En una **mitocondria**, repliegue interno de la membrana que aumenta la superficie donde se producen reacciones químicas que intervienen en la **respiración** aeróbica.

CRIPTOBIOSIS Estado de latencia de algunos tipos de organismos, como los tardígrados, durante el cual las

funciones corporales se ralentizan a fin de sobrevivir en condiciones extremas.

CROMOSOMA Estructura en forma de hilo que contiene la mayor parte del **ADN** de una célula. Los cromosomas aparecen durante la división celular en las células de los **eucariotas** (animales y plantas), pero están ausentes en las células de los **procariotas** (**bacterias** y **arqueas**).

CRUSTÁCEO Miembro de un grupo de artrópodos que tienen múltiples pares de patas articuladas, dos pares de **antenas** y, a veces, un **caparazón** duro. Son crustáceos las pulgas de agua, las gambas y los cangrejos, entre muchos otros.

CUERPO FRUCTÍFERO Estructura de un **hongo** productora de esporas con forma de seta.

CUTÍCULA (1) Capa protectora cerosa de la **epidermis** superficial de las hojas y los tallos de las plantas. (2) Capa protectora externa de la epidermis de algunos invertebrados, que está endurecida y constituye un exoesqueleto en los artrópodos, como los insectos.

DERMIS Capa de tejido más gruesa de la piel de los vertebrados, situada bajo la **epidermis**, más fina.

DESCOMPONEDOR, RA Se dice del organismo que se alimenta de materia orgánica muerta y, al hacerlo, la reduce a moléculas más simples, contribuyendo así al reciclado de los nutrientes: este proceso es la descomposición. La mayoría de los hongos y muchas **bacterias** son descomponedores.

DESMIDIAL Tipo de **alga**, generalmente unicelular, pero dividida en dos mitades simétricas o semicélulas.

DESNITRIFICACIÓN Proceso que llevan a cabo ciertos tipos de **bacterias** del suelo por el que el nitrato se convierte en nitrógeno gaseoso atmosférico, lo cual reduce la fertilidad de los suelos.

DETRITÍVORO, RA Se dice del animal que se alimenta de detritos, es decir, partículas de materia orgánica muerta y de desecho.

DIATOMEA **Alga** unicelular o colonial cuya **pared celular** está endurecida con sílice.

DICOTILEDÓNEA Planta con flores cuyas semillas están provistas de dos

hojas (**cotiledones**) con reservas nutricias.

DIFUSIÓN Desplazamiento de partículas desde una concentración alta a una baja, lo que provoca su dispersión gradual.

DINOFLAGELADO Tipo de **alga** unicelular con **flagelos** batientes y sostenida por una capa superficial rígida, o **periplasto**, que a menudo se endurece y forma placas similares a una armadura. Algunos dinoflagelados viven en los tejidos de los corales y otros animales, y su **fotosíntesis** complementa la alimentación del **huésped**.

DIPLOCOCO **Bacteria** que se presenta en pares de **cocos**.

DOMINIO Cada una de las tres divisiones básicas del árbol de la vida: **bacterias**, **arqueas** y **eucariotas**.

ECTODERMO Capa externa de células que se forma en las fases iniciales de un **embrión** animal y que en los cnidarios (anémonas de mar, medusas y afines) se mantiene hasta la edad adulta. En otros animales, el ectodermo se desarrolla para dar múltiples tejidos, como el **epitelio** y el tejido nervioso.

ECTOMICORRIZA *Véase* **micorriza**.

ECTOPLASMA Capa externa y más rígida del **citoplasma** a partir de la cual las amebas emiten los **seudópodos** locomotores.

ÉLITRO Cada una de las dos alas delanteras modificadas de un escarabajo, endurecidas a modo de escudos protectores que cubren completamente las alas traseras membranosas cuando el animal no está volando.

EMBRIÓN Planta o animal joven que se desarrolla a partir de un **óvulo** fecundado.

EMPALIZADA *Véase* **mesófilo**.

ENDOMICORRIZA *Véase* **micorriza**.

ENDOESQUELETO Esqueleto que se desarrolla dentro del cuerpo de un animal y crece con él, como el esqueleto óseo de un vertebrado.

ENDOTELIO Tejido constituido por una sola capa de células que forma la pared de los **capilares** o el revestimiento de vasos sanguíneos mayores.

ENZIMA **Proteína** que cataliza (potencia) las reacciones químicas en los organismos. Cada reacción necesita un tipo de enzima diferente.

EPIDERMIS Tejido que constituye la capa superficial de células de una planta o un animal.

EPIPODIO Orificio del caparazón de algunos tipos de amebas, a través del cual estas extienden los **seudópodos**.

EPITELIO Tejido animal que cubre la superficie del cuerpo o los **órganos** internos.

ESCAPO **Segmento** de la base de la **antena** de un insecto.

ESCINTILÓN **Vesícula** que contiene una sustancia química que produce **bioluminiscencia**, propia de algunos grupos de **dinoflagelados**.

ESCLERITO Placa que forma parte del exoesqueleto de un artrópodo.

ESCÓLEX Cabeza de una tenia, o solitaria, con ventosas y ganchos con los que se adhiere a la pared intestinal del **huésped**.

ESÓFAGO Tubo del aparato digestivo de un **vertebrado** que conduce al estómago.

ESPECIE Conjunto de organismos que pueden cruzarse y producir descendencia viable y fértil.

ESPERMATOZOIDE Célula sexual masculina con al menos un **flagelo** batiente, que le proporciona propulsión cuando nada hacia el **óvulo**.

ESPIRÁCULO Orificio de respiración abierto en la pared del cuerpo de los insectos y algunos otros artrópodos afines.

ESPIRILO **Bacteria** con forma de espiral.

ESPIROCISTO Célula de los cnidarios (anémonas de mar, medusas y afines) que descarga hilos para enredar a las presas. *Véase también* **cnido**.

ESPIROQUETA **Bacteria** con forma de sacacorchos.

ESPORA Célula reproductiva que desarrolla un organismo adulto sin **fecundación** y que utilizan para su dispersión organismos como hongos, helechos y musgos.

ESTAFILOBACILO **Bacteria** que se presenta en grupos de **bacilos**.

ESTAFILOCOCO **Bacteria** que se presenta en grupos de **cocos**.

ESTIGMA (1) Mancha de pigmento que propociona información sobre la dirección de la luz en algunos microorganismos. (2) Extremo superior del **carpelo** que recibe el **polen**.

ESTILETE Pieza cortante del aparato bucal perforador de algunos insectos, como los pulgones y los mosquitos.

ESTOMA Orificio de la **epidermis** superficial de una hoja o del tallo de una planta que permite el intercambio gaseoso y la **transpiración**. Cada estoma suele estar delimitado por dos células guarda, u oclusivas.

ESTREPTOBACILO **Bacteria** que se presenta en cadenas de **bacilos**.

ESTREPTOCOCO **Bacteria** que se presenta en cadenas de **cocos**.

EUCARIOTA Organismo cuyas células son complejas y tienen **orgánulos** internos, como el **núcleo**, las **mitocondrias** y los **cloroplastos**. Los animales, las plantas, los hongos, los **protozoos** y los cromistas, así como muchas **algas**, son eucariotas.

EUDICOTILEDÓNEA **Dicotiledónea** verdadera, miembro del grupo de plantas con flores al que pertenecen la mayoría de las dicotiledóneas. Las eudicotiledóneas se consideran descendientes de un ancestro común y no incluyen a ciertas dicotiledóneas basales, como las magnolias y los nenúfares, que hoy se sabe que no están directamente emparentadas con ellas.

EUGLÉNIDO Tipo de **alga** unicelular, normalmente con un **flagelo** batiente. Algunos tipos de euglénidos pueden alternar entre la elaboración de alimento por **fotosíntesis** y el consumo del alimento de su entorno.

EXPLOSIÓN CÁMBRICA Fenómeno ocurrido hace unos 540 millones de años por en el que se originaron la mayoría de los filos, o grupos principales, de animales que viven en la actualidad por diversificación a partir de sus antepasados.

EXTREMÓFILO, LA Se dice del organismo adaptado a condiciones extremas, como unas temperaturas o una acidez elevadas, y que no puede desarrollarse en otras condiciones.

FAGO (o BACTERIÓFAGO) **Virus** que infecta **bacterias**.

FAGOCITOSIS Comportamiento de algunos tipos de células, como las amebas unicelulares y algunos glóbulos blancos, consistente en engullir y digerir partículas.

FALSO COLOR Color artificial que se da a una microfotografía electrónica, una vez obtenida, a fin de resaltar rasgos y características.

FECUNDACIÓN Fusión de un **espermatozoide** y un **óvulo** con la consiguiente producción de un óvulo fecundado o **huevo** (llamado cigoto), que puede convertirse en un **embrión**.

FIBRA NERVIOSA Prolongación filamentosa de una célula nerviosa que transmite un impulso eléctrico.

FIJACIÓN DEL NITRÓGENO Proceso por el que ciertos tipos de **bacterias** y algunos otros microorganismos convierten el nitrógeno gaseoso atmosférico en una forma orgánica, como los aminoácidos. Algunas bacterias fijadoras de nitrógeno viven libres en el suelo, y otras viven en una asociación mutuamente beneficiosa con ciertos tipos de plantas, dentro de sus **nódulos radicales**.

FILAMENTO DE ACTINA Estructura de **proteína** con forma de hilo de una célula y parte del **citoesqueleto**. Los filamentos de actina son un tipo de filamento proteico que se encuentra en los músculos.

FILTRADOR, RA Se dice del animal que recoge las partículas de alimento suspendidas en el agua haciendo pasar esta a través de una estructura de tipo cedazo.

FIMBRIA Estructura rígida similar a una seda o un pelo propia de una **bacteria**, que se adhiere a superficies o a otras bacterias. Algunas fimbrias permiten el intercambio de **ADN** entre bacterias.

FITOPLANCTON Parte del **plancton**, incluidas las **algas**, que puede realizar la **fotosíntesis**.

FLAGELO Estructura larga similar a un pelo unida a una célula que la utiliza para la locomoción o para atrapar partículas de alimento. Los flagelos de las **bacterias** giran como una hélice; los de los **eucariotas** baten como un látigo.

FLOEMA Conjunto de conductos de transporte de las plantas por los que circulan las sustancias solubles, principalmente **glúcidos**, producidos durante la **fotosíntesis**.

FOLÍCULO Conjunto de células de soporte que rodean un **óvulo** no fecundado en el **ovario** de un animal.

FORAMINÍFERO Tipo de organismo unicelular, parecido a las amebas, encerrado en una concha microscópica.

FÓSIL Cualquier resto mineralizado o impresión de un organismo que vivió en tiempos remotos.

FOTORRECEPTOR Estructura sensorial que es estimulada por la luz.

FOTOSÍNTESIS Proceso por el que algunos grupos de organismos, principalmente plantas y **algas**, utilizan la energía de la luz para convertir compuestos simples –básicamente, dióxido de carbono, agua y minerales–en otros complejos y nutrientes, como los **glúcidos**.

FRÚSTULO **Pared celular** de las **diatomeas**.

FRUTO Parte femenina madura de una planta con flores que contiene semillas.

GANGLIO Masa de tejido nervioso que ayuda a controlar el cuerpo de un animal.

GEMACIÓN (1) Formación de un brote en una planta o un **alga**. (2) Formación de una dilatación en un animal, como una hidra, que se desprenderá del cuerpo progenitor y se convertirá en un individuo independiente. (3) Producción de nuevas células de levadura por división de las parentales.

GENÉTICO, CA Relativo a una característica determinada por el **ADN** y, por tanto, heredada de una generación a otra.

GERMINACIÓN Conjunto de cambios físicos y químicos que se producen cuando una semilla empieza a crecer y da lugar a una planta.

GLÚCIDO Sustancia orgánica compuesta por carbono, hidrógeno y oxígeno. Son glúcidos el azúcar y el almidón, que liberan energía, y la **celulosa**, que sostiene las estructuras vegetales.

GLUCOSA **Glúcido** común soluble que interviene en la **respiración** dentro de las células.

HÁBITAT Lugar en el que vive naturalmente un organismo o una **especie**.

HALTERIO Estructura par derivada de las alas traseras de una mosca verdadera (orden dípteros) y utilizada para el control del vuelo.

HAUSTORIO Estructura con función de raíz, propia de los hongos y algunas plantas parásitas, que absorbe nutrientes.

HAZ VASCULAR Conjunto de vasos de transporte que recorren las raíces, el tallo y las venas de las hojas de una planta. Hay dos tipos: el **xilema** y el **floema**.

HEMO Grupo químico que contiene hierro y transporta el oxígeno de la **hemoglobina**, que se encuentra en los glóbulos rojos.

HEMOGLOBINA **Proteína** roja de la sangre que sirve para fijar y transportar el oxígeno en el torrente sanguíneo.

HERBÍVORO, RA Se dice del organismo que se alimenta de plantas o **algas** vivas.

HETERÓTROFO, FA Se dice del organismo que consume o absorbe alimentos en lugar de elaborarlos por **fotosíntesis** o **quimiosíntesis**.

HIFA Filamento de un **hongo** que digiere y absorbe el alimento.

HIPOFARINGE Estructura con forma de lengüeta que es una de las piezas bucales de los insectos.

HONGO Miembro de un grupo de organismos que crecen como una red de filamentos llamados **hifas** y se reproducen por **esporas**. Los hongos comprenden los mohos, los hongos y setas, y levaduras unicelulares.

HUÉSPED Organismo que transporta o contiene otro organismo, por ejemplo, un parásito.

HUEVO (1) Célula resultante de la unión de una célula sexual femenina (**óvulo**) con una célula sexual masculina (**espermatozoide**); también llamada cigoto. (2) Elemento con una cáscara o envoltura que contiene el **embrión** de un animal en desarrollo.

INVERTEBRADO, DA Se dice del animal que carece de columna vertebral.

LÁBIUM Componente inferior de las piezas bucales de un insecto.

LÁBRUM Componente superior de las piezas bucales de un insecto.

LARVA Forma juvenil de un animal que suele ser muy diferente de la forma adulta y que, por tanto, debe sufrir una **metamorfosis** durante su desarrollo.

LEGHEMOGLOBINA Forma de **hemoglobina** que se encuentra en los **nódulos radicales** de las plantas, donde se une al oxígeno e impide que este interfiera con las **bacterias** fijadoras de nitrógeno de las que depende la planta.

LIGNINA Material fibroso y duro, principal componente químico de la madera.

LIQUEN Organismo compuesto por un **hongo** y un **alga** que viven juntos en una asociación mutuamente beneficiosa.

LISOSOMA **Vesícula**, o saco, del interior de una célula que contiene **enzimas** digestivas.

LUCIFERASA **Enzima** que impulsa la reacción química que implica la conversión de la **luciferina** para la consiguiente producción de **bioluminiscencia**.

LUCIFERINA **Proteína** que emite luz en los organismos **bioluminiscentes**.

MANDÍBULA (1) Cada una de dos estructuras pareadas del aparato bucal de los artrópodos, incluidos los insectos, que suelen utilizarse para la perforación o la mordedura. (2) Quijada de un **vertebrado**.

MÁSTAX Garganta muscular de un rotífero, utilizada para triturar el alimento.

MAXILA Cada una de las estructuras pareadas del aparato bucal de los artrópodos que generalmente participan en la manipulación del alimento.

MEB (MICROFOTOGRAFÍA ELECTRÓNICA DE BARRIDO) Imagen obtenida mediante un microscopio electrónico de barrido. La superficie de la muestra se escanea con un haz de electrones, y la imagen resultante aparece en tres dimensiones.

MEIOFAUNA Comunidad de animales diminutos que viven entre las partículas del suelo, el lodo o la arena, y cuyo tamaño oscila entre 0,05 y 1 mm.

MEIOSIS División del **núcleo** en un tipo de división celular en la que el número de **cromosomas** se reduce a la mitad, como en la formación de células sexuales (**espermatozoides** y **óvulos**) en los animales, o de **esporas** en las plantas.

MESÓFILO Parte interna de las hojas de las plantas, entre la **epidermis** superior y la inferior, compuesta por varios tipos de tejidos. El mesófilo en empalizada está repleto de **cloroplastos**, y en él tiene lugar principalmente la **fotosíntesis**.

MESOGLEA Capa gelatinosa de la pared corporal de los cnidarios (anémonas de mar, medusas y afines).

MET (MICROFOTOGRAFÍA ELECTRÓNICA DE TRANSMISIÓN) Imagen obtenida mediante un microscopio electrónico de transmisión. La muestra que se usa es una sección fina, y el haz de electrones se transmite a través de ella, por lo que la imagen aparece en dos dimensiones.

METABOLISMO Conjunto de reacciones químicas que tienen lugar en el interior de un organismo vivo.

METAMORFOSIS Transformación de la forma corporal de un animal durante su desarrollo, como la de una oruga en mariposa o un renacuajo en rana.

METANÓGENO, NA Se dice del microorganismo, normalmente una **arquea**, que genera gas metano mediante su **metabolismo**.

MICELIO Red de **hifas** de un **hongo** que absorbe nutrientes.

MICORRIZA Asociación entre las raíces de una planta y las **hifas** de ciertos hongos para beneficio mutuo en el intercambio de nutrientes. En las ectomicorrizas, las hifas del hongo crecen entre las células de la raíz; en las endomicorrizas, las hifas penetran en las células de la raíz.

MICRA Unidad de medida de longitud que equivale a la millonésima parte del metro.

MICROAERÓFILO, LA Se dice del organismo que prospera en condiciones de baja concentración de oxígeno.

MICROBIOTA Comunidad de microorganismos que viven en un mismo lugar.

MICROFOTOGRAFÍA Fotografía tomada con un microscopio.

MICROHÁBITAT Hábitat de un pequeño organismo confinado en un área o un espacio reducidos.

MICROSCOPÍA Técnica que implica el uso de un microscopio.

MICROTRICO Proyección microscópica en forma de pelo de una tenia. Un revestimiento de microtricos aumenta la superficie para que el parásito absorba el alimento.

MICROTRIQUIA Pequeño pelo sensorial de la **cutícula** de un insecto.

MICROTÚBULO Tubo proteico del interior de una célula y parte del **citoesqueleto** de soporte.

MICROVELLOSIDAD Prolongación corta en forma de pelo de una célula que aumenta la superficie de absorción de los alimentos. Las células que revisten el intestino tienen este tipo de microvellosidades.

MITOCONDRIA Orgánulo de la célula de un **eucariota** en el que tiene lugar la **respiración** aeróbica. *Véase también* **aeróbico, ca**.

MITOSIS Proceso por el que el **núcleo** de una célula eucariota se divide para separar los **cromosomas** replicados durante la división celular. La mitosis da células con el mismo número de cromosomas e idéntico **ADN** y se produce durante el crecimiento de un cuerpo pluricelular y en la reproducción sexual de organismos unicelulares.

MO (MICROFOTOGRAFÍA ÓPTICA) Imagen obtenida mediante fotografía con un microscopio óptico, basado en la transmisión de la luz a través de lentes, prismas o espejos.

MONOCOTILEDÓNEA Planta con flores cuyas semillas están dotadas de una sola hoja (**cotiledón**).

MUCÍLAGO Sustancia viscosa que producen las plantas.

MUCOSIDAD Sustancia viscosa producida por los animales, generalmente para facilitar las funciones defensivas.

MÚSCULO PROTRACTOR Músculo que extiende una parte del cuerpo, generalmente una extremidad.

MÚSCULO RETRACTOR Músculo que dobla o retrae una parte del cuerpo.

MUTUALISMO Relación ecológica entre dos organismos de distinta especie en la que ambos se benefician.

NEMATOCISTO Célula urticante de un cnidario (anémonas de mar, medusas y afines). *Véase también* **cnido**.

NEURONA Célula nerviosa que constituye el sistema nervioso de un animal.

NEUTRÓFILO Glóbulo blanco integrante del sistema inmunitario que engulle partículas extrañas por **fagocitosis**.

NINFA Forma juvenil de un insecto que se diferencia de la forma voladora adulta sobre todo por tener las alas sin desarrollar.

NITRIFICACIÓN Proceso llevado a cabo por ciertos tipos de **bacterias** del suelo por el que los compuestos de nitrógeno generados por la descomposición se convierten en nitrato, una forma que puede ser absorbida y utilizada por las plantas.

NÓDULO RADICAL Abultamiento que se desarrolla en las raíces de ciertos tipos de plantas (como las leguminosas), en respuesta a la infección por las **bacterias** que fijan el nitrógeno.

NÚCLEO **Orgánulo** de la célula de un **eucariota** que contiene el **ADN**.

ODONTÓFORO Estructura con forma de lengua que porta la **rádula** en la boca de un molusco.

OJO COMPUESTO Ojo formado por múltiples facetas diminutas, u omatidios, cada una con su propia lente, y que está presente en muchos tipos de artrópodos, como los insectos y los **crustáceos**.

OOTECA Cápsula que contiene los **huevos** de algunos tipos de insectos, como las cucarachas y las mantis religiosas. Cada ooteca contiene múltiples huevos.

OPISTOSOMA **Abdomen** de un **arácnido**, como el de las arañas.

ORGANISMO Ser vivo.

ÓRGANO Estructura del cuerpo formada por varios tipos de **tejidos** que lleva a cabo funciones concretas, como el corazón.

ORGÁNULO Estructura del interior de una célula, como el **núcleo** o las **mitocondrias**, que interviene en determinadas funciones.

OSÍCULO (1) Estructura dura parecida a un hueso que constituye el esqueleto en la piel de un equinodermo (estrella de mar, erizo de mar y afines). (2) Hueso diminuto en los **vertebrados**.

ÓSMOSIS Desplazamiento del agua a través de una membrana desde una zona de baja concentración de un soluto hasta otra de alta concentración del mismo soluto.

OVARIO **Órgano** reproductor de una planta o un animal donde se producen los **óvulos**.

OVISCAPTO Tubo a través del cual ponen los **huevos** las hembras de muchos grupos de animales, como los insectos. También se denomina ovopositor.

ÓVULO Célula sexual femenina, por lo general dotada de una reserva de nutrientes (vitelo) y sin ningún medio de movimiento. Después de fecundado, el óvulo se convierte en **embrión**. *Véase también* **huevo**.

PALPO Prolongación con forma de dedo del aparato bucal de un invertebrado, una de cuyas funciones es la manipulación del alimento.

PAPILA Cualquier pequeña prominencia en el cuerpo de una planta o animal.

PARASITISMO Relación ecológica entre dos organismos de distinta **especie**, un parásito y un **huésped**, en la que el parásito se beneficia y el huésped resulta perjudicado. Los parásitos suelen vivir sobre el huésped o dentro de él, y lo usan como fuente de alimento.

PARED CELULAR Capa estructural que rodea el exterior de la membrana celular en algunos tipos de organismos, como las **bacterias**, las plantas, los hongos y la mayoría de las **algas**.

PARTENOGÉNESIS Producción **asexual** de huevos que se desarrollan sin **fecundación;** se da solo en algunos grupos de animales, como los pulgones y las pulgas de agua.

PATÓGENO, NA Se dice del organismo que causa enfermedades.

PEDIPALPO **Palpo** de un **arácnido**.

PEPTIDOGLUCANO Material duro que constituye la **pared celular** de las **bacterias**.

PERIPLASTO Capa de soporte rígida que tienen bajo la membrana celular algunos organismos unicelulares, como Euglena sp. y los **dinoflagelados**.

PERISTALSIS Serie de contracciones musculares de la pared intestinal que provocan el avance del contenido del tubo digestivo.

PISTILO *Véase* **carpelo**.

PLANCTON Comunidad de organismos, generalmente muy pequeños, que van a la deriva en aguas abiertas.

PLANTA CARNÍVORA Planta adaptada para obtener algunos de sus nutrientes, especialmente el nitrógeno, de animales que atrapa y cuyo cuerpo digiere.

PLAQUETA Fragmento de célula sanguínea que interviene en la coagulación de la sangre.

PLASMODIO *Véase* **sincitio**.

POLEN Conjunto de granos reproductivos producidos por las partes masculinas del cono o la flor de una planta. Cada grano de polen contiene un **núcleo** masculino que puede fecundar un **óvulo** tras la polinización.

PROBÓSCIDE Nariz larga u **órgano** parecido a la nariz, como la pieza bucal enrollada de una mariposa que bebe néctar.

PROCARIOTA Organismo formado por células simples, sin **núcleo** ni otros **orgánulos**. Las **bacterias** y las **arqueas** son procariotas.

PROSOMA Primera parte del cuerpo (compuesta por la cabeza y el **tórax** fusionados) de un **arácnido**.

PROTEÍNA Sustancia orgánica compleja que contiene carbono, hidrógeno, oxígeno, nitrógeno y, a menudo, azufre. Las proteínas son las moléculas más diversas de los seres vivos y desempeñan muchas funciones; son proteínas las enzimas, los anticuerpos y los transportadores.

PROTOZOO Organismo unicelular complejo, como una ameba o un paramecio, que consume alimentos orgánicos y no es capaz de fabricarlos por **fotosíntesis**. Los organismos clasificados en el reino protozoos (subreino, según otras clasificaciones) comprenden las amebas, los mohos mucilaginosos y sus parientes cercanos.

PTICOCISTO Tipo de **cnido** que se encuentra en las anémonas tubulares y que sirve para ensamblar el tubo de soporte.

PUPA Etapa intermedia, por lo general encapsulada e inmóvil, del ciclo vital de algunos grupos de insectos –como los escarabajos y las mariposas–, durante la cual una larva experimenta una **metamorfosis** completa para convertirse en adulto.

QUELÍCERO Pieza bucal con forma de pinza o de colmillo de los **arácnidos** (ácaros, arañas y sus parientes), que se usa para atrapar el alimento.

QUERATINA **Proteína** fibrosa y resistente de la que están hechos los pelos, las plumas, las uñas, los cuernos y la capa superficial de la piel de los vertebrados.

QUETA Estructura parecida a un pelo que se desarrolla desde la superficie de un invertebrado, como un insecto o un gusano.

QUIMIOSÍNTESIS Proceso por el que algunos tipos de **bacterias** y **arqueas** utilizan la energía de los minerales para convertir materiales simples –como el dióxido de carbono, el agua y los minerales– en alimento (materia orgánica), como la **glucosa**.

QUITINA **Hidrato de carbono** duro y fibroso que contiene nitrógeno y constituye la **pared celular** de los hongos y el exoesqueleto de los artrópodos.

RADÍCULA Primera raíz producida por una plántula durante la **germinación**.

RADIOLARIO Tipo de organismo unicelular parecido a una ameba que tiene unas largas espinas (axópodos) de sílice o de mineral de estroncio y **seudópodos** filamentosos.

RADIOLO Tentáculo con aspecto de pluma de ciertos tipos de gusanos marinos, con el que estos recogen oxígeno y partículas de alimento.

RÁDULA Superficie rasposa del **órgano** a modo de lengua de un molusco que facilita la recolección de alimentos.

RAMA Estructura larga y espinosa presente en algunos tipos de artrópodos. Las ramas caudales, similares a una cola, se encuentran en muchos tipos de **crustáceos**.

RECEPTOR Molécula o célula que detecta un estímulo y desencadena una respuesta.

REFRACCIÓN Curvatura de los rayos de luz que se produce cuando cambia la densidad del medio por el que viajan, por ejemplo, al pasar del agua al aire.

RESPIRACIÓN Proceso químico interno por el que un organismo obtiene energía de las moléculas de los alimentos que se utilizará en otros procesos.

RIBOSOMA Gránulo del interior de una célula que fabrica **proteínas** utilizando la información del **ADN**.

RICINA Estructura similar a una raíz con la que se fijan al sustrato los **líquenes**.

RIZOIDE Estructura similar a una raíz con la que se fijan al sustrato los musgos y las hepáticas.

ROCA SEDIMENTARIA Roca formada por sedimentos acumulados que se compactan y cementan, como la **caliza**.

SEDA (1) **Proteína** fibrosa muy resistente que producen algunos invertebrados, como las arañas y ciertas orugas. (2) Estructura similar a un pelo, a menudo con función sensorial, de un invertebrado. También se denomina **queta**.

SEGMENTO (1) Cada una de las unidades repetidas del cuerpo de un animal, como una lombriz de tierra o un ciempiés. (2) Cada una de las partes de la pata de un artrópodo entre articulaciones.

SENSILIA Pequeña estructura sensorial del exoesqueleto de un animal invertebrado.

SEUDOESCORPIÓN **Arácnido** diminuto con forma de escorpión,

pero sin aguijón en la cola y clasificado en un grupo aparte.

SEUDÓPODO Prolongación del **citoplasma** producida por células como las amebas o ciertos glóbulos blancos y cuyas funciones son la locomoción y la **fagocitosis**.

SIMBIOSIS Cualquier relación ecológica íntima entre dos **especies**, como el **parasitismo** y el **mutualismo**.

SINCITIO Tipo de organización que se encuentra en algunos grupos de organismos cuyo l cuerpo no está dividido en células separadas por una membrana o tabique, sino que presenta numerosos núcleos dispersos en una masa de **citoplasma** común. El sincitio de un moho mucilaginoso es un plasmodio.

SORO Conjunto de cápsulas productoras de **esporas** de un helecho. Los soros suelen desarrollarse en la parte inferior de la fronda, bajo una cubierta con forma de paraguas llamada indusio.

SUSPENSÍVORO, RA Se dice del animal que recoge partículas de alimento suspendidas en el agua.

TARSO Parte del pie de un animal. En los artrópodos, cl tarso es el **segmento** terminal del extremo de la pata.

TEJIDO Agregación de células que trabajan juntas para realizar una función o un conjunto de funciones. La **epidermis** de la hoja de una planta y la sangre de un animal son ejemplos de tejidos.

TEJIDO ADIPOSO Tejido animal cuyas células acumulan grasa.

TEJIDO CONJUNTIVO Tejido animal que rellena los espacios entre otros tipos de tejido. Algunos ejemplos son el tejido cartilaginoso (**cartílago**), el tejido óseo (hueso), el **tejido adiposo** y el tejido fibroso denso.

TEJIDO VASCULAR Tejido de las plantas formado por los vasos de transporte, como el **xilema** y el **floema**.

TIGMOTÁCTICO, CA Que presenta tigmotaxia, o comportamiento defensivo de un animal que tiende a desplazarse hacia un espacio cerrado para que su cuerpo esté en contacto con las superficies.

TILACOIDE Saco aplanado que se encuentra dentro de un cloroplasto y contiene **clorofila**, por lo que absorbe la luz y realiza la **fotosíntesis**.

TINCIÓN DE GRAM Técnica ideada por Hans Christian Gram para diferenciar dos grupos de **bacterias**. La pared celular de las bacterias grampositivas es gruesa y se tiñe de púrpura; la de las bacterias gramnegativas, que es más fina y está cubierta por una segunda membrana celular, se tiñe de rosa.

TÓRAX Parte media del cuerpo de un animal, entre la cabeza y el **abdomen**.

TOXICISTO Tipo de **tricocisto**, propio de algunos organismos unicelulares depredadores, que descarga hilos venenosos para atrapar presas.

TRANSPIRACIÓN Pérdida de agua a través de la superficie de la hoja de una planta, u otras superficies, causada por la evaporación desde los tejidos.

TRANSPORTE ACTIVO Proceso por el que los organismos utilizan la energía para transportar sustancias a través de una membrana celular, de un área de baja concentración a otra de alta concentración.

TRÁQUEA (1) Cada uno de los múltiples tubos respiratorios de un insecto y animales afines que llevan el oxígeno desde los **espiráculos** (poros) de la superficie del cuerpo hasta los tejidos del interior. (2) **Órgano** del sistema respiratorio de un vertebrado que respira aire.

TRAQUEOLA Ramificación microscópica que surge de una **tráquea** de un insecto o un animal similar y penetra en las células de los tejidos para llevar oxígeno al lugar donde tiene lugar la **respiración**.

TRICOCISTO Estructura de algunos tipos de organismos unicelulares, como el paramecio, que descarga hilos con los que capturan presas o se fijan a una superficie.

TUBO POLÍNICO Tubo que crece a partir de un grano de polen que germina en la parte femenina del cono o la flor de una planta. A través del tubo, el **núcleo** masculino llega al **óvulo**.

VACUOLA Saco lleno de líquido del interior de una célula. Las células de las plantas suelen contener una única y

gran vacuola de savia, que contribuye a mantener firmes los tejidos vegetales. Algunos organismos unicelulares y células animales contienen vacuolas nutricias, donde digieren partículas de alimento.

VENENO Sustancia tóxica producida por un organismo que la inyecta en su objetivo, por ejemplo, mediante un aguijón o unos colmillos, ya sea para defenderse de los depredadores o para dominar a las presas.

VÉNULA Vaso sanguíneo diminuto que transporta la sangre de los **capilares** a las venas.

VERTEBRADO, DA Se dice del animal con columna vertebral.

VESÍCULA En una célula, pequeño saco lleno de líquido, menor que una **vacuola**.

VIBRIÓN **Bacteria** con forma de coma.

VIRUS Partícula infecciosa microscópica que suele consistir en una cubierta de **proteína** dentro de la cual está el material genético (**ADN** o **ARN**). Los virus no son organismos celulares, sino que deben invadir las células de un organismo para multiplicarse. Como no son capaces de replicarse de manera independiente, muchos expertos sostienen que no pueden considerarse seres vivos.

VISCOSIDAD Medida de la resistencia al flujo de un fluido. Los fluidos espesos y que fluyen lentamente, como la melaza, tienen mayor viscosidad que los que fluyen con facilidad, como el agua.

XENOSOMA Partícula de restos que se incorpora al caparazón o la cubierta de algunos organismos unicelulares.

XILEMA Tejido leñoso de las plantas cuyos vasos transportan el agua y los minerales desde el sustrato.

ZOOPLANCTON Parte del **plancton** constituida por pequeños animales y microorganismos que consumen alimentos en vez de obtenerlos mediante **fotosíntesis**.

ZOOXANTELA **Alga** amarilla, principalmente del grupo de los **dinoflagelados**, que vive en los tejidos de otro organismo, como el coral, la babosa de mar o las almejas gigantes, con beneficio mutuo.

índice

agradecimientos

DK desea expresar su gratitud a las siguientes personas por facilitar e interpretar las microfotografías electrónicas de barrido.

Martin Oeggerli, de *Micronaut*
www.micronaut.ch

Oliver Meckes, de *Eye of Science*
www.eyeofscience.de

Charlotte Peterson-Hill, de *Science Photo Library*
www.sciencephoto.com

DK también desea dar las gracias a:

Edición sénior:
Helen Fewster

Edición de arte sénior:
Duncan Turner
Sharon Spencer

Asistencia en el diseño:
Jessica Tapolcai

Asistencia en la edición:
Ankita Gupta
Tina Jindal

Asistencia en las cubiertas:
Priyanka Sharma
Saloni Singh

Retoque de imágenes:
Steve Crozier

Ilustraciones editoriales:
Mark Clifton
Dan Crisp

Asesoría científica:
Richard Beatty

Índice:
Elizabeth Wise

Revisión de textos:
Richard Gilbert

Stock Photo: imageBROKER / Volker Lautenbach (cd). **Biodiversity Heritage Library:** Smithsonian Libraries (bc). **102-103 Andre De Kesel. 104-105 Science Photo Library:** Steve Gschmeissner. **104 Dreamstime.com:** Alptraum (cib). **106 Alamy Stock Photo:** Flonline digitale Bildagentur GmbH / Matthias Lenke (bi). **naturepl.com:** MYN / Paul van Hoof (cdb). **107 Alamy Stock Photo:** blickwinkel / Lenke. **108 Science Photo Library:** Eye Of Science (bc); Dr David Furness, Keele University (cb). **108-109 Science Photo Library:** Eye Of Science. **110-111 Khairul Bustomi. 111 Dreamstime.com:** Dwi Yulianto (si). **112 Science Photo Library:** Javier Torrent, Vw Pics (si). **112-113 Getty Images:** 500px / Voicu Iulian. **114-115 Andre De Kesel. 115 Science Photo Library:** Eye Of Science (c). **116 Dreamstime.com:** Cătălin Gagiu (cib). **116-117 Waldo Nell. 118-119 Science Photo Library:** Gerd Guenther. **119 Alamy Stock Photo:** Eric Nathan (sc). **120 Alamy Stock Photo:** Nature Picture Library / Georgette Douwma (sd). **Alexander Semenov:** (b). **121 Alexander Semenov:** (s). **122 Dreamstime.com:** Piyapong Thongdumhyu (cda). **123 Science Photo Library:** Thomas Deerinck, NCMIR. **124-125 Getty Images:** 500Px Plus / Yudy Sauw. **125 Alamy Stock Photo:** Nature Picture Library / MYN / Lily Kumpe (sd). **126-127 Dreamstime.com:** Evgeny Turaev. **128-129 Science Photo Library:** Frank Fox. **130 Alamy Stock Photo:** blickwinkel / Fox (cb). **130-131 Alamy Stock Photo:** Panther Media GmbH / Kreutz. **132 Alamy Stock Photo:** blickwinkel / Guenther (si); Panther Media GmbH / Kreutz (b). **Science Photo Library:** Gerd Guenther (c). **132-133 Getty Images / iStock:** micro_photo (sc). **133 Science Photo Library:** David M. Phillips (sd). **134-135 Waldo Nell. 134 Biodiversity Heritage Library:** Smithsonian Libraries (sc). **135 Science Photo Library:** Rogelio Moreno (sd). **136 Alamy Stock Photo:** Biosphoto / Christoph

Gerigk (cdb). **Science Photo Library:** Wim Van Egmond (c). **137 Science Photo Library:** Wim Van Egmond. **138 Science Photo Library:** Jannicke Wiik-Nielsen (bc). **138-139 Science Photo Library:** Jannicke Wiik-Nielsen. **140-141 Waldo Nell. 141 Dreamstime.com:** Vlasto Opatovsky (cd). **142-143 Science Photo Library:** Rogelio Moreno. **143 Science Photo Library:** Wim Van Egmond (cdb). **144-145 Igor Siwanowicz. 145 Science Photo Library:** Frank Fox (cd). **146 Science Photo Library:** Frank Fox. **147 Alamy Stock Photo:** blickwinkel / Hartl (cd). **Science Photo Library:** Frank Fox (sc). **148 Alamy Stock Photo:** agefotostock / Marevision (bi). **148-149 Evan Darling:** Edición y procesamiento de la imagen de Evan Darling; puede consultar otras imágenes suyas en Instagram @lambdascans. **150-151 Alamy Stock Photo:** blickwinkel / Lenke. **151 Getty Images / iStock:** JanMiko (cd). **152 naturepl.com:** Jan Hamrsky (cb). **152-153 naturepl.com:** Jan Hamrsky. **154-155 Science Photo Library:** Eye Of Science. **154 Dorling Kindersley:** Jonas O. Wolff, Wolfgang Nentwig,Stanislav N. Gorb, doi: https://doi.org/10.1371/journal.pone.0062682.g001 (cla). **Shamsul Hidayat:** (c). **156-157 Science Photo Library:** Dr Morley Read. **157 Science Photo Library:** Alex Hyde (si). **158 Alamy Stock Photo:** Nature Picture Library (bd). **Andre De Kesel:** (bi). **159 Dreamstime.com:** Angel Luis Simon Martin (bi). **Andre De Kesel:** (bd). **160-161 Science Photo Library:** Eye Of Science. **160 Dorling Kindersley:** Sakes, Aimee & Wiel, Marleen & Henselmans, Paul & Van Leeuwen, Johan L & Dodou, Dimitra & Breedveld, Paul. (2016). «Shooting Mechanisms in Nature: A Systematic Review». PLOS ONE. 11. e0158277. 10.1371 / journal.pone.0158277. (cla). **161 Science Photo Library:** Wim Van Egmond (sd). **162-163 Andre De Kesel. 163 Alamy Stock Photo:** Minden Pictures / Stephen Dalton (sc). **164-165 Science Photo Library:** Marek Mis. **165 Dreamstime.com:**

Romantiche (cd). **166 Science Photo Library:** Steve Gschmeissner (si). **167 Andre De Kesel. 168-169 Science Photo Library:** Steve Gschmeissner. **168 Alamy Stock Photo:** Nature Picture Library / Michael Hutchinson (si). **Science Photo Library:** Claude Nuridsany & Marie Perennou (sc). **170 Paul Hollingworth Photography:** (b). **171 Science Photo Library:** Power And Syred. **172-173 John Hallmen. 172 Getty Images / iStock:** Bee-individual (si). **174-175 Library of Congress, Washington, D.C.:** Giltsch, Adolf, 1852-1911, LC-DIG-ds-07542. **176-177 Science Photo Library:** Dr Torsten Wittmann. **177 Science Photo Library:** Don W. Fawcett (cd). **178 Science Photo Library:** Dennis Kunkel Microscopy (bi); Steve Gschmeissner (si, sc, sd, ci, c, cd, bc, bd). **179 Science Photo Library:** Steve Gschmeissner (si, sd, ci, bi). **180-181 Science Photo Library:** Steve Gschmeissner. **180 Science Photo Library:** Steve Gschmeissner (si, sc, sd). **182 Science Photo Library:** Wim Van Egmond (si). **183 Biodiversity Heritage Library:** Harvard University, Museum of Comparative Zoology, Ernst Mayr Library. **184 Science Photo Library:** Steve Gschmeissner (ca). **185 Science Photo Library:** Steve Gschmeissner. **186 Science Photo Library:** Eye Of Science (bd); Steve Gschmeissner (si, sc, ci, c, cd, bi, bc); Ikelos GMBH / Dr. Christopher B. Jackson (sd). **187 Science Photo Library:** Steve Gschmeissner (ci, bi); Natural History Museum (Londres) (d). **188 Science Photo Library:** Eye Of Science (ci). **188-189 Science Photo Library:** Eye Of Science. **190-191 M. Oeggerli:** Micronaut 2013. Con el apoyo de la School of Life Sciences, FHNW. **191 Science Photo Library:** Steve Gschmeissner (cdb). **192 © State of Western Australia (Department of Primary Industries and Regional Development, WA):** Pia Scanlon. **193 Greg Bartman:** USDA APHIS PPQ, Bugwood.org (sd). **194-195 SuperStock:** Ch'ien Lee. **194 Alamy Stock Photo:** Biosphoto / Husni Che Ngah (cla). **Dreamstime. com:** Cathy Keifer (c); Lidia Rakcheeva

(si); Mohd Zaidi Abdul Razak (sc). **SuperStock:** Minden Pictures (ca); Minden Pictures / Piotr Naskrecki (ci). **196 Alamy Stock Photo:** Islandstock (ci). **196-197 Alexander Semenov. 198-199 Science Photo Library:** Ted Kinsman. **199 OceanwideImages.com:** Gary Bell (sc). **Science Photo Library:** Ted Kinsman (cda). **200-201 Dr. Adam P. Summers. 201 Dreamstime.com:** Awcnz62 (c). **202-203 Science Photo Library:** Steve Gschmeissner. **204-205 Waldo Nell. 204 Science Photo Library:** Marek Mis (bd). **206-207 Science Photo Library:** Steve Gschmeissner. **206 123RF.com:** Gabriele Siebenhühner (cdb). **Dreamstime.com:** Svetlana Foote (c). **208 Science Photo Library:** Eye Of Science (sd, ci, cd, bi, bc, bd); Martin Oeggerli (si); Steve Gschmeissner (sc). **SuperStock:** Minden Pictures / Albert Lleal (c). **209 Science Photo Library:** Stefan Diller (si); Visuals Unlimited, Inc. / Dr. Stanley Flegler (ci); Eye Of Science (bi); Science Source / Ted Kinsman (d). **210 Alamy Stock Photo:** Minden Pictures / Mark Moffett (si). **210-211 M. Oeggerli:** Micronaut 2018, con el apoyo del Hospital Universitario de Basilea (Patología), y de la School of Life Sciences, FHNW. **212 Shutterstock. com:** pelos en el recuadro (ci). **212-213 Science Photo Library:** Power And Syred (c). **213 Science Photo Library:** Power And Syred. **214 Dreamstime. com:** Juan Francisco Moreno Gámez (ci). **214-215 Igor Siwanowicz. 216-217 Science Photo Library. 217 Science Photo Library:** Eye Of Science (sd). **218-219 Alamy Stock Photo:** Quagga Media. **220-221 Science Photo Library. 222-223 Science Photo Library:** NIAID / National Institutes Of Health. **223 Science Photo Library:** KTSDESIGN (cb). **224 Dreamstime.com:** Iuliia Morozova (ci). **224-225 Science Photo Library:** Eye Of Science. **226-227 Science Photo Library:** Wim Van Egmond (s). **226 Avalon:** M I Walker (cdb). **228 Science Photo Library:** Lennart Nilsson, TT (sd). **229 Science Photo Library:** Eye Of Science. **230 Science Photo Library:** Nature Picture Library /

Alex Hyde (ci). **230-231 Science Photo Library:** Eye Of Science. **232 Getty Images / iStock:** Anest (c). **Science Photo Library:** Eye Of Science (bd). **233 Science Photo Library:** Eye Of Science. **234-235 Martin Oeggerli:** Micronaut. **235 Dreamstime.com:** Alfio Scisetti (c). **236 Science Photo Library:** Eye Of Science (ci, bd); Steve Gschmeissner (si, sd, c, cd, bc); Power And Syred (sc); Ikelos Gmbh / Dr. Christopher B. Jackson (bi). **237 Dorling Kindersley:** Sue Barnes / Unidad EMU del Natural History Museum (Londres) (bi). **Science Photo Library:** Eye Of Science (ci); Steve Gschmeissner (si); Linear Imaging / Linnea Rundgren (sd). **238-239 Getty Images:** John Kimbler. **239 Science Photo Library:** Susumu Nishinaga (cb). **240 Science Photo Library:** Steve Lowry. **241 Alamy Stock Photo:** Minden Pictures / Mark Moffett (sd). **242-243 Science Photo Library:** Marek Mis. **243 naturepl.com:** Doug Wechsler (c). **244-245 Science Photo Library:** Eye Of Science. **245 Alamy Stock Photo:** Nature Picture Library (sd). **246-247 M. Oeggerli:** Micronaut 2013, con el apoyo de la School of Life Sciences, FHNW. **247 Biodiversity Heritage Library:** Smithsonian Libraries (bd). **naturepl.com:** Mark Moffett (bc). **Martin Oeggerli:** Micronaut 2013, con el apoyo de la School of Life Sciences, FHNW (cd); Micronaut 2013, con el apoyo de la School of Life Sciences, FHNW (cdb). **248 Dreamstime.com:** Kengriffiths6 (si, sc, sd). **248-249 Andre De Kesel. 250-251 Alamy Stock Photo:** Patrick Guenette. **252-253 Science Photo Library:**

Frank Fox. **252 Science Photo Library:** AMI Images (sc). **254 Science Photo Library:** Biophoto Associates (sd). **254-255 Science Photo Library:** Steve Gschmeissner (b). **256 Science Photo Library:** Gerard Peaucellier, ISM (sd). **256-257 Daniel Knop:** (b). **258 Alamy Stock Photo:** bilwissedition Ltd. & Co. KG (ci); Nik Bruining (bi). **naturepl.com:** Hans Christoph Kappel (bd). **Science Photo Library:** Nicolas Reusens (bc). **258-259 Martin Oeggerli:** Micronaut. **260 Alamy Stock Photo:** Chris Lloyd (c). **260-261 Science Photo Library:** Rogelio Moreno. **262 Alamy Stock Photo:** Hans Stuessi (ci). **Dreamstime.com:** Cl2004lhy (sd); Antonio Ribeiro (si); Tatsuya Otsuka (sc). **Science Photo Library:** Steve Gschmeissner (bi); Gerd Guenther (c); Petr Jan Juracka (cd); Power And Syred (bc, bd). **263 Science Photo Library:** Eye Of Science (ci); Th Foto-Werbung (si); SCIMAT (bi); US Geological Survey (bd). **264-265 Science Photo Library:** Eye Of Science. **266 Dreamstime.com:** Callistemon3 (c). **266-267 Science Photo Library:** Magda Turzanska. **268 Biodiversity Heritage Library:** Smithsonian Libraries (bi). **268-269 Science Photo Library:** Wim Van Egmond. **269 Alamy Stock Photo:** Steve. Trewhella (sd). **270 Science Photo Library:** Nature Picture Library / / 2020vision / Ross Hoddinott (bi, bd). **271 Science Photo Library:** Nature Picture Library / / 2020vision / Ross Hoddinott (bi, bd). **272-273 Andre De Kesel. 273 Science Photo Library:** Nature Picture Library / Jan Hamrsky (sd). **274-275 Getty Images / iStock:**

DigitalVision Vectors / ilbusca. **276-277 Science Photo Library:** Steve Gschmeissner. **276 Science Photo Library:** Steve Gschmeissner (si). **278-279 Science Photo Library:** Eye Of Science. **280-281 eye of science. 281 Science Photo Library:** Eye Of Science (cb). **282 Dreamstime.com:** Anna Krivitskaia (c). **282-283 Science Photo Library:** Edward Kinsman. **284-285 eye of science. 285 Dreamstime.com:** Wirestock (bd). **286 Science Photo Library:** John Burbidge (bc); Alexander Semenov (bd, ebd). **287 Getty Images / iStock:** ZU_09. **288 Waldo Nell:** (d). **Science Photo Library:** Teresa Zgoda (cb). **289 Waldo Nell:** (b, sd). **290 Science Photo Library:** Wim Van Egmond (si, sc, ci, c, cd, bc); Rogelio Moreno (sd); Gerd Guenther (bi); Frank Fox (bd). **291 Science Photo Library:** Wim Van Egmond (si, ci); Rogelio Moreno (bi); Gerd Guenther (sd). **292 Alamy Stock Photo:** RGB Ventures / Charles Krebs (si). **naturepl.com:** Jan Hamrsky (sc, sc/escarabajo). **293 M. Oeggerli:** Micronaut 2010, con el apoyo de FHNW, Muttenz. **294-295 Science Photo Library:** Steve Gschmeissner. **294 Science Photo Library:** Dennis Kunkel Microscopy (cb). **296-297 M. Oeggerli:** Micronaut 2014, scon el apoyo de la School of Life Sciences, FHNW. **297 naturepl.com:** Doug Wechsler (sc). **Science Photo Library:** Wim Van Egmond (sd). **298 Science Photo Library:** Eye Of Science. **299 Science Photo Library:** Dennis Kunkel Microscopy (ci, bc); Eye Of Science (si); Steve Gschmeissner (sc,

cd); David Scharf (sd, c, bi, bd). **300 Dreamstime.com:** Henrikhl (sd); Paul Reeves (sc). **Science Photo Library:** Nature Picture Library / Solvin Zankl (si). **301 Alamy Stock Photo:** Science History Images. **302-303 Science Photo Library:** Eye Of Science. **302 Science Photo Library:** Claude Nuridsany & Marie Perennou (cb). **304-305 M. Oeggerli:** Micronaut 2014, con el apoyo de la School of Life Sciences, FHNW. **305 Science Photo Library:** Steve Gschmeissner (si). **306 Alamy Stock Photo:** blickwinkel / H. Bellmann / F. Hecker (cib). **306-307 M. Oeggerli:** Micronaut 2007. **308 Science Photo Library:** Steve Gschmeissner (c). **308-309 M. Oeggerli:** Micronaut, 2012, con el apoyo de la School of Life Sciences, FHNW. **310 Science Photo Library:** Eye Of Science (si, c). **311 Science Photo Library:** Eye Of Science (ci, cib, bc, bd, cd). **312 Alamy Stock Photo:** Biosphoto / Frank Deschandol & Philippe Sabine (b). **313 John Hallmen**. **314 Dreamstime.com:** Heinz Peter Schwerin (ci). **314-315 Science Photo Library:** Eye Of Science. **316-317 Science Photo Library:** Eye Of Science. **318-319 Waldo Nell. 319 Dreamstime.com:** Andy Nowack (cd).

Las demás imágenes © Dorling Kindersley

Para más información:
www.dkimages.com